国家重点学科地质工程与钻井工程高校教材

检测技术及钻井仪表

鄢泰宁　胡郁乐　张　涛　编著

中国地质大学出版社
ZHONGGUO DIZHI DAXUE CHUBANSHE

内 容 简 介

《检测技术及钻井仪表》教材是在《检测技术与勘察工程仪表》(鄢泰宁、曹鸿国、乌效鸣编著,1996 年出版)基础上改编而成。在改编过程中删除了一些已经落后或普及了的知识及与钻井(探)工程关系不密切的内容,增加了较多与现代钻井技术密切相关的检测仪表内容及其举例。本教材既包含了工程检测技术的基础理论、基础知识和基本技能,又反映了检测技术为现代钻井服务的最新科技成果,内容丰富,深入浅出,理论联系实际,为教师讲授提供了较大的选择空间。

本教材可供地质工程和钻井(探)专业、矿山机械(侧重于地质工程机械)专业以及相近专业的本科生、研究生作为教材,也可作为从事地矿与油气钻探、水文水井、工程地质钻探与地质灾害治理钻孔施工的技术人员、管理人员培训或专业成人教育的教学用书。

图书在版编目(CIP)数据

检测技术及钻井仪表/鄢泰宁,胡郁乐,张涛编著.—武汉:中国地质大学出版社,2009.1
ISBN 978-7-5625-2324-6

Ⅰ.检…
Ⅱ.①鄢…②胡…③张…
Ⅲ.钻井-检测仪表
Ⅳ.TE927

中国版本图书馆 CIP 数据核字(2009)第 007352 号

检测技术及钻井仪表		鄢泰宁　胡郁乐　张　涛　编著
责任编辑:段连秀	策划编辑:段连秀	责任校对:林　泉
出版发行:中国地质大学出版社(武汉市洪山区鲁磨路 388 号)		邮政编码:430074
电　话:(027)67883511	传真:67883580	E-mail:cbb @ cug.edu.cn
经　销:全国新华书店		http://www.cugp.cn
开本:787 毫米×1092 毫米 1/16		字数:410 千字　印张:15.625
版次:2009 年 1 月第 1 版		印次:2009 年 1 月第 1 次印刷
印刷:武汉市教文印刷厂		印数:1—3 000 册
ISBN 978-7-5625-2324-6		定价:29.00 元

前 言

检测是一切科技活动的基础环节，检测技术及其现代化仪表已广泛应用于包括地质工程和钻井(探)工程在内的各行各业。检测技术的水平已成为衡量一个国家、一个行业现代化水平的重要标志之一。

地质工程和钻井(探)工程涉及到人类面临的资源、能源和环境三大主题，是一个资金密集型和技术密集型行业。它在石油、天然气、煤层气、固体矿产资源、地热、地下水勘探开发，地球科学钻探，环境钻探与治理，非开挖铺管工程、国防建设钻井和地质灾害治理等工程领域得到广泛的应用。钻井(探)工程是一个复杂的动态系统，主要由地层、钻具、钻井液及地面装备四个子系统组成。其中，后三个子系统都安装了不同类型的传感器。在钻井过程中，为了使钻头沿着设计轨迹钻达靶区并保持井眼稳定性(减少或避免井下复杂情况和事故)，为了优选钻井参数以提高钻进速度和钻井质量，都离不开现代检测技术。

如果说当前石油、天然气钻井已经用现代检测技术武装起来的话，那么工程地质钻探、找矿岩芯钻探和水文水井钻探等领域由于历史的原因和行业的特点，应用检测技术的水平还较低，还未完全摆脱凭经验打钻的现状，严重制约了钻探生产水平的提高和技术进步。而工程地质钻探、找矿岩芯钻探和水文水井钻探等工程又是国民经济不可或缺的领域，尤其在国务院发出《关于加强地质工作的决定》(国发〔2006〕4号文)后，为了推进深部和外围找矿工作，必须为各类钻探机械及其配套设备配置参数检测仪表，实施钻探过程的连续监测，识别并预报孔内异常工况。这是由凭经验打钻走向科学施工的必由之路，是降低孔(井)内事故率，实现高效、低成本钻探生产的关键技术措施之一，也是历代钻探工作者多年追求的战略目标。同时，近年来随着电子技术、计算机技术和信号传输与处理技术的进步，现代检测技术也越来越先进，越来越方便。现代检测技术应用于传统的钻探工程领域不仅是必要的，而且是可行的。这也就是近年来各相关院校都把检测技术作为钻井(探)工程、勘察技术与工程专业必修课的原因之所在。

目前市场上虽然已有适用于机械、工业自动化、航空等专业的有关测试技术的教材出售，但是地质工程和钻井(探)工程的工作环境、施工对象与上述行业有很大的差异，对检测技术及其仪表的要求及侧重点也不尽相同。因此，急需一本能结合本专业需要的正式教材。

这次出版的《检测技术及钻井仪表》教材是在原由中国地质大学（武汉）主编，成都理工大学（原成都地质学院）参编的《检测技术与勘察工程仪表》（鄢泰宁、曹鸿国、乌效鸣编著，1996年出版）基础上改编而成。该书曾获中国大学出版协会中南地区优秀教材二等奖和中国地质大学教学成果三等奖，但随着时代的发展和技术的进步，随着专业目录调整，原书中的内容已难适应今天教学的需要。为此，我们在改编过程中删除了一些已经落后或普及了的知识及与钻井（探）工程关系不密切的内容，增加了较多与现代钻井技术密切相关的检测仪表内容及其举例，同时保留了原书分为两大部分的格局。第一部分以工程检测技术的基础知识、共性的内容为主，适当结合专业举例，力图概念清楚、准确，为学生掌握常用检测原理，正确选用检测仪表打好基础；第二部分则从专业的特色出发，就钻井（探）工程各主要参数的检测方法、国内外钻井仪表等内容展开讲述。在选材和编写指导思想上，既强调了检测技术为本专业当前和今后的需要服务，又注意到检测技术作为一门独立的学科体系及其发展前景。

全书共分七章，其中第一章、第二章的第一至第五节、第三章、第五章由鄢泰宁编写，第二章的第六至第九节和第四章由胡郁乐编写，第六章、第七章由张涛编写。最后由主编鄢泰宁负责全书的文字及图件的统稿工作，对部分内容进行了改写或增删，并补充了第六章第三节、第七章的第二节和第七节的内容。

本教材在编写过程中参考了兄弟院校近年来出版的教学用书，也参考了国内外同行在有关刊物和会议上发表的成果，得到了中国地质大学教务处和中国地质大学出版社的大力支持，在此一并表示衷心的感谢。还要感谢中国石油集团钻井工程技术研究院苏义脑院士、北京合康科技发展有限责任公司薛维总经理、俄罗斯萨玛拉地平线有限公司 Г. А. 格里加什金总经理和俄罗斯全俄地球物理研究院井内遥测系统部门经理 В. П. 丘普罗夫为本书提供的许多理论联系实际的资料。

本教材既包含了工程检测技术的基础理论、基础知识和基本技能，又反映了检测技术为本专业服务的最新科技成果，内容丰富，深入浅出，理论联系实际，为教师讲授提供了较大的选择取舍空间。既可供地质工程和钻井（探）专业、矿山机械（侧重于地质工程机械）专业以及相近专业的本科生、研究生作为教材，也可作为从事地矿与油气钻探、水文水井、工程地质钻探与地质灾害治理钻孔施工的技术人员、管理人员培训或专业成人教育的教学用书。

由于作者水平有限，加之该书中涉及的知识面广泛，书中难免有错误和不足之处，敬请广大读者批评指正。

作　者

2008年8月28日于武汉

目　录

第一章 绪 论

第一节 检测技术的发展及其在国民经济中的作用

检测技术是一门古老而又年轻的技术基础学科,是人类在自身的社会发展和科技进步中创造并发展起来的。说它“古老”,指的是从远古时代起,人类为了生存就本能地进行一些原始的测量。例如,人们为了掌握时间而发明的“日晷”,就是最原始的时间测量装置。长度的测量也是这样,原始方法是利用人体的手臂长度为标准,但手臂长度是因人而异的,于是出现了统一的度量——“王码”,即截一段与国王的手臂长度相等的木材作为“尺度”,至今“王码”还保存在英国的博物馆里。随着农业生产、贸易活动的展开和战争的需要,我们的祖先已学会了观测天象以确定农时季节,用简单的测量工具进行土地丈量、谷物称重,还制作了计里程车和指南车等功能单一的“仪器”。后来,随着社会的进步和生产力的发展,中国、罗马的统治者曾下令统一了国内的度量衡器。这时已开始出现了某些原始的检测理论。

虽然检测技术古已有之,但是作为一门独立的学科,现代检测技术是近半个多世纪才发展起来的,所以说它又是一门年轻的发展中的学科。随着世界近代工业、农业和军事技术的发展,检测技术的测量对象愈来愈广泛,几乎遍及所有的理、工、医、农学科和某些社会科学领域。由于学科之间的差异和对测量的精度要求愈来愈高,检测技术就要在传统机械测量的基础上,不断寻找新的检测手段。

当代从事科学研究与生产施工的技术人员面临的已不仅是传统的静态测量(测量那些不随时间变化或变化很缓慢即准静态的物理量),而是越来越多不可避免的动态物理量测试。图1-1是动态测试在整个测量中所占比重(随年代变化的曲线),从图中可以看出,到20世纪60年代动态测试的比例已超过50%,进入21世纪就已超过90%。动态测试的要求是准确、快速地对生产过程进行连续监测。如果说静态测试中强调的是测量系统输入与输出的数值对应关系,重视数值的误差分析,那么动态测试强调的则是输入与输出信号上的对应关系,它以信号的不失真复现分析作为基础。因此,现代检测技术需要研究的是信号的获取、信号的加工、信号的处理与分析,以及信号的记录等一系列流程所依存的系统和环节,包括硬件和软件以及它们的组合。

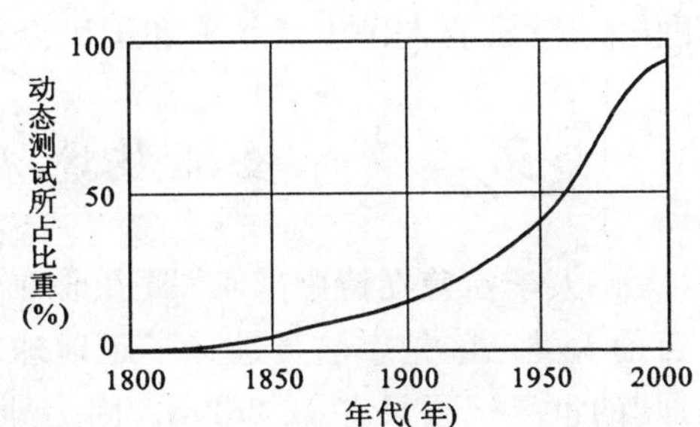

图1-1 动态测试的发展

从古人用“日晷”“立竿见影”的办法粗略地估测时间,到后人利用谐振系统的周期(机械钟表)较准确地计量时间,直至今天人们以铯原子基态超精细结构的能级跃迁为基础,以30万年约误差不大于1秒的准确度测量时间,在历史的长河中,检测技术的巨大进步与科学技术的发展是密不可分的。检测技术在不断吸取其他基础学科、边缘学科的新理论、新成果(半导体技术、光导纤维、声学、计算机技术、通信技术、遥感技术、自动化技术以及近代物理、数理统计、控制论、信息论等)的过程中,自身也得到了飞速的发展。反过来,检测技术的进步又加速了科学技术的发展,这种相辅相成的关系推动着社会生产力不断前进。如果说这种关系历来就存在的话,那么现代科学技术和现代检测技术的关系比任何时候都更为密切。

中国有句古话:“工欲善其事,必先利其器”。用这句话来说明检测技术与科学技术的关系是很恰当的。这里,所谓“事”可以理解为科学技术,而“器”则是检测仪表。翻开科学发展史就会看到,许多重大的科学成就几乎都与某种新的检测仪器的诞生密切相关。1665 年,虎克利用光学显微镜首先发现了细胞,促进了生物学的发展。伽里略发明了望远镜,促进了天文学的发展,等等。因此,可以认为没有检测技术就没有现代科学技术。

在“科学技术是第一生产力”的今天,先进的检测手段在国民经济中的作用越来越大,例如,正因为我国的西安卫星监控中心进入了世界先进行列,才能保证长征运载火箭准确无误地把同步卫星送到预定位置,才能保证神五、神六载人飞船顺利返回。2007 年 10 月 24 日我国成功地把嫦娥一号卫星送入太空,并实现绕月飞行。绕月飞行并不是我们的目的,目的在于利用嫦娥 1 号卫星及其上面安装的 CCD 立体相机、激光高度计、成像光谱仪、伽马/X 射线谱仪、微波探测仪和太阳风粒子探测器等仪器对月球进行探测,以获取月球表面三维立体影像;分析月球表面 14 种有用元素含量和物质类型的分布特点;利用微波辐射技术,获取月球表面月壤的厚度数据;探测地球至月亮的空间环境。可见只有配以世界先进水平的检测手段,才可能实现达到国际水平的科学目标。同样,如果在机械加工中沿用陈旧的检测方式,即经过几个加工过程后再进行人工质量检验,则必然会出次品甚至废品。而现代精密机械工艺中的检测,是在工件加工过程中对各种参数(例如位移量、角度、圆度、孔径等)和影响加工质量的间接参量(例如振动量、温度乃至刀具的磨损等)进行实时监测,实时处理,并实现反馈控制。只有这种在线检测-处理-控制三位一体,才能保证预期的高质量要求。

总之,检测技术在国民经济各行各业中的应用之广是不言而喻的。可以说,没有现代化的检测技术,就没有人民生活水平和国民经济的现代化。

第二节　检测技术在钻井(探)中的地位与现状

大诗人李白曾在诗中感叹“蜀道难难于上青天”,似乎世界上最难的事是“上天”。其实不然,目前人类已经把宇航员送上了距地球 384 401km 的月球,把仪器送上了更遥远的火星,但“入地”的世界记录只有 12 262m。因为地壳的密度比大气层大数千倍,而且随深度增大,地层的压力和温度将增高,这些因素都使得“入地”更难。

所谓“入地”指的是钻井(探)工程。它涉及到人类面临的资源、能源和环境三大主题,是一个资金密集型和技术密集型行业。它在石油、天然气、煤层气、固体矿产资源、地热、地下水勘探开发,地球科学钻探,环境钻探与治理,非开挖铺管工程和国防建设钻井等工程领域得到广泛的应用。图 1-2 表明,随着需求量增大和技术进步,全世界及美国、加拿大、中国、俄罗斯的石油、天然气钻井数量基本趋势都是逐年增加。

钻井工程是一个复杂的动态系统,主要由地层、钻具、钻井液及地面装备四个子系统组成。其中,后三个子系统都安装了多个不同类型的传感器。在钻井过程中,为了使钻头沿着设计轨迹钻达靶区并保持井眼稳定性(减少或避免井下复杂情况和事故),为了优选钻井参数以提高

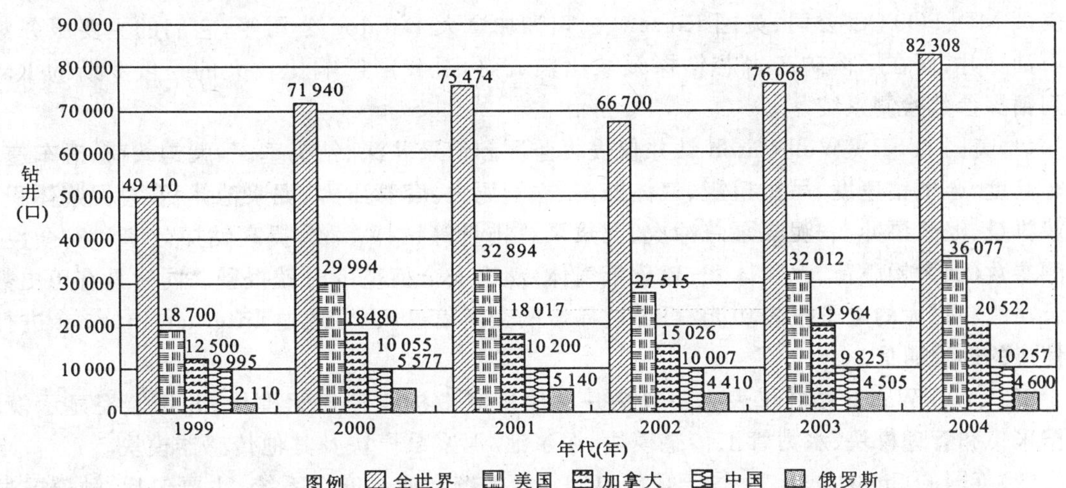

图 1-2 1999—2004 年全世界及美国、加拿大、中国、俄罗斯的油气钻井数量

钻进速度和钻井质量，为了提高固井质量及测试成功率，都离不开现代检测技术。

近百年来，世界石油、天然气钻井技术的进展，可以粗略地划分为如下几个发展阶段。

(1)“摸着钻”——20 世纪 50 年代以前，主要凭经验钻井；

(2)“算着钻”——从 20 世纪 50 年代至 80 年代初，在多种力学模型和理论算法的支持下，钻井开始走向“科学”；

(3)“看着钻”——从 20 世纪 80 年代初至 90 年代，随钻测量仪可监测并显示钻井方向参数、井下钻压、扭矩、振动、环空温度及地层参数；

(4)“变着钻”——从 20 世纪 80 年代中后期至今，可实现不起钻遥控调节井下钻具组合的结构和工作状态，大大增强了井眼轨迹控制的能力，实现大位移钻井；

(5)“自动钻”——从 20 世纪 80 年代末开始，国外某些公司通过井下闭环方式实现井眼轨迹的自动控制，形成了当今国际钻井界方兴未艾的最新热点。

如果说当前石油、天然气钻井已经进入了“看着钻”和“变着钻”阶段的话，那么工程地质钻探、找矿岩芯钻探和水文水井钻探等领域应用检测技术的水平还较低，由于历史的原因和行业的特点，基本上还处在“算着钻”的阶段，甚至少数单位仍在“摸着钻”，还未摆脱凭经验打钻的现状，严重制约了钻探生产水平的提高和技术进步。而工程地质钻探、找矿岩芯钻探和水文水井钻探等工程又是国民经济不可或缺的领域，尤其在国务院发出《关于加强地质工作的决定》(国发[2006]4 号文)后，为了推进深部和外围找矿工作，必须为各类钻探机械及其配套设备配置参数检测仪表，实施钻探过程的连续监测，识别并预报孔内异常工况。这是由凭经验打钻走向科学施工的必由之路，是降低孔(井)内事故率，实现高效、低成本钻探生产的关键技术措施之一，也是历代钻探工作者多年追求的战略目标。同时，近年来随着电子技术、计算机技术和信号传输与处理技术的进步，现代检测技术也越来越先进，越来越方便。现代检测技术应用于传统的钻探工程领域不仅是必要的，而且是可行的。这也就是近年来各相关院校都把检测技术作为钻井(探)工程、勘察技术与工程专业必修课的原因之所在。

近十几年来，世界上不少国家都已生产并应用了许多功能各异的钻井(探)工程仪表，其中一些先进的仪表把现代传感技术、电子技术和微机及其数据处理软件结合起来，组成了功能齐全，能自动显示、记录并自动约束与报警的钻井(探)过程监测系统。其中代表国际水平的主要是美国 MD TOTCO 公司、英国 Rigserv 公司和加拿大 Datalog 公司等，它们的主要服务对象是石油钻井，而在固体矿产岩芯钻探领域比较成熟，对我国影响比较大的是俄罗斯的 КУРС 系列钻探参数检测系统。

(1)美国的 SR－WellWatch 钻井仪表可监测和记录井深、钻头垂深、大钩载荷、滑车速度、滑车高度、起下钻速度、吊钳扭矩、气体探测、立管压力、套管压力、泥浆池体积、总泥浆体积、总泥浆排量、泥浆泵冲次、泥浆泵总冲次、泥浆泵总排量等钻探参数，提高钻探效率和安全性，当检测参数(如大钩载荷、泥浆体积、硫化氢气体)超出安全值范围时就报警。同时具有历史数据记录功能和强大的电子报表功能，可通过局域网交换信息，也可通过 Internet/Intranet 进行钻井信息的远程通信。

SR－WellWatch 钻井仪表主要包括井场值班室微机监控显示模块、井场监控显示模块、数据采集和管理模块、水力管汇传感模块、泥浆池/泥浆泵模块及其他传感器模块。

(2)英国的 SmartDrill 21 属于智能自动钻探系统和滑车安全系统，主要包括：触摸屏显示和控制模块、控制电路模块、传感器和人机交互模块。它使用了可编程逻辑控制器和触摸屏技术，通过传感器和人机交互界面来优化钻进过程并确保钻进安全。系统通过绞车上的编码器检测滑车运动速度，通过重量检测系统或大钩荷载传感器检测钻头压力，再根据预设的参数和传感器的反馈来控制钻头压力或钻进速度，实现自动平稳钻进。

(3)加拿大的 WW EDR 电子钻井仪表可监测目前市场上所有钻探和地质数据传感器，包括 LWD(随钻测井)、MWD(随钻测量)，监测井深、钻速、钻压、扭矩、立管压力、转速、泵冲次等钻进参数，密度、温度和电导率等泥浆参数，还可监测分析气体成分。系统可添加岩性参数记录，可输出 LAS、Excel 和 Access 格式的数据。系统通过触摸屏美观实用的用户界面，以各种方式显示数据，打印实时数据或者历史数据，并通过 TCP/IP 网络连接可让你在任何地点获得准确、实时的数据。用户还可为所有参数自行设置报警限。

(4)俄罗斯的 КУРС 钻探参数检测系统与 УКБ－5、УКБ－7、УКБ－8 系列新型钻机(立轴式)配套使用，可监测大钩载荷、钻压、转速、泵压、泵量、钻速、扭矩等钻进参数，其中用安装在钻机给进油压系统的压磁式传感器测钻压，用拉力传感器测大钩载荷，用压磁式传感器测泵压，用涡轮流量计测泵量，用装在钻机立轴上的测速发电机测钻速，用连在直流电机驱动轴上的测速发电机测转速，用间接法测扭矩。

(5)国内石油钻井常用的"神开"钻井参数仪测量参数主要有：时间、井深、垂深、钻时、进尺、大钩负荷、钻压、转盘转速、转盘扭矩、大钳扭矩、立压、套压、泵冲 1、泵冲 2、泵冲 3、入口与出口的泥浆流量、密度、温度、电导率、单池泥浆体积、起下钻泥浆池体积、泥浆的溢漏、成本，还有烃组分等录井参数。

(6)中国地质大学(武汉)的 DDW－3 型钻探微机多功能监测系统、CUG－1 型钻探微机智能监测系统和无传输信号线钻探参数微机多功能监测系统可实时采集钻压、转速、扭矩、泵压、泵量、功率、钻速、进尺、孔深九个钻进参数；可对五个主要参数设置上、下约束槛值，实现自动监测与报警；具有"历史"数据和曲线回放功能；可编制并输出各类报表。

当然，以上产品和成果基本都是检测钻场地表参数，但真正的钻进过程是发生在地下深处，所以检测井底钻探参数的意义更加重要，同时难度也更大。它不仅要解决井下恶劣环境下的参数检测问题，还要解决井底信号向地表传输的问题。近年来国外一些钻井仪器公司和中国石油总公司石油勘探研究院、中国地质大学(武汉)都推出了可完成井内钻井参数检测的仪器。以先进的地质导向技术为例，它利用近钻头地质、工程参数测量和随钻控制手段来保证实际井眼穿过储层并取得最佳位置。其中，国外公司(如 Schlumberger 的 GST 系统、Halliburton 公司的 PZST 系统、俄罗斯萨玛拉地平线公司的 ZTS 系统)和中国石油集团钻井研究院分别采用泥浆脉冲或电磁波方式向地表传输信号，实现了近钻头的伽马、电阻率、井斜实时测量及上传。

我们相信，如果广大钻井(探)工程技术人员熟悉并掌握了检测技术，能够正确选择并应用钻井(探)仪表，或者能从本行业的特点出发与从事检测技术的专业人员一道研制开发新的仪表，为生产服务，那么我国的钻井(探)工程技术水平将跃上一个新台阶，钻井(探)工程学科本身也将走向进一步繁荣。

第三节 检测系统的组成及其发展趋势

检测系统的各个组成部分通常以信息流的过程来划分，一般由信号采集、信号处理和结果表达三部分组成(图 1-3)。

信号采集——传感器(变送器，换能器)是测量系统中的一种前置部件，它将输入变量转换成可供测量的电信号；

信号处理(转换)——由于传感信号一般混杂有其他干扰信号和噪声，为了提取有用信号，方便随后的处理过程，需要将信号整形、放大、滤波、线性化，或转换成数字信号等处理，这些由中间变换装置来完成；

信号的结果表达——最后将测量结果显示、记录，或提供反馈控制信号。

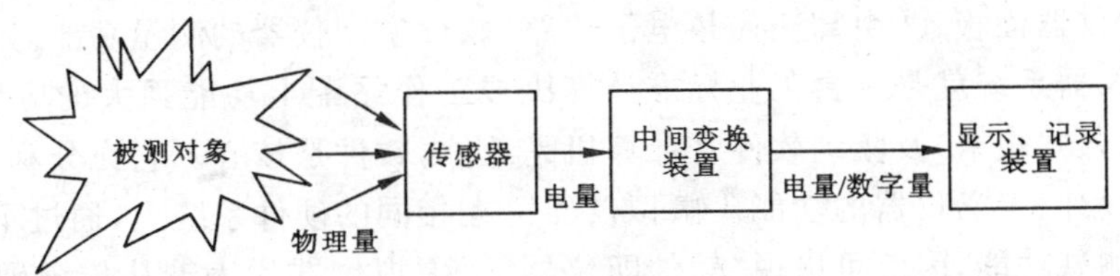

图 1-3 检测系统的组成

传感器是一个把被测物理量转换成电量的装置。例如，钻压传感器把油压信号或大钩钢丝绳的拉力转换为电阻参数的变化。传感器在检测系统中占有重要的位置，它获得信号的正确与否，关系到整个检测系统的精度。如果传感器的误差很大，后续的信号转换部分再精密，也难以提高检测系统的精度。

信号处理(转换)是对传感器送出的信号进行加工，如将电阻抗变为电压信号，将信号放大、滤波、量程变换、线性化，以及转换成数字编码信号等。经过这样的加工，使之变为一些合乎需要，便于输送、显示、记录以及可作进一步后续处理的信号。从广义上看，这也是传感器与信号处理之间的一种“接口”。在传统模拟仪器里，这些功能都由硬件电路来实现。

检测的目的是使人们了解要测的数值大小，所以必须有显示与记录装置。目前常用的显示方式有三种：模拟显示、数字显示和图像显示。模拟显示是利用指针对标尺的相对位置来显示读数，如毫安表、毫伏表等。数字显示是用数码来显示读数，如数字电压表等。图像显示是用屏幕显示读数或者被测参数的变化曲线；对于动态过程的检测，不仅要读出信号的瞬时值，还要了解它的变化过程，所以光有显示仪表还不够，还必须把信号送至自动记录设备，如笔录仪、计算机显示屏、打印机和绘图仪等。

上述所列检测系统各组成部分都是"功能块"的含义，在实际检测工作中，这些功能块所表达的具体内涵可能伸缩性很大。检测系统的任务是测出被测对象中人们感兴趣的某些特征性参数信号，不管中间经过多少环节的变换，在这些过程中必须不失真，也不受干扰地把所需信息通过其信号载体传送到输出端。这就要求系统本身具有不失真传输信号的能力，还要具有在外界干扰条件下，能够提取和辨识信号中所含有用信息的能力。

检测系统在一定程度上是人类感官的某种延伸。但它比人的感官能获得更客观、更准确的量值，更宽阔的量程，更迅速的反应。随着技术进步，钻井(探)参数仪表正由过去的机械、液压仪表向数字化、模块化、智能化、集成化和网络化方向发展；一次仪表向集成、高精度、低漂移发展；二次仪表向计算机处理、绘图成像、智能方向发展；程序软件向人机界面图符化、处理信息大型化、多功能化发展；数据传输向网络化、Internet 方向发展。现代检测系统已在传统模拟检测仪器的基础上发展为嵌入微处理器的智能仪表、虚拟仪表和正在出现的网络检测系统。

智能仪表引入了"软件"环节，将微处理器、存储器、接口等芯片与传感器等融合在一起，形成目前应用最为广泛的智能仪器。它有专用的小键盘、开关、按键及显示屏等，多使用汇编语言，体积小，专用性强。它已不仅是单纯的感官延伸，而是经过对所测结果的实时处理，还能把最能反映研究对象过程本质的特征提取出来并加以识别，具有处理、存储、解析及自诊断、自校准、自适应等功能。

由于计算机技术的进步，在检测仪表领域，计算机技术与仪表相结合，形成了一种新概念——虚拟仪器。所谓虚拟仪器，是在以通用计算机为核心的硬件平台上，由用户设计定义，具有虚拟面板，测试功能由测试软件实现的一种计算机仪器系统。这里的"虚拟"有两个必备要素：①虚拟的仪器面板；②由算法代替电子线路，软件实现仪器的测量功能。

一套虚拟仪器系统就是一台工业标准计算机或工作站配上功能强大的应用软件、低成本的硬件(例如插入式板卡)及驱动软件。计算机是载体，软件是核心。它充分利用计算机技术，可由用户自己设计、定义仪器的功能。虚拟仪器可在相同的硬件系统上，通过不同的软件来实现完全不同的测试功能，因此可以说"软件即仪器"。虚拟仪器代表着从传统硬件为主的测量系统到以软件为中心的测量系统的根本性转变。有了虚拟仪器，用户只能使用制造商提供的仪器功能的传统观念正在改变，用户自己设计、定义的范围进一步扩大；同一台虚拟仪器可在更多场合应用，用户可以完全根据自己的需求组建测量和自动化系统。常用的虚拟仪器用开发软件有 LabVIEW、LabWindows/CVI、VEE 等。

目前正在出现的网络检测系统是智能化测量(控制)技术与 Internet 网结合的新产物。如图 1-4 所示，一个科学钻井平台需要多台计算机系统来测量和监控钻机、泵组等设备的钻进过程参数、泥浆性能参数、井(孔)内参数、岩样分析参数等。还必须测量主设备的电压、电流、功率、功率因数以及各种辅助设备的运行状态，然后进行综合处理。将各种被监测的重要参数进行数字或模拟显示，自动调整运行工况，对某些超限参数进行声、光报警或采取紧急措施，并把所测数据自动导入数据库系统，再通过 Internet 网发送至各后方管理部门和机构，实现资源共享。

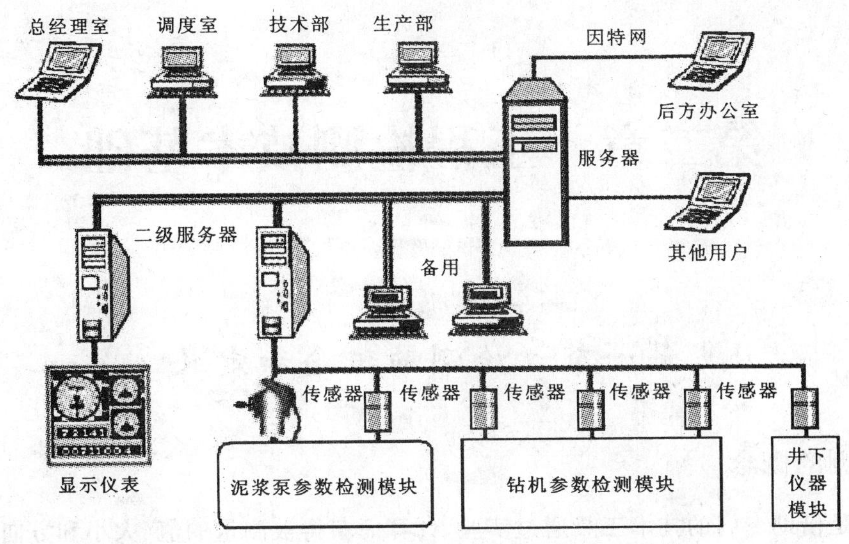

图 1-4　用于钻井(探)平台的网络检测系统组成示意图

第四节　本课程的内容与要求

本课程的内容共分两大部分。前四章主要介绍通用的工程检测技术，并适当举一些结合钻井(探)专业特点的实例。在这四章中系统地阐述了检测技术在国民经济和钻井(探)工程中的地位、现状及发展趋势，检测技术的基本知识，获取被测信号的常用传感元件，检测信号的预处理等内容。后三章着重结合钻井(探)工程的特点。分别就钻井(探)界所关心的主要参数，研讨常用的检测方法、原理及其传感器的结构与用法，通过实例介绍国内外较成功的钻井过程监测系统，并用一章的篇幅对具有应用前景的定向钻井随钻测量系统进行专门介绍。

检测技术是一切专业技术的基础环节，目前已成为大专院校理工科专业的必修课程。随着国家对资源和能源的需求量不断增大，国民经济对钻井(探)专业人才的需求量也与日俱增。我们相信，未来的钻井(探)工程师们在今后的生产和科研工作中必定离不开检测技术及钻井工程仪表。

检测技术作为一门边缘的信息学科，它综合了现代物理学、数学、力学、电工学、电子学、数理统计和计算机技术等方面的成果，具备上述基础是学好本课程的前提。但是，我们不可能按仪器仪表专业、电子技术专业的基础来要求钻井(探)工程专业的学生。加之学时较少，实验手段有限，所以在教材编写的指导思想上强调检测技术与本专业当前和今后的需要相结合，以讨论检测技术的基本理论，变换元件的物理基础，传感器的结构、原理、测量程序和选用依据，钻井仪表(检测系统)的组成、功能、原理等内容为重点。由于工程中各种检测对象的类型及其所处的环境条件可能有较大的差异，为了适应各种工况，变换元件和传感器的类型和规格很多，在教材中不可能详细列举。

学生通过这门课程的学习，应能较系统地掌握检测技术及钻井(探)工程仪表的"三基"内容，能从本专业的实际问题出发提出参数检测任务的方案，会正确选择适用的检测原理与方法，能正确对传感器进行选型设计，懂得一个仪表或检测系统从参数的信号获取到检测信号的输出应具备什么样的结构，与从事仪器仪表设计的专业人员有共同语言，能与他们共同研制与开发勘察工程仪表和监测系统。

第二章　工程检测技术基础

第一节　检测的概念和定义

一、检测的概念

检测就是借助专门的技术工具通过实验、计算而获得被测量的值(大小和方向)。可见,检测即是对被测对象的信息采集过程。这一过程必须在限定的时间内尽可能正确地采集被测对象的未知信息,以便掌握其工作状况,从而实现对生产过程的监测与控制。

工程检测技术中,通常采用直接检测和间接检测的方法。

直接检测是把事先标定好的测量仪器仪表对被测的量进行比较实验,从而得出该量的数值。由于直接检测简便易行,因而是工程技术领域应用最广的一种测量方法。具体测量时,因选用检测仪表原理的差异,又有偏差法、零位法和微差法之别。

间接检测即不是直接测量待求量 x,而是对与待求量 x 有确定性函数关系的其他物理量 $y_1, y_2, \cdots, y_m$ 进行直接检测,然后再通过已知函数关系求出该待测量 x 的值,即 $x=f(y_1, y_2, \cdots, y_m)$。例如,欲测量电功率 P,一般不是直接测量功率 P,而是根据 $P=IU$ 的函数关系,先直接测量 I 和 U,然后经乘法运算再间接求得电功率 P 的数值。当然,间接检测比直接检测似乎复杂一些,但在直接检测不方便时,误差较大时,或没有相应仪器仪表时就必须采用间接检测方法。

二、检测的定义

根据古典检测概念的狭义理解,检测就是把被测量与同性质的标准量进行比较,并确定出被测量对标准量的倍数。所谓标准量,是作为该被测物理量的计量单位,其量值为国际上或国家所公认的,且具有足够的稳定性。用数学公式表征上述定义,则有:

$$x = A_x \cdot A_e \tag{2-1}$$

式中:x 为被测物理量;A_e 为被测量所选定的计量单位,即标准量;A_x 为比值,与所选定的计量单位比较,是被测量的无量纲倍数值。

由(2-1)式可知,A_x 的大小随所选定的计量单位 A_e 而定。所采用的计量单位愈小,对既定的被测量而言,其比值 A_x 愈大,故测量精确度有可能愈高。为了正确地表征检测结果,必须在检测结果 x 后面标明标准量 A_e 所用的单位,检测结果应是有量纲的数值。

现代检测技术的应用领域在不断地扩展,它是对被测信号进行检出变换、分析处理、判断、控制、显示等环节的有机统一的综合过程,因而广义检测系统(图 2-1),已冲破了古典检测的狭义概念,这正是检测技术发展的必然趋势。

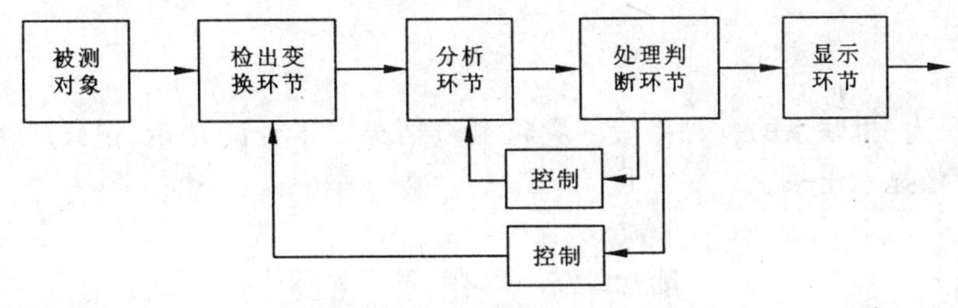

图2-1　广义检测系统框图

三、检测仪表的基本功能

检测仪表(装置或系统)是实现检测的技术手段,虽然其结构类型可以千差万别,但在实现检测任务时所具备的基本功能却是一致的。一般说来,检测仪表都具有检出变换、标准量保存、运算比较和操作显示四种功能。

1. 检出变换功能

检测的关键在于被测量和标准量进行比较。被测量能直接与标准量比较的场合不多,通常是被测量和标准量需预先变换成两者都便于检出和比较的某个中间量,再行比较。例如,用水银温度计测量室温时,室温(被测量)被变换成玻璃管内水银柱的热膨胀位移量,而温度的标准量则预先被传递到玻璃管的标尺分度上。这时被测量和标准量都变换成同性质的线位移(中间量),这样就可以进行比较了。可见,通过变换才能实现检测,或使检测更为方便。因而,检测仪表的检出变换功能是整个检测技术的核心。

从被测对象中检出被测量x后,还应按一定的变换函数$y=f(x)$关系,将其变换成所需的输出量y。显然,最简单、最理想的变换规律,是输出量y与被测量x成线性关系($y=kx$),但这只是理想的情况。实际物理系统中,还有许多其他影响因素(如$u_1,u_2,\cdots,u_m$)以不同方式和程度影响着输出量y,故实际的测量仪表中,其变换环节的输出量与输入量之间应是一个多变量函数关系,即

$$y=f(x,u_1,u_2,\cdots,u_m) \tag{2-2}$$

放大环节可看作仪表变换功能的一种特殊形式,即同类量间的变换。

与变换功能密切相关的是仪表同时应具有选择功能。也就是说,测量仪表响应被测量x的同时,还应具有抑制影响量(如$u_1,u_2,\cdots,u_m$)的能力。选择性也是测量仪表检出变换功能的重要指标。

2. 标准量保存

任何一个检测仪表都保存有标准量(或标准中间量),以便直接或间接地与被测量比较。在模拟式仪表中,标准量一般以仪表的刻度盘形式予以保存。而数字仪表中,一般则以稳定的脉冲或标准时间段作为标准量保存下来。

显然,检测仪表所保存的标准量的精度之高低,将直接决定该仪表的精度。

3. 运算比较

一般经变换后的被测量,就能直接或间接地与检测仪表所保存的标准量进行比较。在模拟式仪表中,比较过程由测量者对刻度盘的读数来完成。而数字仪表的比较过程,实际上就是脉冲的计数过程。

现代检测仪表(装置或系统),往往包含有极强的运算功能,如备有微处理机的测量仪器仪表便是典型例证。

4. 显示操作

显示操作是人-机联系的一种手段。它将测量结果以指针的转角、记录笔的位移、数字及符号、文字或图像显示出来。

第二节　信号概述

一、信息与信号

在生产和科学实验中,经常要对客观存在的物体或物理过程进行观测,这些客观存在的事物包含着大量标志其自身所处的时间、空间特征的数据和“情报”,这就是该事物的“信息”。信息论认为,信息就是客观事物的时间、空间特殊性,是无所不在、无时不存的,是一个“场”的概念。但是人们为了某种特定的目的,总是从浩如烟海的信息中把所需要的部分提取出来,所需了解的那部分信息以各种技术手段表达出来,供人们观察和分析,这种信息的表达形式称为“信号”。也就是说,信号是某一特定信息的载体,而在检测过程中信号又以状态参数(可能是离散的,也可能是连续的)的形式来记录。例如,一台钻机在某一时间对某一地层钻进的过程中,会有声音、振动、旋转、位移等一系列内部特征和外部特征表现,但操作者可以通过仪器观测反映的有关参数(如钻压、钻速、扭矩)变化情况来研究钻进过程,这些就是反映钻进过程的信号。通过处理与分析这些信号,便可了解在具体条件下的孔内工况是否出现了显著性变化。

二、信号的分类

被观测的信号可以分成两大类:确定性信号与非确定性信号。如图 2-2 所示,确定性信号和非确定性信号还可进行更细的分类。

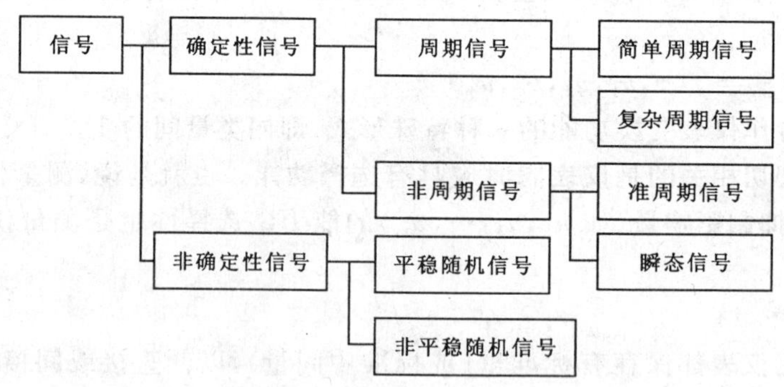

图 2-2　信号的分类框图

1. 确定性信号

确定性信号是能用明确的数学关系式表达的信号。确定性信号根据其波形是否有规律地重复分为周期性信号和非周期性信号。

周期性信号是按一定周期 T 重复的信号。简谐信号是最简单的周期信号,任何周期信号都可以看作是简谐信号的合成。

非周期信号没有重复周期。非周期信号包括瞬态信号和准周期信号两类。准周期信号是由有限个简谐信号合成的一种非周期信号。设信号 $x(t)$ 由两个简谐信号合成。即

$$x(t) = A\sin 2t + b\sin(\sqrt{3}t + \theta)$$

两个简谐信号的角频率分别为 2 和$\sqrt{3}$,它们的周期分别为 π 和 $2\pi/\sqrt{3}$。由于二者没有最小公倍数,或者说由于两个角频率的比值为无理数,它们之间没有一个共同的基本周期,所以信号 $x(t)$ 是非周期的,但它又是由简谐信号合成的,故称之为准周期信号。

2. 非确定性信号

非确定性信号是无法用明确的数学解析关系式表达的信号,即无法预见对应于某一瞬时信号幅值的数值。这种信号通常又可称为“随机信号”。例如盲人的步行路线,环境噪声等都属于这一类信号。随机信号只能用概率统计的规律加以描述。

信号还可按其取值情况分为模拟(连续)信号和离散信号。模拟信号是指在某一自变量间隔内,信号的幅值可以取连续范围内的任意数值,如图 2-3(a)所示。而离散信号是指自变量在某些不连续数值时才具有幅值的信号,如图 2-3(b)所示。作为离散信号的特例,各离散点的幅值也可以离散化,如以二进制的编码表示,则称为数字信号。

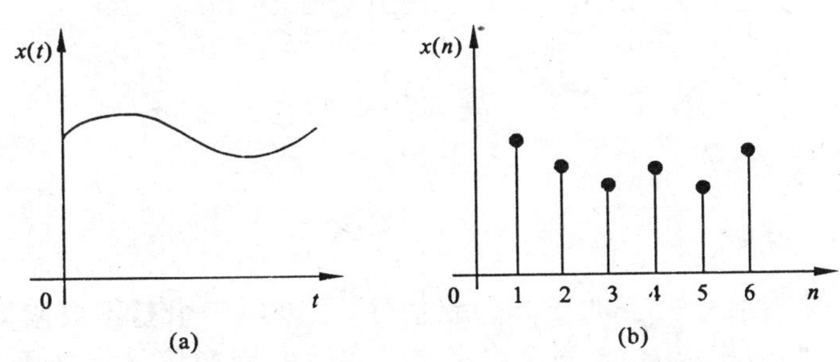

图 2-3 模拟信号(a)和离散信号(b)

三、信号的描述

在工程实践中,绝大多数信号都是随时间而变化的量,通常用“时间域”概念来描述,即描述该信号随时间变化的性质。时域分析只能反映信号幅值随时间的变化情况,除单频率分量的简谐波外,很难明确揭示信号的频率组成和各频率分量大小。因此,在检测技术中往往还采用“频率域”概念来描述信号。即采用傅立叶变换将时域信号 $x(t)$ 变换为频域信号 $x(f)$,以帮助人们从另一个角度了解信号的特征。频域参数对于设备转速、固有频率等参数物理意义更明确。

频率域的描述能把一复杂信号分解成某种类型基本信号之和,最常用的是正(余)弦信号,每一个正(余)弦信号的频率是确定的,作为一个“频率成分”。一个复杂信号能分解出多少个正(余)弦信号,就认为这个复杂信号有多少个频率成分。以频率结构来描述复杂信号的方法称为“频域描述”。进行频域描述的图形则称为“频谱图”。图 2-4 即为频域描述概念的说明图。

总之,时域和频域描述是一个信号在不同域中的两种表示方法,其信号的信息量并不发生改变。一个信号从时域转化为频域描述的数学方法是傅立叶分析法。

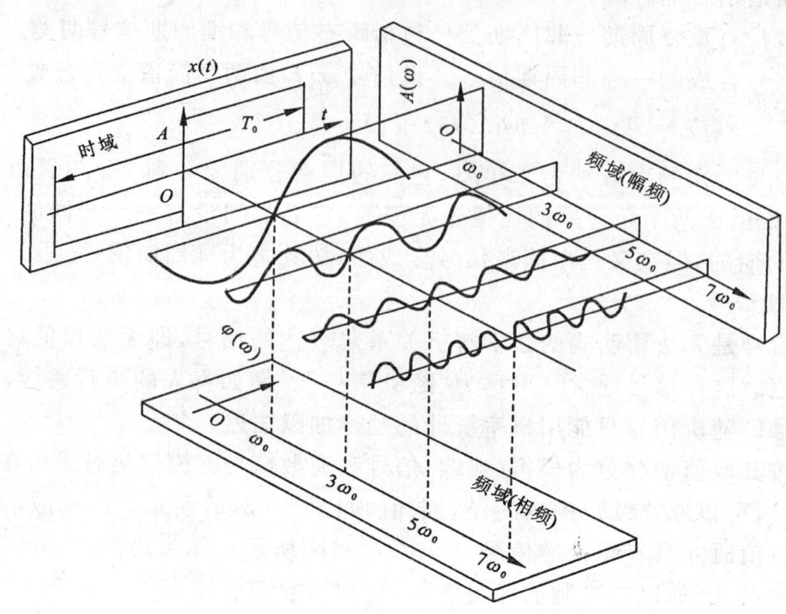

图 2-4 频域描述概念的说明图

第三节 周期信号的描述

一、周期信号的分解

我们知道，作为基本信号之一的正(余)弦信号，可以用三个基本要素即振幅 A、圆频率 ω（或频率 f，$f=\omega/2\pi$）和初相角 φ_0 来完全确定之。实际的周期信号往往不是仅含一个正(余)弦的简单周期信号。根据高等数学的推演，一个周期函数 $x(t)$ 如满足狄里赫利条件，则可展开成傅立叶级数，用许多个正(余)弦函数之和来表示。

1. 三角傅立叶级数

周期信号 $x(t)$ 的三角傅立叶级数表达式为

$$x(t) = a_0 + \sum_{n=1}^{\infty}(a_n \cos n\omega_0 t + b_n \sin n\omega_0 t) \tag{2-3}$$

式中：a_0、a_n 和 b_n 称为傅立叶系数，可由下式求取

$$\left.\begin{aligned} a_0 &= \frac{1}{T}\int_{-\frac{T}{2}}^{\frac{T}{2}} x(t)\mathrm{d}t \\ a_n &= \frac{2}{T}\int_{-\frac{T}{2}}^{\frac{T}{2}} x(t)\cos n\omega_0 t\mathrm{d}t \\ b_n &= \frac{2}{T}\int_{-\frac{T}{2}}^{\frac{T}{2}} x(t)\sin n\omega_0 t\mathrm{d}t \end{aligned}\right\} \tag{2-4}$$

式中：T 为该周期信号的周期；$\omega_0 = 2\pi/T$ 为该周期信号的基频。

将(2-3)式中的正弦、余弦项合并，可得

$$x(t) = a_0 + \sum_{n=1}^{\infty} A_n \cos(n\omega_0 t - \varphi_n) \tag{2-5}$$

式中：$A_n=\sqrt{a_n^2+b_n^2}$ 为各频率成分的振幅；$\varphi_n=\mathrm{tg}^{-1}\left(\frac{-b_n}{a_n}\right)$ 为各频率成分的初相角。

(2-5)式表明周期信号 $x(t)$ 可以用一个常值分量 a_0 和无限多个谐波分量之和表示。其中 $A_1\cos(\omega_0 t-\varphi_1)$ 为一次谐波分量(或称基波)。基波的频率与信号的频率相同，高次谐波的频率为基频的整数倍。高次谐波又可分为奇次谐波(n 为奇数)和偶次谐波(n 为偶数)。周期函数 $x(t)$ 具有奇偶特性时，其傅立叶级数展开式有较大的简化，计算起来更为方便。

如果一周期函数是一奇函数，即 $x(t)=-x(-t)$，可以由傅立叶系数公式得出 $a_0=0$，$a_n=0$；如果一周期函数是一偶函数，即 $x(t)=x(-t)$，由傅立叶系数公式可以得出 $b_n=0$。

2. 复数傅立叶级数

傅立叶级数还可以写成复指数函数形式。根据欧拉公式

$$\left.\begin{aligned}\cos n\omega_0 t&=\frac{1}{2}(e^{-jn\omega_0 t}+e^{jn\omega_0 t})\\ \sin n\omega_0 t&=\frac{1}{2}(e^{-jn\omega_0 t}-e^{jn\omega_0 t})\end{aligned}\right\}\tag{2-6}$$

式中：$j=\sqrt{-1}$。

将(2-6)式代入(2-3)式并简化则得傅立叶级数的复数形式

$$x(t)=\sum_{n=-\infty}^{+\infty}c_n e^{jn\omega_0 t}\qquad(n=0,\pm1,\pm2,\cdots)\tag{2-7}$$

其中

$$c_n=\frac{1}{2}(a_n-jb_n)=\frac{1}{T}\int_{-\frac{T}{2}}^{\frac{T}{2}}x(t)e^{-jn\omega_0 t}\mathrm{d}t\tag{2-8}$$

c_n 称为复数傅立叶系数，它的模和相角表示 n 次谐波的振幅和相位，即

$$\left.\begin{aligned}|c_n|&=\frac{\sqrt{a_n^2+b_n^2}}{2}=\frac{A_n}{2}\\ \varphi_n&=\mathrm{arctg}\frac{-b_n}{a_n}\end{aligned}\right\}\tag{2-9}$$

由于(2-7)式中谐波次数 n 值可正可负，因此势必会有($-\omega$)出现，这是由于从实数形式的傅氏级数过渡到复数形式的傅氏级数，用复数表示正弦和余弦，所以($-\omega$)完全是由于用复数表示引起的，无实际意义。

例 2-1　图 2-5 所示方波的函数表达式为

$$x(t)=\begin{cases}1 & 0<t<\dfrac{T}{2}\\ -1 & -\dfrac{T}{2}<t<0\end{cases}$$

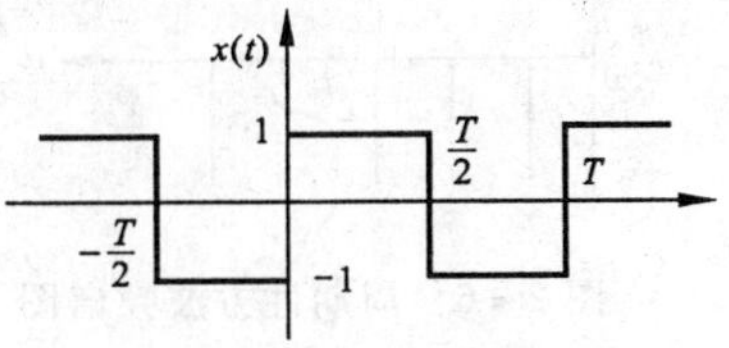

试将其分解为傅立叶级数。

图 2-5　方波信号波形

解　因为函数波形对称原点，所以是一个奇函数，

因而 $a_0=a_n=0$

$$b_n=\frac{2}{T}\int_{-\frac{T}{2}}^{\frac{T}{2}}x(t)\sin n\omega_0 t\mathrm{d}t=2\,\frac{2}{T}\int_0^{\frac{T}{2}}x(t)\sin n\omega_0 t\mathrm{d}t$$

$$=\frac{4}{T}\left[-\frac{1}{n\omega_0}\cos n\omega_0 t\right]_0^{\frac{T}{2}}=\frac{2}{n\pi}(1-\cos n\pi)$$

$$=\begin{cases}0 & n\text{为偶数}\\ \dfrac{4}{n\pi} & n\text{为奇数}\end{cases}$$

$$x(t)=\frac{4}{\pi}\sin\omega_0 t+\frac{4}{3\pi}\sin 3\omega_0 t+\frac{4}{5\pi}\sin 5\omega_0 t+\cdots$$

$$=\frac{4}{\pi}\cos(\omega_0 t-\frac{\pi}{2})+\frac{4}{3\pi}\cos(3\omega_0 t-\frac{\pi}{2})+\frac{4}{5\pi}\cos(5\omega_0 t-\frac{\pi}{2})+\cdots \tag{2-10}$$

二、周期信号的频谱

以频率(或圆频率)为横坐标，幅值 A_n 或相角 φ_n 为纵坐标所作的图称为频谱图。频谱图通常包括幅频谱图($A_n-\omega$ 图)、相频谱图($\varphi_n-\omega$ 图)两部分，图 2-6 为周期性方波的频谱图，图中的线段称为谱线，每条谱线代表一个谐波分量。由于方波的偶次谐波幅值为零，所以图中只有奇次谐波。

由频谱图 2-6 可以看出，周期信号的频谱具有如下特点：

(1)频谱由不连续谱线组成，每条谱线代表一个谐波分量。这种频谱称为离散频谱。

(2)谱线间的间隔等于基波频率 ω_0 的整数倍，即各谐波频率 $n\omega_0$ 都是基波频率的整数倍。

(3)工程中常见的周期信号，其谐波幅度总的趋势是随谐波次数的增高而减小。

从理论上讲，一个周期信号可利用傅氏级数分解成无限或有限个谐波分量。但实际应用中不可能取无穷多项，只能取有限项来近似表示，这就必然造成误差。例如，方波的傅氏展开式为(2-10)式，图 2-7 表明谐波项数越多，叠加后的波形越接近实际的方波波形，图中的阴影线部分为误差部分。

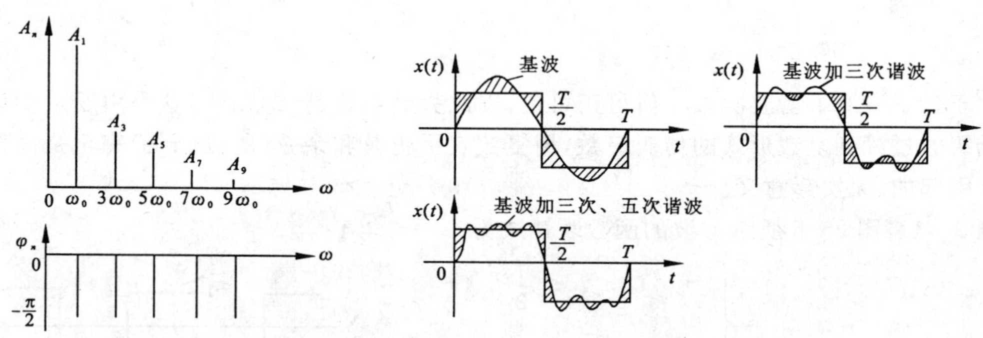

图 2-6　周期性方波频谱图　　图 2-7　谐波项数与方波近似程度

由于谐波的幅值总趋势是随谐波次数的增高而减小，信号的能量主要集中在低频分量，所以谐波次数过高的那些分量所占能量很少，可忽略不计。那么应取多少项合适呢？工程上提出了“信号频带宽度”的概念。信号频宽的大小与允许误差的大小有关。通常把频谱中幅值下降到最大幅值 1/10 时对应的频率作为信号的频宽，称为 1/10 法则。

信号的频宽也可以根据信号的时域波形粗略地确定。表 2-1 为常见周期信号的波形及其频带宽度。可以看出，有突跳的信号(如序号 1、3 的波形)频带宽度较宽，无突跳的信号(如序号 2、4 的波形)变化较缓，频宽较窄，可取基频的 3 倍为频宽。

表 2－1　常见周期信号的波形及其频宽

序号	1	2	3	4
波形				
频宽	$10\omega_0$	$3\omega_0$	$10\omega_0$	$3\omega_0$

选择测量仪器时其工作频率范围必须大于被测信号的频宽，否则会引起信号失真，造成较大的测量误差。因此在选用仪器之前，必须了解被测信号的频带宽度。

三、周期信号的强度

周期信号的强度用其峰值、均值、有效值和平均功率来表述(图 2－8)。

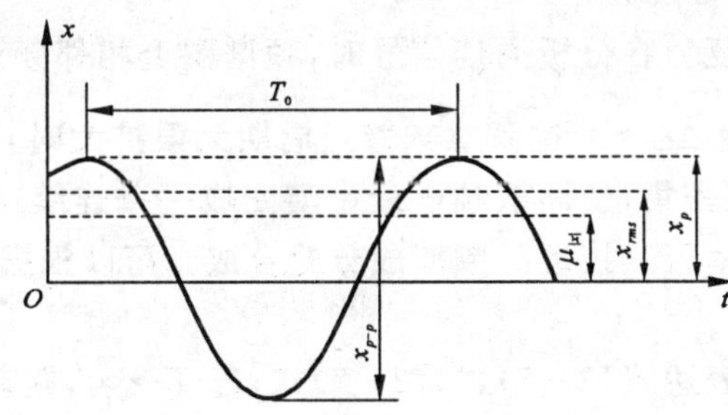

图 2－8　周期信号的强度表示

1. 峰值

峰值信号可能出现的最大瞬时值，即

$$x_p = |x(t)|_{\max} \tag{2-11}$$

在某些需要得到被测量极限值的场合，测量的就是峰值。

2. 峰峰值 x_{p-p} 是在一周期内最大瞬时值与最小瞬时值之差。

3. 均值

均值是信号的常值分量，表示信号的静态分量，即信号直流分量的大小。信号在一个周期内的平均值为

$$\mu_x = \frac{1}{T}\int_0^T x(t)\,\mathrm{d}t \tag{2-12}$$

4. 有效值(或均方根值)

有效值反映信号的功率大小，即

$$x_{rms} = \sqrt{\frac{1}{T}\int_0^T x^2(t)\,\mathrm{d}t} \tag{2-13}$$

有效值与信号的平均功率有关，通常所说交流电压为 220V 或 380V，指的就是电压有效值的大小。

5. 平均功率(或均方值)

平均功率表示信号能量的大小，是信号强度量值的基本描述。

$$P = \frac{1}{T}\int_0^T x^2(t)\,\mathrm{d}t \tag{2-14}$$

第四节 非周期信号的描述

非周期信号包括准周期信号和瞬态信号。其中，准周期信号可以由若干个简谐信号合成，只是组成信号的正(余)弦信号的频率之比是无理数，找不到它们的共同周期，但这种信号在频域表达上却(与周期信号一样)是离散频谱。在工程技术领域内，各个独立振源对某对象激振形成的振动往往属于这一类信号。瞬态信号是指除准周期信号以外的非周期信号。通常习惯所称的非周期信号就是指这种信号。常见的非周期信号有矩形脉冲信号、指数衰减信号、单一脉冲信号等。瞬态非周期信号在频域表达上是连续频谱。

一、频谱密度函数

非周期信号不能通过傅氏级数分解成许多正(余)弦谐波之和。但为了了解其频域描述，可采用分析周期信号的思路，把一个非周期信号当作一个周期无限大的周期信号来处理，只是这种信号在无穷远处才重复。在分析周期信号时，频谱图上相邻频谱谱线的频率间隔为$\frac{2\pi}{T}=\omega_0=\Delta\omega$，现在周期$T\to\infty$使$\Delta\omega\to 0$，这就意味着当周期无限扩大时，周期信号频谱谱线间的间隔在无限缩小，谱线在无限密集，使离散频谱最后演变成一条连续曲线。因此，可以把非周期信号理解为是无限多个频率极其接近的频率成分的合成。可以根据这种思路来导出非周期信号的频域表达式。

对于周期函数的指数表达式(2-7)式、(2-8)式，若$T\to\infty$，则有两种变化：一是积分限从时间轴的局部扩大到时间轴的全部$(-\infty,\infty)$；二是由于$\frac{1}{T}=\frac{\omega_0}{2\pi}$，在$T\to\infty$时，$\Delta\omega\to d\omega$，离散化频率$n\omega_0$转化为连续变化频率$\omega$，无限多项累加转化成连续积分，于是可导出

$$X(\omega)=\int_{-\infty}^{\infty}x(t)e^{-j\omega t}\,dt \tag{2-15}$$

$$x(t)=\frac{1}{2\pi}\int_{-\infty}^{\infty}X(\omega)e^{-j\omega t}\,d\omega \tag{2-16}$$

(2-15)式称为傅立叶变换(FF)，(2-16)式称为傅立叶逆变换(FFT)，两者合称为傅立叶变换对。傅立叶变换对可将时域函数变换为频域函数。$X(\omega)$表示角频率为ω处的单位频带宽度内频率分量的幅值与相位，称为函数$x(t)$的频谱密度函数(或简称频谱函数)。

频谱密度函数为实变量ω的复函数，可以写成

$$X(\omega)=|X(\omega)|e^{j\varphi(\omega)}$$

$$|X(\omega)|=\sqrt{X_R^2(\omega)+X_I^2(\omega)}$$

$$\varphi(\omega)=\mathrm{tg}^{-1}\frac{X_I(\omega)}{X_R(\omega)}$$

式中：$|X(\omega)|$为幅频谱函数；$\varphi(\omega)$为相频谱函数；$X_R(\omega)$、$X_I(\omega)$分别为频谱密度函数的实部和虚部。

例 2-2 求如图 2-9 所示矩形脉冲函数的频谱

$$x(t)=\begin{cases}1 & |t|<\tau\\ 0 & |t|>\tau\end{cases}$$

解 根据傅立叶变换，其频谱密度函数为

$$X(\omega)=\int_{-\infty}^{\infty}x(t)e^{-j\omega t}\mathrm{d}t=\int_{-\tau}^{\tau}e^{-j\omega t}\mathrm{d}t=\frac{1}{j\omega}\left[e^{j\omega t}-e^{-j\omega t}\right]=2\tau\frac{\sin\omega\tau}{\omega\tau}$$

其虚部为零，频谱函数为实函数，故相频谱为零，幅频谱图如图 2－10 所示。

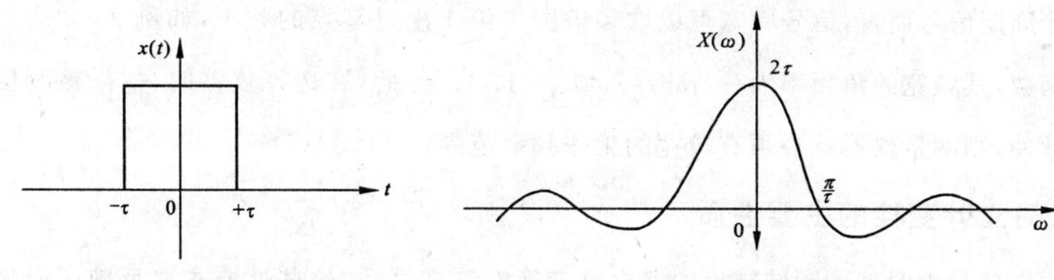

图 2－9　矩形脉冲函数　　图 2－10　矩形脉冲频谱

当 $\omega=0$ 时，$X(\omega)$ 取得最大值，即 $X(0)=\lim\limits_{\omega\to 0}2\tau\dfrac{\sin\omega\tau}{\omega\tau}=2\tau$

当 $\omega=\dfrac{n\pi}{\tau}(n=1,2,\cdots)$ 时，$X(\omega)=0$。

由矩形单脉冲函数的频谱可以得出如下重要结论：

(1)如果脉冲宽度 τ 很大，信号的能量将大部分集中在 ω 的附近[图 2－11(a)]。

(2)当脉冲宽度不断增大，在极限情况下，$\tau\to\infty$，脉冲信号变成直流信号，频谱函数成为 $\omega=0$ 的一条直线[图 2－11(b)]。

(3)当脉冲宽度 τ 减小时，频谱中的高频分量增加，信号频带宽度增大[图 2－11(c)]。

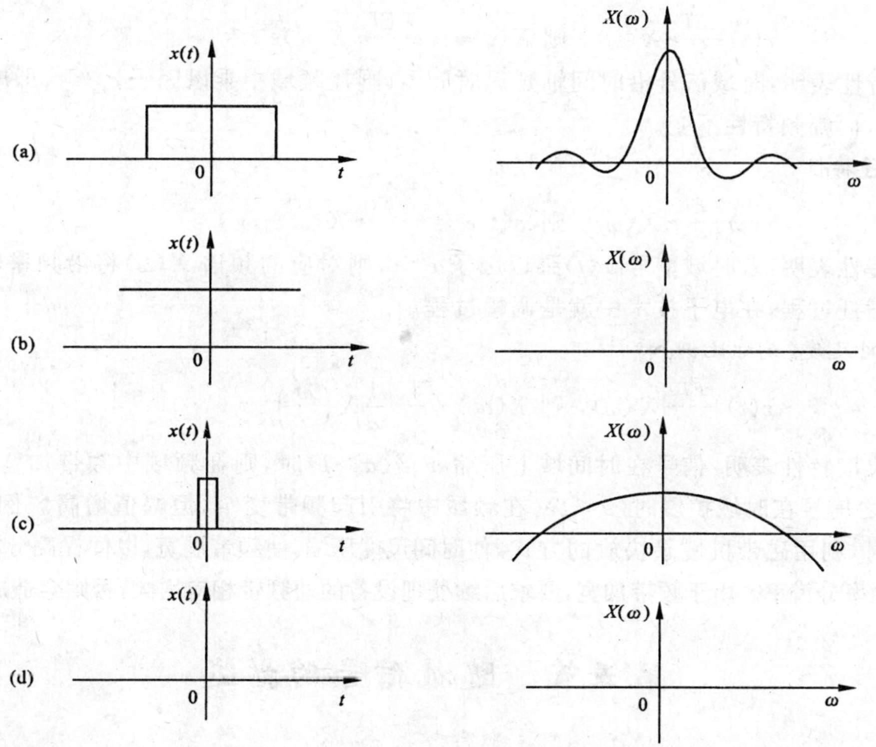

图 2－11　脉冲宽度与频谱的关系

(4)对于无限窄的脉冲,即当 $\tau \to 0$ 时,频谱函数变成一条平行于 ω 轴的直线,并扩展到全部频率范围,信号的频带宽度趋于无限大[图 2-11(d)]。这就是为什么可以用冲击试验来代替正弦试验的原因。

对非周期信号而言,信号频宽可以取频谱图中第 1 次过零点的频率,如例 2-2 所示的矩形脉冲函数,其频宽的角频率为$\frac{\pi}{\tau}$(rad/s),或$\frac{1}{2\tau}$(Hz)。因此,在选择仪器时,如果被测信号是一个窄脉冲,则测量仪器就必须有较宽的工作频率范围。

二、傅立叶变换的主要性质

非周期信号由时域到频域转换的傅立叶变换有许多性质,这些性质主要反映了时域函数的某些特征、运算和变化在频域函数上会产生何种相应的特征、运算和变化,以及频域对时域的相反影响。这些性质在实际应用中常使计算工作简化。

1. 线性叠加性

若 $x_1(t)$和 $x_2(t)$的傅氏变换分别为 $X_1(\omega)$和 $X_2(\omega)$则

$$a_1x_1(t)+a_2x_2(t)\xrightarrow{FT}a_1X_1(\omega)+a_2X_2(\omega) \tag{2-17}$$

2. 对称性

若

$$x(t)\xrightarrow{FT}X(\omega),\text{则 }X(t)\xrightarrow{FT}2\pi x(-\omega) \tag{2-18}$$

则表明:若时域信号 $x(t)$与频谱函数 $X(\omega)$有相同波形,则 $X(t)$的频谱为 $2\pi x(-\omega)$,它与 $x(t)$有相似的波形。

3. 时延特性

若

$$x(t)\xrightarrow{FT}X(\omega),\text{ 则 }X(t-t_0)\xrightarrow{FT}X(\omega)e^{-j\omega t_0} \tag{2-19}$$

时延特性表明:时域信号沿时间轴延迟时间 t_0,则在频域中乘以因子 $e^{-j\omega t_0}$,即减小了一个相位角 ωt_0,而幅频特性不变。

4. 频移特性

若

$$x(t)\xrightarrow{FT}X(\omega),\text{ 则 }x(t)e^{-j\omega t_0}\xrightarrow{FT}X(\omega-\omega_0) \tag{2-20}$$

频移特性表明:若时域信号 $x(t)$乘以因子 $e^{j\omega t_0}$,则对应的频谱 $X(\omega)$将沿频率轴平移 ω_0。这种频率搬迁过程,在电子技术中就是调幅过程。

5. 时间尺度(或称比例)特性

若

$$x(t)\xrightarrow{FT}X(\omega),\text{ 则 }X(at)\xrightarrow{FT}\frac{1}{a}X\left(\frac{\omega}{a}\right) \tag{2-21}$$

时间尺度特性表明:信号在时间域上压缩 a 倍($a>1$)时,则在频域中频带加宽,幅值压缩 $1/a$ 倍;反之信号在时域扩展时($a<1$),在频域中将引起频带变窄,但幅值增高。例如,在处理低频信号时,利用磁带机慢录快放的方式,使时间尺度压缩,使频带展宽,以便提高分析仪器对低频信号的频率分辨率。由于频带加宽,要求后续处理设备的通频带相应增大,否则会造成失真。

第五节 随机信号的描述

以上两节讨论了确定性信号的描述,对于非确定性信号(随机信号),由于无法用确定的数学解析式来表达,也无法用实验的方法重复再现,所以对它的描述要借助统计参数(概率密度函数、均值、方差等数字特征量)，以及功率谱密度函数等。

随机信号在客观世界中是普遍存在的，在检测过程中也不例外。例如，在动态检测钻进过程中就会发现，尽管钻进参数未变，岩层未变，但在重复持续采样中，会得到不完全相同的(钻速、扭矩等)信号值。这些信号对于自变量(时间)的每一给定值是一个随机函数。当然，如果深入分析，也许其中隐含了周期性或准周期性信号的成分。自变量为时间 t 的随机函数，通常称为随机过程。随机函数用 $x(t)$ 表示。如图 2-12 中的每个测量结果 $x_i(t)$ 叫做随机函数的一个样本，而 $x(t)$ 表示这些随机函数样本的集合(总体)，并记为

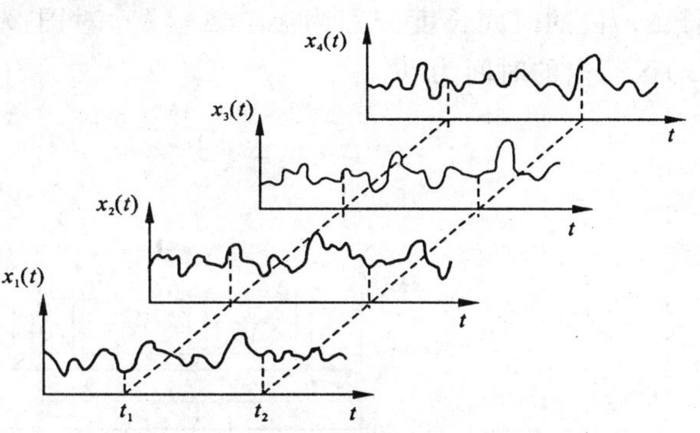

图 2-12 随机信号的样本函数

$$x(t) = \{x_1(t), x_2(t), \cdots, x_N(t)\} \tag{2-22}$$

随机过程可分为平稳随机过程和不平稳随机过程两类。在工程实际中，许多随机过程都可近似看作平稳随机过程，并具有各态历经性——在平稳随机过程中，任一单个样本函数的时间平均统计特征等于该过程的集合平均统计特征。一般讨论随机过程时，不加说明者都认为符合于上述假定。

一、平均值、均方值、均方根和方差值

(1)随机信号的平均值 μ_x 定义为样本记录 $x(t)$ 在整个时间坐标上的积分平均，即

$$\mu_x = \lim_{T\to\infty} \frac{1}{T}\int_0^T x(t)\mathrm{d}t \tag{2-23}$$

式中：μ_x 为平均值，物理含义是随机信号变化的中心趋势，即稳定分量或直流分量；$x(t)$ 为某一样本函数；T 为观察时间。

(2)随机信号的均方值 ψ_x^2 反映信号的强度或功率。定义为

$$\psi_x^2 = \lim_{T\to\infty} \frac{1}{T}\int_0^T x^2(t)\mathrm{d}t \tag{2-24}$$

均方值的平方根 $X_{rms} = \sqrt{\psi_x^2}$，称为均方根值，又称为有效值(RMS)，也是信号平均能量的一种表达。

(3)随机信号的方差值 σ_x^2 定义为

$$\sigma_x^2 = \lim_{T\to\infty} \frac{1}{T}\int_0^T [x(t) - \mu_x]^2 \mathrm{d}t \tag{2-25}$$

方差的平方根(正值) σ_x 称为标准差，在误差分析中它是一个很重要的参数，它是去除了均值后的均方值，所以它是信号幅值相对于均值的分散程度。由于去除了稳定分量，所以它反映了信号波动分量(动态分量)的强度。

方差、平均值和均方值之间的关系为

$$\sigma_x^2 - \psi_x^2 - \mu_x^2 \tag{2-26}$$

二、概率密度函数

随机信号的概率密度函数表示一个随机信号的幅值落在某一指定范围内的概率。它是幅

值的函数，用来表征随机信号幅值的统计特性。假设在记录时间 T 内，信号幅值落在区间(x, $x+\Delta x$)内的时间长度分别为 $\Delta t_1, \Delta t_2, \cdots$，对图 2－13 所示的随机信号，$x(t)$值落在($x$, $x+\Delta x$)区间内的时间为 T_x。

$$T_x = \Delta t_1 + \Delta t_2 + \cdots + \Delta t_n = \sum_{i=1}^{n} \Delta t_i$$

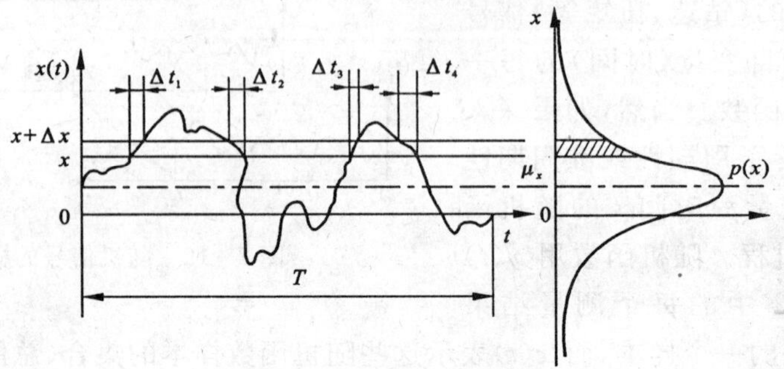

图 2－13　概率密度函数的计算

当样本函数的记录时间 T 趋于无穷大时，信号在该区间的概率为

$$P[x < x(t) < x + \Delta x] = \lim_{T \to \infty} \frac{\Delta t_1 + \Delta t_2 + \Delta t_3 + \cdots}{T} = \lim_{T \to \infty} \frac{T_x}{T}$$

概率密度函数定义为

$$p(x) = \lim_{\Delta x \to 0} \frac{P[x < x(t) < x + \Delta x]}{\Delta x} = \frac{\mathrm{d}P}{\mathrm{d}x} \tag{2-27}$$

不同的随机信号，其概率密度函数的图形不同，借此可以鉴别信号的特征，认识和区分各种不同的信号，并作为机械关键部位设计的依据。图 2－14 为常见随机信号及其概率密度函数的图形。

三、相关分析

相关代表的是客观事物或过程中某两种特征量之间联系的紧密性。

在静态测量中由于所测得的是数值，所以相关就表达了某两种特征量数值之间的关联程度。

动态测试中信号的相关性反映信号波形相互联系紧密性的一种函数。相关函数可以更深入地揭示信号的波形结构。

1. 自相关函数

自相关函数是信号在时域中特性的平均度量，它是描述信号在一个时刻的取值与另一个时刻的取值的依赖关系。自相关函数就是信号 $x(t)$和它的时移信号 $x(t+\tau)$的乘积的平均值，是时移变量 τ 的函数。

随机函数 $x(t)$的自相关函数 $R_{xx}(\tau)$定义为

$$R_{xx}(\tau) = \lim_{T \to \infty} \frac{1}{T} \int_0^T x(t) x(t+\tau) \mathrm{d}t \tag{2-28}$$

自相关函数具有如下主要性质：

(1)当 $\tau = 0$ 时，自相关函数为最大值，且等于信号的均方值，即

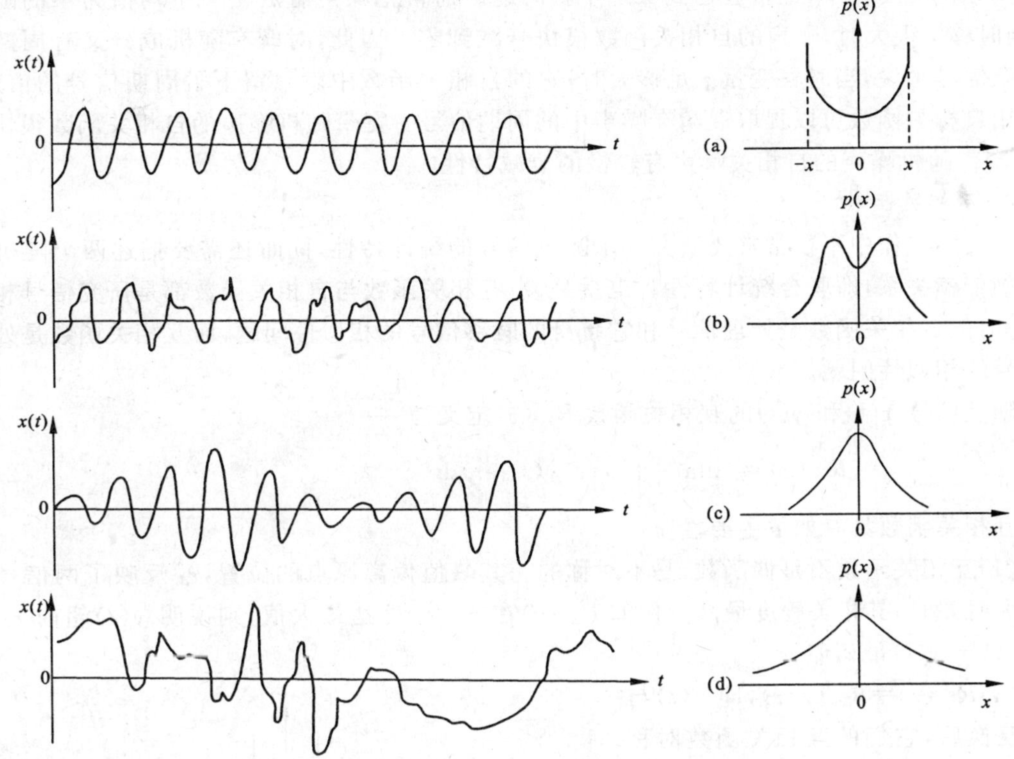

图 2-14　随机信号及其概率密度函数

(a)正弦信号(初始相角为随机量);(b)正弦信号加随机噪声;(c)窄带随机信号;(d)宽带随机信号

$$R_{xx}(0)=\lim_{T\to\infty}\frac{1}{T}\int_0^T x^2(t)\mathrm{d}t=\psi_x^2 \tag{2-29}$$

自相关函数的 $R_{xx}(0)$ 反映信号的平均功率。

(2)自相关函数是偶函数,其图形对称于纵轴。即 $R_{xx}(\tau)=R_{xx}(-\tau)$,因此不论时移方向是超前还是滞后($\tau$ 为正或负),函数值不变。

(3)周期信号的自相关函数仍是周期函数且周期相同。

(4)若随机信号中不含有周期成分,当 $\tau\to\infty$ 时,$R_{xx}(\tau)\to\mu_x^2$,即

$$\lim_{T\to\infty}R_{xx}(\tau)=\mu_x^2$$

实际工程应用中,常采用自相关系数 $\rho_{xx}(\tau)$ 来度量其相关程度,其定义为

$$\rho_{xx}(\tau)=\frac{R_{xx}(\tau)-\mu_x^2}{\sigma_x^2} \tag{2-30}$$

当 $\tau=0$ 时,$\rho_{xx}(0)=1$,说明相关程度最大;当 $\tau=\infty$ 时,$\rho_{xx}(\infty)=0$,说明信号 $x(t)$ 与 $x(t+\tau)$ 彼此无关。由于 $|R_{xx}(\tau)|\leqslant R_{xx}(0)$,所以有 $|\rho_{xx}(\tau)|\leqslant 1$。$\rho_{xx}(\tau)$ 值的大小表示信号相关性的强弱。图 2-15 为典型的自相关函数图形。

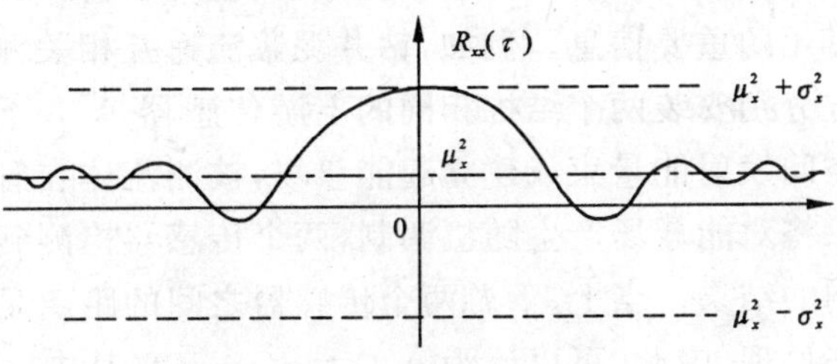

图 2-15　自相关函数特性

实际检测工作中，经常会遇到噪声干扰问题。通常把噪声看成是一个均值为零的随机信号，当时移 τ 很大时，噪声的自相关函数很快衰减到零。因此，对既有随机成分又有周期成分的复杂信号来说，当时移变量 τ 足够大时，它的自相关函数中就只留下了周期信号的信息，所以利用自相关函数可以提取混淆在噪声中的周期信号。宽带随机噪声的自相关函数很快衰减到 0，窄带随机噪声的自相关噪声有较慢的衰减特性。

2. 互相关函数

在实际工作中不仅常常要研究一个随机信号的统计特性，同时还需要描述两个随机信号之间的依赖关系，即联合统计特性。也就是说，互相关函数与自相关函数都是研究信号相似性的工具，但自相关函数是处理信号和它自身的时移信号的相似性问题，而互相关函数是处理两个信号的相似性问题。

随机信号 $x(t)$ 和 $y(t)$ 的互相关函数 $R_{xy}(\tau)$ 定义为

$$\hat{R}_{xy}(\tau)=\lim_{T\to\infty}\frac{1}{T}\int_0^T x(t)y(t+\tau)\mathrm{d}t \tag{2-31}$$

互相关函数具有如下主要性质：

(1)互相关函数不是偶函数，是不对称的。其峰值偏离原点的位置，τ_d 反映了两信号在错开多大时差时，其相关程度最高。例如 $R_{xy}(\tau)$ 在 $\tau=\tau_d$ 处达最大值，则说明 $y(t)$ 超前 τ_d 时间后，$x(t)$ 与 $y(t)$ 最相似。

(2)$R_{xy}(\tau)=R_{xy}(-\tau)$，即 $x(t)$ 与 $y(t)$ 互换后，它们的互相关函数对称于纵轴(图 2-16)。该式说明使信号 $y(t)$ 在时间上超前，与使另一信号 $x(t)$ 滞后，其结果是一样的。

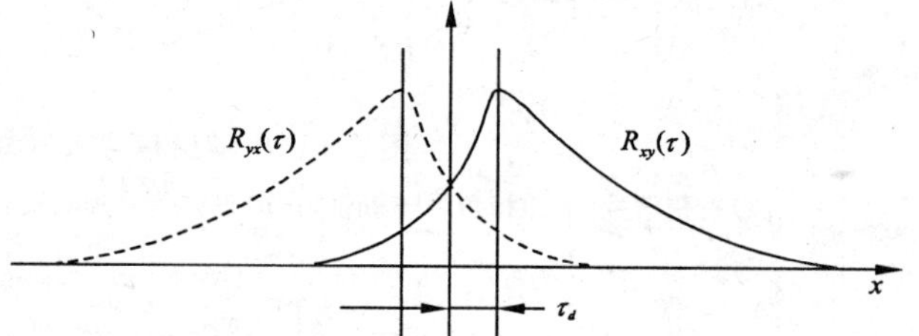

图 2-16 互相关函数的对称性

(3)周期相同的两个周期信号之互相关函数仍是周期函数，其周期不变且相位信息不丢失。例如设两个周期信号为 $x(t)=A\sin(\omega t+\theta_x)$ 和 $y(t)=B\sin(\omega t+\theta_y)$，则其互相关函数为

$$R_{xy}(\tau)=\frac{AB}{2}\cos[\omega\tau(\theta_y-\theta_x)] \tag{2-32}$$

由此可见，互相关函数保留了两个信号的共同频率分量的频率、幅值和相位差的信息。

(4)两个频率不同的周期信号之间相互不相关。对于随机信号 $x(t)$ 和 $y(t)$，若两者之间没有同频的周期成分又无直流成分，则当时差 τ 很大时，$x(t)$ 与 $y(t+\tau)$ 两者相乘可正可负，积分后会抵消，即 $\underset{\tau\to\infty}{R_{xy}}(\tau)=0$。当有直流成分时，$\underset{\tau\to\infty}{R_{xy}}(\tau)=\mu_x\mu_y$。

在工程上，通过对相关函数的测量与分析，利用相关函数本身所具有的特性，可以获得许多有用的重要信息。例如，钻井泥浆流速互相关测量系统(图 2-17)在沿管道轴线相距 L 的地方分别安装两个结构相同的上游传感器 A 和下游传感器 B。当传感器被激励时将向其内部空间发射能量束或建立起能量场，被测流体在管道内流动时被测流体内部存在的随机噪声现象将对能量场产生随机调制，两个传感器检测到的流动噪声信号 $x(t)$ 和 $y(t)$ 即是这一随机调制的结果。当上、下游两个传感器之间的距离足够小时，流体的流动图形可以作为“凝固”图形来处理，因此，可以认为 $y(t)=x(t-\tau_0)$，其中，τ_0 为流体从 A 到 B 的渡越时间。

信号 $x(t)$ 和 $y(t)$ 的互相关函数为

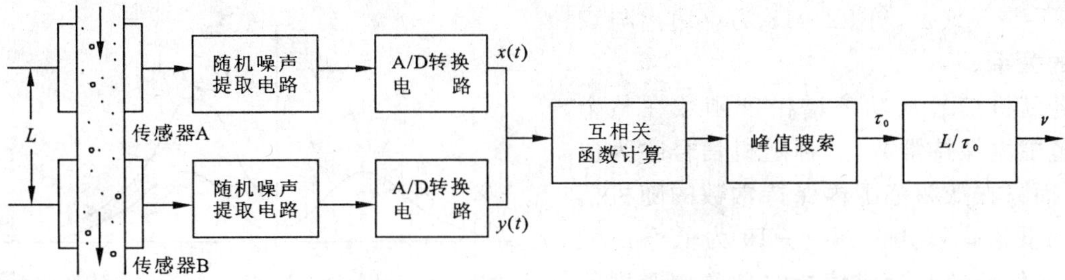

图 2-17　互相关流速测量系统构成图

$$\begin{aligned}\hat{R}_{xy}(\tau) &= \lim_{T\to\infty}\frac{1}{T}\int_0^T x(t)y(t+\tau)\mathrm{d}t = \lim_{T\to\infty}\frac{1}{T}\int_0^T x(t)x(t+\tau-\tau_0)\mathrm{d}t \\ &= R_{xx}(\tau-\tau_0)\end{aligned}$$

可见，流体的互相关函数实质上是在时间轴上位移了 τ_0 的自相关函数。由自相关函数的性质$|R_{xx}(\tau)|\leqslant R_{xx}(0)$可知，求得的互相关函数在 τ_0 处有极大值。因此，流体的相关速度只要利用峰值搜索程序找出渡越时间便可由下式计算：$v=L/\tau_0$。

互相关函数的计算可以采用模拟乘法器和积分器构成的模拟相关器来实现，也可以用数字相关器来实现，利用数字技术计算相关函数可以解决模拟器件的零漂问题。为了进一步简化电路，提高计算速度和工作频率，专业工作者不断提出了新的相关函数计算方法，如极性重合法、两点差分法、FFT 快速算法和极性相关法等，其中快速算法较常用，可以完全用软件来实现。

四、功率谱密度函数

任何一个时域信号都可以通过傅氏变换用频域函数来表示。自相关函数是一个时域函数，它的傅立叶变换称为自功率谱密度函数，简称自功率谱，用 $S_{xx}(\omega)$表示。它表征单位频带宽度上的平均功率。

随机信号的自相关函数与自功率谱密度函数组成傅立叶变换对，即

$$\left.\begin{aligned}S_{xx}(\omega) &= \int_{-\infty}^{\infty} R_{xx}(\tau)e^{-j\omega\tau}\mathrm{d}\tau \\ R_{xx}(\tau) &= \frac{1}{2\pi}\int_{-\infty}^{\infty} S_{xx}(\omega)e^{j\omega\tau}\mathrm{d}\omega\end{aligned}\right\} \tag{2-33}$$

由于 $R_{xx}(\tau)$为实偶函数，$S_{xx}(\omega)$也是实偶函数，因此(2-33)式又可写成

$$\left.\begin{aligned}S_{xx}(\omega) &= 2\int_0^{\infty} R_{xx}(\tau)\cos\omega\tau\mathrm{d}\tau \\ R_{xx}(\tau) &= \frac{1}{\pi}\int_0^{\infty} S_{xx}(\omega)\cos\omega\tau\mathrm{d}\omega\end{aligned}\right\} \tag{2-34}$$

若注意到前述自相关函数的特性 1，在(2-33)式中令 $\tau=0$，则可得

$$R_{xx}(0) = \frac{1}{2\pi}\int_{-\infty}^{\infty} S_{xx}(\omega)\mathrm{d}\omega = \psi_x^2$$

这表示自功率谱 $S_{xx}(\omega)$与频率轴所包围的面积就是信号的平均功率。因此 $S_{xx}(\omega)$给出了信号中各频率分量的功率沿频率轴的分布，$S_{xx}(\omega)$称为功率谱密度。

$S_{xx}(\omega)$是在$(-\infty,\infty)$范围内的功率谱，所以称为双边谱。但在实际应用中频率 ω 是在$(0,\infty)$范围内变化，考虑到能量等效，用单边功率谱 $W_{xx}(\omega)$代替双边功率谱 $S_{xx}(\omega)$时，则有

$W_{xx}(\omega)=2S_{xx}(\omega)$。图 2-18 为单边谱与双边谱的关系。

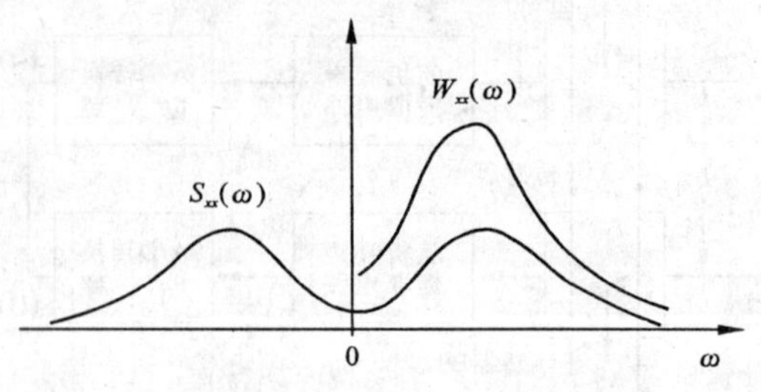

图 2-18 单边和双边功率谱

若随机信号的功率谱密度函数在整个频率范围内保持常数，这种随机信号称为白噪声，而只在低频范围内保持常数的随机信号称为低通白噪声。图 2-19 为低通白噪声、正弦信号及其合成信号的功率谱密度与自相关函数图形。低通白噪声的自相关函数的宽度与噪声的带频 ω_b 成反比，频带越宽，自相关函数越窄。

由图 2-19 可知。正弦波为离散功率谱，信号功率集中在单一频率 ω_1 上，正弦加随机噪声的功率谱，是两者功率谱之和。

由以上分析可知，随机信号的自功率谱密度函数主要用来建立信号频率结构，分析其频率组分和相应量的大小，可为故障工况的诊断和产品的鉴定从频域上提供依据。同时，它与研究系统的传递特性有着重要的关系。

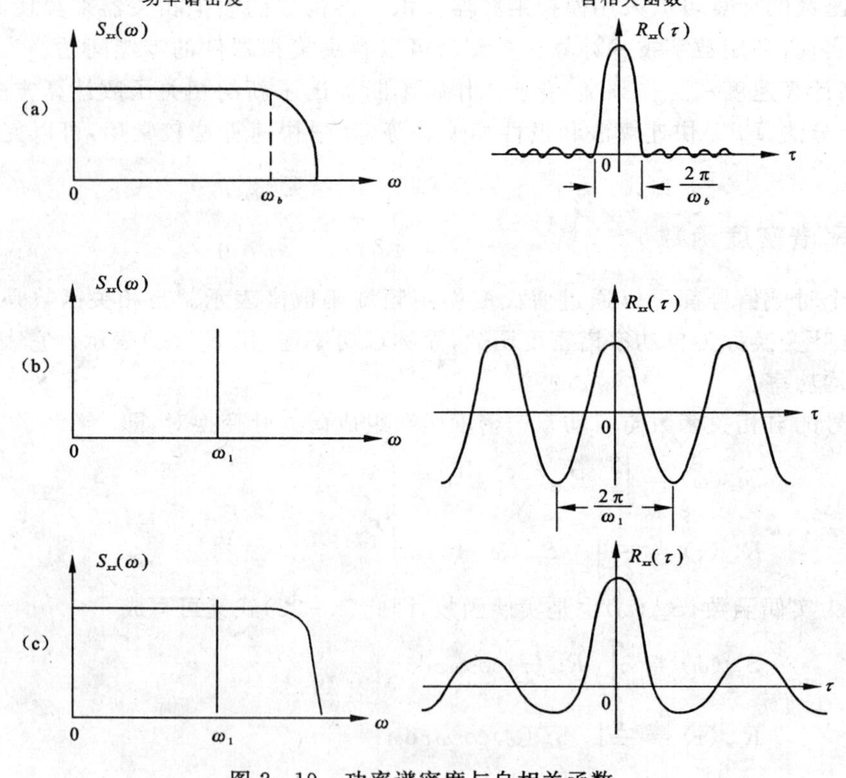

图 2-19 功率谱密度与自相关函数

(a)低通白噪声；(b)正弦波；(c)正弦波加低通白噪声

两个随机信号 $x(t)$ 和 $y(t)$ 的互功率谱则等于其互相关函数的傅氏变换，即

$$S_{xy}(\omega)=\int_{-\infty}^{\infty}R_{xy}(\tau)e^{-j\omega\tau}\mathrm{d}\tau \tag{2-35}$$

综上所述，随机信号的幅值特性用信号的均值、均方值和概率密度函数描述。信号的时域特性也可以用自相关函数描述，频域特性可用功率谱密度描述。

第六节　检测仪表的静态特性

理想的检测仪表，其输出量与被测量之间应具有线性关系，这种输出对应于输入的变化关系，即为检测仪表的响应特性。深入研究检测仪表的静态响应特性、动态响应特性及其性能指标，就能评价检测仪表响应被测量和抑制影响量的性能。本节先研究检测仪表的静态响应特性、综合性能指标、开环和闭环结构对静态特性的影响，以及负载效应等问题。

一、静态响应特性

所谓静态，是指被测量不随时间变化或随时间变化非常缓慢的状态。检测仪表的静态响应特性，是指在测量恒定量或缓变量时，其输出对应于输入的变化关系。通常用灵敏度、线性度、滞环等指标来表征。

1. 灵敏度

静态灵敏度，是衡量检测仪表对被测量变化的响应能力的性能指标。其定义是：在静态或稳态工作条件下，仪表的输出变化对输入变化的比值，用 S 值表示，即

$$S=\frac{\Delta y}{\Delta x} \tag{2-36}$$

式中：Δy 为输出量的变化值；Δx 为输入量的变化值。

表示灵敏度时，输入量和输出量必须采用其实际的物理量单位。可见，灵敏度的实用单位将随着输入量和输出量的改变而不同。例如，铂电阻温度计的电阻值随被测温度的增加而增加，故该温度计的灵敏度之单位即是 Ω/℃。

工程检测系统往往由多个环节组成，各环节的静态灵敏度分别为 S_1，S_2，S_3。那么由 n 个环节串联组成的检测系统，其总灵敏度由下式确定：

$$S=\prod_{i=1}^{n}S_i \tag{2-37}$$

其中各环节的 S_i 必须是真实灵敏度，若受系统负载效应影响，则需校正后参加计算。

在仪表的静态校准或标定时，其输出与输入间的关系曲线称为该仪表的定度曲线。若仪表的输出与输入呈线性关系，则其定度曲线为一条直线，且灵敏度就等于这条直线的斜率。如果静态特性曲线不是线性关系，则其灵敏度将随被测量的大小而变化。

必须指出，装置的灵敏度越高就越容易受外界干扰的影响，即稳定性越差。同时，灵敏度还与仪表的工作条件、环境因素的变化有关，这种由仪表外部因素影响所导致的输出变化，体现为仪表灵敏度的漂移，这将造成仪表的示值误差，在使用中应该注意。

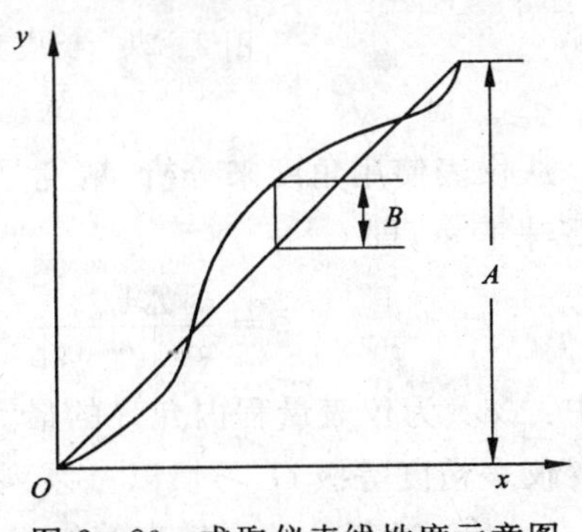

图 2-20　求取仪表线性度示意图

2. 线性度

线性度又称非线性误差，是指测量装置实测的特性曲线（定度的）与参考直线（基准的、理想的、拟合的）偏离的程度。

在静态测量中，通常希望测量装置的静态特性为线性，但在实际测试中、输出和输入间的关系并非理想情况。图 2-20 表示的是实际输出与输入的标定

曲线与拟合直线(或称参考直线)之间的关系。把标定曲线与直线的接近程度称为测量装置的线性,线性的好坏用线性度表示,它是标定曲线与直线的最大偏差 B 与测量装置满量程输出值 A 之比值的百分数。

$$线性度 = \frac{B}{A} \times 100\% \tag{2-38}$$

3. 滞环

实际测试装置在输入量由小增大和由大减小的测试过程中,对应于同一个输入量往往有不同的输出量,即输出-输入特性曲线不重合的程度叫滞环,又称迟滞。

这种现象是由于仪表元件的能耗所致。例如,机械零部件的内部摩擦损耗,弹性元件吸收能量,以及电磁式仪表的磁滞损耗等。仪表的滞环特性亦将引起测量的滞环误差,又称回程误差,一般用百分数来表示。在同样的测试条件下,若在全量程 A 范围内,对于同一个输入量所得到输出量之间差值最大者为 B,则定义回程误差为 $(B/A)\times100\%$。

二、综合性能参数

评价检测仪表的品质,除了其静态响应特性应满足被测量的要求外,还应确定多方面的品质指标,以作为工程检测仪表统一的评价标准。衡量检测仪表测量功能的技术指标,常采用仪表综合性能参数——精确度、稳定性和测量范围等指标来描述。

1. 精确度和精度等级

精确度表示测量仪器随机误差和系统误差的综合评定指标,是精密度和准确度的综合反应,工程技术领域通常简称为仪表的精度。准确度是测量值偏离真值的程度,反应了系统误差的大小。精密度是测量值之间的接近程度,反映了随机误差的大小,反映测量结果的分散程度。精确度高表示精密度和准确度都比较高(图 2-21)。

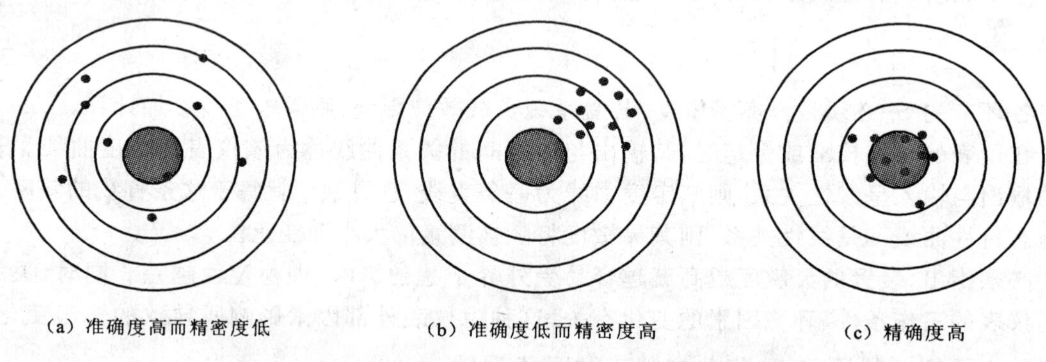

(a) 准确度高而精密度低　(b) 准确度低而精密度高　(c) 精确度高

图 2-21　反应测量仪器精密度、准确度和精确度的对比图

从仪表使用角度来分析,精度是以其测量的示值相对误差来表示,并定义一个仪表精度等级 G 来表示,即

$$G = \frac{\Delta x_{\max}}{x_{\max} - x_{\min}} \times 100\% \tag{2-39}$$

式中:$\Delta x_{\max}$ 为仪表量程内允许的最大绝对误差;$x_{\max}$、$x_{\min}$ 为仪表刻度的上、下限值。

仪表精度等级 G,习惯以一系列标准百分比数值(0.001,0.005,0.02,0.05,…,1.5,2.5,4.0,6.0 等)进行分档。精度等级数值的大小,表示该仪表在规定的使用条件下,测量结果的示值相对误差，据此可作为检测仪表选择精度的等级标准。若精度等级为 0.1，它表示的意义是，引用误差的最大值为±0.1％。

2. 稳定性和复现性

检测仪表在规定的工作条件下，对同一输入量其输出的综合保真性能，可采用稳定性和复现性予以表征。

(1)仪表的稳定性。稳定性是指传感器在长时间工作情况下输出量发生的变化，有时称为长时间工作稳定性或零点漂移。通常采用两种指标表征：

①用稳定度表征检测仪表示值在时间上的稳定性。如某仪表一天的稳定度为 1.3mV。

②用影响系数表征仪表外部环境和工作条件变化所引起的仪表示值不稳定。所谓影响系数，是仪表示值变化值与影响量变化值的比值。例如，某压力仪表的温度影响系数为 2Pa/℃，表明该仪表检测压力时的温度稳定性，又称为温度漂移，即温度变化 1℃引起的温度漂移为 2Pa。

(2)检测仪表的复现性。复现性是指在同一测试条件下，被测输入量按同一方向作全量程连续多次重复测量时，所得输出-输入曲线的不一致程度，又称重复性。仪表的复现性检验，是在同一工作条件下，在规定时间内，对同一输入量值从两个相反方向上重复测量的输出值之间的最大差值。

3. 测量范围和量程

检测仪表的测量范围，是指在允许误差范围内，检测仪表(装置或系统)能够测量其被测量的总范围。灵敏阀(又称为死区)，则用来衡量测量起始点不灵敏的程度。

例如，某转子流量计的测量起始流量是 5L/min，能够测量的最大流量是 100L/min，该转子流量计的死区范围是 0～5L/min，测量范围则是 5～100L/min。

为了明显、直观地表征检测仪表(装置或系统)在允许误差范围内，其额定被测量的变化范围，而将仪表测量范围上限值与下限值之代数差定义为该仪表的量程 B，即

$$B = x_{\max} - x_{\min} \tag{2-40}$$

仍以上例转子流量计来说，其能够测量的流量变化范围是 100－5＝95L/min，即该流量计的额定量程是 B＝95L/min。一般仪表测量范围下限值都是以零刻度为起始示值，即 $x_{\min}=0$，故仪表的量程 $B=x_{\max}$。

必须指出，在整个测量范围内，仪表的测量精度并非完全相同，通常在测量范围的上、下限值附近的测量误差较大，故选择检测仪表时，被测量所要求的工作量程应尽量避开上、下限附近。可见，检测仪表的量程概念，实质上仍是仪表的使用精度问题。

为了便于对不同类型的仪表进行对比选择，在工程应用中，常以量程比 D 作为仪表量程的使用精度指标，即

$$D = \frac{x_{a\max}}{x_{a\min}} \tag{2-41}$$

式中：D 为量程比；$x_{a\max}$、$x_{a\min}$ 为检测仪表允许误差限内的测量范围的上、下限值。

通常，仪表的量程比愈宽，则其工作量程内的使用精度也愈高，故仪表的量程比在某些测量场合，是选择适用仪表的关键性指标之一。

4. 分辨力

能引起输出量发生变化时输入量的最小变化量称为检测系统的分辨力。例如，线绕电位器的电刷在同一匝导线上滑动时，其输出电阻值不发生变化，因此，能引起线绕电位器输出电

阻值发生变化的(电刷)最小位移 Δx 为电位器所用的导线直径,导线直径越细,其分辨力就愈高。许多测量系统在全量程范围内各测量点的分辨力并不相同,为了统一,常用全量程中能引起输出变化的各个最小输入量中的最大值 Δx_{max} 相对满量程输出值的百分数来表示,称为分辨率。

三、检测仪表的结构形式

1. 开环结构

开环结构是指检测的全部信息只沿着一个方向进行。设 $K_1 \sim K_n$ 为各环节的传递系数,$u_0 \sim u_n$ 为各环节的干扰(图 2-22)。输出 y 不仅与各环节的传递系数以及输入有关,还受各环节的干扰。

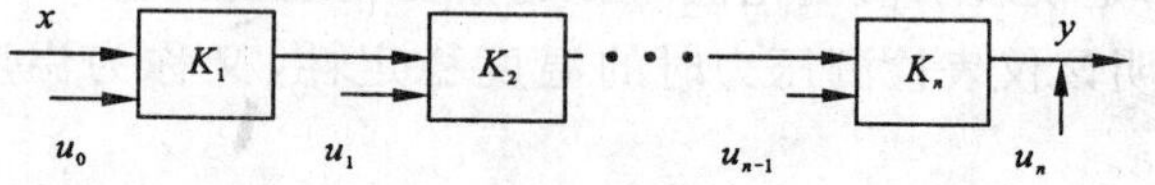

由于由多个环节串联而成,因此仪表的相对误差等于各环节相对误差之和,即

图 2-22　开环结构示意图

$$\delta = \delta_1 + \delta_2 + \cdots + \delta_n = \sum_{i=1}^{n} \delta_i$$

仪表的灵敏度等于各环节灵敏度之积,即

$$S = S_1 S_2 \cdots S_n = \prod_{i=1}^{n} S_i \tag{2-42}$$

由此可知:

①增加环节个数,仪表的相对误差必增大;

②若提高环节灵敏度,同样的输出对应较小的输入信号,势必减小测量范围;

③若绝对误差不变,仪表的相对误差必然随着增大。因此开环仪表在增加灵敏度的同时,仪表的相对误差也相应增大。

2. 闭环结构

闭环结构有两个通道(图 2-23),一个为正向通道,另一个为反馈通道。K_i 为正向通道各环节的传递系数(或称放大倍数),总传递系数为 $k = \prod_{i=1}^{n} k_i$。β_i 为反向通道各环节的传递系数,反向总传递系数为 $\beta = \prod_{i=1}^{m} \beta_i$,反馈信号大小为 $x_f = \beta y$,由 $\Delta x = x - x_f$ 和 $y = k\Delta x$ 可知:$y = k\Delta x = k(x - x_f) = kx - k\beta y$。

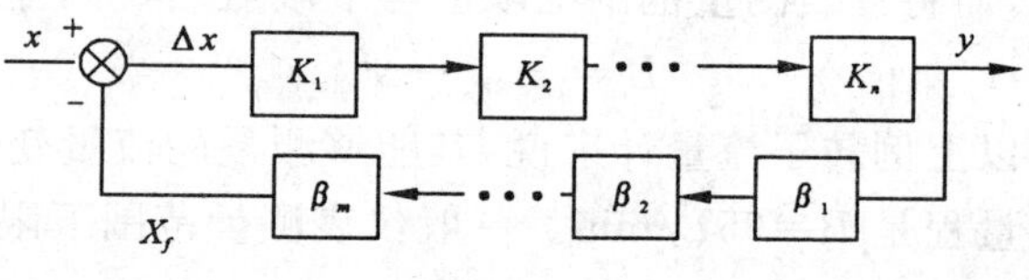

图 2-23　闭环结构示意图

所以 $\dfrac{y}{x} = \dfrac{k}{1+k\beta} = \dfrac{1}{\dfrac{1}{k}+\beta}$,当 $k \gg 1$ 时,则有 $y \approx \dfrac{1}{\beta} x$。

由此可知,若闭环结构仪表正向通道的总传递系数 k 足够大,则它的特性取决于反馈通道的倒特性,而主通道各环节性能的改变不会影响仪表的输出 y。这为设计、制造仪表带来了很多好处。只要精心挑选元器件制作反馈通道,而对主通道不必苛求,就可以较方便地(相对开环而言)获得高精度和高灵敏度的仪表。

闭环结构的灵敏度为

$$K \approx \frac{1}{K_f} \tag{2-43}$$

闭环结构的相对误差为

$$\delta \approx -\delta_f(\text{反馈通道的相对误差}) \tag{2-44}$$

在正向通道总传递系数足够大的情况下，采用较小的反馈通道灵敏度 $K_f(\beta)$，即 $\beta<1$，就可以获得较高的仪表灵敏度，而仪表的相对误差却大大减小，这就是闭环结构仪表可以较易获得高精度、高灵敏度的原因所在。

四、负载效应

在实际测量工作中，测量系统和被测对象之间、测量系统内部各环节相互连接必然产生相互作用。如接入的测量装置，构成被测对象的负载；后接环节成为前面环节的负载，彼此间存在能量交换和相互影响。

任何检测仪表（装置或系统）总需要从被测对象中（或各环节间）吸取一些能量，这势必改变被测量的真实数值，从而引起测量误差，这种现象即称为装置或系统的"负载效应"。例如使用热电偶温度计测量温度时，热电偶元件，必须接触被测介质并吸取部分热量，结果会或多或少地改变被测介质的真实温度。显然，检测仪表（或装置、系统的各环节之间）对被测量的负载效应越小越好。

从有源检测电路分析可知：为了在负载上获得最大的有效功率，负载电阻 R_L 上必须保证等于信号源等效内阻 R_i，即 $R_L=R_i$。但是在有些情况下，转换电路中带有电压和功率（电流）放大电路，此时只要关心电压灵敏度，即从前级获得最大的电压信号，这就要求负载电阻越大越好。

为了比较各种仪表的负载效应，以便定量地表征它对被测量的影响程度，一般采用广义阻抗的概念作为仪表负载效应的特征量。

为了定义广义阻抗，可借助等效电路图 2-24 来说明。图中电源电压为 U，其内阻为 R_i。若输出端 A、B 开路，则开路电压为：

$$U_{AB}=U(\text{伏})$$

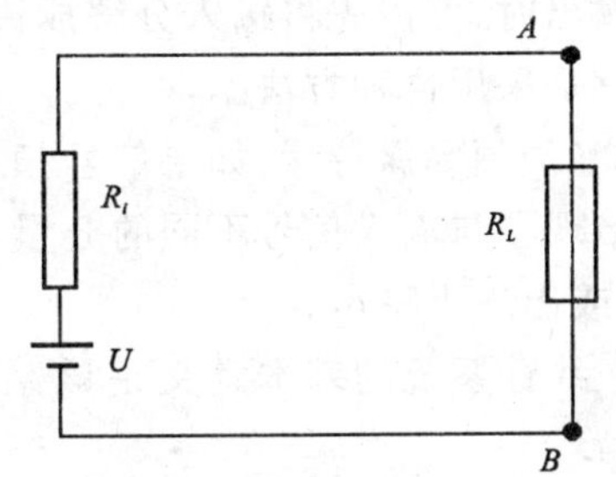

图 2-24　等效电路图

若将阻值 R_L 的检测仪表接在 A、B 两端时，则有电流 I 流过，于是 A、B 间的实际端电压改变为：

$$U_{AB}=U-IR_i$$

因为 $$I=\frac{U}{R_L+R_i}$$

所以 $$U_{AB}=\frac{R_L}{R_L+R_i}\cdot U$$

由上式可见，只有 $R_L \geqslant R_i$ 时，才能保证 $U_{AB}\approx U$。由等效电路图 2-24 分析可知，等效电阻 R_i 实际应是电压源的输出电阻，而等效电阻 R_L 则为负载的输入电阻。根据电路四端网络理论分析，欲使网络负载效应减至最小，必须满足的条件是：输出环节的输出阻抗应愈小愈好；而负载环节的输入阻抗必须越高越好。

若将网络理论推广到一般的场合，为获得准确的测量结果，测量装置的"阻抗"应大大高于被测对象的"输出阻抗"。因此，就要求它有一个大的输入阻抗。在工程检测技术领域，一般都采用非电量的电测原理进行工程技术参数的检测，通常提高输入阻抗的技术措施有三种可供选择的方案。

(1)采用具有高输入阻抗的测量环节(装置);

(2)在普通测量环节(装置)前加置一个高输入阻抗的放大器,以实现阻抗变换;

(3)使用反馈或零点测量原理,使后面环节几乎不从前面环节吸取能量。

以上广义阻抗的概念,一般对检测系统的静态和动态负载场合都是适用的。必须指出,检测系统的负载效应虽不能彻底消除,但可以减少到最低程度。

第七节　检测仪表的动态特性

动态特性指检测仪表对随时间变化的输入量的响应特性。动态特性引入了时间概念,输入量和输出量都是随时间变化的信号。只要输入量是时间的函数,则其输出量也将是时间的函数。动态测试是以输出的信号去估价输入信号,其关系需要用输入、输出信号对时间的微分方程式表达。

应用最广泛的动态测试系统分析对象是线性定常系统,用(2-45)式表达。如果线性方程中各系数 a_n、b_m 为常数,那么称为定常系统或时不变线性系统,许多测试系统经过某些假设后,可近似作为线性定常系统来处理。

首先必须了解,线性定常系统的主要特性:

(1)叠加性:同时加在测量系统的两个输入量之和引起的输出等于该两个输入量单独作用时所得输出量之和,即各输入量所引起的输出是互不影响的。因此在分析复杂输入作用下的总输出时,可以先将输入分解成许多简单的输入分量,再对这些输出求和。测试装置的正弦试验就是采用这种方法。

(2)频率保持性:如果信号频率已知,则输出信号与输入信号的频率相同。如果输出信号中出现了与输入信号不同的分量,说明系统中存在着非线性环节或超出了系统的线性工作范围,或出现了噪声。

线性系统的基本定义是该系统的输入(激励)和输出(响应)存在以下解析关系(微分方程):

$$a_n \frac{\mathrm{d}^n y}{\mathrm{d}t^n} + \cdots + a_1 \frac{\mathrm{d}y}{\mathrm{d}t} + a_0 y = b_m \frac{\mathrm{d}^m x}{\mathrm{d}t^m} + \cdots + b_1 \frac{\mathrm{d}x}{\mathrm{d}t} + b_0 x \tag{2-45}$$

式中:y 为输出量;x 为输入量;t 为时间;$a_0, a_1, \cdots, a_n, b_0, b_1, \cdots, b_m$ 均为常数;$\frac{\mathrm{d}^n y}{\mathrm{d}t^n}$为输出量对时间 t 的 n 阶导数;$\frac{\mathrm{d}^m x}{\mathrm{d}t^m}$为输入量对时间 t 的 m 阶导数。

检测系统对随时间变化的被测量 $x(t)$ 的动态响应 $y(t)$ 的阶次由输出量最高微分阶次决定。常见的测试系统的动态方程都是一阶系统、二阶系统或多个一阶、二阶系统的组合,零阶系统相当于静态特性。

当传感器的数学模型初值为0时,对其进行拉氏变换,即可得出系统的传递函数:

$$\frac{Y(s)}{X(s)} = H(s) = \frac{b_m s^m + \cdots + b_1 s + b_0}{a_n s^n + \cdots + a_1 s + a_0} \tag{2-46}$$

式中:$Y(s)$为传感器输出量的拉氏变换式;$X(s)$为传感器输入量的拉氏变换式。

上式分母是传感器的特征多项式,决定系统的"阶"数。可见,对一定常系统,当系统微分方程已知,只要把方程式中各阶导数用相应的 s 变量(拉普拉斯算子)替换,即求出测试装置的传递函数。

对测量动态信号的系统而言，测量系统要能迅速准确地测出信号大小和再现被测信号波形。动态性能好的测试系统应具有很短的瞬态响应时间和很宽的频率响应特性。工程实践中，一般都采用某些标准输入信号来评价仪表的动态响应特性，这种研究方法较之任意输入信号的响应，更具有典型性和普遍性。

实际应用的工程检测仪表（装置或系统）千差万别，逐个研究既无必要，也缺乏典型性。一般工程检测装置的动态方程都可归纳为一阶装置、二阶装置和多个一阶、二阶环节的组合装置。因而检测装置的动态响应特性研究，也以一阶和二阶仪表为对象，研究其动态响应的共性。

一、研究检测仪表动态特性的方法

检测仪表的动态特性研究方法与其静态特性的研究要求一样，为了对各种类型检测仪表的动态特性有统一的评价标准，必须规定一些典型的被测量信号，以利于比较各种仪表对规定的典型输入信号的响应输出。

工程技术领域通常采用标准输入信号（图 2－25）来研究检测仪表的动态响应特性。

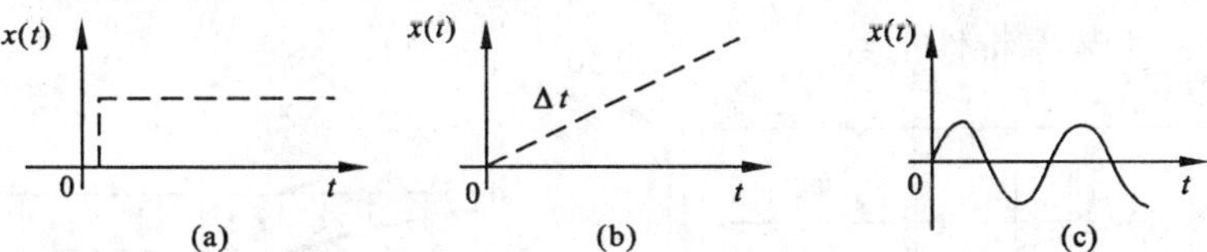

图 2－25　三种标准输入信号

1．阶跃输入信号

阶跃式信号的量值从一稳态值突然变化到另一稳态值[图 2－25(a)]。阶跃输入可用来揭示检测仪表响应输入量突然变化的能力，可获得检测仪表的“瞬态响应特性”。

2．斜坡输入信号

随时间作线性变化的输入信号[图 2－25(b)]可表征仪表在响应输入量的变化历程中跟随变化的能力，即获得检测仪表的“斜坡响应特性”。

3．正弦输入信号

按一定频率周期性变化的标准正弦输入信号[图 2－25(c)]可衡量检测仪表的“频率响应特性”，即从频率域研究检测仪表的动态特性。

二、动态响应

（一）正弦输入时的频率响应

研究检测仪表的频率域响应特性时，一般可输入已知幅值的正弦波来检测仪表的响应变化情况，从而获得仪表的幅频特性和相频特性。

研究方法是，对系统输入正弦激励信号 $x(t)=A\sin(\omega t)$，在系统达到稳态后测量输出和输入的幅值比和相位差。这样可以得到频率 ω 下系统的传输特性。从系统的最低测量频率 $\omega_{\min}$ 到最高测量频率 $\omega_{\max}$，按一定的方式逐步增加正弦激励信号频率 ω，记录各频率对应的幅值比和相位差，绘制在图上就可以得到系统的幅频和相频特性曲线。

对于零阶系统，只有 a_0 与 b_0 两个系数，微分方程（2－45）变为

$$a_0 y = b_0 x \qquad y = (b_0/a_0)x = Kx \tag{2-47}$$

式中:K 为静态灵敏度。

零阶输入系统的输入量无论随时间如何变化,其输出量总是与输入量成确定的比例关系。在时间上也不滞后,幅角等于零。如电位器式传感器就是如此。另外,在实际应用中,许多高阶系统在变化缓慢、频率不高时,都可以近似地当作零阶系统处理。

对于一阶系统,除系数 a_1, a_0, b_0 外,其他系数均为 0,则:$a_1(\mathrm{d}y/\mathrm{d}t) + a_0 y = b_0 x$

即
$$\frac{a_1}{a_0}\frac{\mathrm{d}y}{\mathrm{d}t} + y = \frac{b_0}{a_0}x$$

令时间常数 $\tau = a_1/a_0$,静态灵敏度 $K = b_0/a_0$,则 $\tau\dfrac{\mathrm{d}y}{\mathrm{d}t} + y = Kx$

如用传递函数(2-46)式表达,则为

$$H(s) = \frac{K}{1+\tau s} \tag{2-48}$$

频率特性为 $H(j\omega) = \dfrac{K}{1+j\omega\tau}$。其幅频特性为 $A(\omega) = |H(j\omega)| = \dfrac{K}{\sqrt{1+(\omega\tau)^2}}$,说明幅值比随着频率的增加而减少,即一阶延迟元件常常使信号削弱;相频特性为 $\varphi(\omega) = \arctan(-\omega\tau)$,负号表示相位滞后。如图 2-26 所示的幅频特性图和相频特性图。幅频、相频特性曲线合称为幅相频率特性曲线。

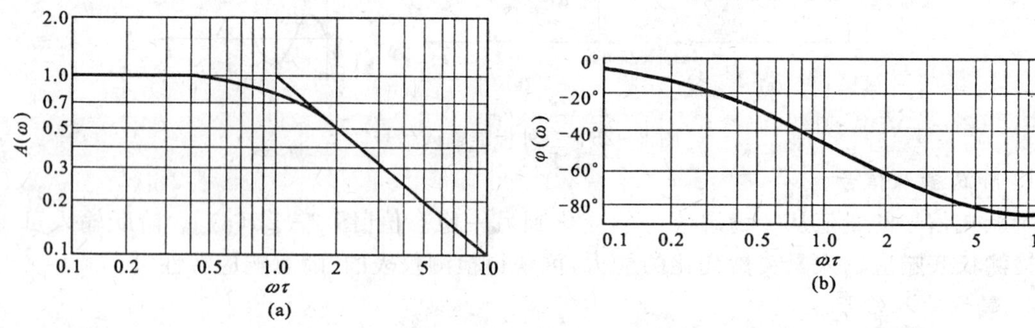

图 2-26 一阶系统的幅频特性(a)和相频特性(b)

由图 2-26 可见,一阶系统在正弦激励下,稳态输出时的响应幅值和相位差取决于输入信号的频率 ω 和系统的时间常数 τ。响应的幅值随 ω 增大而减小,相位差随 ω 增大而增大,而且系统的频率响应还取决于时间常数 τ。当 $\omega\tau < 0.3$ 时,幅值和相位失真都较小。若系统的时间常数 τ 越小,则 ω 可增大;τ 越大,则 ω 就减小。这说明时间常数越小,工作频率范围越宽;反之,τ 越大,工作频率范围越窄。

研究一阶仪表的频率响应特性的结论是:一阶仪表不能实时地复现输入信号,其输出总是滞后于输入。时间常数 τ 越小,响应越快,输出与输入间差值相对减小;而且随着频率的增加,输出滞后亦相应增加。同时,时间常数 τ 越小,工作频率范围越宽,所以,欲使一阶仪表频率响应的动态误差减小,应尽可能选择时间常数 τ 小的检测仪表。测量装置和控制系统中很多属于一阶系统,如温度计、阻容电路、容器壁的热传递、液面控制、热电偶等的传递函数都可以整理成以上公式(称为相似系统)。

例 2-3 一个一阶测量系统具有稳态增益为 1,要求测量频率上限为 150Hz,幅值误差小于 10%，问仪器的最大允许时间常数为多少？

解　$0.9=\dfrac{1}{\sqrt{1+(2\times 150\pi\tau)^2}}$　得 $\tau=0.000\ 51\text{s}=0.51\text{ms}$。

对于二阶系统或装置，如振动传感器、压力传感器等，其微分方程(2-45)式则变为

$$a_2\frac{\mathrm{d}^2 y}{\mathrm{d}t^2}+a_1\frac{\mathrm{d}y}{\mathrm{d}t}+a_0 y=b_0 x$$

令时间常数 $\tau=\sqrt{a_2/a_0}$，自振角频率 $\omega_n=1/\tau$，阻尼比 $\xi=a_1/(2\sqrt{a_0 a_2})$，静态灵敏度 $K=b_0/a_0$，则 $(\tau^2 s^2+2\xi\tau s+1)y=Kx$。

如用传递函数(2-47)式表达，则为 $H(j\omega)=K/[s^2+2\xi s\tau+1]$

其频率特性为 $H(j\omega)=K/[1-\omega^2\tau^2+2j\xi\omega\tau]$，

幅频特性为 $H(\omega)=K/\sqrt{(1-\omega^2\tau^2)^2+(2\xi\omega\tau)^2}$，

相频特性为 $\varphi(\omega)=-\arctan[2\xi\omega\tau/(1-\omega^2\tau^2)]$，负号表示相位滞后。用 $\omega\tau$ 作为横坐标 $(\omega\tau=\omega/\omega_n)$，则在不同阻尼比情况下，幅频和相频特性曲线如图 2-27 所示。

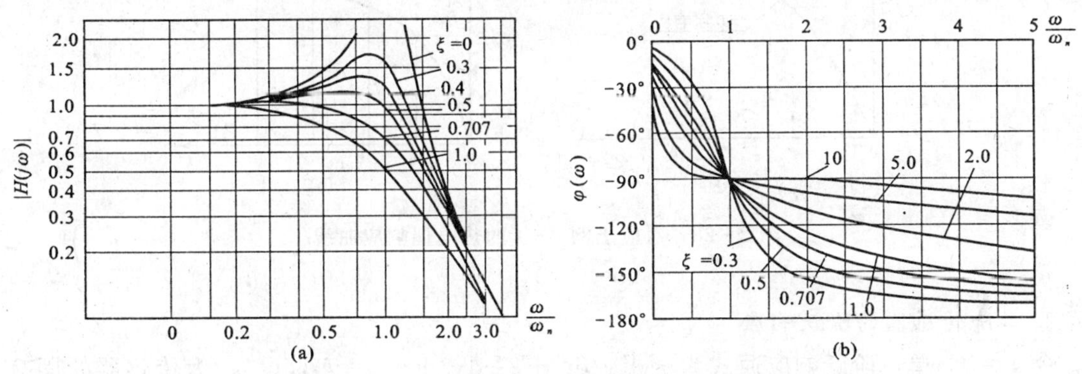

图 2-27　二阶系统幅频特性(a)与相频特性(b)

图 2-27 为二阶仪表稳态响应的幅频 $H(\omega)$特性和相频 $\varphi(\omega)$特性。二阶仪表的稳态输出，虽然是输入激励的频率函数，但其输出信号的振幅和相位都会随频率而变化，当阻尼比一定时，固有频率越高，工作频率范围越大，响应速度越快。阻尼比对二阶系统的影响也较大，当阻尼比 $\xi\to 0$ 时，在 $\omega\tau=1$ 处 $H(\omega)$趋近无穷大，这一现象称之为谐振，其对应频率称为仪表的固有频率 ω_n。随着 ξ 的增大，谐振现象逐渐不明显。当 $\xi\geqslant 0.707$ 时，不再出现谐振，这时 $H(\omega)$将随着 $\omega\tau$ 的增大而单调下降。

总之，二阶仪表的最佳频率响应工况取决于仪表的固有频率 ω_n 和阻尼比 ξ。

在工程测试中，常以仪器的工作频率范围——通带宽度或频宽，作为描述仪表动态特性的重要指标。极限频率是指检测仪表的有效工作频率值，即在这个频率限以内使用，仪表的动态误差不会超过允许值。对于快速变化的输入信号，其频带较宽，因而检测时需选用极限频率高的仪表。

(二)阶跃输入时的阶跃响应

1. 一阶系统的阶跃响应

对一阶系统的传感器，设在 $t=0$ 时，x 和 y 均为 0，当 $t>0$ 时，有一单位阶跃信号输入[图 2-25(a)]，此时微分方程为

$$a_1(\mathrm{d}y/\mathrm{d}t)+a_0y=b_1(\mathrm{d}x/\mathrm{d}t)+b_0x$$

齐次方程通解：$y_1=C_1e^{-t/\tau}$；非齐次方程特解：$y_2=1(t>0)$

方程解：$y=y_1+y_2=C_1e^{-t/\tau}+1$，以初始条件 $y(0)=0$ 代入上式，即得 $t=0$ 时，$C_1=-1$，所以 $y=1-e^{-t/\tau}$。理想的阶跃响应应该得到阶跃输出，由图 2-28(a)看出，实际响应却是指数曲线，造成了动态误差，并且动态误差随时间增加而减少。输出的初值为 0，随着时间推移，y 接近于 1。引入时间常数(τ)这个概念，当 $t=\tau$ 时，$y=0.63$，即以初始速度等速上升至最终值的 63.2%所需的时间。

例 2-4 一热电偶的时间常数为 3s。假定具有一阶传递因子，计算当温度有一阶跃变化时，热电偶输出达到最终稳态输出值的 98%所需的时间。

解 查图 2-28(b)，要得到不超过稳态值 2%的时间近似为 4τ，此处达到 98%时所需时间为 4×3=12s。

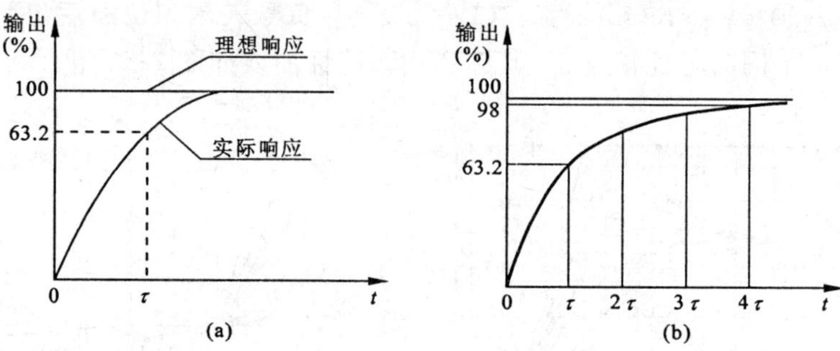

图 2-28 对应于例 2-4 的热电偶响应曲线

2. 二阶传感器的阶跃响应

令 $x=A$，单位阶跃响应通式为 $\tau^2\mathrm{d}^2y/\mathrm{d}t^2+2\xi\tau\mathrm{d}y/\mathrm{d}t+y=kA$，设 ω_n 为传感器的固有频率，ξ 为传感器的阻尼比，那么其特征方程为：$\lambda^2+2\xi\omega_n\lambda+\omega_n^2=0$

根据阻尼比的大小不同，分为四种情况：

(1) $0<\xi<1$(有阻尼)：该特征方程具有共轭复数根

$$\lambda_{1,2}=-(\xi\pm j\sqrt{1-\xi^2})/\tau$$

因此，方程通解为：$y(t)=-e^{-\xi t/\tau}\left[A_1\cos\frac{\sqrt{1-\xi^2}}{\tau}t+A_2\sin\frac{\sqrt{1-\xi^2}}{\tau}t\right]+A_3$

根据 $t\to\infty$，$y\to kA$ 求出 A_3；

根据初始条件 $t=0$，$y(0)=0$，$\dot{y}(0)=0$，求出 A_1、A_2，则

$$y(t)=kA\left[1-\frac{\exp(-\xi t/\tau)}{\sqrt{1-\xi^2}}\sin\left(\frac{\sqrt{1-\xi^2}}{\tau}t+\arctan\frac{\sqrt{1-\xi^2}}{\xi}\right)\right]$$

其曲线如图 2-29，这是一衰减振荡过程，ξ 越小，振荡频率越高，衰减越慢。

发生时间 $t_p=\tau\pi\sqrt{1-\xi^2}$，过冲量为 $M_p=\exp(-\xi\cdot t_m/\tau)$。响应时间：单位阶跃响应曲线达到并保持在响应曲线终值允许的误差范围内所需的时间。该误差范围通常规定为终值的±5%(也有的规定为终值的±2%)，又称稳定时间，其值约为 $t_W=4\tau/\xi$(设允许相对误差 $\gamma_y=0.02$)。

其他动态性能时间分别定义为：

延迟时间 t_d——单位阶跃响应曲线达到其终值 50%所需的时间；

上升时间 t_r——单位阶跃响应曲线从它的终值 10%上升到终值的 90%所需的时间；

峰值时间 t_p——单位阶跃响应曲线从零开始超过其稳态值而达到第一个峰值所需的时间。

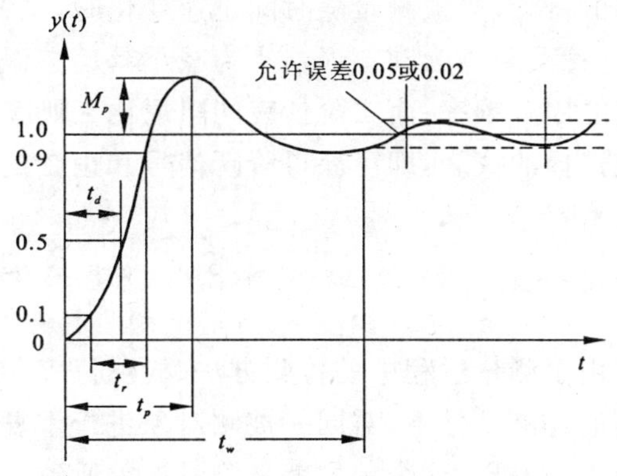

图 2-29　衰减振荡过程曲线图

(2)$\xi=0$(零阻尼)：当 $\xi=0$ 时，超调量为 100%，且产生持续振荡，系统达不到稳态，输出变成等幅振荡，即

$$y(t)=kA[1-\sin(t/\tau+\varphi_0)]$$

(3)$\xi=1$(临界阻尼)：特征方程具有重根 $-1/\tau$，这时过渡函数为

$$y(t)=kA\left[1-\exp(-t/\tau)-\frac{t}{\tau}\exp(-t/\tau)\right]$$

(4)$\xi>1$(过阻尼)：特征方程具有两个不同的实根 $\lambda_{1,2}=-(\xi\pm\sqrt{\xi^2-1})/\tau$，这时过渡函数为

$$y=kA\times\left[1+\frac{\xi-\sqrt{\xi^2-1}}{2\sqrt{\xi^2-1}}\exp\left(\frac{-\xi+\sqrt{\xi^2-1}}{\tau}\cdot t\right)-\frac{\xi+\sqrt{\xi^2-1}}{2\sqrt{\xi^2-1}}\exp\left(\frac{-\xi-\sqrt{\xi^2-1}}{\tau}\cdot t\right)\right]$$

上两式表明，当 $\xi\geqslant 1$ 时，此时虽不产生振荡，但却需要经历较长时间才能达到稳态。而且等价于由两个一阶阻尼环节组成，前者两个时间常数相同，后者两个时间常数不同。

把二阶系统的单位阶跃响应函数用曲线表示(图 2-30)，图中横坐标为 t/τ，纵坐标为系统的输出 $y(t)$，图中曲线族只与阻尼率 ξ 有关。

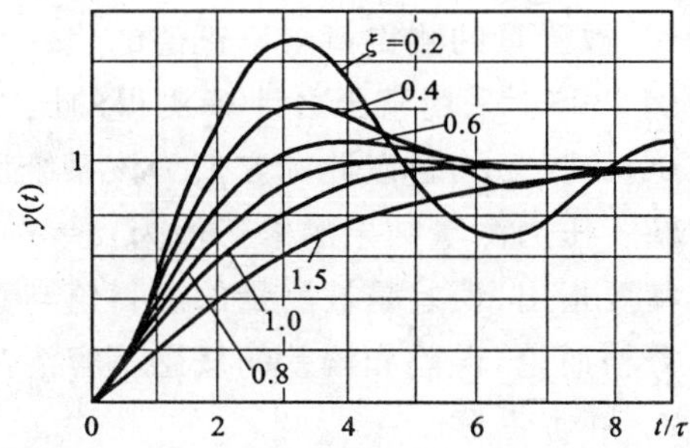

图 2-30　二阶系统单位阶跃响应函数曲线

仪表的响应特性在很大程度上取决于它的固有频率 ω_n(即 $1/\tau$)和阻尼比 ξ。ω_n 越高，二阶仪表(环节)的动态响应越快。阻尼比 ξ 则直接影响超调量和振荡次数。实际测试装置的 ξ 值一般可适当考虑，兼顾过冲量 δ_m 不要太大，稳定时间 t_w 不要过长的要求。$\xi<1$ 时，仪表响应呈减幅振荡，只有阻尼比 ξ 选在 0.6～0.8 之间，仪表响应的最大超调量将不会超过 10%～2.5%，并以 5%～2%的允许误差趋近“稳态”，且调整时间也最短，可获得较合适的综合特性。

对于高阶传感器，在写出运动方程后，可根据具体情况写出传递函数、频率特性等。在求出特征方程共轭复根和实根后，可将它们分解为若干个二阶模型和一阶模型，研究其过渡函数。有些传感器可能难以写出运动方程，这时可采用实验方法，即通过输入不同频率的周期信号与阶跃信号，以获得该传感器系统的幅频特性、相频特性与过渡函数等。

综上所述，二阶仪表的动态响应速度取决于它的固有频率 ω_n 和阻尼比 ξ。这里引入动态误差的概念，当被测量随时间迅速变化时，系统的输出量在时间上不能与被测量的变化精确吻合，这种误差称为动态误差。为减小其动态误差，阶跃响应和频率响应都要求仪表应具有尽可能高的固有频率；而二阶仪表的阻尼比 ξ 则应设计在最佳值区间（$\xi=0.6\sim0.8$），按此要求设计或选择的仪表，即可获得阶跃信号和正弦信号的最佳响应。

第八节　测量误差的分析与处理

由于测量过程中的检测方法、检测仪表（系统），以及环境、工作条件等因素的影响，即使在相同的检测条件下，对同一被测对象进行重复测量，所获得的数据列中，各数据值之间都存在着微小的差异，这个差异就是测量误差所致。

一、测量误差的表示方法和分类

（一）测量误差的常用表示方法

1. 绝对误差

被测值 x 与被测的真值 x_0 之间的差值 Δx 称为测量结果的绝对误差。

$$\Delta x = x - x_0 \tag{2-49}$$

由于被测量的真值通常是未知的，所以在实际测量过程中，往往把某一标准器（具）的读数视作 x_0，并把这个读数称为被测量的实际值。如用一只电流表测得某电路的电流值为4.65A，而该电路的电流实际值已标定为4.63A，故电流表测量的绝对误差为＋0.02A。绝对误差的量纲与被测量的量纲相同。

在实验过程的测量和计量标定中，常引入修正值概念。修正值 c 是被测量实际值与其测得值之差，即

$$c = x_0 - x = -\Delta x \tag{2-50}$$

修正值也称更正值或补值，它的数值与绝对误差相等，但符号相反。就检测仪表的测量结果来说，被测量的测得值与修正值的代数和即是被测量的实际值。

例2-5　采用某压力计 G 测得的压力为1 000.2N/m²，而该系统精确标定的实际压力值为1 000.5N/m²，若以此标定值为该系统压力的真值，试求压力计 G 测得值的修正值 c。

解　压力测量结果的修正值为：$c=1\,000.5-1\,000.2=0.3\text{N/m}^2$

需要指出，误差是被测量的测得值与真值之差；测得值与数据列的算术平均值之差称为偏差。严格而论，误差和偏差的概念不容混淆，只是人们习惯称谓中往往将两者不加区分而已。

2. 相对误差

绝对误差 Δx 与实际值 x_0 的百分比值称为相对误差，以 γ 表示，即

$$\gamma = \frac{\Delta x}{x_0} \times 100\% \tag{2-51}$$

因为在一般情况下 x 与 x_0 很接近，所以除了理论分析采用（2-51）式的相对误差概念外，实际工程应用中常用示值相对误差 γ_x 代替测量结果的实际相对误差 γ，即

$$\gamma \approx \gamma_x = \frac{\Delta x}{x} \times 100\% \tag{2-52}$$

相对误差没有量纲。

相对误差不仅可以表征测量结果的正确度与精密度，而且还便于对不同的测量方法和测

量仪表进行比较。例如，当测量 10A 电流时，绝对误差为 1mA；而另一电路测量 100mA 电流时，测量结果的绝对误差也是 1mA。两个测量的绝对误差虽一样。但对第一个电路的电流测量之相对误差值仅万分之一，而后者的电流测量之相对误差值竟达百分之一，两者测量结果的精确度之高低，一目了然。

3. 引用误差

检测系统测量值的绝对误差 Δx 与系统量程 L 之比值，称为检测系统的引用误差。通常仍以百分数表示：

$$\gamma = \frac{\Delta x}{L} \times 100\% \tag{2-53}$$

比较相对误差和引用误差的表示式，后者用量程 L 代替了实际值 x_0，使用起来虽然更为方便，但引用误差的分子仍为绝对误差 Δx，在检测系统的不同测量范围，各示值的绝对误差 Δx 也可能不同。因此，即使是同一检测系统，其测量范围内的不同示值处的引用误差也不一定相同。为此，可以取引用误差的最大值，既能克服上述不足，又能更好地说明检测系统的测量精度。

4. 最大引用误差(或满度最大引用误差)

在规定的工作条件下，所有测量值中最大绝对误差(绝对值)与量程的比值的百分数，称为该系统的最大引用误差：

$$\gamma = \frac{|\Delta x_{max}|}{L} \times 100\% \tag{2-54}$$

最大引用误差是检测系统基本误差的主要形式，故也常称为检测系统的基本误差。它是检测系统的最主要质量指标，能很好地表征检测系统的测量精度。

(二)按误差的产生原因和性质分类

1. 系统误差(规则误差)

这种误差在测量过程中保持恒定或遵循一定规律而变化。系统误差产生于测量仪表不准或测量方法不正确，或介质温度、环境条件对测量仪器的影响等。

由于系统误差的数值和符号都比较固定或有一定的规律，因此通过对仪器的校准，正确地进行实验和引入校正、补偿环节等措施，系统误差一般是可以减小或消除的。

系统误差表明一个测量结果偏离真值或实际值的程度。在误差理论中，经常采用准确度的概念来表征系统误差的大小。

2. 随机误差(偶然误差)

在同一条件下，多次测量同一被测量，有时会发现测量值时大时小，误差的绝对值及正、负以不可预见的方式变化，该误差称为随机误差，也称偶然误差。它反映了测量值离散性的大小。随机误差是由于某些无法严格控制的复杂因素造成的，是测量过程中许多独立的、微小的、偶然的因素引起的综合结果。

存在随机误差的测量结果中，虽然单个测量值误差的出现是随机的，既不能用实验的方法消除，也不能修正，但从多次测量结果来分析，多数随机误差却服从统计规律，因此通常用概率理论的方法来估计这类误差。

在误差理论中，通常用精密度概念来表征随机误差的大小。随机误差越小，测量的精密度也就越高。

3. 疏失误差(疏忽及过失误差)

疏失误差是明显偏离真值的误差，也称为粗大误差或过失误差。这种误差的数值和符号没有任何规律。

应尽量设法避免疏失误差。在测量结果的处理中，一经判定确实为疏失误差，则在测量结果中有这种误差的数据应是无效的，应将该数据从测量结果中剔除。

以上三类误差是可能相互转化的。例如，工程实践中常把某些尚未掌握的，具有复杂规律的系统误差视作随机误差处理；也往往把某些虽可掌握但过于复杂的系统误差当作随机误差一并处理。反之，随着人们对误差来源及其变化规律认识的深化，也可能将以往归为随机误差的某项因素，予以澄清而明确为系统误差。

对一个引入校正、补偿环节的检测仪表（装置或系统）而言，其测量的系统误差，可以认为在相当程度上已被削弱，甚至可以说系统误差的影响已经消除。同时，经过必要的鉴别验证程序，测量结果中的疏失误差也按规定剔除后，测量数据列中就仅只包含随机误差。这样，利用概率论的方法对随机误差进行估算，即可标示出该测量结果的最大可能误差。

二、随机误差的估计

随机误差既是随机过程的一种体现，也具有随机变量的特征，所以测量结果中的随机误差可以用数理统计方法来处理。实践表明，随机误差服从于正态分布律（图 2－31）。

服从正态分布律的随机误差 Δx 有如下特点：

（1）对称性，即绝对值相等的正误差和负误差出现的概率相等。

（2）单峰性，就是概率 $p(\Delta x)$ 的极大值只有一个，峰值在 $\Delta x=0$ 的纵轴上。随机误差的对称单峰性表明，绝对值小的误差出现的概率大，而绝对值大的误差出现的概率小。

（3）抵偿性，即对于等精度测量列，其各次测量的随机误差 Δx_i 的代数和 $\sum_{i=1}^{n}\Delta x_i$，将随测量次数 $n\to\infty$ 而趋于零。这是正、负误差出现概率相等的必然结果。

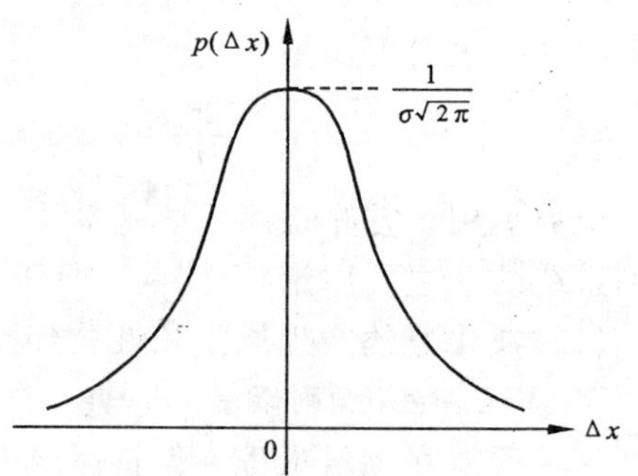

图 2－31 随机误差正态分布曲线

（4）有限性，即绝对值很大的误差出现的概率趋近于零，因此误差的绝对值实际上不会超出一定的范围。

可见，服从正态分布律的随机误差，实际上是一个数学期望为零，而误差绝对值有限的随机变量；根据概率论的知识，其标准偏差 σ 在评价随机误差时具有特殊而重要的意义。标准偏差 σ 的大小与随机误差落入某一区间的概率有关。例如，工程技术参数检测中，一般对测量列的置信度取为 $\pm 2\sigma$ 区间，此时，$|\Delta x_i|\leqslant 2\sigma$ 的误差出现概率高达 0.95。

综上对随机误差的统计特性讨论，以其标准偏差 σ 来评价等精度测量列的样本平均 $\overline{x}$ 的分散性是可行的。确定等精度测量列的样本平均分散度，即为测量结果的实际标准误差，表达式为

$$\sigma_{\bar{x}}=\sqrt{\frac{1}{n(n-1)}\sum_{i=1}^{n}\delta_i^2}=\frac{\sigma}{\sqrt{n}} \tag{2-55}$$

式中：δ_i 为样本数据的残余偏差，$\delta_i=x_i-\overline{x}$。

上式表明，样本平均值的标准误差 $\sigma_{\bar{x}}$ 是每一个测量数据的标准误差 σ 的 $1/\sqrt{n}$ 倍。这样，测量数据随机误差处理结果可表示为

$$x = \bar{x} \pm \sigma_{\bar{x}} \tag{2-56}$$

三、测量数据的处理方法

根据上述误差理论对等精度测量数据加工整理，以求得最终测量结果的步骤如下：

(1)计算测量数据的样本平均 $\bar{x}$。

(2)计算各次测量数据的残余偏差 δ_i，并检查 $\sum \delta_i = 0$ 是否满足，否则需复查 $\bar{x}$ 值计算。综合列出计算表格(表 2-2)。

(3)按 $\delta = \sqrt{\frac{1}{n-1}\sum_{i=1}^{n}\delta_i^2}$ 计算测量列单次测量的标准偏差 σ。

(4)判别和剔除含有疏失误差的异常数据。对于一般工程技术测量，可据莱茵达准则——凡残差 $|\delta_i| > 3\sigma$ 时，则该数据是异常数据，应予舍弃，再重新计算剩余数据的 $\bar{x}$ 及其标准差 σ。

(5)计算 $\sigma_{\bar{x}}$ 值后，列出测量结果 $x = \bar{x} \pm \sigma_{\bar{x}}$。

表 2-2　测量数据的处理方法

序号 i	测量数据 x_i	残余偏差 δ_i	δ_i^2
1 2 ⋮ n	x_1 x_2 ⋮ x_n	δ_1 δ_2 ⋮ δ_n	δ_1^2 δ_2^2 ⋮ δ_n^2
$\sum$	$\bar{x} = \frac{1}{n}\sum_{i=1}^{n} x_i$	$\sum \delta_i = 0$	$\sum \delta_i^2$

第九节　检测系统的抗干扰技术

一、概述

在测试过程中，往往会发现总是有一些无用的背景信号与被测信号叠加在一起，这称为干扰。干扰是除了有用信号之外的一切不需要的信号及各种电磁扰动的总称，有时也称为噪声。

噪声对检测装置的影响必须与有用信号共同分析才有意义。衡量噪声对有用信号的影响常用信噪比(S/N)来表示，它是指在信号通道中有用信号功率 P_S 与噪声功率 P_N 之比，或有用信号电压 U_S 与噪声电压 U_N 之比。信噪比常用对数形式来表示，单位为 dB，即

$$S/N = 10\lg(P_S/P_N) = 20\lg(U_S/U_N)(\text{dB}) \tag{2-57}$$

在测量过程中应尽量提高信噪比，以减少噪声对测量结果的影响。形成噪声干扰的三要素为：干扰源、干扰途径和干扰易受体。

(1)干扰源：指产生干扰的元件、设备或信号，用数学语言描述：$\mathrm{d}u/\mathrm{d}t$、$\mathrm{d}i/\mathrm{d}t$ 大的地方就是干扰源。如雷电、继电器、可控硅、电机、高频时钟等都可能成为干扰源。

(2)传播路径：指干扰从干扰源传播到敏感器件的通路或媒介。典型的干扰传播路径是通过导线传导和空间的辐射。

(3)敏感器件：指容易被干扰的对象。如 A/D、D/A 变换器，单片机，数字 IC，弱信号放大器等。

抗干扰就是针对干扰的产生、性质、传播途径、侵入位置和形式，采取适当的方法抑制干扰源，切断干扰传播路径，提高敏感器件的抗干扰性能。

1. 抑制干扰源

抑制干扰源就是尽可能减小干扰源的 du/dt 和 di/dt。这是抗干扰设计中最优先考虑和最重要的原则,常常会起到事半功倍的效果。减小干扰源的 du/dt 主要通过在干扰源两端并联电容来实现。减小干扰源的 di/dt 则是在干扰源回路串联电感或电阻以及增加续流二极管来实现。

2. 切断干扰传播路径

按干扰的传播路径可分为传导干扰("路")和辐射干扰("场")的干扰。"路"的干扰是由于干扰源和被干扰对象之间有完整的电路连接,干扰沿着这个通路到达被干扰对象。例如通过电源线、变压器引入的干扰,可以采用屏蔽、接地、浮置、滤波、限幅、光电隔离等技术来切断"路"形式的干扰。"场"的干扰不需要沿着电路传输,而是以电磁场辐射的方式进行。例如,电源线对传感器的信号线的电场耦合干扰,电焊机电缆强电流对信号线的磁场耦合干扰。通常采用屏蔽技术抑制"场"形式的干扰。

3. 减弱电路对噪声干扰的敏感性

采用对称结构的平衡电路,如电桥和差分放大器,可使干扰在电路中自行消失;降低电路输入阻抗,可减低噪声的影响;使用双绞线传输信号,以削弱电路对干扰的敏感;电路中引用负反馈,对抑制内部噪声十分有效。

一般前两种耦合对测试系统造成的干扰是主要的,它们对电路主要造成共模形式的干扰。共模干扰是指干扰信号分别在两条信号线上各流过一部分,以地为公共回路,而有用信号电流只在往返两个线路中流过,如图 2-32 等效示意了信号源地线和放大器地线之间的电位差形成的干扰源 E_g,它对电路主要造成共模形式的干扰,可以等效为干扰源 E_{cm}。共模干扰的来源一般是设备对地漏电、对地有电位差、线路本身具有对地干扰等引起的。

众所周知,地球是一个静电容量很大的导体,其电位非常恒定,通常把它的电位称为零电位参考点。由于测试仪器一般存在一定的接地电阻,当有电流经该导体入地时,它的电位就有波动。于是,不同的接地点之间的电位就会有差异。当用一根导线连接不同的接地点时,在导线中就可能有电流流动,这称为地环电流。另外,假设信号源 $E_s=0$,即只考虑干扰源 E_{cm} 和 E_g 的作用时,由于 I_1 回路和 I_2 回路阻抗不相等,因此,回路电流 I_1 和 I_2 也不相等。于是两个电流的差在放大器的输入电阻上 R_s 形成了差模电压干扰。共模干扰可依靠放大器的共模抑制比 KCMR 来克服。较好的放大器共模抑制比可达 100dB 以上,所以共模干扰对检测装置的影响不大。但当系统的两个输入端出现很难避免的不平衡时,共模电压的一部分将转换为串模干扰,就较难消除了。因此必须尽量保持电路的对地平衡。

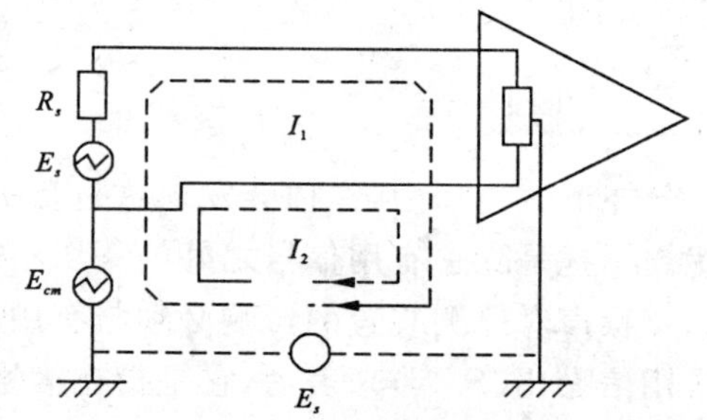

图 2-32　地电位差和电磁干扰造成共模电压的等效图

二、屏蔽抗干扰技术

屏蔽技术是用金属材料制成一种容器,将需要防护的电路包围在其中,可以防止电场或磁场耦合干扰,该方法称为屏蔽。屏蔽分为静电屏蔽、低频磁屏蔽和电磁屏蔽等几种。根据不同的对象,使用不同的屏蔽方式。其目的:一是将辐射限制于规定的区域;二是阻止辐射进入规定的区域。凡是属于“场”的干扰都可用屏蔽方法来削弱。为了有效发挥屏蔽体的作用，还要注意屏蔽体的接地。

1. *电场耦合的屏蔽和抑制技术*

电场耦合实质上是电容性耦合。要减少电源线对信号线的电场耦合干扰，就必须减小两者间的分布电容；必须尽量保持电路和信号线的对地平衡，布线时多采用双绞扭屏蔽线。克服电场耦合干扰最有效的方法之一是屏蔽，因为放置在空心导体或者金属网内的物体不受外电场的影响。屏蔽电场耦合干扰时，导线的屏蔽层最好不要两端连接当地线使用。因为在有地环电流时，这将在屏蔽层形成磁场，干扰被屏蔽的导线。正确的作法是把屏蔽层单点接地，一般选择它的任一端头接地。

造成电场耦合干扰的原因是两根导线之间的分布电容产生的耦合。假设 V_1 和 ω 是干扰源导线 1 的电压和角频率；R 和 C_{2G} 是被干扰导线 2 的对地负载电阻和总电容；C_{12} 是导线 1 和导线 2 之间的分布电容。通常，$C_{12} \ll C_{2G}$。当两导线形成电场耦合干扰时，导线 1 在导线 2 上产生的对地干扰电压 V_N 可以简化成：

$$V_N = \frac{j\omega C_{12}}{1/R + j\omega C_{2G}} V_1 \tag{2-58}$$

从(2-58)式可看出，在干扰源角频率 ω 不变时，要想降低导线 2 上的被干扰电压 V_N，应减小导线 1 的电压 V_1；减小两导线之间的分布电容 C_{12}，避免平行走线也可以减小 C_{12}；减小导线 2 对地负载电阻 R 以及增大导线 2 对地的总电容 C_{2G}。在这些措施中，可以减小两导线之间的分布电容 C_{12}。因此，为了降低或消除电场耦合干扰，一方面采用“远离”技术，弱信号线要远离强信号线敷设，尤其是远离动力线路；另一方面，静电屏蔽是非常有效的措施。它是利用铜或铝等导电性良好的金属材料制作成封闭的金属容器，并与地线连接，把需要屏蔽的电路置于其中，使外部干扰电场的电力场不影响其内部的电路。反之，内部电路产生的电力线也无法影响外电路。静电屏蔽的容器壁上允许有较小的孔洞(作为引线孔或调试孔)，它对屏蔽的影响不大。

2. *磁场耦合的抑制技术*

磁场耦合干扰的实质是互感性耦合干扰。当一个回路对另一回路造成磁场耦合干扰时，其第二回路上形成的干扰电压 V_N 为

$$V_N = j\omega BA\cos\theta \tag{2-59}$$

式中：ω 为干扰信号的角频率；B 为干扰源回路形成的磁场链接至第二回路处的磁通密度；A 为第二回路感受磁场感应的闭合面积；θ 为两个矢量的夹角。

从(2-59)式可以看出，在干扰源的角频率 ω 不变时，要想降低干扰电压 V_N，首先应当减小 B。对于直线电流磁场来说，B 与第一回路流过的电流成正比，而与两导线的距离成反比。

因此，要有效抑制磁场耦合干扰，仍然是远离技术和屏蔽技术。抑制磁场耦合干扰的好办法应该是屏蔽干扰源。大电机、电抗器、磁力开关和大电流载流导线等都是很强的磁场干扰源。但把它们都用导磁材料屏蔽起来，在工程上是很难做到的。通常是采用一些被动的抑制技术，让信号线远离强电流干扰源，从而减小互感量 M。同时，也要避免平行走线，采用绞扭导线传输。如果双绞线的绞扭一致的话，那么这些小回路的面积相等而磁动势方向相反，因此，其磁场干扰可以相互抵消。虽然双绞线的结构对电场耦合干扰的抑制能力差，但当给双绞线加上屏蔽层后，便可形成抗干扰能力强的传输线。磁场屏蔽技术按干扰源的角频率大小分为低频磁屏蔽和高频磁屏蔽。

低频磁屏蔽是用来隔离低频（主要指 50Hz）磁场和固定磁场（也称静磁场，其幅度、方向不随时间变化，如永久磁铁产生的磁场）耦合干扰的有效措施。静电屏蔽线或静电屏蔽盒对低频磁场不起隔离作用。必须采用高导磁材料作屏蔽层，以便让低频干扰磁力线只从磁阻很小的磁屏蔽层上通过，使低频磁屏蔽层内部的电路免受低频磁场耦合干扰的影响。有时还将屏蔽线穿在接地的铁质蛇皮管或普通铁管内，同时达到静电屏蔽和低频屏蔽的目的。高频磁屏蔽是采用导电良好的金属材料做成不同外形的屏蔽罩、屏蔽盒等，将被保护的电路包围在其中。它屏蔽的干扰对象是高频（40kHz 以上）磁场。原理是高频干扰源产生的高频磁场遇到良导体屏蔽层时，就在其外表面感应出同频率的电涡流，从而消耗了高频干扰源磁场的能量。其次，电涡流也将产生一个新的磁场，抵消了一部分干扰磁场的能量，从而使电磁屏蔽层内部的电路免受高频干扰磁场的影响。

三、接地抗干扰技术

接地起源于强电技术，它的本意是接大地，主要着眼于安全。这种地线也称为“保安地线”。它的接地电阻值必须小于规定的数值。除了“保护地”之外，对于仪器、通讯、计算机等电子技术来说，“地线”多是指电信号的基准电位，也称为“公共参考端”，分为模拟地、数字地、信号地和负载地（功率地）等。仪器接地电位的变化是产生干扰的主要原因之一。接地抗干扰技术的目的：一是避开地环电流的干扰；二是降低公共地线阻抗的耦合干扰。“接地”应遵循一点接地原则：对于模拟信号地线、数字信号地线、信号源地线、负载地线等几种地线一般应分别设置，在电位需要连通时，也必须仔细选择合适的点，在一个地方相连，才能消除各地线之间的干扰。

接地的含义不一定就是接大地。例如直流接地只是定义电路或系统的基准电位。它可以悬浮，但要求与大地严格绝缘。通常，其绝缘电阻要达到 50MΩ 以上。直流地悬浮隔离了交流地网的干扰，经济简便，在工程中经常使用。直流地悬浮的缺点是机器容易带静电，如果该静电电位过高，会损坏器件，击伤操作人员等；而且，如果这时直流地与大地的绝缘电阻减小，可能会产生很多原先没有想到的干扰。直流地接大地，按照国家标准，要埋设一个不大于 4Ω 的独立接地体。接地方式有串联接地和并联接地。图 2－33(a)所示的串联接地方式中，电路 1、2、3 各有一个电流 I_1、I_2、I_3 流向接地点。由于地线存在电阻，因此，A、B、C 的接地电位不再是零，于是各个电路间相互发生干扰，尤其是强信号电路将严重干扰弱信号电路。如果必须要这样使用，应尽量减小公共地线的阻抗，使其能达到系统的抗干扰容限要求。串联的次序是，最怕干扰的电路的地应最接近公共地，而最不怕干扰的电路的地可以稍远离公共地。但测试系统中的模拟通道和数字通道不能这样串联接地。应按图 2－33(b)所示的并联接地方式使用。并联接地中各个电路的地电位只与其自身的地线阻抗和地电流有关，互相之间不会造成耦合干扰。因此有效地克服了公共地线阻抗的耦合干扰问题，应当尽量采用并联接地方式。

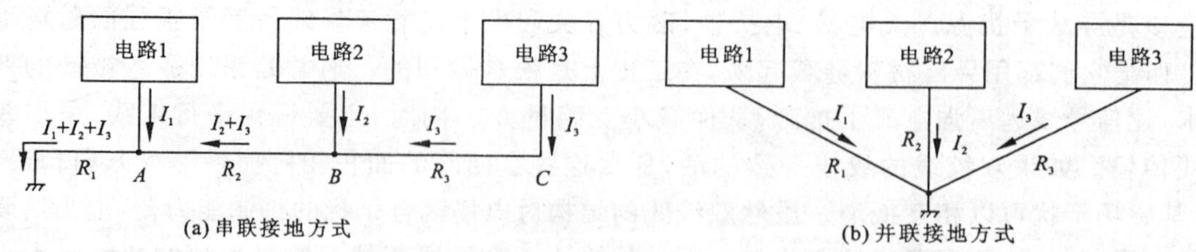

图 2－33 电路部件的一点接地方式示意图

第三章　常用传感元件的变换原理

第一节　概　述

传感元件是工程检测系统中获取信息的最前沿和最重要的部件。其任务在于把被测对象或生产中人们感兴趣的信息(多为非电量)转化为与之对应、容易处理和传输的信号(主要是电量)。以传感元件为核心,配以一定的支承固定机构,通过机械、电气方式连接,能将所获信号传输出去的装置称为传感器。传感技术发展到今天,已形成商品的传感器品种繁多,往往在工程上一种被测量可应用多种类型的传感器来检测。而一种传感器又可用于多种物理量的检测。为了对传感器有一概括认识,首先了解传感器的分类方法及其基本功能环节是必要的。

一、传感器的分类和性能要求

由于传感元件的变换原理、被测对象、输出信号和检测方式的不同,传感器的分类方法亦有所不同,常用的有两种:一是按传感元件的输入量来分类;另一种是按其输出量来分类。

按传感元件的输入量分类就是用被测物理量来分类。例如,用来测量力的则称为测力传感器;测量位移的称为位移传感器;测量温度的称为温度传感器,等等。这种分类方法便于实际使用者选用。

按传感元件的输出量分类就是按输出参量的形式来分。如果输出量是电量则还可分为电路参量型传感器和发电型传感器。前者采用的是电阻式、电容式、电感式传感元件,将被测量变换为电阻、电容、电感信号;后者采用的传感元件可输出电势、电荷等电源性参量。发电式传感元件又有主动型或能量转换型等名称,而电路参量型又可称为被动型或能量控制型传感元件。由于电路参量型传感元件需外部供给能源,亦可把这种传感器称为有源传感器,而把发电式传感元件构成的传感器称为无源传感器。这种按输出量分类的方法基本上反映了传感元件的变换原理,对于学习和研究传感原理较为有利。

除了以上的分类方法外,应用较广的还有完全按信号特征分类的,分为物性型和结构型传感器。前者是依靠传感元件材料本身物理性质的变化来实现信号的变换,如热敏电阻传感器。后者是利用传感元件结构参数的变化来实现信号的变换,如电容式传感器。

由于数字技术的发展出现的以数字量输出的传感器另立为数字式传感器一类。而传统的以连续变化信号作输出量的则称为摸拟式传感器。

各种分类方法都从某个角度突出了传感器的特点。在工程界为了更加明确,也常用两类分类方法叠加起来对传感器进行命名。如电阻应变式压力传感器、光栅式位移传感器等。

传感器作为工程参数检测系统的输入环节,必须具有良好的性能。理想的传感器应具有以下特性:

(1)失真小、线性好、灵敏度高;

(2)尺寸适用,能满足在线检测工位的安装要求;

(3)由负载效应引起的测量误差最小;

(4)噪声小,且抑制干扰性能好;

(5)具有最佳的工作频率,且动态响应快。

二、传感器的基本功能环节

在众多的工程参量中,许多被测量不可能直接变换为电量,必须预先变换为另一种易于转变为电量的物理量之后,再被传感元件最终变换成电量信号输出。因此,传感器的基本功能环节是由敏感元件和传感元件组成(图 3-1)。

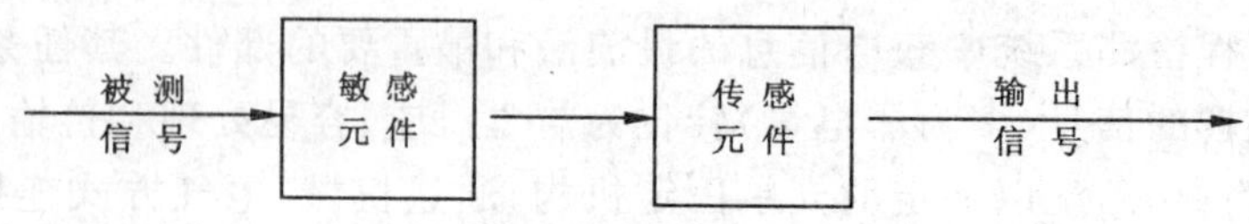

图 3-1　传感器原理框图

由于敏感元件直接感受被测物理量后再进行电量变换,而被测物理量的性质是有差异的,所以敏感元件的结构、类型也各有其自身的特点。例如,力学参量的电传感器,往往是机电结构型;而温度、光、磁、化学等参量传感器,则分别有与各种参量相适应的热电、光电、磁电、电化学等类型传感器。当然,某些电传感器,其敏感元件和传感元件是难以截然分开的,如热电偶式传感器等,但其传感变换功能的内涵却是一样的。

现以机械量测量常用的敏感元件为例来概述其感受被测物理量的工作原理,以及与后接换能元件间的参量变换关系。

工程技术领域中,检测机械量的敏感元件很多,其中弹性元件在工程技术参数检测中应用最广。弹性元件的输入量可以是集中力 F、力矩 M、流体压力 p 和温度 T 等物理量,它的输出量是弹性元件本身的变形(位移和转角)。对机械式仪表而言,弹性元件的变形可采用指针示值直接读数;而电测仪表则把弹性元件的变形作为电阻、电感、电容等传感元件的输入量,再作进一步的信号变换,最终输出与被测物理量成比例的电量信号。

常用弹性元件及其应用方式举例如下。

1. 力-位移敏感元件

弹簧是测力的常用而又最简单的一种敏感元件。若弹簧刚度 λ(N/m)已标定,则弹簧受力 F 所产生的位移 x 满足下列关系

$$F = \lambda x \tag{3-1}$$

显然,弹簧刚度越大,则弹簧测力的灵敏度 $1/\lambda$ 就愈小。因此,弹簧测力的量值范围受其灵敏度的限制。

在工程检测中,一般可用实心柱体的弹性元件来测量超过 10kN 的力;测量 1～10kN 的中等力常用空心圆柱作敏感元件;测量小力则用等强度悬臂梁,梁的自由端受力产生的位移比例于作用力的大小。

2. 压力-位移敏感元件

在工程检测中,广泛应用的压力弹性敏感元件有三种:膜片、波纹管和弹簧管。

膜片是用极薄的弹簧钢片制成,片型有平膜片、波纹膜片和膜盒三种(图 3-2)。平膜片

和波纹膜片用来测量压力，是灵敏度较高的敏感元件，但由于膜片输出位移有限，故其测量压力的范围小于 500Pa。为了增加位移输出量和测量压差，一般选用膜盒作敏感元件。

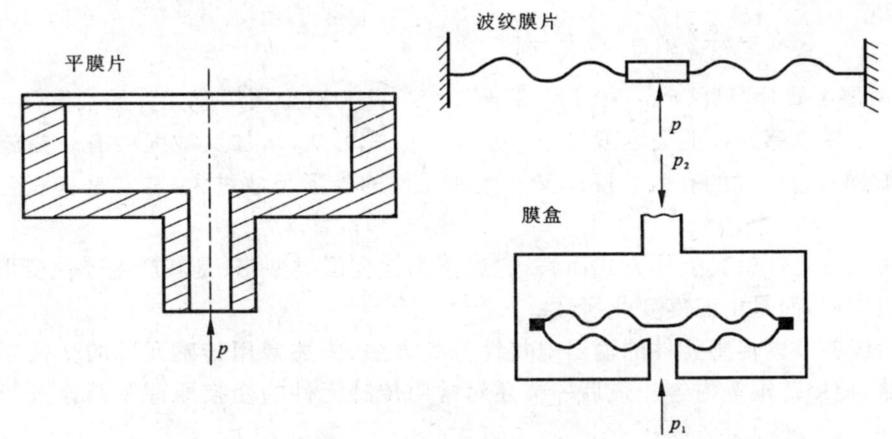

图 3-2　压力弹性膜片元件

工程流体压力计中，常采用图 3-3(a)所示的弹簧管式弹性敏感元件，其特点是挠度大，故量程范围宽广，其压力测量范围为 0.5Pa～300MPa。为了获得更大的变形，可改用多圈弹簧管结构，即可输出较大的转角 φ。

波纹管的特点是变形大，因而输出位移较大，但特性不好，只有与精密弹簧一起组合使用时，才能得到较高的测量精度，如图 3-3(b)所示。波纹管的最佳压力范围为 500Pa～0.5MPa。

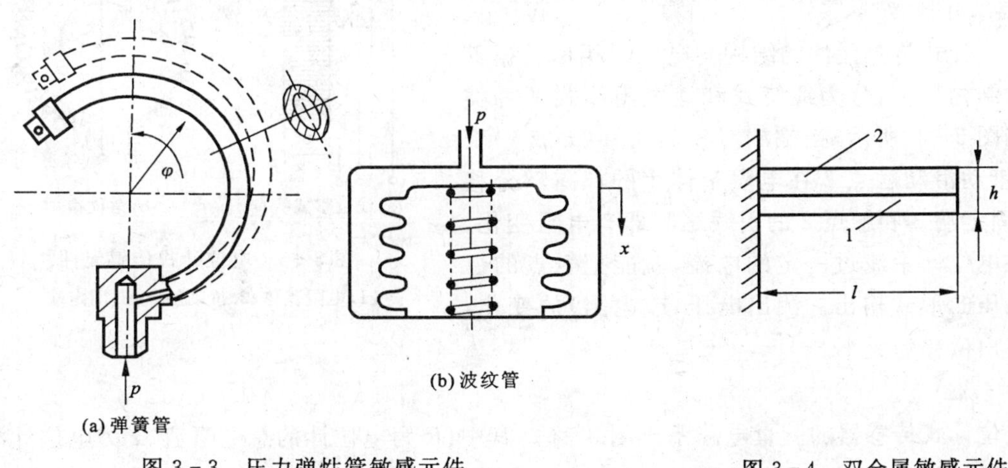

图 3-3　压力弹性管敏感元件

图 3-4　双金属敏感元件

1. 被动层金属片；2. 主动层金属片

3. 温度-位移敏感元件

工程技术领域的测温、控温和温度补偿环节，常应用结构简单、尺寸小的双金属敏感元件，一般有长片形(图 3-4)和螺旋形。双金属敏感元件是由两层(主动层和被动层)温度膨胀系数相差很大的金属片焊接而成。

设主动层金属片 2 和被动层金属片 1 的热胀系数分别为 a_2 和 a_1，且 $a_2 > a_1$；双金属片感受的起始温度和终止温度分别为 T_0 和 T。当 $T>T_0$ 时，上层金属片的膨胀变形比下层的大，元件端面要转一角度，其变形的计算很复杂，工程应用可利用以下近似公式来计算元件端面的周边变形 δ

$$\delta=\frac{3}{4}(a_2-a_1)\frac{\Delta T}{h}l^2 \tag{3-2}$$

式中：h 为两层金属片厚度(mm)；$\Delta T= T-T_0$(℃)；l 为双金属敏感元件的长度(mm)。

这种双金属敏感元件的灵敏度较小。从(3-2)式可知，增加灵敏度的有效措施是加大片长 l，为了增加双金属片的有效长度而又不致使元件的外形尺寸过大，常常是将双金属片改做成螺旋形。

双金属敏感元件就其工作方式而言，它属于弹性变形类型，只是其产生弹性变形的原因并非力的直接作用，而是由温度变化所致。

本章后续各节以传感元件的输出电特性分类方法，阐述常用传感元件的变换原理及必要的有关电路、使用范围等内容。最后一节还对常用传感元件的变换原理及用途进行了归纳对比。

第二节 电阻式传感元件

电阻式传感元件能把被测量的变化转换成电阻值的变化。由于能引起导体或半导体电阻变化的原因很多，故工程中可用这种传感元件来检测位移、力、温度和湿度等非电物理量。

一、电位计式传感元件

电位计式传感元件可分为线位移式和角位移式。

1. 工作原理

电位计式传感元件的结构与电位器相似。据其电阻的结构特征，分为线绕式和镀电阻膜式两种类型。如图 3-5 所示，当被测对象的位移(x 或 θ)变化时，带动滑动触点 2 在电阻基体 1 的裸露部分移动，在固定端 3 和触点 2 的引线之间即有电阻变化。如果在电位计中流过一定的电流，就能把触点的位置以电压的形式输出。测出电压(或电阻)的变化，就能得出位移的大小。

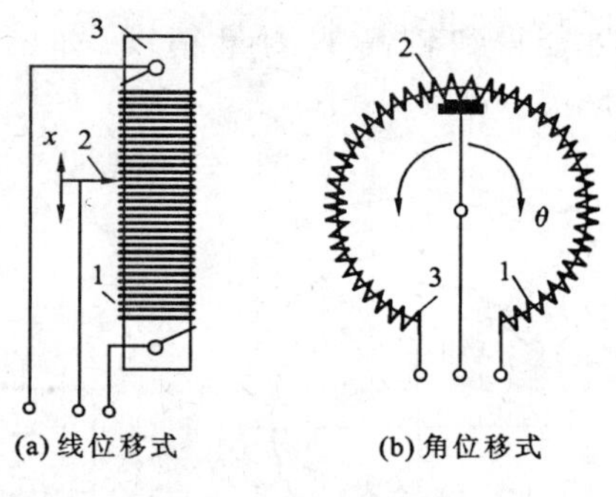

图 3-5 电位计式传感元件

1. 电阻基体；2. 滑动触点；3. 固定端

2. 特性

电位计式传感器的测量电路示于图 3-6。其中：R 为电位计的总电阻值；x 为电位计滑动触点满量程位移；x_i 为电位计滑动触点的输入位移；R_x 为电位计对应于输入位移的输出电阻值；R_L 为负载；U_0 为电位计的输出电压。理论分析和实验结果表明，当 $R_L\gg R$ 时，才可近似认为 U_0 与 x_i 呈线性关系。若保证 $R_L>(10\sim20)R$，则在满量程的全行程中，电位计传感器的线性误差可控制在 1%～2%的范围内。在有些情况下，特别是当触点的位移与被测量之间呈非线性关系时，可把电位计传感器的绝缘骨架 3(参见图 3-5)做成相应的非线性曲线形，使输出电压与被测量之间呈线性关系。

电位计式传感元件结构简单，使用方便，所以得到广泛应用。但是，线绕式电位计传感器的位移-电压特性(图 3-7)呈阶梯形输出，这是电刷每走一个线径电阻突变一次所致，故降低了它的分辨率。同时，由于滑动触点和电阻基体之间的磨损，限制了电位计的使用寿命。一般在产品说明书中以“概率寿命多少次”来表示。例如线绕型电位计的概率寿命是 20×10^6 次。

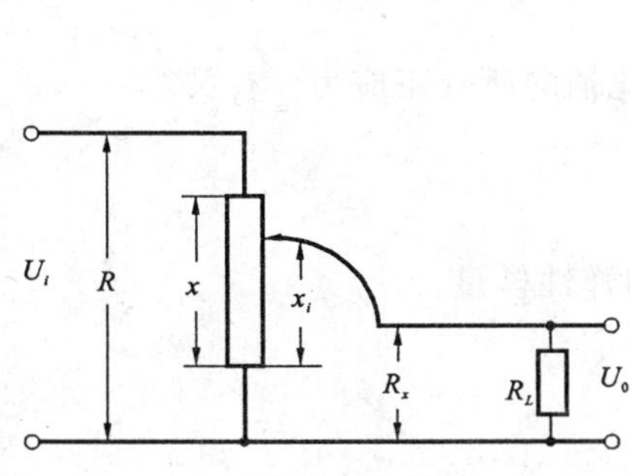

图 3-6 电位计式传感器的测量电路

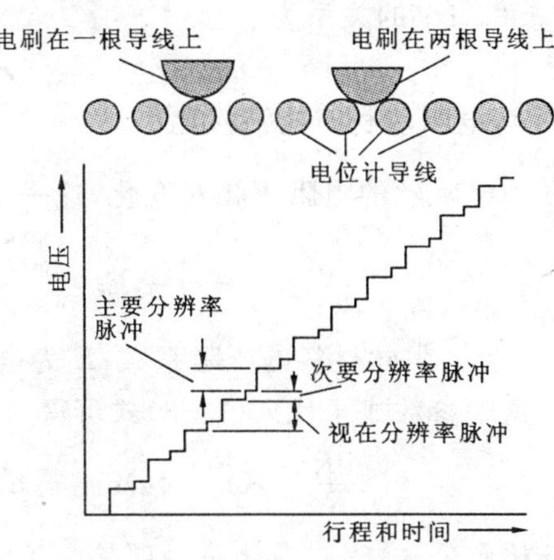

图 3-7 电位计特性

二、电阻应变式传感元件

电阻应变式传感元件是检测技术中使用最广泛的一种，它可以把被测对象的应变量转换成电阻值的变化。目前，工程中用于测力、称重量和压力等方面的检测，90%左右都是采用电阻应变原理。因此本节着重讨论这种类型的传感元件。

1. 工作原理

电阻应变式传感器由电阻应变片、弹性元件和测量电路等部分组成。电阻应变片(图 3-8)一般包括敏感栅 1(金属电阻丝或半导体材料)、基底 2、引出线 3 和覆盖层 4。把基底贴在被测对象或传感弹性元件表面，当被测对象或传感弹性元件产生应变时，便通过基底传递到敏感栅上，使电阻丝变形。电阻值随变形而改变的这一物理现象称为电阻应变效应(对半导体应变片称为半导体材料的压阻效应)。通过电阻应变(压阻)效应，便可实现应变-电阻的转换。

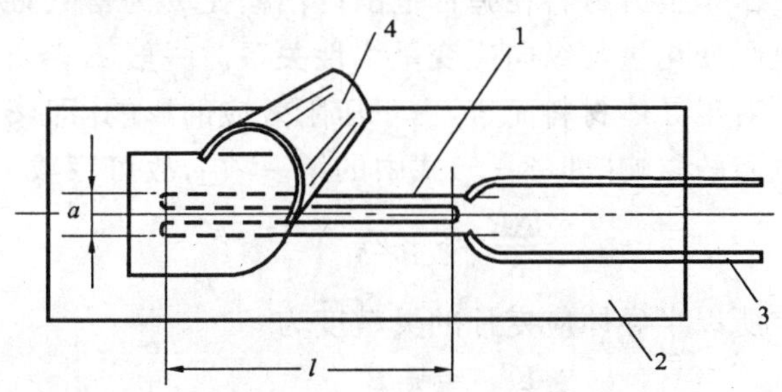

图 3-8 丝式电阻应变片

由物理学知识可写出，一根导体的电阻为

$$R=\rho\frac{l}{S}$$

式中：l 为电阻丝的长度；S 为电阻丝的截面积；ρ 为电阻丝材料的电阻率。

当电阻丝受到拉伸或压缩时，其几何尺寸和电阻值同时发生变化，电阻的相对变化为

$$\frac{\mathrm{d}R}{R}=\frac{\mathrm{d}l}{l}-\frac{\mathrm{d}S}{S}+\frac{\mathrm{d}\rho}{\rho} \tag{3-3}$$

由于半径为 r 的电阻丝其 $\mathrm{d}S=2\pi r\mathrm{d}r$，则

$$\frac{\mathrm{d}S}{S}=2\,\frac{\mathrm{d}r}{r}$$

若电阻丝的纵向应变为 $\varepsilon=\dfrac{\mathrm{d}l}{l}$，横向应变为 $\varepsilon_1=\dfrac{\mathrm{d}r}{r}$，当电阻丝沿轴向伸长，沿径向同时缩小时，伸长和缩小的关系为

$$\varepsilon_1=-\mu\varepsilon$$

式中：μ 为电阻丝材料的泊松比。

$\dfrac{\mathrm{d}\rho}{\rho}$为电阻丝的电阻率相对变化，这一变化与电阻丝轴向所受正应力 σ 有关，则

$$\frac{\mathrm{d}\rho}{\rho}=\pi_L\sigma=\pi_L E\varepsilon \tag{3-4}$$

式中：π_L 为电阻丝材料的压阻系数；E 为电阻丝材料的弹性模量。

将这些参数式子代入(3-3)式可得

$$\frac{\mathrm{d}R}{R}=(1+2\mu)\varepsilon+\pi_L E\varepsilon \tag{3-5}$$

分析此公式，等式右侧第一项是由于电阻丝几何尺寸变化而引起的电阻相对变化量；第二项是电阻丝材料导电率因材料变形而引起的电阻相对变化量。对金属电阻丝来讲第二项数值很小，则(3-5)式可简化为

$$\frac{\mathrm{d}R}{R}\approx(1+2\mu)\varepsilon$$

所以金属电阻应变片的灵敏度为

$$K_0=\frac{\mathrm{d}R/R}{\varepsilon}=1+2\mu \tag{3-6}$$

由于金属材料在弹性范围内泊松比 μ 为常数，所以灵敏度 K_0 为常数，即说明金属应变片的电阻变化量与纵向应变呈线性关系。一般 $K_0\approx2$。

对半导体材料而言，由于压阻效应的影响[即(3-5)式中的第二项]远大于几何尺寸变化对电阻的影响[即(3-5)式中的第一项]，故可写成

$$\frac{\Delta R}{R}\approx\pi_L E\varepsilon \tag{3-7}$$

所以半导体应变片的灵敏度为

$$K'_0=\pi_L E \tag{3-8}$$

其数值比金属应变片大几十倍至上百倍。正是因为半导体应变片灵敏度高、体积小、结构简单、耗电少、横向效应小，因而在航空、航天和自动检测等领域获得广泛的应用。不足之处是它与金属应变片比较，温度稳定性差，测量大应变时，灵敏度的非线性严重。因此，目前半导体应变片与金属应变片都有其独特适应性。

2. 应变片的类型

应变片的分类方法很多，一般可按敏感栅的材料或应变片的工作温度范围以及用途之不同予以分类。目前，常用的应变片，据其敏感栅材料，主要有金属电阻应变片和半导体应变片两大类，具体类型如下：

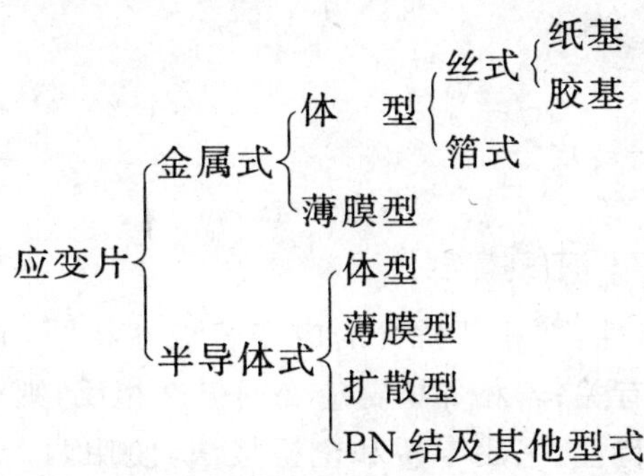

几种常见的国产应变片的结构类型如图 3-9 所示。

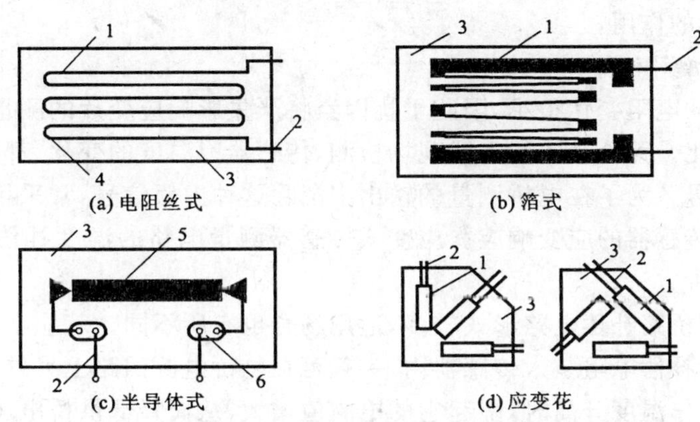

图 3-9　常用直变片的结构类型

1. 敏感栅；2. 引线；3. 基底；4. 短接线；5. 半导体敏感元件；6. 焊接线

3. 应变片的测量电路

应变片把变形转换成的电阻变化，一般用直流电桥来测量，即通过电桥把电阻的变化转换成输出电压的变化。应变片在电桥中有三种基本线路，如图 3-10 所示。其中，图 3-10(a)桥路中一个桥臂为随被测对象变形的应变片，称为工作应变片，这种接法叫做单臂接法。图 3-10(b)中两个桥臂为工作应变片，叫做半桥接法。图 3-10(c)中四个桥臂为工作应变片，叫做全桥接法。

实际应用中大多采用等臂电桥，即 $R_1 = R_2 = R_3 = R_4$。由于应变片感受应变后产生的电阻增量 ΔR 很小，一般 $R \gg \Delta R$，则电桥的输出电压 U_0 和输入电压 U_S 之间存在下述关系：

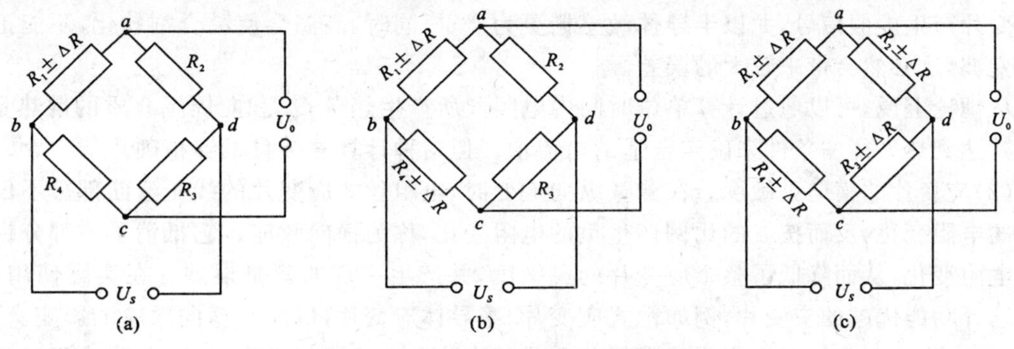

图 3-10　应变片在电桥中的联接方式

(a)单臂接法；(b)半桥接法；(c)全桥接法

单臂接法 $$U_0 = \frac{1}{4}U_S K_0 \varepsilon \tag{3-9}$$

半桥接法 $$U_0 = \frac{1}{4}U_S K_0 (\varepsilon_1 - \varepsilon_4) \tag{3-10}$$

全桥接法 $$U_0 = \frac{1}{4}U_S K_0 (\varepsilon_1 - \varepsilon_2 + \varepsilon_3 - \varepsilon_4) \tag{3-11}$$

由以上公式可见，电桥具有和差特性，即相邻桥臂的应变若极性相同（同为拉应变或压应变）时，电桥的输出电压与两应变之差有关；若相邻桥臂应变的极性相反，则输出电压与两应变之和有关。在实际检测中常利用和差特性，采用半桥和全桥接法，使用两个或四个应变片，有选择地安排在受拉区或受压区，以便增大电桥的输出电压。同时，由于应变片处于同一温度场中，也起到温度补偿的作用。

4. 应变片的温度补偿

由于应变引起的电阻变化很小，因此干扰因素将严重影响应变片的测量准确性，这种干扰主要来自温度的变化。无论是实验室或现场检测，传感器因温度的变化，都会使其应变电阻出现不需要的虚假信号。为了在电桥测量的输出中消除这种虚假信号，常采用温度补偿方法，使电桥输出仅仅是对传感器的应变响应。应变式传感器测量电路的温度补偿，常采用桥路补偿或应变片自补偿两种方法。

(1)桥路补偿。桥路补偿电路形式较多，适用场合也有所不同。就应变式传感器的测量电路而言，无法将温度补偿电阻装入传感器内，一般可在电桥电源回路上另外串接一只温度敏感电阻，以便传感器工作温度升高时，引起它的电阻值增大，从而降低供桥电压，因而使电桥输出电压也相应下降，这样即可达到抵消由传感器的温度升高所增大的虚假信号。这种桥路补偿方法，可以对输出灵敏度的漂移进行修正；若在电桥电源回路中，再串接一只半导体应变片，利用半导体材料的温度敏感特性，可获得高精度的传感器测量电桥。

(2)应变片自补偿。这种方法是指选用传感器时，应选择有温度自补偿功能的电阻应变式传感器，以便在工作温度变化时，使传感器的电阻虚假增量等于零或互相抵消，从而不会引起测量误差。

应变式传感器测量电路补偿方法甚多，限于篇幅，不再一一列举，读者可参阅应变测量技术的专著。

5. 使用中应注意的应变片主要特性

(1)工作电流的选择。在应变式传感器的电桥测量电路中，虽然可以通过增加桥路电流的方法来提高测量灵敏度，但实际工作电流受到应变片最大允许温升的限制。这是因为温升会使应变片产生虚假信号，尤以半导体敏感栅更为严重，同时，高温会使黏合剂软化，不能正常传递应变波，这必然会带来较大的误差。

从理论上说，可以通过计算单位时间内电阻丝所产生热量 Q_1 和向周围介质的散热量 Q_2，并使其达到热平衡的条件来确定合适的电流值。但这种计算复杂且不够精确。

(2)应变片的横向灵敏度。在测量纵向应变时，电阻丝式应变片的线栅弯曲部分不仅不产生正的电阻变化，反而按 μ 的比例产生负的电阻变化，称为横向效应。它抵消了一部分纵向应变的电阻变化，从而降低了整个应变片的灵敏度，并产生一定的测量误差。在实际使用中，可尽量选择功能优越的应变片，例如箔式应变片、半导体应变片，以减小横向效应的影响。

(3)工作的稳定性。应变式传感器的测量精度除和上述诸因素有关外，还取决于工作的稳定性。引起不稳定的因素很多，如重复加载试验时，每次的复现性很差；加载与卸载曲线不重合等。为了减小滞后的影响，一般应对传感器反复加载，以取得较稳定的特性曲线。另外，还应从改进应变片的粘贴工艺，定期标定、调零等方面，采取稳定措施，减小测量中零漂的影响。

(4)动态响应特性。在一般情况下，应变片的基长较短，因此能正确地反映被测对象的应变。但当被测应变波长较短或应变片基长较长时，则在同一瞬时应变片基长上不同地方将感受不同的应变，而产生误差。所以，选择传感器时应根据被测参数的频率范围，确定具有合适基长的应变片。实际使用中规定基长 $L=\frac{\lambda}{20}\sim\frac{\lambda}{10}$。其中 λ 为应变波长。

6. 电阻应变式传感器

应变式传感器的结构选择设计，应从被测参数的要求出发。电阻应变片除了直接粘贴在试件上使用外，还可制成应变式传感器来测力、扭矩、位移和加速度等。若采用直接粘贴应变片的方式，应根据检测对象与要求的不同，严格按照应变片检测技术的规范进行。应变片在实际使用时还会遇到一些其他需要注意的问题。例如在布线拐弯处对垂直于长度方向上的应变很敏感，从而将引起横向灵敏度误差等问题。对于这些问题，本书就不一一加以讨论了。

三、热电阻式传感元件

利用其电阻值对温度变化特别敏感的材料制成的传感元件可用于检测温度及与温度有关的其他非电量参数。按热电阻材料的性质，目前实用的两类材料是：金属热电阻(如铂、银、铜、铁、镍等金属)和半导体热敏电阻(如锰、钴、铬或镍等的氧化物制品)。

热电阻材料测温主要有金属热电阻传感元件和半导体热敏电阻传感元件两种类型。

1. 金属热电阻传感元件

金属热电阻传感元件具有正温度系数，即它的电阻值随温度增高而增加，传感元件电阻值的温度变化特性关系式为：

$$R_t=R_0[1+\alpha(t-t_0)] \tag{3-12}$$

式中：R_t 为温度为 t℃时的电阻值；R_0 为初始温度 t_0℃时的电阻值；α 为电阻温度系数(t_0℃时的值)。

在工程技术领域中，广泛应用金属热电阻传感器来检测－200℃～＋500℃范围的温度。比较而言，各类金属热电阻传感器以铂电阻型特性最优。金属热电阻传感器作为温度检测的变换器件，具有精度高、结构简单、测温范围广等特点。

2. 半导体热敏电阻传感元件

半导体热敏电阻传感元件的特性是，具有很高的负电阻温度系数(电阻值随温度升高而减小)，具有热惯性小、灵敏度高、稳定性较好和形体小、重量轻等优点。但是，这种传感元件的电阻与温度之间的变化呈非线性关系，所以其电桥测量电路需采用补偿措施。

国产的半导体热敏电阻传感器，常用于测温、控温、稳压及高稳定自动调节系统。

四、特殊用途的电阻传感元件

随着科学技术的进步，各种专用的电阻传感元件品种较多，这里不可能一一涉及。现以近年来开发的气体检测中常用的气敏电阻传感元件和湿敏电阻传感元件为例，简述其工作原理及应用。

1. 气敏电阻传感元件

气敏电阻传感元件是利用气敏电阻将检测到的气体成分、浓度变化转换成电信号。气敏电阻是一种特制的半导体电阻元件，其阻值随环境气体的成分或浓度的改变而有显著的变化，一般电阻值的变化范围在 $10^3\Omega$ 至 $10^6\Omega$ 数量级之间。气敏电阻是由对特定气体敏感的金属氧化物半导体材料烧结制成。

由于气敏电阻对可燃性气体感受特别灵敏，所以通常用于可燃性气体探漏、检测、报警，以及各种封闭范围的系统检漏、安全、防火等。近年已研制成 SnO_2 掺杂的常温感烟电阻，应用此种气敏电阻传感器制成的烟雾报警器，已进入实用阶段。

2. 湿敏电阻传感元件

湿敏电阻传感元件是利用电阻值随气体湿度的变化而变化的湿敏电阻，制作成感受大气湿度、作业环境湿度以及湿度控制器等仪器的湿度检测变换部件。目前开发的，能感受湿度变化的湿敏电阻材料主要有硒、氯化锂、四氧化三铁和三氧化二铝等金属氧化物；另外，也可用具有亲水性的多微孔有机薄膜做成湿敏电阻。

湿敏电阻传感器的制作工艺较简单，将上述金属氧化物硬化在埋有电极的陶瓷基片上；而多微孔有机薄膜，则是将钒酸铵、硝酸锶、硝酸钡，按配比与树脂乳胶混合后，喷涂在基体上固化并进行表面处理而成。利用预埋电极间的湿-阻特性，即可进行湿度检测。

第三节　电容式传感元件

电容式传感元件是以各种类型的电容器把被测非电量转换成电容量的变化。电容变换元件的典型结构示于图 3-11。

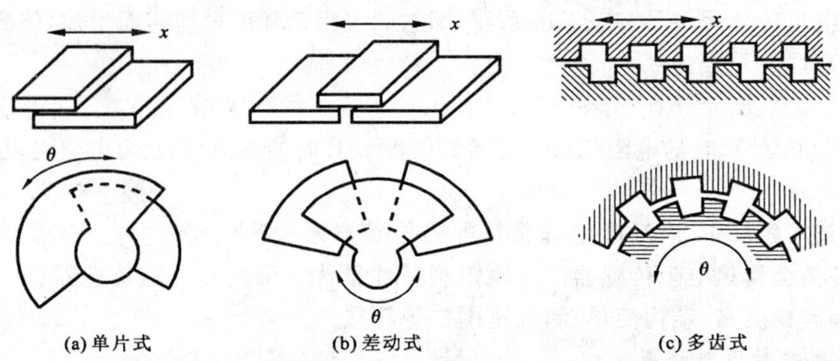

(a) 单片式　(b) 差动式　(c) 多齿式

图 3-11　面积变化型电容变换元件的典型结构示例

一、工作原理

电容式传感元件的工作原理可用平板电容器予以说明。当忽略边缘效应影响时，平板电容器的电容量为：

$$C=\frac{\varepsilon\cdot S}{\delta} \tag{3-13}$$

式中：ε 为极板间介质的介电常数(F/m)；S 为两平行极板间相互遮盖面积(m^2)；δ 为两平行极板间的距离(m)。

由(3-13)式可见，ε、S、δ 三个参数都直接影响着电容器电容量 C 的大小。如果保持其中的两个参数不变，而仅仅改变另外的一个参数，而且使该参数与被检测的非电量参数之间存在某一函数关系，那么被检测参数的变化就可以直接由电容量 C 的变化反映出来。显然，电容量 C 的变化，必然改变了交流电路的容抗 X_C，通过交流电桥等测量电路，就能测量出被检测的非电量参数变化的数值。

二、电容式传感元件的结构类型

根据电容式传感元件的基本工作原理，由于其可变参数的不同，可把电容式传感元件分为三种类型：面积变化型、极距变化型和介质变化型。一般面积变化型（图 3－11）常用于角位移的检测（由 1 个角秒至几十度的角位移），或较大的线位移检测；极距变化型可用来检测两个极板之间微小的线位移（可小至 0.01μm），或由于力、压力、振动等引起的极板间距的改变；介质变化型则多用于固态、液态的物位检测，以及各种电介质的湿度、密度等参量的测定。

为了实现将被测量变换为电容量的变化，电容式传感器的结构部件仍由敏感元件、电容式传感元件及其他辅助机构组成。下面以电容式压力传感器为例，来说明这类传感器的类型特点。

具有膜片型敏感元件的电容式压力传感器结构原理如图 3－12 所示。膜片既承受介质压力 p，也作为电容器的动极板。在单向流体压力的作用下，膜片将产生向上的翘曲变形。为了确定膜片变形与介质压力之间的函数关系，可设半径为 r 的任意点处膜片沿 y 方向的变形为 y。则在小变形的情况下，只要满足 $(h/a)^2 \ll 1$（h 为膜片圆心处的最大变形）的条件，即可推导出下列关系式：

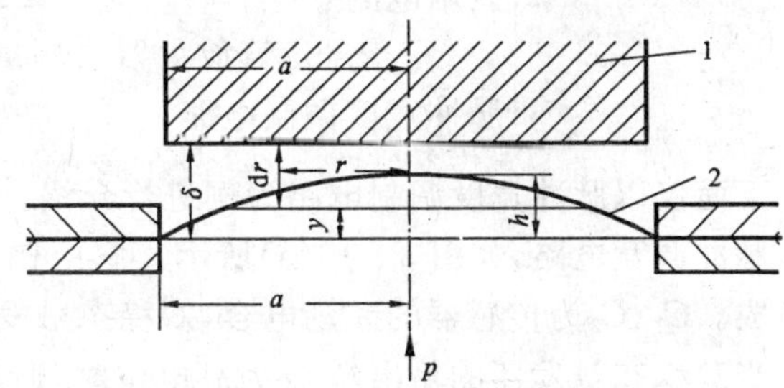

图 3－12　电容式压力传感器（膜片型）原理图

1. 固定极板；2. 膜片

$$y = \frac{p}{4F}(a^2 - r^2) \tag{3-14}$$

式中：F 为膜片的张力（N）；p 为介质的压力（N/m^2）；a 为膜片的半径（m）。

膜片变形后，任意球面窄环与固定极板之间的电容值，可由下列公式计算：

$$\mathrm{d}C = \frac{\varepsilon \cdot 2\pi r \,\mathrm{d}r}{\delta - y} \tag{3-15}$$

式中：δ 为膜片与固定极板间的原始距离。

而变形膜片的球面与固定极板之间的总电容，是膜片未变形前的初始电容量 C 与变形后的电容增量之和，即为

$$C + \Delta C = \int_0^a \mathrm{d}C = \frac{2\pi\varepsilon}{\delta}\int_0^a \left(1 + \frac{y}{\delta}\right) r\,\mathrm{d}r$$

把（3－14）式代入上式，可求出膜片在小变形情况下的总电容，并导出膜片变形后的电容增量，即

$$\Delta C = \frac{2\pi\varepsilon p}{4F\delta^2}\int_0^a (a^2 - r^2) r\,\mathrm{d}r = \frac{\pi\varepsilon a^4}{8F\delta^2} p \tag{3-16}$$

所以，电容式压力传感器的电容量随介质压力变化的相对变化量为

$$\frac{\Delta C}{C} = \frac{a^2}{8F\delta^2} p \tag{3-17}$$

显然,(3-17)式中的电容随介质压力的变化率,即表征了膜片型电容压力传感器的灵敏度。需要注意,上述分析是膜片静态承压变形,且膜片背面空气薄层的气垫影响也已忽略。但是,气垫将会增加膜片的有效刚度,相应就降低了动压下的传感器灵敏度。为此,在实际传感器的结构设计时,往往是把固定极板做成穿孔式结构,以最大程度地减小气垫的影响。另外,在高频压力检测场合,贴近振动膜片的空气层的惯性,也会影响传感器的动态灵敏度及频率响应特性。

三、电容式传感器的测量电路

目前,为了提高电容式传感器的测量精度,在测量电路上作了较深入的开发研究,归纳起来大致可分为三大类,即

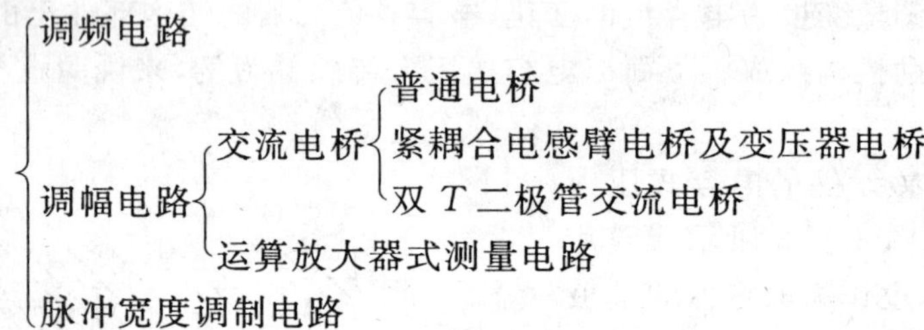

下面仅以脉冲宽度调制电路为例进行介绍。

脉冲调宽电路,如图 3-13(a)所示。它由比较器Ⅰ和Ⅱ、双稳态触发器及电容充放电回路组成。C_1、C_2 为传感器的差动电容,双稳态触发器的两个输出端 A、B 为电路的输出端。

当双稳态触发器的输出端 Q 为高电位时,通过 R_1 对 C_1 充电,$\bar{Q}$ 端的输出为低电位,电容 C_2 通过二极管 D_2 迅速放电,G 点被钳制在低电位。当 F 点的电位高于参考电位 U_C 时,比较器的输出极性改变,产生一脉冲,使双稳态触发器翻转,Q 端输出变为低电位,而 $\bar{Q}$ 端变为高电位,这时 C_2 充电,C_1 放电。当 G 点电位高于 U_C 时,比较器Ⅱ的输出使触发器再翻转一次,如此重复,周而复始,使双稳态触发器的两个输出端各自产生一宽度受 C_1 和 C_2 调制的方波信号。当 $C_1=C_2=C_0$ 时,各点的电压波形如图 3-13(b)所示,输出电压 U_{AB} 的平均值为零。但在工作状态时 $C_1=C_2$,C_1、C_2 充电时间常数发生变化,若 $C_1>C_2$,$C_1=C_0+\Delta C$,$C_2=C_0-\Delta C$,则各点电压波形如图 3-13(c)所示,输出电压 U_{AB} 的平均值不再是零。

输出电压 U_{AB} 经低通滤波后,便可得到一直流输出电压 U_0,其值为 A、B 两点电压平均值 U_A 与 U_B 之差,在电阻 $R_1=R_2=R$,触发器的输出高电位为 U_1 时,可导出

$$U_0=\frac{C_1-C_2}{C_1+C_2}U_1=\frac{\Delta C}{C_0}U_1 \tag{3-18}$$

由此可知,直流输出电压 U_0 与电容 C_1 和 C_2 之差成比例,极性可正可负。

对于变间隙式差动电容传感器

$$U_0=\frac{\Delta d}{d_0}U_1 \tag{3-19}$$

对于变面积式差动电容传感器

$$U_0=\frac{\Delta A}{A}U_1 \tag{3-20}$$

根据以上分析可知:

(1)脉冲调宽电路对传感元件的线性要求不高,不论是变间隙式或变面积式,其输出都与

输入变化量成线性关系。

(2)不需要解调电路，只要经过低通滤波器就可以得到直流输出。

(3)调宽脉冲频率的变化对输出无影响。

(4)由于采用直流稳压电源供电，不存在对其波形及频率的要求。

所有这些都是其他电容测量电路无法比拟的。

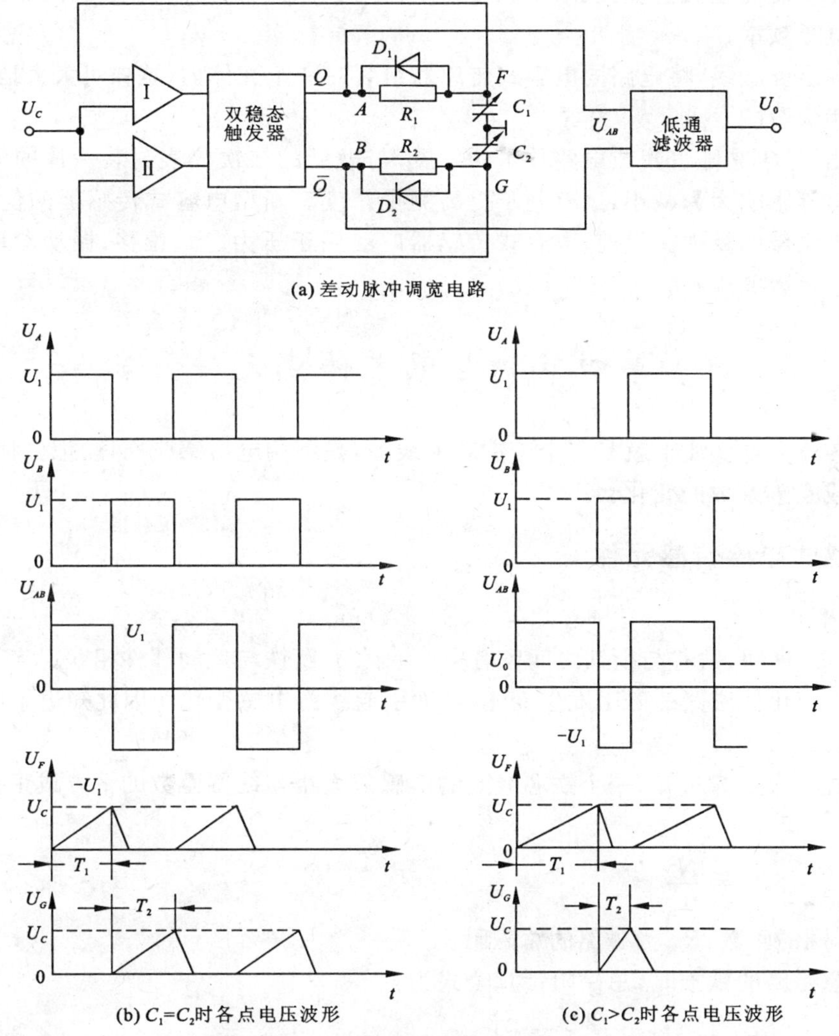

(b) $C_1=C_2$时各点电压波形　　(c) $C_1>C_2$时各点电压波形

图 3－13　脉冲宽度调制电路及波形

四、电容式传感器的特点

电容式传感器与电阻应变式、电感式等类传感器比较，有如下特点：

(1)动态范围大，响应快．其原因在于两块板之间静电引力很小，动片质量很轻，推动极板需要的能量少。

(2)灵敏度高，频带宽。其对很小位移的敏感性高，能在数兆赫频率下工作。

(3)可以实现非接触测量。它无摩擦，不会干扰被测对象的运动状态。

(4)输出阻抗高，功率小。电容传感器的电容量很小，一般只有几 pF 至几百 pF，所以输出阻抗很高，输出信号的功率很小。为了降低输出阻抗和增大输出功率，必须采用高频电源和高倍数放大器，从而使测量系统复杂化。

(5)抗干扰能力差。由于传感器电容量很小，电缆的分布电容不容忽视，工作在高频状态下容易产生寄生电容，从而影响了测量精度。需要在其结构设计和测量电路中采取一定的补偿和校正措施。在应用这种传感器时，可采取下列措施：

①增加传感器的原始电容值(减小极板的结构间隙，增加工作面积或工作长度)；

②提高电源频率；

③采用双层屏蔽线，将电路同电容式传感器组装在一个壳体内，这样可大大地减少寄生电容及外界干扰的影响。

需要指出，近年来随着集成电路技术的发展，与微型的二次仪表封装一体的电容传感器，能使分布电容等影响大为减小，这有利于提高测量精度。新型电容式传感器的优越性正日益受到工程技术领域的重视。目前，电容式传感器广泛用于压力、力、位移、振动参量和液面、料面等工程技术参数的检测。

第四节　电感式传感元件

电感式传感元件实质上就是一个带铁芯的线圈，是利用电磁感应原理，把位移量转换成线圈自感系数或互感系数的变化。

一、自感式电感传感元件

1. 工作原理

由图 3-14 可知，铁芯与衔铁之间留有空气间隙 δ，衔铁与运动部件相联。当衔铁移动时，由于间隙 δ 的变化使磁路的磁阻发生变化，从而引起线圈电感变化。因此知道了电感的变化，就可得出位移的大小。

根据电磁感应定律可知，一个铁芯线圈的电感的大小与线圈匝数的平方成正比，而与磁路的磁阻成反比，即

$$L=\frac{N^2}{R_m} \tag{3-21}$$

式中：N 为线圈的匝数；R_m 为磁路的总磁阻。

在不考虑磁路的铁损时，总磁阻计算公式为：

$$R_m=\frac{l}{\mu S}+\frac{2\delta}{\mu_0 S_0} \tag{3-22}$$

式中：l 为铁芯磁路的平均长度；μ 为铁芯材料的导磁率；S 为铁芯导磁截面积；δ 为气隙间距；μ_0 为空气导磁率($\mu_0=4\pi\times10^{-7}\,\mathrm{H/m}$)；$S_0$ 为空气隙导磁截面积。

因为铁芯磁阻与空气隙的磁阻相比是很小的，故计算时(3-22)式中的第一项可忽略不计，则(3-21)式的电感计算公式为：

$$L=\frac{N^2\mu_0 S_0}{2\delta} \tag{3-23}$$

由(3-23)式可见，铁芯线圈的电感量与空气间隙厚度成反比，而与气隙面积成正比(N、μ_0已确定不变)，因此改变气隙间距 δ 和气隙面积 S_0，都能使电感量发生变化，从而实现信号变换。

2. 自感式电感传感元件的结构类型

目前,自感型传感元件一般常用的有三种结构类型:变气隙间距型、变气隙面积型及螺管型(图 3-14)。

这三种结构的自感型传感元件中,变气隙间距型的灵敏度高,但非线性严重,为了限制非线性误差,只能允许很小的示值范围(最大示值范围 $\Delta\delta_{max} < \frac{1}{5}\delta$);同时,衔铁的自由行程小,也影响其测量量程的扩展。而且,这种传感元件的加工装配难度高,也限制了它的应用范围。

变气隙面积型具有较好的线性,示值范围较大,自由行程长,因而获得较广泛地应用。

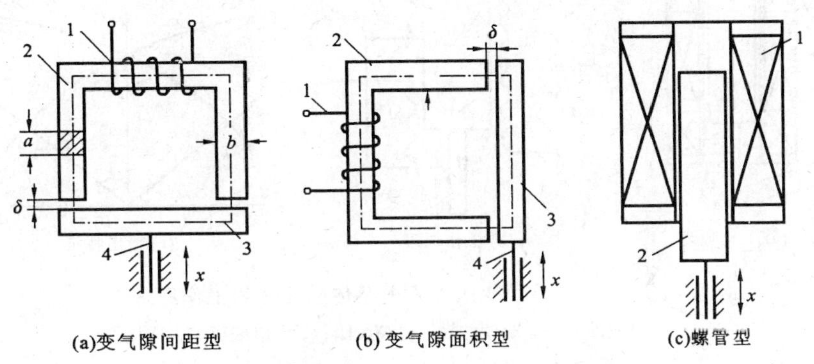

图 3-14　自感型传感元件的结构原理图

1. 线圈;2. 铁芯;3. 衔铁;4. 测杆

螺管型电感传感元件,因其示值范围大,自由行程长,结构简单且加工装配容易,所以获得广泛应用。这种传感元件主要缺点是灵敏度低,但可以在放大电路上加以解决。另外,为了反映被测量的方向变化,实际应用中常将线圈改做成两组独立线圈的差动输出形式,这对于干扰、电磁吸力有一定的补偿作用,故能改善螺管型电感传感元件的非线性。同时,还能灵敏地反映被测量的方向变化,这将在互感型电感传感元件论述中进行分析。

二、互感式电感传感元件——差动变压器

自感型传感元件将被测量变换成传感器的电感变化后,必须经过电位计或桥路等测量环节,才能将电感变化转换成电压或电流信号输出。根据电磁感应定律,完全可能将被测量变换成铁芯线圈之间的互感变化来实现信号变换。这种互感型传感元件,其线圈之间的电感变化即可以变压器形式直接提供电压输出信号。

互感型传感元件的结构原理,大都采用两个或两个以上铁芯线圈之间的互感耦合,其结构示意及工作原理如图 3-15(a)、(b)所示。互感型传感元件由一个可动铁芯、一个两段式或三段式骨架上绕以相应线圈组而构成。其初级线圈输入一定频率和幅值的激励电压。当被测量变化后,因可动铁芯产生的位移,改变了初级线圈和次级线圈之间的电磁耦合程度——以互感系数 M 表征。因此,次级线圈感应电势的变化量即比例于被测量的变化。

但是,若采用单线圈输出(只有一个次级线圈)方式,在被测量没有产生变化时,因初级线圈的激励始终存在,故次级线圈仍会有感应电势输出。为了维持零信号输出,必须在传感器或指示仪表中附加补偿或抵消环节。目前,互感型传感器大多是采用差动变压器结构形式[即图 3-15(a)、(b)]的螺管型差动变压器结构。由图 3-15 的结构可见,次级线圈是独立绕制的两

个对称线圈，当可动铁芯处于中间位置时，由于两个次级线圈是反接的，故其输出电压为零。当可动铁芯因被测量变化而产生相应的向上或向下位移时，则次级线圈亦有表征位移方向的差动输出，如图 3－15(c)所示。

由于互感型传感器（也称差动变压器）具有测量精度高、线性范围宽、稳定性好和使用方便等特点，被广泛应用于直线位移，或可能转换为位移变化的力、重量、流量等工程技术参数的检测。由于是接触式测量，所以频率响应低，动态性能差。

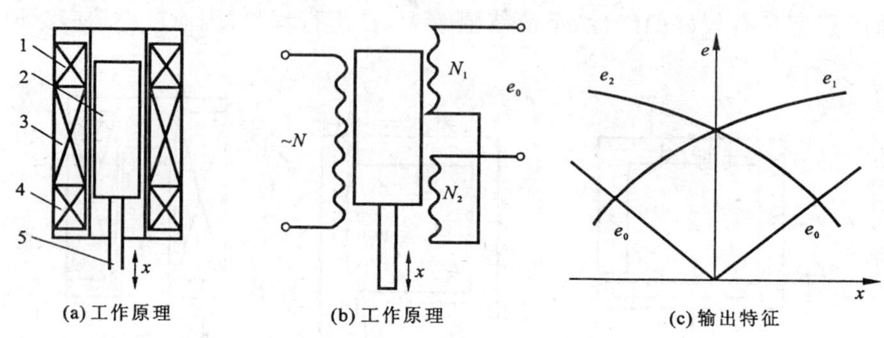

图 3－15 差动变压器式电感传感元件的工作原理

1. 次级线圈；2. 可动铁芯；3. 初级线圈；4. 次级线圈；5. 连接杆

三、电涡流式传感元件

根据电磁感应原理可知，当金属导体置于变化着的磁场或在磁场中运动时，导体内将会产生感应电流，该电流呈涡旋状，所以称为电涡流。电涡流传感元件正是基于电涡流效应制成的变换元件。

1. *工作原理*

如图 3－16(a)所示，在通有交变电流 i_1 的线圈中，由于电流的交替变化，在线圈周围就产生一个交变磁场 H_1。如果被测导体置入该磁场范围之内，那么被测导体表层因电磁感应就产生电涡流 i_2，电涡流又产生一与激磁磁场 H_1 方向相反的次生磁场 H_2，次生磁场 H_2 抵消部分原磁场，从而导致线圈的电感量、阻抗和品质因素 Q 等参数随导体位置、材质作相应的变化。

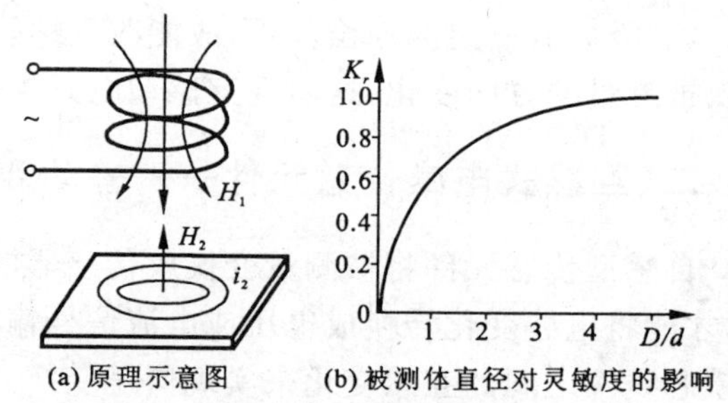

图 3－16 电涡流型传感元件示意图

一般地说，传感线圈的阻抗、电感量和品质因素 Q 的变化，是与被检测导体的几何形状、电阻率、导磁率有关；同时，也与线圈的几何参数、激磁电流的频率及线圈与被检测导体之间的距离有关。如果上列诸项参量只有一个随被检测对象变化，其余各项参量皆不改变时，就可以组成检测位移、温度、厚度、振动等非电量的各种传感元件。

电涡流在金属导体的径向上有一定的形成范围，随着线圈外经 D 的大小而变，并且与线圈外径有固定的比例关系。在线圈中心的轴线附近，电涡流密度很小，可看作一个孔；在等于线圈外径处，电涡流密度最大；而在被测体平板环的半径等于线圈外径 1.8 倍处，涡流密度则衰减为最大值的5%。显然，为了充分有效地利用电涡流效应，被测体环的半径应大于线圈半径的1.8倍，否则就不能全部利用所能产生的电涡流效应，使灵敏度降低。被测体为圆柱体时，其直径必须为线圈直径的3.5倍以上，才不影响测量效果。在二者直径相等时，灵敏度降低为70%左右，如图3-16(b)所示。图中D为被测体直径，d为线圈直径，K_r为相对灵敏度。

图3-17表明，为了充分地利用电涡流效应，被测金属导体表面可用于检测的电涡流区径向尺寸应控制在$D_2 \sim D_1$的范围内，其中D_2不应小于传感元件线圈外径D的两倍；而深度尺寸应控制在t（$t=x/D$）范围内，其中x为线圈与导体间的距离，一般取$t=0.05 \sim 0.15$，否则灵敏度将下降。

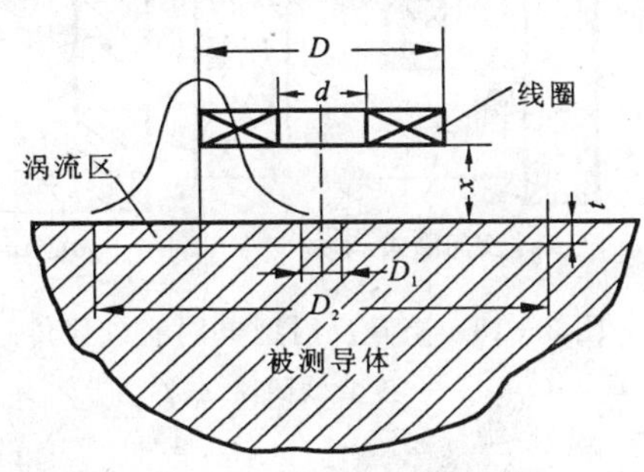

图3-17　涡流测量范围

2. 电涡流式传感元件的类型与应用

根据电涡流效应的理论研究，电涡流在导体内的贯穿深度主要取决于激磁电流的频率，其间的函数关系式为：

$$h = 5\,000\sqrt{\frac{\rho}{\mu f}} \tag{3-24}$$

式中：h为电涡流贯穿深度(cm)；ρ为被检测导体的电阻率(Ω·cm)；μ为被检测导体的导磁率(H/m)；f为激磁电流的频率(Hz)。

由(3-24)式可知，随着激磁电流频率的增高，电涡流在导体内的贯穿深度将相应减小；因此，激磁电流频率的高低就决定了电涡流式传感元件的两种工作方式——高频反射型和低频透射型。

(1)高频反射型电涡流传感元件。当传感元件的线圈采用高频电流i_1激励时，线圈的电感量、阻抗和品质因素的变化主要受次生磁场的反射影响。目前，高频反射型电涡流传感元件用于检测导体位移或导体厚度时，主要有变间隙式和变面积式两种，其工作原理如图3-18所示。

变间隙式传感元件进行位移检测的原理，是基于传感器线圈与被测导体平面之间间隙的变化导致次生磁场反射程度的变化，从而引起传感元件线圈的电感量、阻抗和品质因素产生相应的变化，经测量电路即可确定被测导体的位移数值x。

变面积式传感元件则是利用被检测导体与传感器线圈之间相对覆盖面积的变化，致使次生磁场反射强度变化，据此电涡流效应的变化，亦可以测量出被检测导体的位移值x。

以上两种传感元件的性能特征，分别与自感型的变气隙间距和变气隙面积相近。

(2)低频透射型电涡流传感元件。这种传感元件采用低频激励，因而能获得较大的贯穿深度，适用于检测金属材料的厚度。低频透射型电涡流厚度传感元件的工作原理示于图3-19。

发射线圈L_1和接收线圈L_2，分别置于被测金属材料的两侧，低频激励电压U_1加到发射线圈L_1上，于是接收线圈L_2将产生感应电压U_2。

若两线圈之间无金属导体，那么L_1的励磁交变磁场就能较多地与线圈L_2交链，于是L_2输出的感应电压U_2最大。

当两线圈之间置入金属板M后，由于金属板内产生电涡流i_1，电涡流产生的次生磁场将抵消原磁场贯穿金属板的部分磁场，使得接收线圈L_2交链的磁力线减少，从而使U_2下降。金属导体厚度越大，电涡流效应产生的电磁损耗也相应增大，那么发射线圈L_1的磁场强度被削

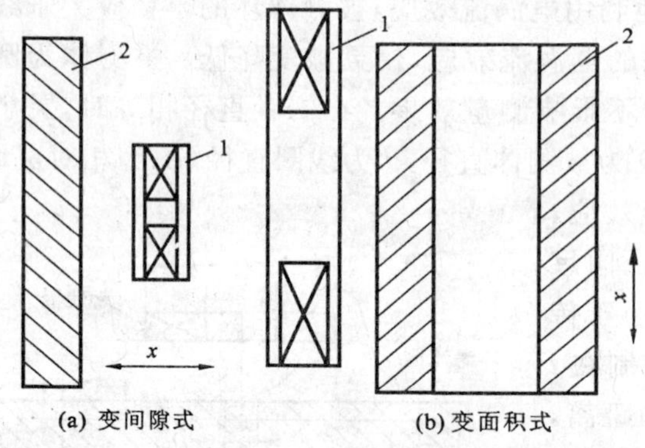

图 3-18　高频反射型电涡流位移传感元件示意图

1. 线圈；2. 被检测导体

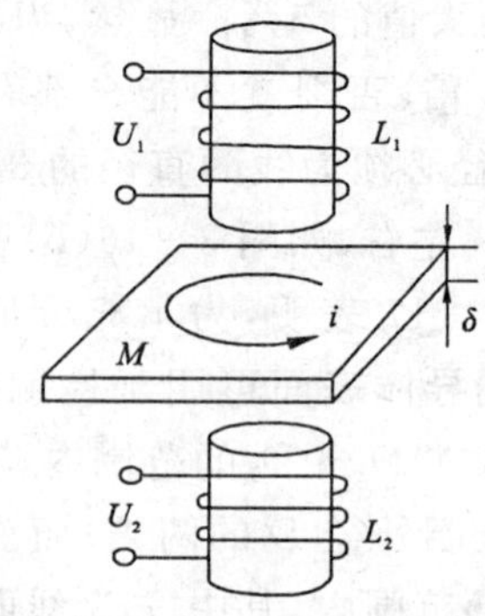

图 3-19　低频透射型电涡流厚度传感元件的工作原理示意图

弱的程度也越大，于是到达接收线圈 L_2 的磁力线就越少，感应电压 U_2 因而越小。

为了能较好地进行厚度测量，激励频率要选得较低，一般在 500Hz。频率太高会使贯穿深度小于被检测导体的厚度，将导致不能进行厚度测量。由(3-24)式选择激励频率 f 时，应保证满足 $h>\delta$。

另外，检测电阻率 ρ 较小的材料(如铜材)时，应选较低的频率(500Hz)，而检测电阻率 ρ 较大的材料(如黄铜、铝)时，则可选用较高的频率(2kHz)，这样才能保证在检测不同的材料时，获得较好的线性和灵敏度。

综上可知，电涡流式传感器可以对金属导体实现非接触连续检测多种物理量。具有结构简单、频率响应宽、灵敏度高、测量线性范围大、抗干扰能力强、体积较小等特点。一般用来测量振动、位移、厚度、转速、温度、硬度等参数；还可以进行无损探伤，所以在工程检测技术领域，也是一种有发展前途的传感器。

第五节　热电偶式传感元件

热电偶元件与显示仪表等组成的测温系统，可以直接检测各种生产过程中的液体、蒸汽、气体介质和固体表面的温度，其温度测量范围可达到 0～1 800℃。热电偶式传感元件具有精度高、测温范围广、便于远距离和多点测量等优点，是接触式高温计中应用最普遍的一种。

一、热电变换原理

热电偶的测温原理，是基于“热电效应”将温度差变换为热电势的物理现象。热电效应的实现，是把两种不同材质导体 A 和 B 串接成一闭合回路(图 3-20)，如果两结合点 1 和 2 间出现温差，则在回路中就有电流产生，1 和 2 节点间的电动势称为热电势。这两种不同导体的组合称为热电偶。实际应用时，是将节点 1 用焊接的方法连接在一起，并把它置于被测温场中，称为测温端或工作端。节点 2 一般要求有恒定的温度，称参考端或自由端。

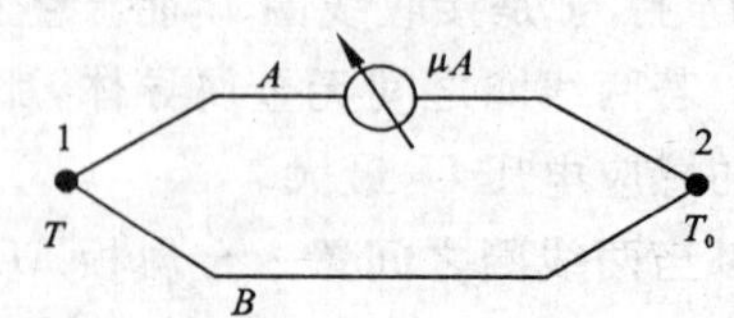

图 3-20　热电效应示意图

由理论分析知道，热电势是由两个导体的接触电势和同一导体的温差电势组成。

金属中都存在自由电子，不同金属中自由电子密度不同，当两种金属 A 和 B 接触时，在接触面上便产生电子的扩散运动，于是在接触处便产生了电场，这个电场阻碍着电子继续扩散。当扩散作用与电场的阻碍作用相等时，便达到了动平衡，这时在 A、B 接触面处形成的稳定电位差为接触电势，即

$$E_{AB}(T)=\frac{KT}{e}\ln\frac{n_A}{n_B}$$

式中：T 为接触处的绝对温度；K 为波尔兹曼常数；e 为电子电荷量；n_A，n_B 为导体 A 和 B 的自由电子密度。

金属中自由电子的能量随温度的增大而增大。如果导体 A 两端存在着温度差，那么热端自由电子的动能比冷端大，将有更多的电子扩散到冷端，使热端失去电子而带正电，冷端得到电子而带负电，从而高低温端之间形成的电位差称为温差电势，即

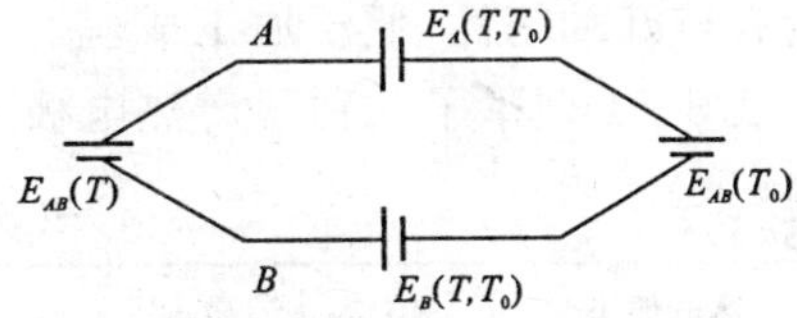

图 3-21　热电偶回路的热电势

$$E_A(T,T_0)=\int_{T_0}^{T}\sigma_A\mathrm{d}T$$

式中：σ_A 为温差系数，与导体材料和温度有关。

如果把导体 A、B 组成闭合回路，当两接点温度 $T>T_0$ 时，由以上分析可知，回路的总电势为两个接点的接触电势和两个导体温差电势的代数和(图 3　21)，即

$$\begin{aligned}E_{AB}(T,T_0)&=[E_{AB}(T)-E_{AB}(T_0)]+[-E_A(T,T_0)+E_B(T,T_0)]\\&=\frac{K}{e}(T-T_0)\ln\frac{n_A}{n_B}-\int_{T_0}^{T}(\sigma_A-\sigma_B)\mathrm{d}T\end{aligned}\qquad(3-25)$$

由上式可知：

(1)若热电偶的两个热电极材料相同，两接点的温度虽然不同，但总热电势仍为零。因此，热电偶必须由两种不同材料构成。

(2)当 $T=T_0$ 时，即使两个热电极 A、B 的材料不同，回路中的热电势仍为零。因此，两个接点处必须要有温度差。

(3)热电势的大小仅与热电极的材料、接点处的温度有关，而与热电偶的尺寸及形状无关。同样材料的热电极，其温度与电势的关系是一样的，因此热电极材料相同的热电偶可以互换。

实践证明，金属中的自由电子很多，温度变化对电子密度的影响很小，所以在同一导体内的温差电势极小，可以忽略不计。因此(3-25)式可写为

$$E_{AB}(T,T_0)=\frac{K}{e}(T-T_0)\ln\frac{n_A}{n_B}\qquad(3-26)$$

所以电极材料选定后，热电势 $E_{AB}(T,T_0)$是温度 T 和 T_0 的函数差，即

$$E_{AB}(T,T_0)=f(T)-f(T_0)$$

若使冷端温度 T_0 保持不变，则热电势 $E_{AB}(T,T_0)$为 T 的单值函数。因此通过测量热电势 E_{AB} 就可求出被测温度 T。

二、热电偶的结构类型

常用的热电偶，随测温场所的要求不同，其外形虽大有差异，但其基本结构通常均由测温热电偶、绝缘套管、保护套管和接线盒四个部分构成(图 3-22)。

测温热电偶的电极是温度测量精度的重要保证，为了保证工作的可靠性和足够的测温精度，必须对热电极材料进行严格的选择。工程技术领域对热电极材料的一般要求如下：

(1)配成对的热电偶应有较大的热电势,并且热电势与温度有良好的单值线性函数关系;

(2)在测温范围内要有足够稳定的物理、化学性能,并不易被氧化或腐蚀;

(3)电阻温度系数小,电导率高;

(4)复现性好,工艺性和互换性优良,并应有较好的韧性,便于加工成丝。

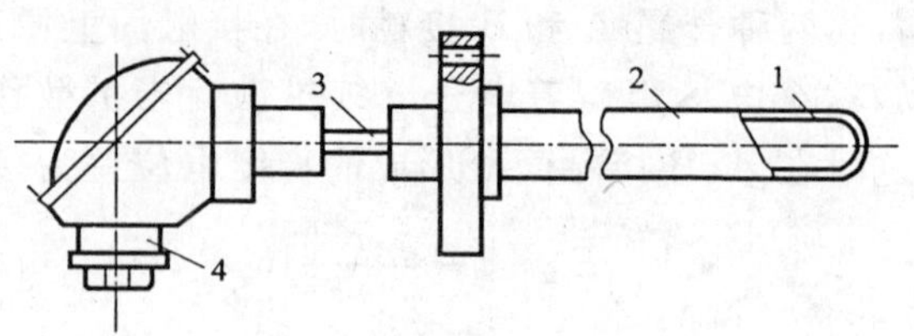

图 3-22　热电偶结构

1. 热电偶工作端;2. 保护套管;3. 绝缘套管;4. 接线盒

表 3-1 列举了几种国产热电极材料构成的普通热电偶特征。

表 3-1　国产普通热电偶特性

<table>
<tr><td colspan="2">热电偶类型
项目</td><td colspan="2">铂铑$_{30}$-铂铑$_6$
(WRLL)</td><td colspan="2">铂铑$_{10}$-铂
(WRLB)</td><td colspan="2">镍铬-镍硅
(WREU)</td><td colspan="2">镍铬-考铜
(WREA)</td></tr>
<tr><td colspan="2">分度号</td><td colspan="2">LL-2</td><td colspan="2">LB-3</td><td colspan="2">EU-2</td><td colspan="2">EA-2</td></tr>
<tr><td rowspan="5">热电极材料</td><td>正热电极</td><td colspan="2">铂铑$_{30}$合金</td><td colspan="2">铂铑$_{10}$合金</td><td colspan="2">镍铬合金</td><td colspan="2">镍铬合金</td></tr>
<tr><td>负热电极</td><td colspan="2">铂铑$_6$ 合金</td><td colspan="2">纯铂</td><td colspan="2">镍硅合金</td><td colspan="2">考铜合金</td></tr>
<tr><td>线径(mm)</td><td colspan="2">D 0.4～0.5</td><td colspan="2">D 0.4～0.5</td><td colspan="2">D 1.0～2.5</td><td colspan="2">D 1.0～2</td></tr>
<tr><td rowspan="2">化学成分</td><td colspan="2">Pt 70%, Rh 30%</td><td colspan="2">Pt 90%, Rh 10%</td><td colspan="2">Cr 9% ～ 10%, Mn 0.3%, Si 6%, Co 0.4%,其余为 Ni</td><td colspan="2">Ni 90%, Cr 9.7%, Si 0.3%</td></tr>
<tr><td colspan="2">Pt 94%, Rh 6%</td><td colspan="2">Pt 100%</td><td colspan="2">Mn 0.6%, Si 2% ～ 3%, Co 0.4～0.7%,其余为 Ni</td><td colspan="2">Ni 44%,Cu 56%</td></tr>
<tr><td colspan="2" rowspan="2">热电势允许偏差</td><td>0～600℃</td><td>>600℃</td><td>0～600℃</td><td>>600℃</td><td>0～400℃</td><td>>400℃</td><td>0～400℃</td><td>>400℃</td></tr>
<tr><td>±3℃</td><td>±0.5%</td><td>±2.4℃</td><td>±0.4%</td><td>±4℃</td><td>±0.75%</td><td>±4℃</td><td>±1%</td></tr>
<tr><td colspan="2">主要特征</td><td colspan="2">性能稳定,精度高,适于氧化和中性介质中使用,热电势小,价格贵,40℃以下冷端不需温度修正</td><td colspan="2">复制精度和测量准确度均较高,用于精密测量及作基准热电偶性能稳定,但热电势较弱,成本高</td><td colspan="2">复制性好,热电势大,线性好,化学稳定性较高,价格便宜,是产业部门最常采用的一种类型</td><td colspan="2">热电势大,灵敏度高,价格便宜,但考铜材料易氧化变质,且材质较硬,不易加工成均匀线丝</td></tr>
</table>

为了防止两根热电极丝短路,需采用绝缘套管将两根热电极丝隔开。绝缘套管的材料,一般可根据被测温度的范围来确定。

目前已形成商品的热电偶传感器结构种类繁多。在进行热电偶的选型设计时,一般可从热电偶传感器的结构特征入手,选用普通热电偶、铠装热电偶或薄膜热电偶等类型;也可根据不同用途,分别选用表面热电偶、快速热电偶、多点式热电偶或真空热电偶等类型。

三、热电偶的冷端处理及测温误差分析

1. 热电偶的冷端处理

热电偶输出电势是热电偶两端点(工作端——热端及参考端——冷端)温度差值的函数。因此,为了使输出电势与被测温度呈线性函数关系,必须保持一个端点的温度恒定,国家标准分度的热电偶都是指在冷端处于 0℃时的热电势值。按国家标准要求,热电偶测温时,冷端必

须保持 0℃的参考温度条件，否则将会出现测温误差。但是，产业部门使用中要保持冷端处于 0℃环境条件，既麻烦又不符合实际，因而具体使用热电偶检测温度时，常采用下述几种办法。

(1)0℃恒温法。该方法把热电偶的冷端置于 0℃的恒温容器内，是最理想的冷端处理办法。但只适用于实验室条件下，对工业部门却极为不便。

(2)冷端温度修正法。实际进行温度测量时，由于冷端难以保持在 0℃的标准分度条件，因而热电势的对应温度必然出现与标准分度值的差异。但是，若将冷端恒定在某一温度值上，即可对传感器输出电势进行冷端的恒温修正，这样就可以求得检测工位的实际温度。修正系数的值可由查表获得。

(3)冷端温度自动补偿法。上述两种方法都是恒定冷端温度为 0℃或任意的温度值条件下，再对测量值进行恒温修正。工程技术检测场所，实现上述恒温修正法仍有许多实际困难，因而目前通用的方法，是对传感器输出的热电势信号应用电势补偿法进行修正。冷端温度自动补偿方法较多，诸如采用补偿热电偶、电位补偿法和电桥补偿法等。

2. 补偿导线的应用

显然，热电偶冷端处理时，需要把热电偶冷端用导线与测温仪表连接，这样一来，则失去冷端处理的意义。但是，只要选用热电性质与工作热电偶相近的材料制成连接导线，应用这种补偿导线将工作热电偶的冷端延伸至测温仪表位置处，就不会因引入连接导线而导致工作热电偶测温的附加误差(图 3-23)。补偿导线的补偿原理，由测温回路总电势平衡方程即能证明，限于篇幅不作详证。

一般补偿导线可以采用工作热电偶的同类材料制成，为了便于接线，类型有单芯软线及多股软线；并且导线截面都较热电极截面大一些，以降低线路损耗。对贵金属热电极则选择非贵金属材料制成补偿导线。如工业部门常用的铂铑-铂热电偶的补偿导线，即采用铜-铜镍合金做替代补偿导线。

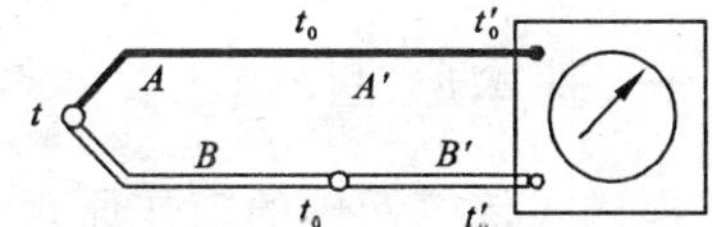

图 3-23　补偿导线的应用

A、B. 热电偶；A'、B'. 补偿导线；t_0. 原冷端温度；t'_0. 新冷端温度

3. 热电偶测温的误差分析

(1)分度误差。工业部门常用的热电偶一般都选用标准分度表分度。热电偶的标准分度表，可查阅温度计量标准手册。某些特殊用途的热电偶采用单独分度标准，则可根据精度要求，按照国家规定的相应精度等级的仪表进行分度标定。这两种分度方法都会产生分度误差。

仪表在使用中，由于氧化、腐蚀或挥发、弯曲应力以及高温下结晶的变化等都将使热电偶工作特性发生变化，因此要定期标定，把误差限制在一定范围内。各类标准热电偶的传递极限误差列于表 3-2 中。

表 3-2　各类标准热电偶的传递极限误差

热电偶类型	极限误差	热电偶类型	极限误差
基准铂铑-铂热电偶	±0.1℃	二等标准铂铑-铂热电偶	±0.9℃
工作基准铂铑-铂热电偶	±0.3℃	三等标准铂铑-铂热电偶	±(1.4～3)℃
一等标准铂铑-铑热电偶	±0.5℃	三等标准镍铬-镍硅热电偶	±3℃

(2)冷端温度误差。热电偶冷端处理及应用补偿导线都会引入一些附加误差，这类附加误差可根据具体情况分析处理。

(3)绝缘不好引起的误差。在选择保护管的材料时，必须对材料提出绝缘要求。因为传感器的输出热电势，可能会因热电偶或线路的绝缘性能不好而分流，或者因绝缘不好而窜入电源干扰，所以测温装置应保证即便在高温条件下也能达到规定的绝缘性能指标。

(4)测量电路的误差。热电偶所输出的热电势在毫伏级范围，常用毫伏表等动圈式仪表来测量。动圈的转角与测量线路中流过的电流成正比，电流大小为

$$I = \frac{E_{AB}(T, T_0)}{R_t + R_l + R_G}$$

式中：E_{AB}为热电偶的热电势；R_t、R_l、R_G 分别为热电偶的电阻、连接导线的电阻和动圈式仪表的内阻，而仪表两个输入端之间的电压为

$$U = IR_G = \frac{E_{AB}(T, T_0)}{R_t + R_l + R_G} \cdot R_G \tag{3-27}$$

可见，只有当 $R_G \gg (R_t + R_l)$时，才能使 $U = E_{AB}(T, T_0)$，仪表的指示值才能真实反映热电势的大小。当 R_t、R_l较大时，测量的误差便不能忽视。当用电位差计测量热电势时，因为它用标准电压来平衡热电势，所以回路中没有电流流动，热电偶的电阻和连接导线的电阻不影响测量的准确度。由于毫伏表惯性大，电位差计调平衡需要时间，所以该方法仅适用于静态测量。

第六节　电磁式传感元件

一、基本原理

电磁式传感元件的工作原理，是基于导体和磁场发生相对运动而产生感生电势(或感应电势)的电磁感应定律。由电磁感应定律已知，感生电势的大小与电磁回路中磁通的变化速率成正比；而磁通变化率则与磁场强度、磁路磁阻、导体的运动速度有关，若只改变其中一个参数，都会使输出的感生电势随该参数变化而变化。

根据电磁感应定理，感生电势 e 的大小可由下列方程式确定：

$$\left.\begin{aligned} & e = NBl\,\frac{\mathrm{d}x}{\mathrm{d}t}\sin\alpha \\ \text{或}\quad & e = NBlr\,\frac{\mathrm{d}\theta}{\mathrm{d}t}\sin\alpha \end{aligned}\right\} \tag{3-28}$$

式中：B 为磁场的磁感应强度；N、l 为线圈匝数及每匝的有效长度；r 为线圈的转动半径；$\frac{\mathrm{d}x}{\mathrm{d}t}$为线圈相对于磁场的直线运动速度；$\frac{\mathrm{d}\theta}{\mathrm{d}t}$为线圈相对于磁场的旋转运动速度，即转动的角速度；$\alpha$ 为线圈运动方向与磁势方向之间的夹角，工程技术应用领域大多数装置都满足 $\alpha = 90°$。

由(3-28)式可知，在传感元件结构既定的条件下，线圈参数 N、l 及 $\sin\alpha = \sin 90° = 1$ 都是常数，因此感生电势 e 只随线圈对磁场的相对运动速度和磁感应强度而变化，电磁式传感元件直接应用是作为测定速度的传感器。但是，由于速度与位移和加速度间的内在关系，是一个积分和微分的关系，因此，如果在传感器的测量电路中接一积分电路，那么其输出电势就与位移成正比关系。同理，接一微分电路，就可测出加速度，从而扩大了电磁式传感元件的应用范围。

电磁式传感元件的输出量除了电势幅值的大小外，也可以输出电势的频率值。依据电磁式传感元件的作用方式，其常用类型主要有动圈式和磁阻式两类。

二、动圈式电磁传感元件

图 3-24 所示为动圈式传感元件的作用原理。在永久磁铁(或电磁铁)产生的直流磁场内放置圈数为 N 的可动线圈。圆形线圈的平均周长为 l(cm)。如果在线圈运动部分的磁感应强度 B 是均匀的,且满足线圈运动方向与磁势方向夹角 $\alpha=90°$,则当线圈与磁场的相对速度为 v(cm/s)时,线圈的感生电势可由(3-28)式写出

$$\left.\begin{aligned} e &= NBlv \\ \text{或}\quad e &= NBlr\omega \end{aligned}\right\} \tag{3-29}$$

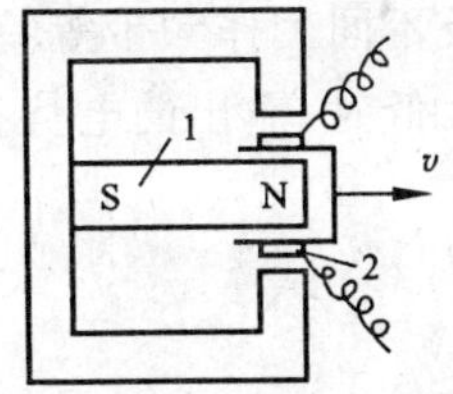

图 3-24　动圈式传感元件原理

1. 永久磁铁;2. 可动线圈

式中的 B、N、l 都是定值,故可把速度 v 或角速度 ω 变换为感生电势 e。因此,当线圈作直线运动时,电磁式传感元件可测出线速度;当线圈作旋转运动时,就能测出被测对象的角速度。例如在工程界用得很广泛的测速发电机就属于这一类速度检测装置。

三、磁阻式电磁传感元件

根据电磁感应定律,设计这类传感元件时,要保证线圈和铁芯静止不动,而让被测对象通过运动来改变磁路的磁阻,这样线圈中的感生电势 e 的大小取决于磁通变化率,即

$$e=-N\frac{\mathrm{d}\varphi}{\mathrm{d}t} \tag{3-30}$$

式中:$\frac{\mathrm{d}\varphi}{\mathrm{d}t}$为穿过线圈的磁通变化率。

利用被测对象的运动来改变磁路的磁阻,工程检测中应用最广的是测量回转体频数,如图 3-25 所示。当齿轮转动时,齿的凸凹变化引起气隙的磁阻变化,致使线圈中的磁通变化,而输出电势的频率则等于齿数 N 和转速 n 的乘积($f=Nn/60$),再经过转速-脉冲电路,就得到

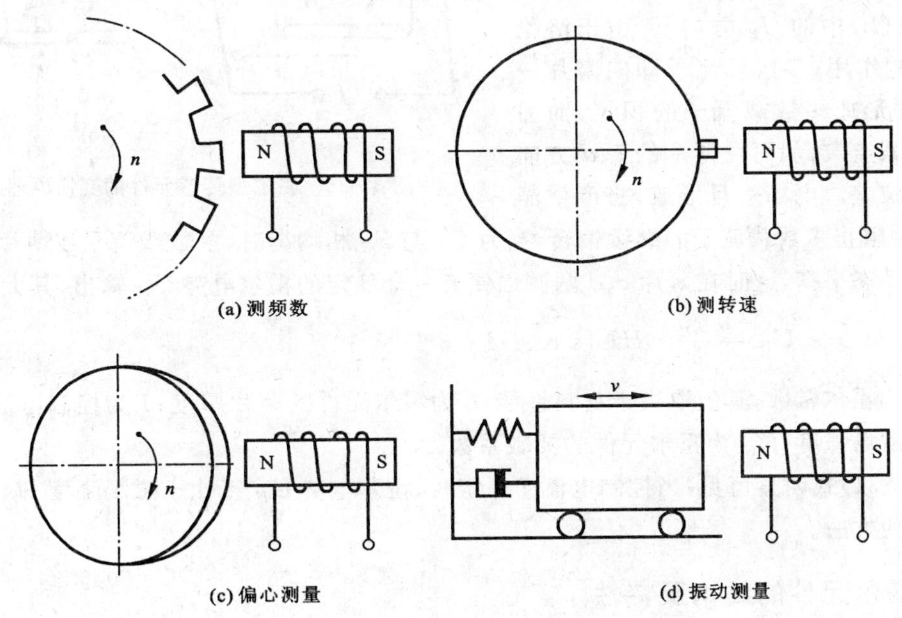

图 3-25　磁阻型电磁传感元件的工作原理

了方波输出信号。

综上所述,电磁式传感元件的工作不需要外置电源,而是直接从被测对象吸取机械能并转换成电信号输出。这是一种典型的发电型传感元件。用这种原理制成的传感器输出功率较大,因而大大简化了二次仪表的电路。同时,这种传感器还具有性能稳定,适应于不同使用条件及不同工作频带等特点,因而在各工程部门都获得了较普遍的应用。只是这种传感器当转速太低时,输出的电势很小,以致无法测量,因此这种传感器出厂时规定了一个下限工作频率。

第七节 霍尔式传感元件

早在19世纪后期就已发现在金属中存在霍尔效应,但由于其效应很微弱,很长时间内未被重视。直到20世纪中叶随着半导体科学的发展才制成较为满意的元件,60年代后成为受人重视的检测工具。

一、工作原理

霍尔型传感元件的工作原理是基于霍尔效应实现参量转换。霍尔效应是这样一种电磁现象:把通有电流 I 的导体或半导体置于磁场强度为 H 的磁场中,并且磁场方向与电流方向垂直,那么在垂直于磁场与电流的方向上,将会产生一个正比于电流和磁场强度的电位差 U_H[图 3-26(a)],这个电位差称为霍尔电势,能产生霍尔电势的元件称为霍尔元件。目前,工程检测技术中实用的都是半导体材料做成的霍尔元件。另外,激励电流,习惯称为控制电流。

霍尔电势产生的物理过程是:假定把N型半导体薄片置于磁场强度为 H 的磁场中[图 3-26(a)],在静止的薄片中通过控制电流 I,那么半导体中的多数载流子将沿着与控制电流方向相反的方向运动[图 3-26(b)中的 U_E 方向]。由于洛伦兹力 F_H 的作用,多数载流子即向薄片一侧偏转,并形成多数载流子的积累;而另一侧则积累空穴,从而在薄片的 c、d 方向形成了电位差。电场一旦形成,将产生静电斥力 F_E 阻止多数载流子的继续偏转,当力 F_H 与 F_E 相均衡时,多数载流子在薄片一侧的积累即达到动态平衡,这时在薄片 c、d 两侧面便有一个稳定的霍尔电势 U_H 输出,其大小为

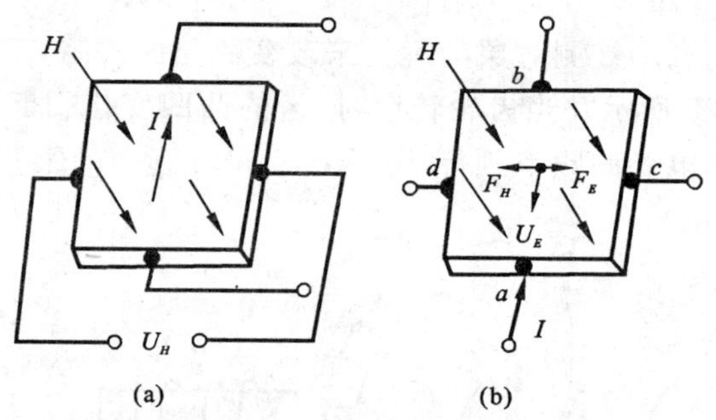

图 3-26 霍尔型传感元件的变换原理图

$$U_H = \frac{R_H}{h} \cdot IH = K_H IH \tag{3-31}$$

式中:R_H 为霍尔常数,其值取决于材料性能;h 为霍尔元件的薄片厚度;I 为控制电流;H 为穿过元件的磁场强度;K_H 为霍尔元件的灵敏系数。

据(3-31)式明显可见,当控制电流 I 一定时,霍尔电势 U_H 正比于磁场强度 H,这是磁测量的最简便方法。

二、霍尔元件的结构及特性

霍尔元件多采用锗、硅、砷化铟和锑化铟等半导体材料,制成矩形薄片状的立方晶体型基

片。在薄片的两垂直侧面上各置入一对导电电极。一对电极通入控制电流，称为控制电极；另一对电极作为霍尔电势的输出，故称为霍尔电极。

由(3-31)式可知，霍尔元件的半导体基片性能除由材料的霍尔常数决定外，还与基片厚度 h 有关。一般基片愈薄，则霍尔元件的灵敏度 K_H 就越大，所以基片应越薄越好。

另外，霍尔电极在基片上的布置位置、电极尺寸参数，都对霍尔电势 U_H 的数值有很大的影响。一般霍尔电极的宽度应远小于基片的长度，而电极应布置在基片长度尺寸的 1/2 处。

霍尔元件成品是一个四端器件，两端为控制电流输入端，一般标示为红色引线；另外两端为霍尔电势输出端，以绿色引线标示。

三、霍尔式传感元件的应用

由于霍尔传感元件具有在静止状态下对磁场敏感的特性，而且具有结构简单、体积小、频率响应宽(从直流到微波谱带)、动态范围大(输出电势的变化可达 1 000：1)、寿命长、无接触式检测等优点，因此，尽管霍尔元件目前尚存在着转换效率低和受温度影响较显著等缺点，但在工程检测技术、自动化技术和信息处理等领域内仍得到广泛的应用。举例说明如下。

1. 位移测量

当控制电流不变，把霍尔元件放在一个梯度磁场中移动时，从霍尔元件输出的电势变化就可反映出位移的变化。利用这一原理可以测量位移和与位移相关的非电量，如力、压力、加速度和振动等。磁场的梯度越大，变换的灵敏度越高，磁场梯度越均匀，输出特性的线性越好。如图 3-27 所示，它由两个磁系统共同形成一个梯度磁场，可直接测出微小的位移量，但是测量范围较小。同理，还可以用作精确定位等。

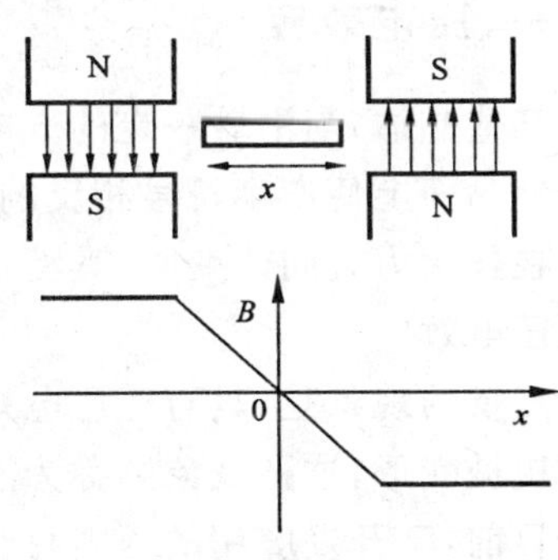

图 3-27　梯度磁场示意图

2. 角位移、转速测量

(3-31)式是在磁感应强度 H 与霍尔元件基片平面相垂直的情况下导出的。当 H 与基片平面的法线之间夹角 $\theta \neq 0$ 时，(3-31)式可改写为

$$U_H = K_H I H \cos\theta \qquad (3-32)$$

当 θ 夹角变化时，霍尔电势则变化。利用这一原理可制成霍尔角位移传感器、霍尔式转速传感器。

3. 制成运算器

如果控制电流和磁场强度皆为变量时，霍尔型传感元件的输出则与两者的乘积成正比[见(3-31)式]。这种应用即是典型的乘法器，常用于功率计的二次运算电路；同时，也可用作除法、倒数、开方等运算器。

4. 制成霍尔开关集成电路

把霍尔元件与放大电路集成在同一芯片上的霍尔开关集成电路，其外形尺寸和电路原理如图 3-28 所示。它具有体积小、价格便宜、性能稳定、无触点、高可靠、高寿命、输出数字化、结构简单、抗干扰能力强等优点，在工程检测中已获得广泛应用。

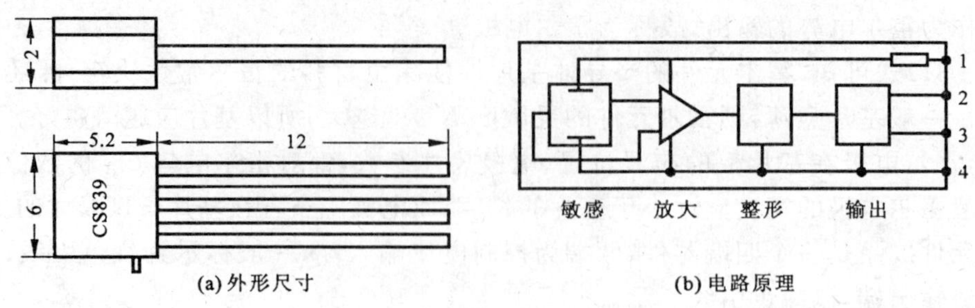

图 3-28　霍尔开关集成电路

第八节　压电式传感元件

压电式传感元件是一种典型的能量变换器件。它是以某些晶体受力后在其特定晶面上产生电荷的压电效应为转换原理的能量型传感元件。

一、压电效应

某些晶体，当沿着一定的方向受到外力作用时，其内部将产生极化现象，同时在晶体的两个特定晶面上便产生符号相反的电荷；外力撤去后，该晶体又恢复其不带电状态。而且，这类晶体在作用力方向改变时，其特定晶面上电荷的极性也随之改变。上述现象都称为这类晶体的正压电效应。

相反的现象是，具有正压电效应的晶体，如果对晶体施加一交变电场激励，晶体本身又会产生机械变形，这种现象则称为逆压电效应或电致伸缩效应。

目前，已开发应用的压电材料有下列几类：

压电材料
- 压电单晶
  - 石英晶体——x 切族、y 切族晶片
  - 其他单晶——$LiNbO_3$、$Bi_{12}GeO_{20}$ 等
- 压电多晶——压电陶瓷（二元系、三元系）
- 有机压电材料——PVF_2、PVC、PMG 等

为了说明压电现象的产生机理，现以石英晶体为例进行分析。如图 3-29 所示，石英晶体是六边体系的棱柱[图 3-29(a)]，而晶型则是六面体[图 3-29(b)]。其结晶学特性可用三根互相垂直的主轴线来表示：

光轴 $Z-Z$：纵向铅垂对称轴；

电轴 $X-X$：通过正六面体相对的两根棱线并垂直于光轴 $Z-Z$ 的轴；

机械轴 $Y-Y$：垂直于棱面的轴线。

如果在石英晶体上切取一个切片，晶体切片的六个平面分别垂直于三根轴线 $X-X$、$Y-Y$、$Z-Z$，如图 3-29(c)、(d)所示。在正常状态时，晶体内部晶格有序排列，其整体不呈显电性。当沿某些轴线方向施力时，由于晶格的变形，晶体即出现极化现象，在相应的特定晶面上产生电荷，这就是压电效应。通常称沿 $X-X$ 轴向施力产生纵向压电效应[图 3-29(c)]；而沿 $Y-Y$ 轴向施力则产生横向压电效应[图 3-29(d)]；沿 $Z-Z$ 轴向施力时不产生压电效应。

沿切片 $X-X$ 轴向施力 F_X 时，则在与电轴垂直的 X 晶面上产生电荷 q_X，其大小为

$$q_X = K_X \cdot F_X \tag{3-33}$$

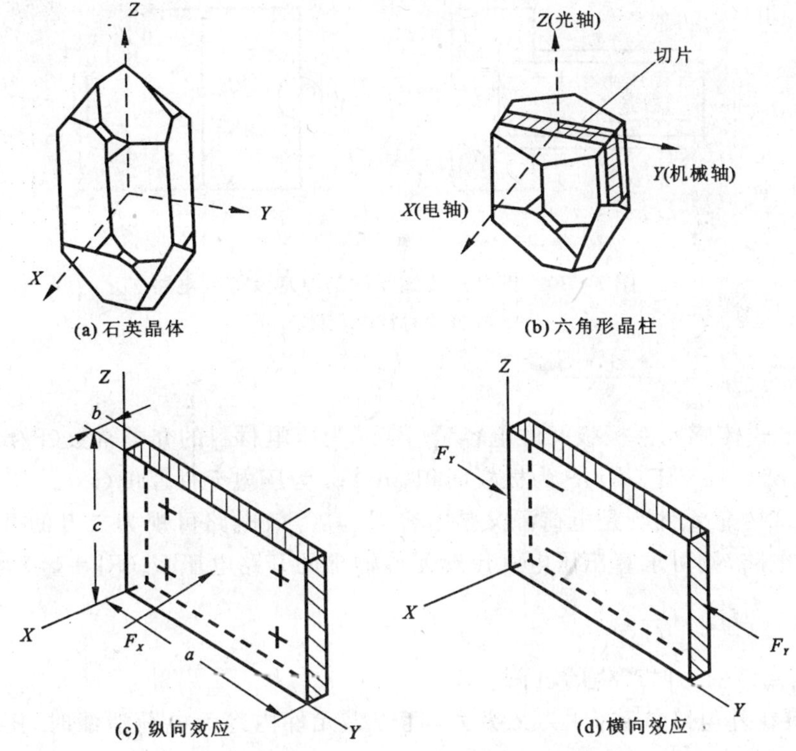

图 3-29　石英晶体及其压电效应

式中：q_X 为电荷量(C)；K_X 为纵向压电系数(C/N)，与压电材料及切片切型有关；F_X 为 $X-X$ 轴向作用力(N)。

显然，在外力 F_X 的作用下，纵向压电效应使晶面上产生的电荷量 q_X 与切片尺寸无关，仅与外力成正比。

沿切片 $Y-Y$ 轴向施加外力 F_Y 时，其产生的电荷仍出现在与电轴垂直的 X 平面上，但极化矢量的方向相反，而电荷量 q_Y 的大小为：

$$q_Y = -K_Y \cdot \frac{a}{b} \cdot F_Y \tag{3-34}$$

式中：q_Y 为横向压电效应产生的电荷量(C)；K_Y 为横向压电系数(C/N)，与压电材料及切片切型有关；a、b 为晶体切片的长度和厚度尺寸(mm)。

由(3-34)式可见，沿机械轴方向的力作用于晶片上时，产生的电荷量 q_Y 与晶体切片的几何尺寸有关，而电荷极性则与纵向压电效应的电荷极性相反。

二、压电式传感元件的等效电路

压电式传感元件在其特定轴向承受外力作用时，与电轴垂直的晶面上就产生电荷，因此它相当于一个电荷源(静电发生器)。由于压电材料是绝缘性能很好的非导体，所以可将带有两个银电极和引线 2 的压电式传感元件视作以压电材料 1 为电介质的电容器[图 3-30(a)]。

压电式传感元件承受外力时，在压电元件的特定晶面上产生的电荷即聚集于银电极 2 的表面，其电容量可由下式求得：

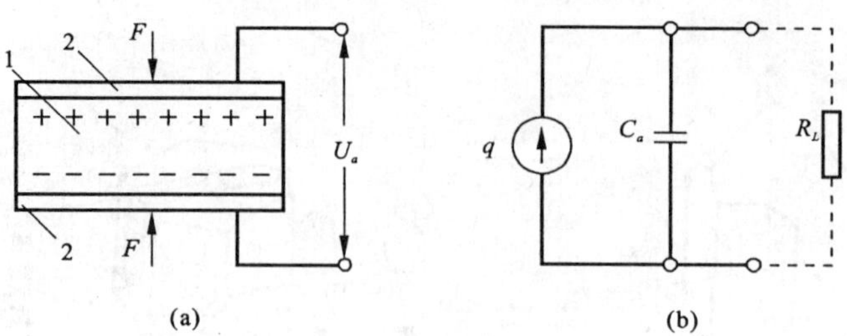

图 3-30 压电式传感元件的原理及等效电路

1. 压电材料；2. 引线

$$C_a = \frac{\varepsilon \cdot \varepsilon_0 \cdot S}{\delta} \tag{3-35}$$

式中：C_a 为压电式传感元件极板间的电容量(F)；ε 为压电材料的介电常数(F/m)；ε_0 为真空介电常数($\varepsilon_0 = 8.85 \times 10^{-12}$ F/m)；S 为极板面积(m^2)；δ 为压电元件厚度(m)。

因为压电式传感元件既是电荷源又是电容器，其等效电路可视为二者的并联电路。据图 3-30(b)等效电路，则可求算出压电式传感元件输出的开路电压 U_a($R_L = \infty$)为

$$U_a = \frac{q}{C_a} \tag{3-36}$$

式中：q 为压电元件受力时产生的电荷量。

显然，只有在外电路负载 R_L 为无穷大，且传感元件内部无电荷泄漏时，压电式传感元件受力而变换输出的电压信号才能长时间保存下来。如果接入负载不是无穷大，则电路就要以时间常数 R_LC 按指数规律放电。因此，一般的测量装置接于压电式传感元件的输出端时，其电荷量势必减少。可见压电式传感元件的静态响应特性是很差的，这正是此种传感元件适用于动态测量的原因。

针对压电式传感元件静态响应特性差的问题，为了保证其测量精度，应使传感元件输出电路所带负载尽量增大。因此，压电式传感器只能配接输入阻抗很高，即 $R_L \geqslant 10^9\,\Omega$，常配接 $R_L = (10^{12} \sim 10^{14})\,\Omega$ 的测量放大器(主要是电荷放大器)。

三、压电式传感器的应用

压电式传感器作为力学参量动态检测的主要选型，有其工作频带宽、灵敏度高、信噪比大等优点，因而它在工程技术参数的动态测量、超声检测及声发射检测等领域获得广泛应用。

1. 压电式力传感器

压电式力传感器，是以压电晶体为换能元件，输出与作用力成正比的力-电变换器件。国内外通常采用石英 $a-SiO_2$。晶体作为力传感器的换能元件。因为石英晶体没有自发的极化效应，并且热释电效应极小、灵敏度、稳定度高、线性度好、刚度大、滞后小、工作频带宽，因而石英晶体测力传感器应用较为普遍。

在实际工程应用中，根据被测力的作用状态不同，压电式力传感器的适应性也可以分为两大类型：单分量压电式力传感器和多分量压电式力传感器。前一类型只适用于单向受力状态的测量；后一类型则适用于多向受力状态的测量。国产单分量和多分量压电式力传感器的性能、特点及用途见表 3-3 和表 3-4 所列。

所有压电式力传感器的使用中，加装垫块需十分慎重，因为垫块所增加的动态质量将影响到传感器的谐振频率，也可能引入一定的动态测量误差。

表 3-3　单分量压电式力传感器

系列型号	负荷垫圈型	微　型	力接头型	高灵敏型
量程(kN)	7.5，15，35，60，90，120，200，400…	2.5，5	±2.5，±5，±20，±30，±40，±60…	0.1，0.5，1.5
典型产品	9001～9091 YSL 0.75～100	9211 9213	9301A～9371A	9201～9203 YDL-1，YS L-50K
特点及用途	测量轴向力，适用于动态、短时间的准静态力检测	测量 10^{-3} N～5kN 的力(插入式)	便于安装，测量张力和压缩力	灵敏度高，适用于小量级力的精密测量
应用举例	冲击、激振材料试验	直接测量塑料模槽力	杆件、结构件等受力检测	检测打字头的打印力等

表 3-4　多分量压电式力传感器

类 型	承力状态	量　程	典型产品	特点及用途	应用举例
二分量	F_Z M_Z	(−5～20)kN ±100kN·m	9063B,9065, 9271A	检测动态双向力及扭矩	机器力的测量
三分量	F_X F_Y F_Z	(−2.5～20)kN	9067,9251, YDL2	检测任何方向的力分量	切削力的测量
四分量	F_X F_Y F_Z M_Z	(−5～20)kN ±100N·m	9273	检测多分量力及扭矩	机器人、复杂工程多分量力的测量

2. *压电式超声波传感器*

超声波传感器是利用压电元件实现发射或接收超声波信号，因此又常称为超声波换能器或超声波探头。根据检测超声波的方式不同，可单独作发射或接收探头使用，也可以由一个探头兼具发射和接收两种功能，即这种探头同时应用正压电效应和逆压电效应。

根据超声波发射和检测的不同特点(例如大功率、方向性、聚焦、高灵敏度等)，压电换能元件的结构也应适合不同振动形式的要求。压电换能元件的结构对其振动形式的影响，主要与晶体切片方式有关。

对于石英晶体，因采用不同的切片方式将获得不同的振动特性，所以不同用途传感器的晶体切片方式也有不同。超声波传感器的晶体切片，主要采用 X 切割和 Y 切割两种切片方式。一般，X 切割的切片可用来产生厚度振动、纵向和横向长度振动，以及扭转振动；Y 切割的切片，则适用于产生厚度切变振动，利用其在传声固体媒质中激发横波。

压电陶瓷的极化方向取为 $Z-Z$ 轴方向，所以 $Z-Z$ 轴是压电陶瓷电性能的对称轴。由于压电陶瓷便于烧结成较复杂的形状，而且极化方向又可任意选定，因此，目前常用压电陶瓷晶片做成超声波换能元件，以适应不同形式的振动要求。而且还可用几片压电陶瓷晶片组合成特殊振动形式(如弯曲振动)，或获取大面积辐射的组合阵列换能器等。

有时为了改善发射波的方向，在传感器的前方加置一个波型转换器，如图 3-31 所示。压电晶片发射的纵波，垂直入射到楔形块中后，仍为纵波传播；但当声波从楔形块投射到传声固体媒质表面时，传播方向改变为斜入射，入射角等于楔形块的斜角 θ。适当设计楔形角 θ，可以实现纵波全反射，使得传入固体媒质中的超声波，仅是沿折射角 θ_r 传播的横波。这样，就可以利用纵向振动的压电晶片，而在固体媒质中获得横波。如果传声固体媒质是薄板，利用这种波型转换器，改变楔角 θ 后，还可以获得表面波。这在超声波探伤、超声波流量计和岩土工程、混凝土工程等的动态测试技术中经常采用。

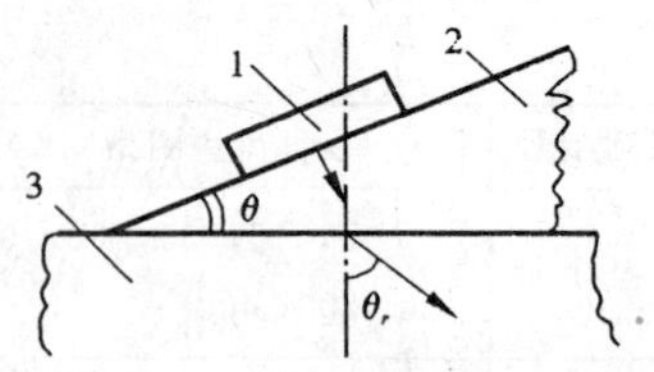

图 3-31　楔形波型转换器

1. 晶片；2. 波型转换块；3. 固体媒质

3. 压电式声发射传感器

声发射现象是自然界中普遍的物理现象。例如，地震前的地声，钻凿岩体时岩石在破碎前的爆裂声等，都属于声发射现象。

声发射现象的产生机理，是在外因作用下固体内部将产生局部应力集中现象。应力集中区域的高能状态是不稳定的，它势必向稳定的低能状态过渡。在这一应变过渡历程中，应变能即以弹性波的方式快速释放，从而产生声发射现象。

各种物质的物性不同，并且同一物质所处的应力等级也不同，因而声发射的频谱范围很宽：可以是低于 20Hz 的次声，也可以是 20Hz～20kHz 的可听声，而在更多的情况下则是 20kHz～100MHz 的超声。

国内外应用最普遍的声发射传感器，都是压电谐振式传感器。其结构与超声波传感器相似，也是由压电晶片、电板、引线及壳体等组成。若检测 20kHz 以下的声发射信号，可直接选用冲击振动试验用的压电式加速度传感器；对检测 20～60kHz 的超声下频段的声发射信号，一般选用超声波传感器即可。

近年来，在工程声发射检测技术领域，引进冲击振动测量技术和超声技术的开发成果，研制出了多种声发射传感器，可用其检测 60kHz～100MHz 的声发射信号。

需要指出，声发射传感器与压电式加速度传感器比较，声发射传感器有其独特的性能特征：压电式加速度传感器是利用其线性频段工作的，而声发射传感器则是应用工作特性的谐振点进行信号检测。因此，利用压电式加速度传感器来检测声发射信号时，它的工作频率是选择振动测试用压电式加速度传感器的非工作频段。例如，某压电式加速度传感器的频率响应曲线表明，其线性工作频段为 20Hz～20kHz，利用这段工作特性可以很好地检测低于 20kHz 的振动信号。同时，该传感器的特性曲线也表明，其非工作频段在曲线谐振点 40kHz 附近。但是，该传感器虽不能用来检测高于 20kHz 的振动信号，却可以用其检测 40kHz 的声发射信号，并可获得较高的检测灵敏度。这一点应在压电式传感器的应用中予以充分注意。

第九节　光电式传感元件

光电式传感元件可以将光信号变换为电信号。利用这种传感元件检测工程技术领域的非电量时，必须首先设法把被测量的变化转换成光信号的变化，然后才能利用光电式传感元件，产生与被测非电量对应的电信号输出。

从物理学可知，光可以被看成是由一连串具有一定能量的粒子（称为光子）所构成。当光照射到某一物体时，它的表面便受到一连串光子的轰击。某些物质吸收光子能量后，将会出现某些电的效应，这种物理现象称为物质的光电效应。通常把物质的光电效应，按其效应特征分成三类。

外光电效应:在光线照射下能使电子逸出物体表面的光电效应,这类光电器件有光电管、光电倍增管等。

内光电效应:在光线照射下能使物体电阻率改变的光电效应,习惯上也称为光电导效应,这类光电器件有光敏电阻等。

阻挡层光电效应:在光线照射下能产生一定方向电动势的光电效应,这种光电效应发现初期称之为光生伏特效应,其光电器件主要有光电池和光电晶体管等。

一、常用光电器件的工作原理及特点

1. 光电管

光电管又称为光电发射管,其结构原理如图 3-32 所示。图中 G 为光电管,当光线 φ 投射到光电管的阴极(直接涂覆在玻璃壳上)时,光子能量激发阴极逸出电子,阳极收集从阴极逸出的电子,从而在光电管电路中可检测到光电流 I_φ。通常,光电流所产生的光电流量值很小,因此它的有效功率甚微,不可能直接推动记录仪,所以实际检测时应配以相应的放大器。

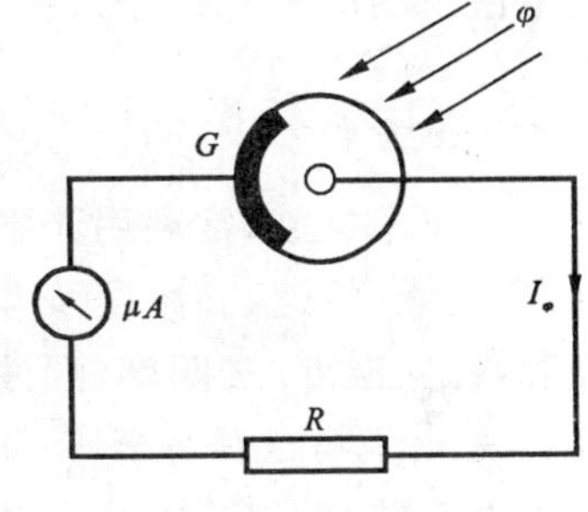

图 3-32　光电管电路

光电管的外光电效应所产生的光电流为

$$I_\varphi = \frac{U_\varphi}{R} \quad 或 \quad I_\varphi = K\varphi \tag{3-37}$$

式中:I_φ 为光电流(A);U_φ 为光电管产生光电效应的输出电压(V);R 为负载电阻(Ω);K 为光电管灵敏度(A/lm);φ 为入射光通量(lm)。

对应于某一亮度的光通量,光电管产生的光电流就有一个确定值,其输出电压也有一相应的确定值。如果经过敏感元件的光通量随被测非电量发生对应的变化,则光电管的输出电压也相应地表征被测非电量的变化,这正是模拟式光电变换器的工作原理。另外,光电管的入射光若是断续地投射在阴极上,则可应用于脉冲式光电变换器,作为光电开关的电路元件。

利用外光电效应的光电器件还有充气光电管和光电倍增管等类型。

2. 光敏电阻

(1)工作原理。光敏电阻是基于内光电效应工作的。某些半导体材料在黑暗环境下电阻很大,但在一定波长光线的照射下,半导体中的电子吸收了光子的能量,从束缚状态变成自由状态,产生自由电子和空穴,使半导体中载流子浓度增大,从而增强了导电性,使电阻值减小,这就是光电导效应。照射光越强,电阻值下降越多。根据这一原理制成的器件称为光敏电阻。

光敏电阻的结构如图 3-33 所示。在梳形电极 E 中间沉积了光电导材料薄膜 D。当入射光从光电导管的透光窗口投射到光电导薄膜 D 上时,电极 E 之间的电阻值随着入射光通量增加而相应减小。

由于光敏电阻具有很高的光电变换灵敏度,光谱响应的区域宽广,而且体积小,性能稳定,价格较低,因此在工程技术参数检测中应用较广。

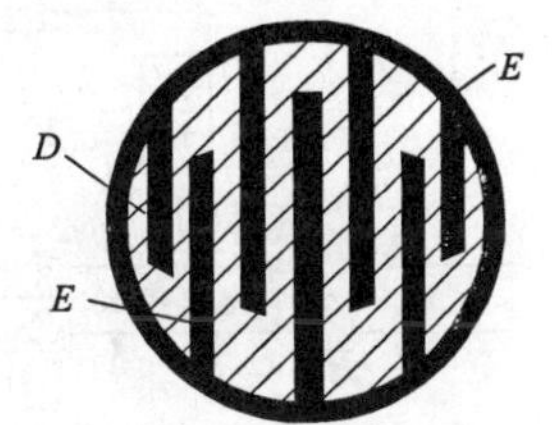

图 3-33　典型光电导管结构图

E. 电极;D. 光电导材料薄膜

(2)主要特性。

光照特性——反映光电流与照射光强度的关系。不同类型的光敏电阻光照特性不同,但大多数光敏电阻的光照特性曲线是非线性的，所以不适宜做检测元件，只能作为开关式光电转换器。

伏安特性——反映光电流与外加电压的关系。在给定电压下，光电流的值随光强的增大而增加；照射光强不变时，光电流随外加电压增大而增大，灵敏度也随之增大。

光谱特性——反映照射光波长与光电流的关系。光敏电阻的光谱特征由其光敏材料决定，不同光敏材料对不同波长的入射光有不同的灵敏度。因此，利用光敏电阻进行温度检测时，对低温辐射体的探测与一般高温辐射体探测所选择的光敏材料是有差异的。

3. 光电池

光电池是一种基于光伏效应的光电变换元件。当光线照射到半导体的 PN 结上时，在此结附近激发出电子-空穴对，在结电场的作用下，就形成了光生电动势。

二、光电式传感器的应用

工程技术领域，常利用光电器件构成检测各种参数的传感器。由于光电式传感器具有可靠性高、灵敏、快速、高精度及非接触式测量等优点，因此广泛用于线位移、角位移、转速、表面精度和缺陷、温度、透明度、混浊度等非电量的检测。

1. 光电式转速传感器

光电式转速传感器检测转速的原理，如图 3－34 所示。这种传感器是利用光电器件的开关特性实现旋转体的转速检测。图中的被测转轴 8 上涂有黑白相间的反光标志 7。光源 1 发射的光线经过透镜 2、半透明膜 4 和透镜 3 投射到被测旋转物体上。被测转轴 8 旋转时，明(白条)暗(黑条)反光标志 7 交替变换，反射光线经透镜 3、半透明膜 4 至透镜 5 聚焦到光电元件 6 上。光电元件 6 的开关状态，随转轴旋转的明暗反光变换信息，而作相应的导通与不导通交替变换，对外即输出与转速相对应的光电脉冲信号。把这一光电脉冲信号输入频率计定时计数，即可测得旋转物体的转速。

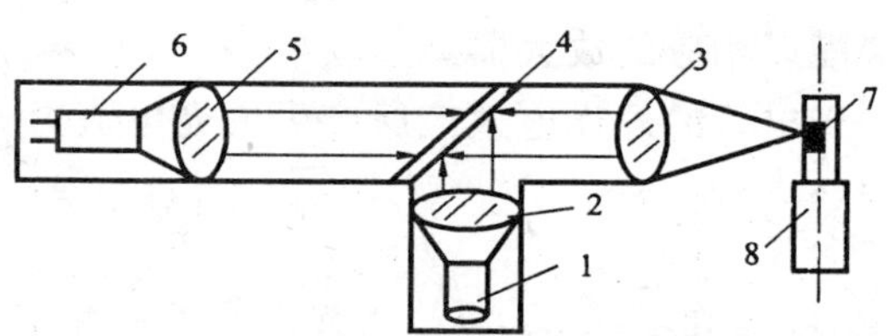

图 3－34　光电转速传感器原理图

1. 光源；2. 透镜；3. 透镜；4. 半透明膜；5. 透镜；6. 光电元件；7. 反光标志；8. 被测转轴

2. 光电式表面缺陷传感器

机械加工零部件的表面精度或加工缺陷，可根据零部件表面反光条件的变化进行检测。例如，零部件表面缺陷的光电式检测原理如图 3－35(a)所示。无缺陷的表面反射光束的方向(或透射光束方向)和强度均是恒定的。有缺陷的表面，其反射光束的方向和强度都将发生变化，如图 3－35(b)所示。

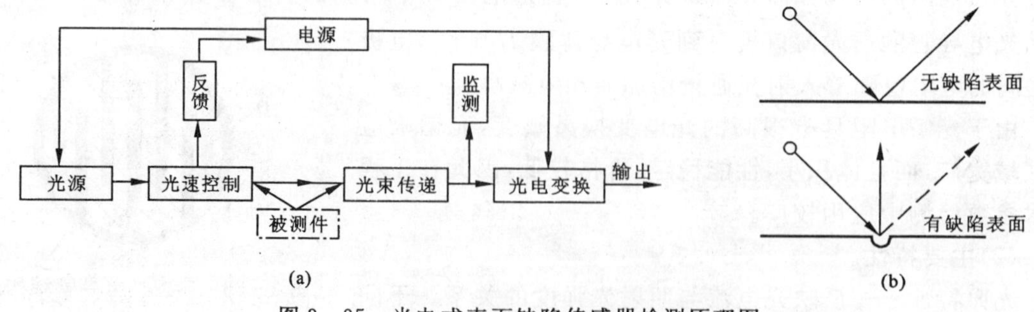

图 3－35　光电式表面缺陷传感器检测原理图

第十节　谐振式传感器

在本章第一节中已讲过，按传感器的输出信号可把传感器分成模拟式传感器和数字式传感器。本章前面介绍的传感元件和传感器大多属于前者，由于受到变换原理和测量方法的限制，测量范围较小，精度只有0.5%～1.0%，甚至更低，而且输出的信号也不能直接送入计算机进行处理。而数字式传感器可以把被测非电量转换成数字量输出，具有测量精度高、读数直观准确、量程范围大、分辨率高、易于实现检测自动化等优点。同时，采用高电平数字信号时，对外部干扰的抑制能力强。谐振式传感器就是一种有代表性的数字式传感器。

谐振式传感器利用振弦、振简、振膜、振梁或核磁共振等换能元件，直接将被测非电量变换成频率信号输出，所以也称为频率式传感器。它是在电子技术、计算机技术、半导体集成电路技术和工程检测技术进步基础上，研制出的一种较新型传感器。

一、工作原理与结构

谐振式传感器是利用各种振动换能元件的固有频率与作用力（张力、压差、轴向力、扭矩等）间存在的函数关系，从而将力或其他非电量变换成电量的器件。现以振弦型传感器为例，说明这类传感器的工作原理、结构和性能特征。

振弦型传感器的信号变换原理如图 3 - 36 所示。图中 2 为一根拉紧的金属丝，谓之“振弦”，它悬挂在磁场 3 中。振弦的一端固定在支承 1 中，而另一端则与传感器的运动部件 4 相联。振弦由运动部件拉紧，其张力 F 由被测量所决定。振弦的固有振动频率 f_0，可由张力 F 据下式确定

$$f_0 = \frac{1}{2l}\sqrt{\frac{F}{\rho}} \tag{3-38}$$

式中：l 为振弦的有效长度；F 为张力（或其他作用力）；ρ 为振弦的线密度。

可见，对于 l 和 ρ 既定的振弦，其固有振动频率仅取决于张力 F，改变张力 F 的大小，就可以改变振弦的振动频率。因此，作用力可采用振动频率 f_0 来测量。其测量方法是把振弦置于磁场中，振弦振动时便会产生感应电势，感应电势的频率就是振弦振动的频率。只要检测出感应电势的频率，即可由(3 - 38)式求出作用力 F 的数值。

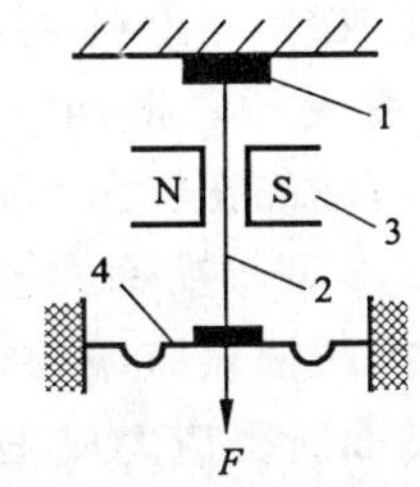

图 3 - 36　振弦式传感器原理图

1. 支承；2. 振弦；3. 磁场；4. 运动部件

显而易见，因振弦处于空气之中，由于空气的阻尼作用，致使振弦激发振动后也会逐渐歇振，这对检测振动频率不利。为了维持振弦的持续振动，必须给振弦一定的能量补偿，以维持振弦的等幅振动；而作用力 F 的变化，仅只改变振弦的振动频率。一般常采用的能量补偿形式是外加激励使振弦激振。

振弦型传感器的结构由振弦、磁铁和夹紧装置等组成。振弦是把作用力增量转换为频率变化的敏感元件，它对测量精确度、灵敏度和稳定性等都有很大的影响。目前，主要采用钨丝作振弦材料。因为钨丝硬度高、熔点高(3 370℃)，所以在常温中几乎不受氧化、腐蚀等影响，具有良好的稳定性。同时，钨丝强度高(允许抗拉强度达 $4\times10^9\,N/m^2$)，可拉制出 $\phi0.25\sim0.05$mm的细丝，从而可将弦长缩短到≤1cm。这样就可以缩小传感器的体积，对提高灵敏度

有利。除钨丝外，也可选用合金丝、高强度钢丝等材料制作振弦。另外，由于振弦中有信号电流流过，因此必须保证它与壳体或支架绝缘。一般是借助于陶瓷、氧化铝支承或其他绝缘垫片。

传感器的磁场常由永久磁铁或电磁铁产生。采用永久磁铁时，一般选用 AlNiCo－V 磁铁。磁极可用电工纯铁加工成型，然后与永久磁铁基体组装在一起。

振弦型传感器工作时，振弦是处在拉紧状态下，因此振弦的两端必须与支架和运动部分固接，固接方法可采用焊接或夹紧装置。一般采用夹紧装置的效果较好。为了使振弦型传感器能可靠地工作，夹紧装置的结构应满足下列要求：抗滑性能好，长时工作不松动；加工简单，维护方便；能任意调节振弦的初始频率，安装与调节时振弦不会出现转动。

综上所述，谐振式传感器的优点是灵敏度高，容易采用数字测量，可以实现遥测，并且体积小、重量轻。缺点是零部件加工工艺及装配等要求较高。

二、谐振式传感器的应用

目前，谐振式传感器在数字式仪表中广泛地应用检测位移、压力、扭矩、应变、密度等物理量。

1. 振弦型扭矩传感器

检测发动机轴扭矩的国产 CG－2 型轴功率测量仪（振弦型扭矩传感器）如图 3－37 所示。卡环 1 和 2 装在被测轴的两个相邻截面上，两只振弦型传感器的振弦，则分别固定在卡环的凸台 $1A$、$2A$ 和 $1B$、$2B$ 上。当轴转动传递扭矩时，轴产生扭转变形，轴的两相邻截面因扭应变而扭转相应的角度，此时固定在卡环上的两根振弦之 A 弦受拉，而 B 弦受压。根据虎克定律，在弹性变形范围内，轴的扭转角与外加的扭矩成正比，因而振弦的伸缩变形也与外加的扭矩成正比。

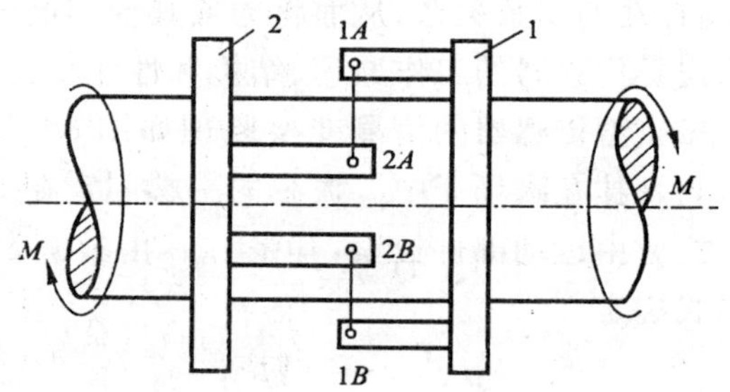

图 3－37　振弦式转矩传感器结构原理图

1、2. 卡环；$1A$、$2A$、$1B$、$2B$. 凸台

CG－2 型轴功率测量仪检测出振弦振动频率信号后，根据两根振弦振动频率的平方差与被测轴的两个相邻截面所受应力成正比的函数关系，即可检测求出被测轴所传递的扭矩。关于 CG－2 型轴功率仪振弦振动频率测量系统的详情请参阅有关技术资料。

2. 振筒型密度传感器

振筒型密度传感器是选用低温度系数的镍铁合金（如 3J58）制成长度为 l、直径为 D 的中空薄壁管，它的两端被固定在基座上，由激振器、振动管、拾振器和振荡放大器组成一个反馈振荡系统（图 3－38）。这种传感器利用振筒的高品质因数，激励振筒在其固有频率上振动。当被测介质从振筒内流过时，被测介质将随着振筒一起振动，这样一来，振动质量的有效部分附加了介质的质量，因此使振动系统的总质量发生

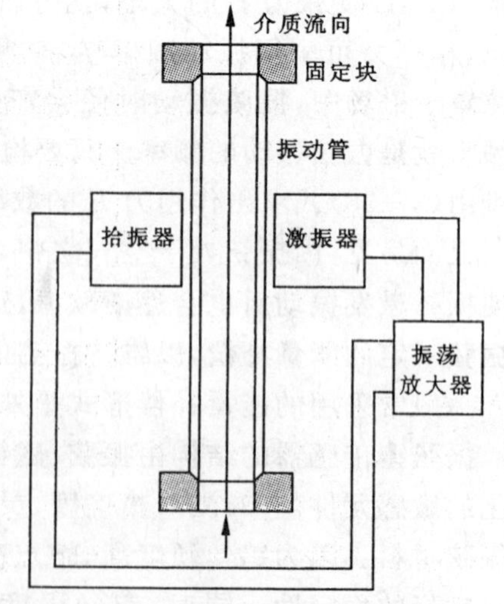

图 3－38　振筒型密度传感器原理图

变化，从而改变了系统的固有振动频率。

显然，不同的介质密度将组成不同振动质量系统的固有振动频率。只要测量出振动系统的固有振动频率，即可确定被测介质的密度数值。振筒振动系统的振动频率与被测介质密度的关系为

$$f=\frac{f_0}{\sqrt{1+\rho_1/\rho_0}} \tag{3-39}$$

式中：f_0 为振筒内未通入介质（相当于真空状态）时的振动频率；ρ_1 为被测介质的密度；ρ_0 为振筒材料的密度。

振筒型密度传感器应垂直安装，并使介质由下向上流动，这样既可避免管壁上的沉积，又可消除气泡对测量的影响。测量密度前需对检测系统进行非线性校正，测量精度可达0.01%。

第十一节　本章小结

以上我们用 10 节的篇幅，介绍了常用传感元件的变换原理、结构（性能）特点、测量电路和应用举例。由于各行各业对参数检测的要求各不相同，被测对象千差万别，所以目前已形成商品的传感器种类繁多。加之随着检测技术的发展，一些新型传感器又被不断开发研制出来。由于篇幅和学时的限制，本章不可能面面俱到地一一介绍。例如，本章未涉及的还有光纤传感器、光栅传感器、感应同步器、磁栅传感器、编码器、核辐射传感器等。希望读者通过本章的学习，当工作需要时，能举一反三，通过查阅有关资料较好地掌握上述新型传感器的原理和应用知识。

由于本章是该教材的重点内容之一，而且前 10 节篇幅较大，在结束本章时有必要进行一下小结。各种常用传感器的工作原理及用途对比见表 3－5。

表 3－5　传感器的工作原理及用途对比表

类别	传感器	工作原理		用途
		原理图形	作用原理	
电阻式	接触电阻式 ·接触点式 ·极限开关式	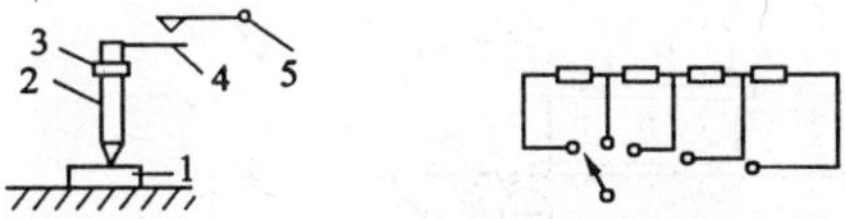	位置引起触点电阻变化	测位移、力、尺寸
	电位计式 ·直线式 ·角位移式	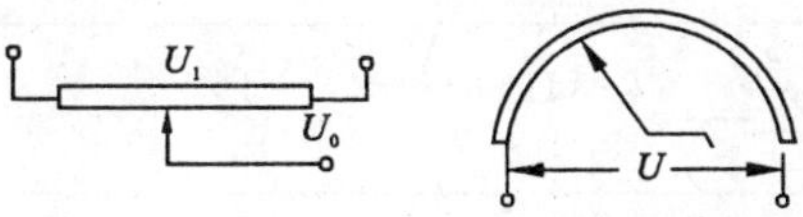	位移引起电阻变化	测线位移、角位移
	应变片式 ·金属栅式 ·薄膜式 ·半导体式	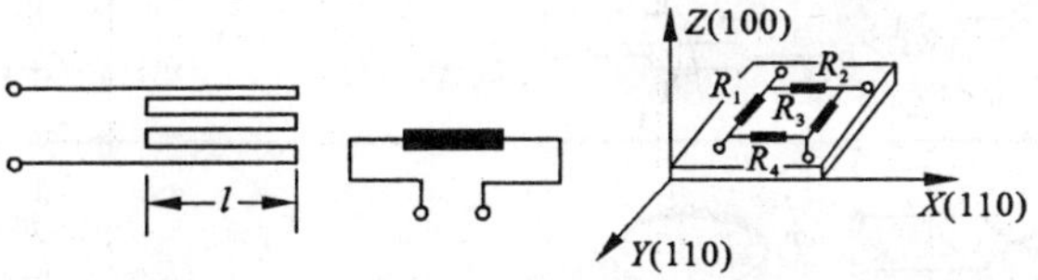	应变效应、压阻效应	测位移、力、力矩、振幅、应变、扭矩
电容式	面积变化式 ·直线位移式 ·角位移式	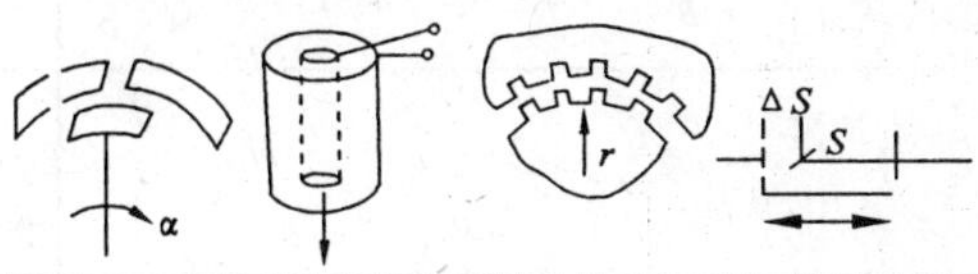	电容与极板的面积成正比	测线位移、角位移、尺寸

续表 3-5

类别	传感器	工作原理		用途
		原理图形	作用原理	
电容式	• 极距变化式 • 介质变化式	压；δ_0	电容与距离成反比，与介电常数成正比	测位移、厚度、尺寸、力
电感式	自感式 • 气隙式 • 差动式	δ_0；U；A；B；C；δ_0	电感或互感系数变化	测位移、力、扭矩
	差动变压器式	e_1；C；e_2	互感系数变化	测位移、压力、尺寸及其他机械量
	电涡流式	U；i	自感电涡流现象：分高频反射式和低频透射式	测间隙、位移、厚度、尺寸等
光电式	• 光电管 • 光电二极管 • 光电倍增管	光；引线电极；绝缘体；半导体光敏层	光电效应	测速度、扭矩、温度
压电式	压电晶体	F_X	压电效应，输出电荷或电压	测声压、加速度、压力、振动力、振幅
	压电陶瓷	F	压电效应，输出电荷或电压	测力、压力、应力
热电式	热电阻式	R_t；$R_t=R_0(1+At+Bt^2+Ct^3+\cdots)$	铂铜电阻温度影响	测中温、高温、风速
	热敏电阻	R_t	电阻变化，产生电压变化	测低温，液面、气压报警
	热电偶	T；A；B；T；A；T_0；B；$E_{AB}(T,T_0)=\alpha_{AB}(T-T_0)$	热电效应，热电势	测中温、高温
	双金属片热探测器		双金属片线膨胀系数不同	测温度

续表 3-5

类别	传感器	工作原理		用途
		原理图形	作用原理	
热电式	辐射式温度计、红外线辐射源	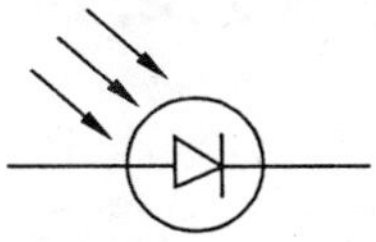	热效应、热辐射,本身是电磁波辐射产生热效应	非接触测量高温
磁电式	压磁式 磁场电效应 磁致伸缩式	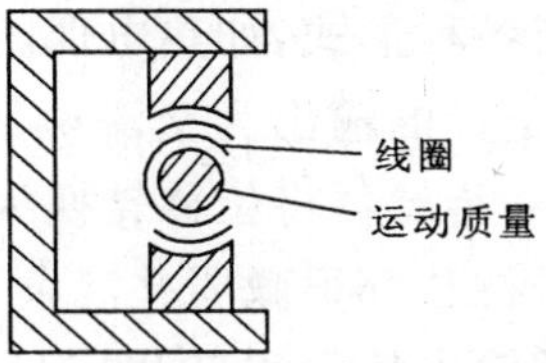 线圈 运动质量	压磁效应→磁导率变化(μ变化)	测力、扭矩
			磁场电效应	测位移、力
			磁伸缩效应,磁场产生电压	超声接收声压
	霍尔元件	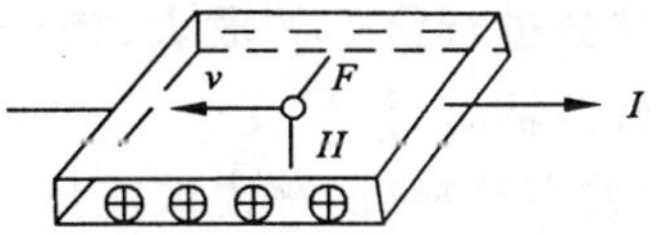 v F I II	磁场电效应	测位移、力
			磁阻效应,元件内电阻变化	测位移
电磁感应式	测速发电机 •旋转式 •直线式	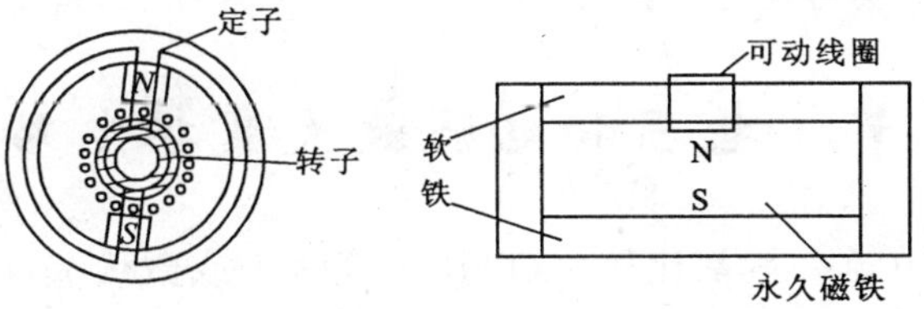 定子 N S 转子 可动线圈 软铁 N S 永久磁铁	法拉第电磁感应定律	测转速、线速度、转角、尺寸
电磁式	动圈式		磁场线圈运动,产生感应电势	测转速、流量、振动
	同步感应器	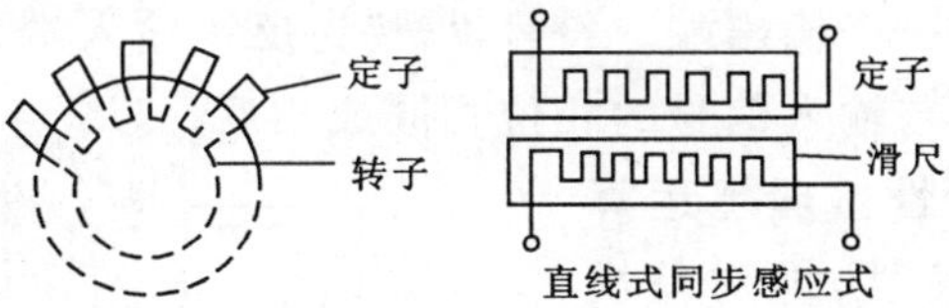 定子 转子 定子 滑尺 直线式同步感应式	平面变压器,电磁耦合作用	测线尺寸、位移、转角、扭矩
射线式	α、β、γ射线			测厚度、应力
微波测试转换元件	微波测量各类转换元件			测温度、厚度
	激光测量转换元件			测距离、尺寸
	超声波传感器			探伤

第四章　电信号的变换与处理技术

信号变换与处理过程的目的在于通过对信号的转换、放大、解调及干扰抑制等各种手段得到所希望的输出信号。传感器的输出有各种形式，如热电偶的输出为直流电压，光电二极管的输出为直流电流，差分变压器或电磁流量计的输出为交流电压，热敏电阻、应变计和半导体气体传感器的输出为电阻变化，电感式位移传感器将位移转换为电感的变化，谐振传感器输出为频率的变化等。而且传感器输出的信号往往都很微弱并混杂了多种干扰和噪声。为了便于信号的显示、记录和分析处理，检测装置的输出信号须转化成足够大的电压、电流或数字量。信号变换的任务也是多种多样的，例如，传感器的输出阻抗很高时，信号变换部分进行阻抗变换；传感器的输出信号微弱时，信号变换部分进行信号的放大；信号淹没在噪声中时，信号变换部分进行抑制噪声的处理；需要进行电流传输时，信号变换部分进行电压/电流变换；需要进行数字信号的传输时，变换部分进行模拟/数字转换（简称模数转换），等等，不一而足。信号进行变换时，重要的是考虑原始信号中哪些信息是希望得到的，以及如何不丢失和不歪曲有用信息。本章主要介绍常用的信号变换与处理的方法。

第一节　电压和电流放大变换电路

传感器的输出电压或电流一般都比较小（电压为毫伏级或微伏级，电流为微安级或毫安级），通常采用集成运算放大器构成的放大电路将其放大或变换到伏级电压输出。

一、运算放大器

集成运算放大器（简称为运放）是内部具有差分放大电路的集成电路，符号如图 4－1 所示。运放有两个信号输入端和一个输出端。符号“－”为反相输入端，“＋”为同相输入端，所谓同相或反相是表示输出信号与输入信号的相位相同或相反。

（1）理想运算放大器的特性。理想运算放大器具有三个“无穷大”的特性，即对差模信号的开环放大倍数为无穷大、共模抑制比无穷大、输入阻抗无穷大。

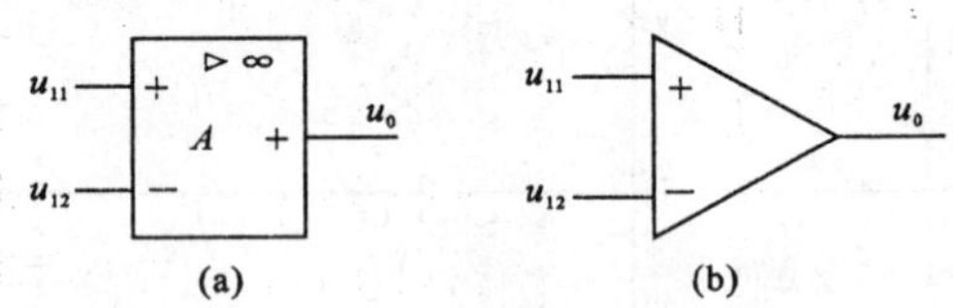

图 4－1　集成运算放大器符号

（2）如果集成运放工作在线性放大状态，那么它具有以下两个特点：

①两输入端的电压非常接近，即 $u_{11} \approx u_{12}$，但不是短路，故称为“虚短”。在分析电路时，可以认为 $u_{11} = u_{12}$。

②流入两个输入端的电流通常可视为零，即 $i_+ \approx 0$、$i_- \approx 0$，但不是断开，故称为“虚断”。在分析电路时，可以认为 $i_+ = i_- = 0$。

二、比例放大电路

运算放大器最基本的用法如图 4-2 所示。在图 4-2(a)中，输入电压加在"+"端，输出电压 u_0 经电阻 R_1 和 R_2 分压后得到反馈电压 u_F，加到"-"端，构成负反馈，R_1 称为反馈电阻。应用运放"虚短"和"虚断"的概念，可得到这种电压负反馈放大电路的放大倍数(又称传输增益)为

$$A_u = 1 + R_1/R_2 \tag{4-1}$$

信号也可以从反相端输入，如图 4-2(b)所示，设 $R_S=0$，这时的放大倍数为

$$A_u = -R_f/R_1 \tag{4-2}$$

电流信号通过图 4-2(c)所示的负反馈放大电路来转换成电压。输出电压 u_0 通过电阻 R_f 反馈到"-"端，根据"虚短"概念，信号源被短路，R_1 上没有电流通过，从信号源流出的电流 i_1 与 i_S 相等，这个电流通过 R_f 得到输出电压为

$$u_0 = -i_S R_f \tag{4-3}$$

存在共模电压时，运放接成差分放大器的形式，电路只对差分信号进行放大，如图 4-2(d)所示。电阻 R_1 和 R_2 组成反馈通道，根据"虚短"和"虚断"的概念，求得输出电压为

$$u_0 = \frac{R_1}{R_2}(u_2 - u_1) = \frac{R_1}{R_2}u_S \tag{4-4}$$

可见，共模电压 u_C 被抑制掉了，只有差模信号 u_S 得到放大。

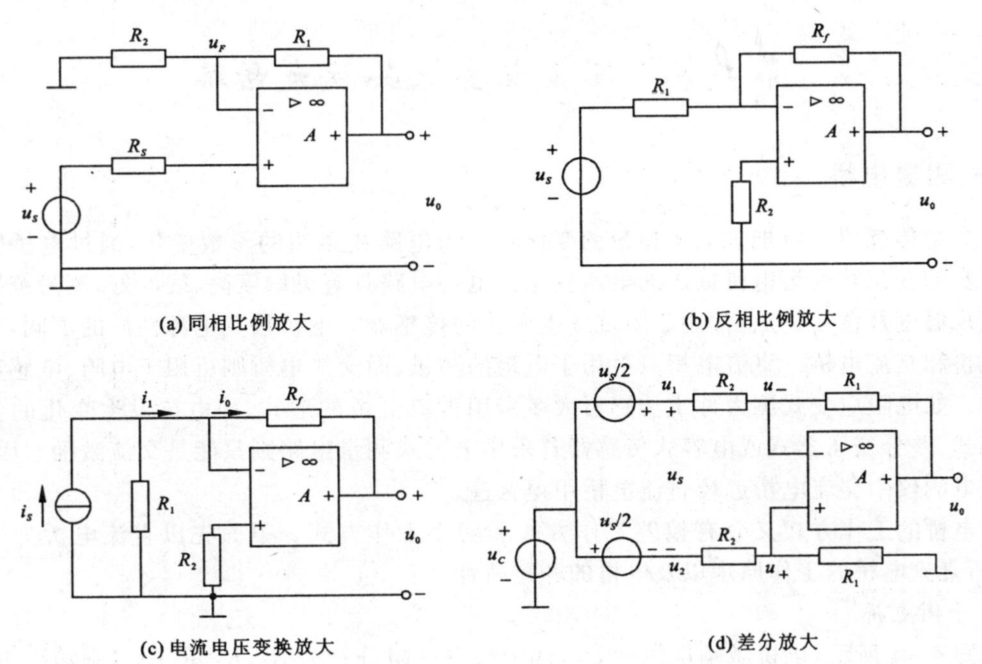

图 4-2　比例放大电路

三、仪用放大器

在信号很微弱而共模干扰很大的场合，放大电路的共模抑制比是一个很重要的指标。例

如，在测量泵压信号时，对传感信号(为差模信号)需要分辨到 1mV。如果供电电网通过分布电容耦合形成的共模干扰高达 10V，则一个共模抑制比 60dB 的放大器就满足不了要求。因为共模干扰 10V 作用于该放大器时，其等效差模误差为 10mV。若能将该放大器的共模抑制比提高到 100dB，对于相同的共模干扰，其等效差模误差仅为 0.1mV，这样就能用来放大 1mV 级的信号了。

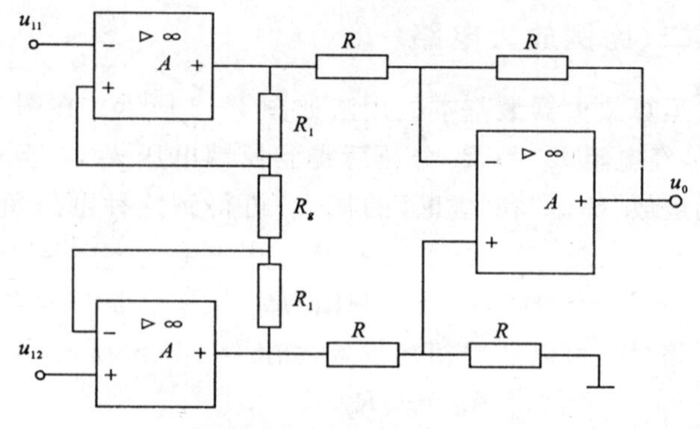

图 4-3　集成仪用放大器

图 4-3 所示结构的集成仪用放大器具有很高的共模抑制比。它由两级放大器组成，第一级是由集成运放 A_1 和 A_2、电阻 R_1 和 R_g 组成的同相输入式并联差分放大器，具有非常高的输入阻抗。第二级是由 A_3 和一个相同的电阻 R 组成的减法器，它将双端输入变成单端输出。电路中除电阻 R_g 以外，其他器件都做在芯片上。该电路的电压放大倍数为

$$A_u = \frac{u_0}{u_{11} - u_{12}} = -\left(1 + \frac{2R_1}{R_g}\right) \tag{4-5}$$

外接电阻 R_g 的取值不影响电路的共模抑制比，却可以用来方便地调节差模电压放大倍数。

第二节　测量电桥及其放大电路

一、测量电桥

参数型传感器可以把被测机械量的变化转变为电路或磁路的参数变化，通过电桥则可把这种参数的变化转变为电桥输出的电压变化。电桥电路具有灵敏度高、线性好、测量范围宽和容易实现温度补偿等优点，常用于阻抗发生变化的传感器。电桥按其电源性质的不同，可分为直流电桥和交流电桥。直流电桥只可用于电阻的测量，而交流电桥则可用于电阻、电感和电容的测量。如电阻应变式测力称重传感器大多采用直流电桥的形式，而电抗发生变化的传感器如电感式、差分变压器式或电容式传感器若采用电桥式测量电路则只能是交流激励。因此，在机械量电测仪中交流电桥远较直流电桥用得普遍。

按电桥的工作方式又分有偏差工作方式和调零工作方式。下面先以直流电桥为研究对象，分析直流电桥的工作原理以及电桥的和差特性。

1. 平衡电桥

如图 4-4 所示，供桥激励电源为 U_S，四个桥臂电阻分别为 R_1、R_2、R_3、R_4，则输出电压 U_0 为：

$$U_0 = U_{BA} - U_{DA} = I_1 R_1 - I_2 R_4 = \frac{R_1}{R_1 + R_2} U_S - \frac{R_4}{R_3 + R_4} U_S$$

化简后得

$$U_0 = \frac{R_1 R_3 - R_2 R_4}{(R_1 + R_2)(R_3 + R_4)} U_S \tag{4-6}$$

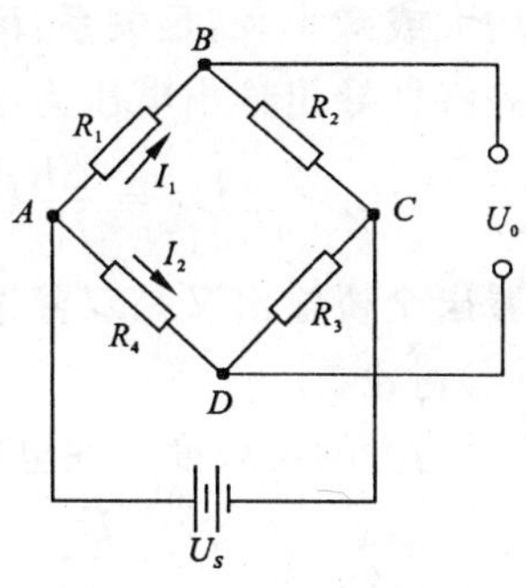

图 4-4　直流电桥

可见：若 $R_1R_3=R_2R_4$，则输出电压必为零，此时电桥处于平衡状态，称为平衡电桥。因此，平衡电桥的平衡条件为

$$R_1R_3 = R_2R_4 \tag{4-7}$$

2. 非平衡电桥

通常在被测量为零时，电桥调至平衡位置，输出电压为零。被测量变化时平衡被破坏，电桥输出电压即反映被测量的大小。传感器可以配置在单个桥臂上，也可以配置在多个桥臂上，如图 4-5 所示，箭头方向代表传感器阻抗随被测量发生相反方向的增减变化。假设四桥臂都为应变片，且在测试装置的作用下应变电阻发生了电阻的微增减变化（$\Delta R_i \ll R_i$），如图 4-5(d)所示，则(4-6)式化简得：

$$U_0 = U_S\frac{R_1R_2}{(R_1+R_2)^2}\left(\frac{\Delta R_1}{R_1}-\frac{\Delta R_2}{R_2}+\frac{\Delta R_3}{R_3}-\frac{\Delta R_4}{R_4}\right) \tag{4-8}$$

一般转换电路采用全等桥臂，即 $R_1=R_2=R_3=R_4$，此时，

$$U_0 = \frac{U_S}{4}\left(\frac{\Delta R_1}{R_1}-\frac{\Delta R_2}{R_2}+\frac{\Delta R_3}{R_3}-\frac{\Delta R_4}{R_4}\right) \tag{4-9}$$

此公式即为电桥的和差特性。在测试过程中，只要以上参数的设置关系得到满足，就可以电桥的和差特性进行信号的变换处理。

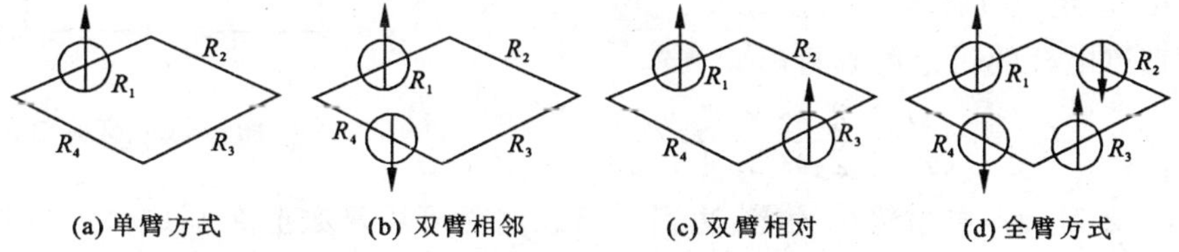

图 4-5　传感元件在各桥臂上的布置方式

(1)单臂工作电桥。假设桥臂电阻 R_1 作为工作臂，如图 4-5(a)所示。设 $R_2=R_3=R_4=R_0$，$R_1= R_0+\Delta R$，其中 R_0 为一常数，则输出电压为

$$U_0 = \frac{R_1R_3-R_2R_4}{(R_1+R_2)(R_3+R_4)}U_S = \frac{\Delta R}{4R_0+2\Delta R}U_S$$

若电桥用于微电阻变化测量，有 $\Delta R \ll R_0$，则

$$U_0 \approx \frac{\Delta R}{4R_0}U_S \tag{4-10}$$

利用电桥的和差特性，同样得到上述关系式。

(2)双臂工作电桥。如图 4-5(b)，两个邻边桥臂有相同的微电阻变化，且方向相反变化，如电阻 R_1 有变化 $R_0+\Delta R$，R_4 有变化 $R_0-\Delta R_0$，或如图 4-5(c)所示，相对桥臂同方向微电阻变化，利用电桥的和差特性可导出公式：

$$U_0 = \frac{\Delta R}{2R_0}U_S \tag{4-11}$$

可以看出双臂工作电桥输出是单臂工作电桥的两倍。

(3)四臂工作电桥。如图 4-5(d)，四个桥臂均有相同的微电阻变化，且电阻变化以差动

方式增大或减小，满足关系：$R_1=R_2=R_3=R_4=R_0$，$\Delta R_1=\Delta R_2=\Delta R_3=\Delta R_4=\Delta R$，则利用电桥的和差特性导出输出电压为

$$U_0=\frac{\Delta R}{R_0}U_S \tag{4-12}$$

可以看出全桥输出又是双臂工作电桥输出的两倍。

(4)讨论。

① 电桥的灵敏度。在电桥电路中灵敏度被定义为

$$S=\frac{U_0}{\dfrac{\Delta R}{R_0}} \tag{4-13}$$

它将 $\Delta R/R_0$ 作为输入，而不是仅把 ΔR 当作输入。由此可以求得上述各种电桥的灵敏度分别为 $S_1=U_0/4$；$S_2=U_0/2$；$S_4=U_0$。说明要提高的灵敏度应尽量采取多桥臂工作方式。

② 非线性误差。在上述公式推导中，由于单臂电桥在分母上有 $2\Delta R$ 项，使输出电压的变化与电阻的变化具有非线性误差，在精密测量中要考虑这个非线性误差的影响。

3. 交流电桥

(1)交流电桥的平衡条件。交流电桥如图 4－6 所示，它采用交流电压供电，四个桥臂可以是电感 L、电容 C 或者电阻 R，均用阻抗符号 Z 表示。

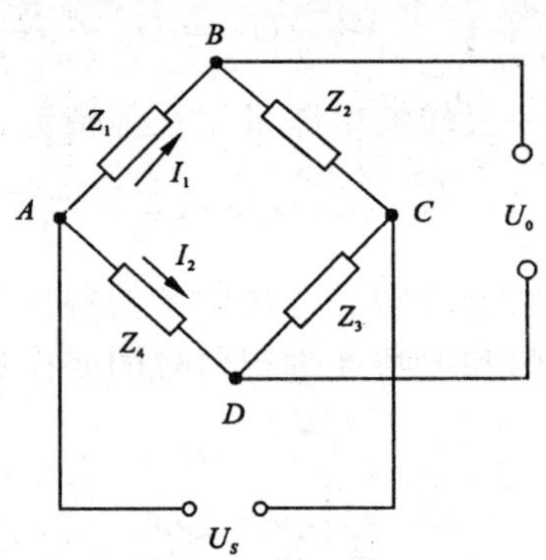

图 4－6　交流电桥

根据对直流电桥的讨论可以写出

$$U_0=\frac{Z_1Z_3-Z_2Z_4}{(Z_1+Z_2)(Z_3+Z_4)}U_S$$

当 $Z_1Z_3=Z_2Z_4$ 时，电桥输出为零，达到平衡。这时可用复数把 Z 写成 $Z=|Z|e^{j\varphi}$

交流电桥的平衡条件为

$$|Z_1||Z_3|e^{j(\varphi_1+\varphi_3)}=|Z_2||Z_4|e^{j(\varphi_2+\varphi_4)}$$

可以表示为

$$|Z_1||Z_2|=|Z_3||Z_4|$$

$$\varphi_1+\varphi_3=\varphi_2+\varphi_4 \tag{4-14}$$

(2)讨论。

① 若电桥中有一对相邻桥臂为电阻，根据平衡条件，其余两桥臂一定为同类的阻抗，同是容抗或者同是感抗。

② 若电桥中有两对边桥臂为电阻，根据平衡条件，其余两桥臂一定具有异类的阻抗，如果这边是容抗，其对边应为感抗。

③ 若四个桥臂均为电阻时，$\varphi_1=\varphi_3=\varphi_2=\varphi_4=0$，如果忽略其他因素影响，交流电桥的平衡条件与直流电桥是完全一样的。

④ 交流电桥一般采用音频交流 5～10kHz 作为电源，采用交流电桥的主要目的在于避免使用直流放大器(直流放大器的零漂和级间耦合较难解决)，防止工频干扰。另外，交流电桥具有调幅功能(将在后面介绍)。交流电桥的缺点是对激励电源的要求比较高，要求有稳定的幅值和频率。激励电压幅值的变化会引起电桥输出灵敏度的变化；频率变化引起复阻抗的变化也会影响电桥的平衡。

二、测量电桥应用举例

力是描述物体与物体之间相互作用的基本物理量，也是机械设备最常见的工作载荷。要精确地计算这些载荷及所产生的影响是十分困难的。因此，有必要通过力的测量来了解和研究零件和构件的内部受力情况和工作状态。工程界主要是使用专用的力传感器来实现力的测量，通过传感器中的电阻应变片先测出构件表面的应变，再根据应力-应变关系式来确定拉、压力或力矩等参数。

测应变时，把应变片按构件的受力情况，合理地粘贴在被测构件上。当构件受力产生变形时，应变片的电阻值就会发生相应的变化。因为应变片感受的是构件表面某点的拉(压)应变。在有些情况下，这个应变可能是由多种内力因素(如既有拉力，又伴有弯矩)造成的，应变片本身是不会分辨它示值中的各应变成分的。这时，只需测出由某种内力因素造成的应变，而要求把其余部分的应变从结果中排除掉，这就需要合理地选择贴片位置、方位和不同的布桥方式，再利用电桥的和差特性，从比较复杂的组合应变中测出指定成分而排除其他成分。

如图 4-7 所示，某杆件受到偏心压力作用，根据力的分析可知，该杆件等效于受到中心轴压力和偏心力矩的复合作用。如果工程上仅要求测出弯矩造成的应变大小，而消除轴向压应力的影响，或仅要求测出轴向压应力造成的应变大小，而消除弯矩应力的影响，这就需要合理地选择应变片的贴片位置和不同的布桥方式。

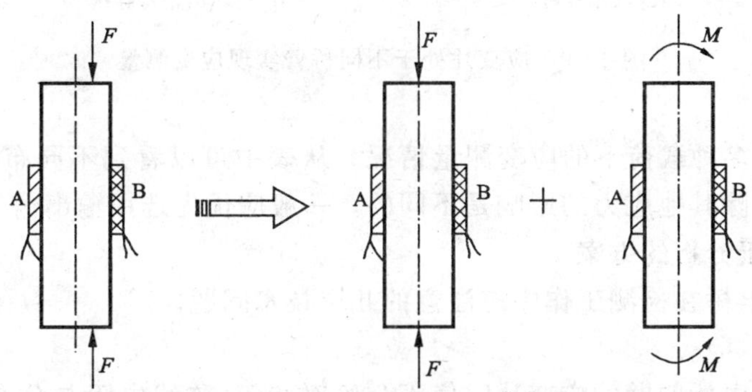

图 4-7　受偏心力杆件应力测试

如图 4-8 所示，应变片 A 实际受到的应力是由于轴向压应力和弯矩造成的拉应力的综合应变，轴向压应力使应变电阻减小，弯矩造成的拉应力使应变电阻阻值增加。同样地，应变片 B 上的应力则是轴向压应力和弯矩造成的压应力综合应变，两种应力都使阻值减小。如果应变电阻的灵敏度 $K=\dfrac{\Delta R/R}{\varepsilon}$，根据四臂电桥(全桥)的和差特性可知：

$$U_0=\frac{U_S}{4}\left(\frac{\Delta R_1}{R_1}-\frac{\Delta R_2}{R_2}+\frac{\Delta R_3}{R_3}-\frac{\Delta R_4}{R_4}\right)=\frac{U_S}{4}K(\varepsilon_1-\varepsilon_2+\varepsilon_3-\varepsilon_4) \tag{4-15}$$

A、B 两应变片和两个固定电阻 R_0 组成电桥，假设 A、B 两应变片接在电桥邻臂，即 $R_A=R_1$、$R_B=R_2$，如图 4-9(a)所示，根据和差特性邻臂参数相减，那么 A、B 应变电阻中，由于轴向压应力 $\sigma_{压}$ 的大小和方向均相同而得到消除，弯矩造成的应力 $\sigma_{弯}$ 则由于方向相反而加倍输出，从而达到“消压存弯”的目的。如果 A、B 两应变片接在相对电桥上，即 $R_A=R_1$、$R_B=R_3$，如图 4-9(b)所示，根据和差特性相对臂参数相加，那么 A、B 应变电阻中，由于轴向压应力 $\sigma_{压}$

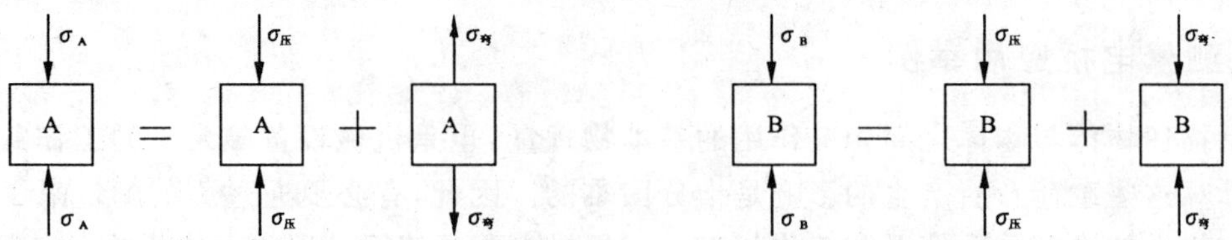

图 4-8 图 4-7 中的两侧应变片所受应力分析

的大小和方向均相同而得到加倍输出，弯矩造成的应力 $\sigma_{弯}$ 则由于方向相反而消除，从而达到“消弯存压”的目的，即测出仅由轴向压力造成的应变。温度同样也引起温度应变，从图 4-9 也可看出，对于温度引起的应变效应，相邻桥臂的电桥可以互为抵消，达到温度补偿的作用，而相对桥臂则不能实现温度补偿。

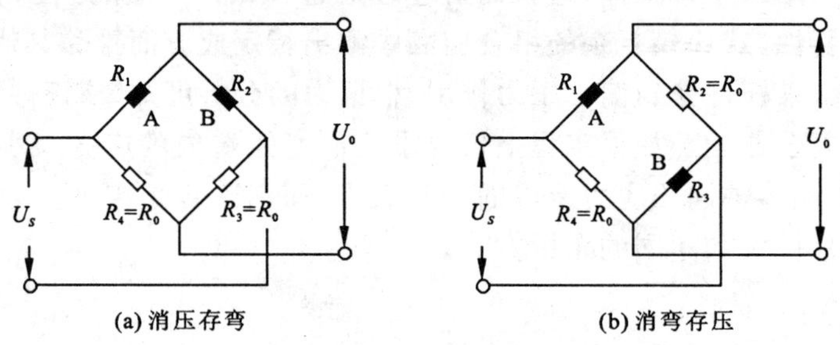

图 4-9 应变片处于不同桥臂实现应变测量

表 4-1 列举了多种载荷下的应变测量情况。从表中可以看到不同布置的接桥方法对灵敏度、温度补偿和消除其他应力的影响是不同的。一般应优先选用输出信号大，能实现温度补偿，粘贴方便，并便于分析的方案。

下面讨论测量电桥在检测工作中应注意的几个技术问题。

1. 调零问题

在实际测量中，电桥四臂的应变片阻值不会绝对相等，连线电阻与分布电容也会有差异，因此在未受外力时，电桥就处于不平衡状态，产生零位输出，所以要设置调零电路。测量之前，必须使电桥处于平衡状态。

直流电桥只考虑电阻平衡。如图 4-10 所示为常用的平衡方法。其中图 4-10(a)为串联平衡法，在两桥臂之间串接一个可变电阻，用改变免滑动臂的位置来调节电桥的平衡。图 4-10(b)为并联平衡法，平衡电路由 r 和 W 组成，其效果相当于分别在上部的相邻桥臂上分别并联一个微调电阻，移动 W 的滑动臂的位置，引起两个并联微调电阻的变化，使电桥达到平衡。平衡能力取决于 r，比较小的 r 具有较大的平衡能力，但 r 太小会给测量带来误差，因此只能在保证精度的前提下将 r 值选得小一些。

图 4-10(c)的平衡电路为直接将电容并联到桥臂上。电容 C_1 和 C_2 为精密差动可变电容，调整可变电容时，一侧电容增加，一侧电容减少，使并联到两臂的电容值改变，达到电容平衡。图 4-10(d)的平衡电路由电位器 W 和电容 C 组成，其效果相当于在相邻桥臂上分别并上一阻容串联电路。改变电位器滑动臂的位置，阻容串联电路的电阻和电容就会发生变化，使电桥达到平衡。

表 4-1 多种载荷的应变测量

受力情况	测试项目	应变片的布置	电桥简图	接桥方式	电压输出	温度补偿
简单拉压	拉或压	A B F F	A B U_0 U_s	半桥对臂	$\frac{2\Delta R}{4R}U_S$	不能
纯弯曲	弯曲	A M B	A B U_0 U_s	半桥邻臂	$\frac{2\Delta R}{4R}U_S$	能
拉伸、弯曲联合作用	测拉伸	A M F B	A B U_0 U_s	半桥对臂	$\frac{2\Delta R}{4R}U_S$	不能
	测弯曲		A B U_0 U_s	半桥邻臂	$\frac{2\Delta R}{4R}U_S$	能
扭矩、弯曲联合作用	测扭矩	M M_1 A B M_1 M D C	A B U_0 U_s	全桥	$\frac{4\Delta R}{4R}U_S$	能

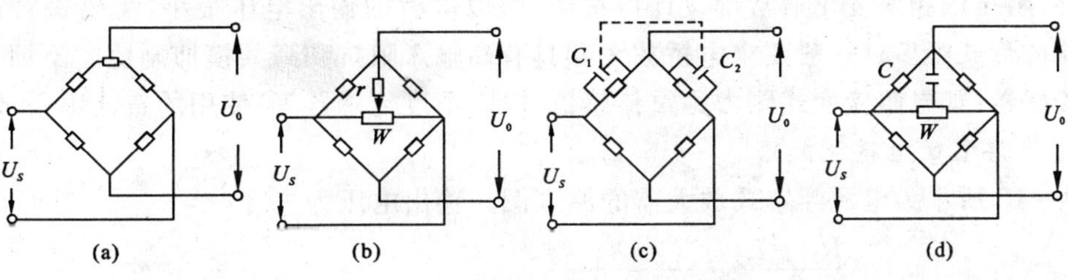

图 4-10 电桥调零电路

综上所述，交流电桥的平衡问题较直流复杂得多，对于交流电桥，除了进行电阻平衡外，还要进行电抗平衡，且要反复调整多次，才能使电阻、电抗同时达到平衡。

2．多个桥臂元件的串、并联问题

只要供桥电压不变，敏感元件的串联不会增加桥路的输出电压[图 4－11(a)]，但能减小各桥臂支路的电流，从而减小自热效应，进而通过提高电源电压来提高灵敏度。这时测试到的应变则为所测的应变算术平均值。敏感元件的并联[图 4－11(b)]，既不会提高电桥的输出电压，也不能起到平均效果，但可以提高输出功率。

3．桥路的串并联问题

在实际应用中，往往将几个应变式传感器(桥路)组合在一起，如电子秤经常由几个传感器组成。电桥的并联[图 4－11(c)]是将所有输入端并联起来作为总的输入端，所有的输出端并联起来作为总的输出端。此法可减少每个传感器的负荷，提高寿命。电桥的串联[图 4－11(d)]是将两个电桥的输出串接起来，而电桥的输入则各自分别连接。此种方式可以成倍扩大输出电压。

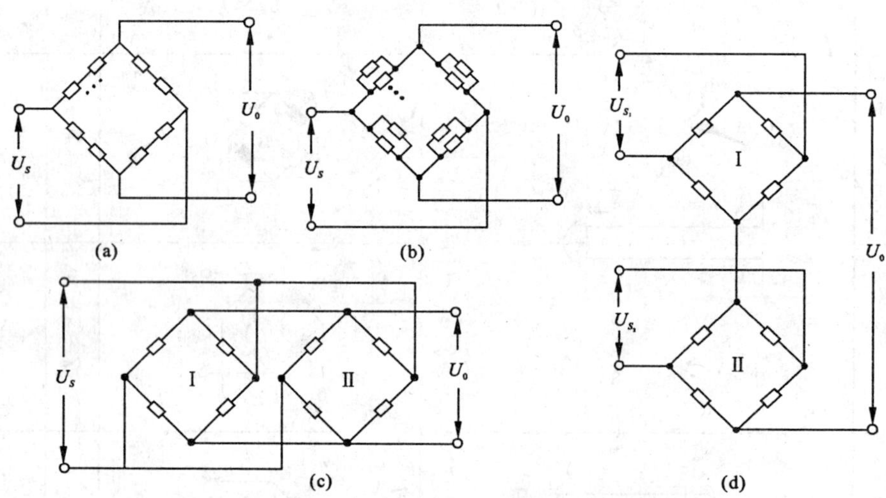

图 4－11　桥臂元件和桥路的串并联

三、电桥放大器

由(4－9)式可见，供桥电压的大小能提高信号输出幅值。但供桥电压受到桥臂传感元件温度特性和检测系统电源的限制，不可能太高，通常都在 10～20V 左右。而为了保证电桥输出的线性，阻抗的相对变化通常都设计得很小，所以电桥的输出电压很小，需要进行放大。电桥放大器的形式很多。一般要求电桥放大器具有高输入阻抗和高共模抑制比。下面主要介绍电阻型传感器(如电阻应变式测力称重传感器、电阻温度传感器等)使用的直流电桥放大器。

1．电源浮置的电桥放大器

图 4－12 所示为电源浮置式放大器的原理图。输出电压为

$$u_0=\frac{R_1+R_f}{R_1}\cdot\frac{\delta}{4(1+\delta/2)}u_S \tag{4-16}$$

上式表明，这种电桥放大器的输出电压不受桥臂电阻 R 的影响，增益比较稳定。但 u_0 与 δ 间的线性范围较小，线性范围限于 $\delta/2\ll1$。此外，桥路激励电压的变化对输出有较大影响；

激励电源要求浮地，有时会对电路系统的设计带来不便。

2. 差分输入式电桥放大器

如图 4－13 所示，设 $R_1 \gg R$，利用虚短或虚断的概念以及线性叠加原理，可得

$$u_0 = \frac{\delta}{4(1+\delta/2)} u_S \cdot (1 + \frac{2R_1}{R}) \approx \frac{u_S}{4}(1 + \frac{2R_1}{R})\delta \tag{4-17}$$

上式表明，输出电压 u_0 与桥路供桥电压 u_S 和传感器的名义电阻 R 有关，当 u_S 和 R 变化时会影响测量精度。该电路由单电源供电，可以省去一个电源，但运放输入端存在共模电压，因此要求运放有较高的共模抑制比。

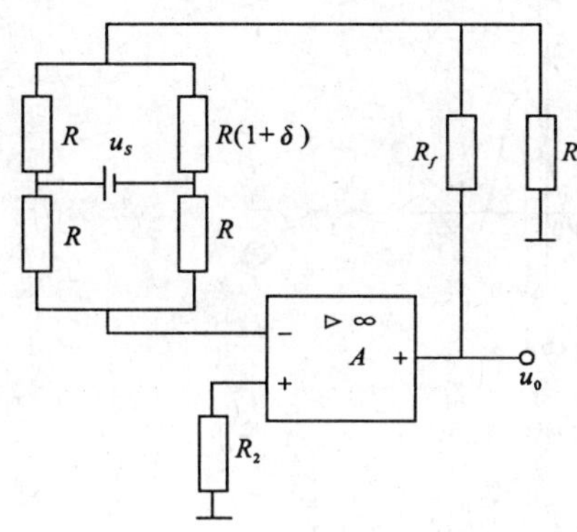

图 4－12　电源浮置的电桥放大器

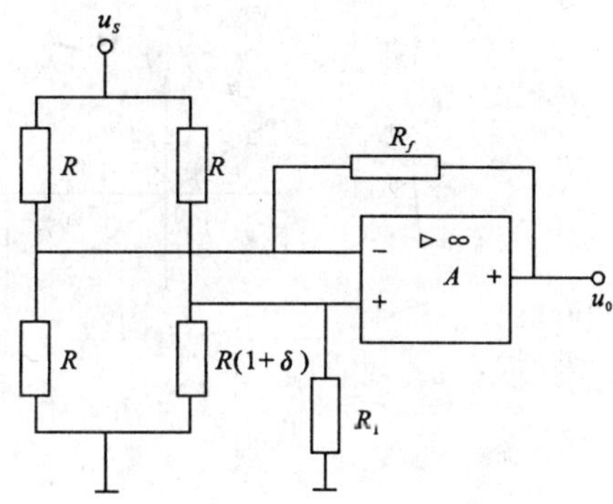

图 4－13　差分输入式电桥放大器

第三节　信号滤波

滤波实质就是选频，使信号中特定的频率成分通过并极大地衰减其他频率成分。根据滤波器的选频作用，一般将滤波器分成四类，即低通、高通、带通和带阻滤波器。图 4－14 为四种典型滤波器的幅频特性。

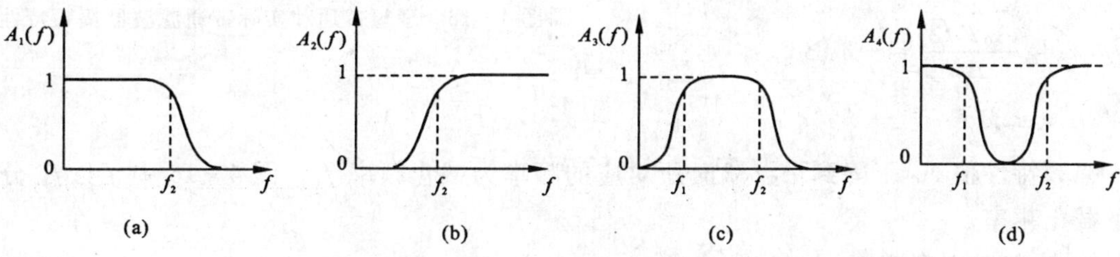

图 4－14　滤波器的幅频特性

一、理想滤波器

理想滤波器在通带频段内应满足不失真条件，系统频响函数可以描述为

$$H(f) = \begin{cases} A_0 e^{-j2\pi ft} & |f| < f_0 \\ 0 & |f| > f_0 \end{cases} \tag{4-18}$$

其相频特性为：$\varphi(f) = -2\pi ft$，其幅频、相频特性曲线如图 4－15(a)所示。它对单位脉冲

信号输入的响应为：$h(t)=f^{-1}[H(f)]=2A_0f_0\dfrac{\sin 2\pi f_0(t-t_0)}{2\pi f_0(t-t_0)}$［如图 4－15(b)所示］。理想滤波器是理想化的模型，在物理上是不可能实现的。

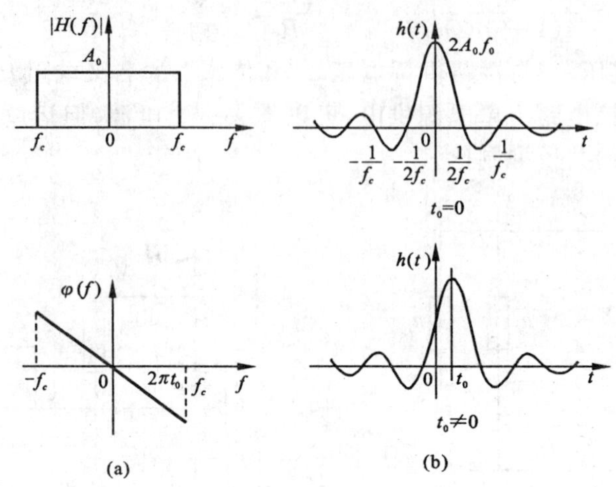

图 4－15　理想滤波器的频率特性

二、实际滤波器的描述

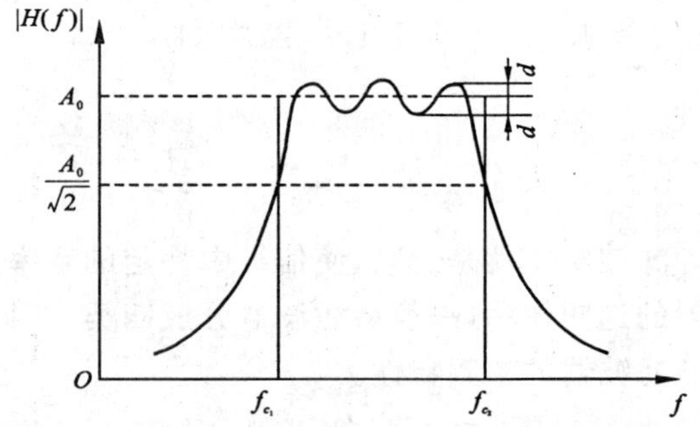

图 4－16　理想带通和实际带通滤波器幅频特性

图 4－16 为一实际滤波器的幅频特性曲线。实际滤波器用下列参数来描述。

1. 纹波幅度

滤波器顶部幅值的波动量称为纹波幅度 d，幅频特性平均值为 A_0。d/A_0 越小越好，一般应小于－3dB，即 $d \ll A_0/\sqrt{2}$，计算式为：$20\lg\dfrac{A_0/\sqrt{2}}{A_0}=-3\text{dB}$。

2. 截止频率

幅频特性值 A_0 下降到 $A_0/\sqrt{2}$ 时所对应的频率为截止频率 f_c。图 4－16 中 f_{c_1}、f_{c_2} 分别为上下截止频率。

3. 带宽和品质因数

滤波器带宽——上下截止频率之间的频率范围。

品质因素——中心频率 f_n 和带宽 B 之比，以 Q 表示：

$$Q=\frac{f_n}{B} \tag{4-19}$$

式中：f_n 为中心频率，$f_n=\sqrt{f_{c_1}f_{c_2}}$。

4. 倍频程选择性

在两截止频率外侧，实际滤波器有一个过渡带，这个过渡带的幅频特性曲线倾斜程度表明幅频持性衰减的程度，它决定滤波器对带宽外频率成分衰减的能力。通常用倍频程选择性来表征。所谓倍频程选择性，是指在上截止频 f_{c_2} 与 $2f_{c_2}$ 之间，或在下截止频 f_{c_1} 与 $f_{c_1}/2$ 之间幅频特性的衰减值，即频率变化一个倍频程时的衰减量，以 dB 表示。显然，衰减越快，滤波器选择性越好。

三、RC 调谐式滤波器

在测试系统中常用 RC 滤波器。RC 滤波器电路简单，抗干扰性强，有较好的低频特性，由阻容元件构成，容易实现。RC 调谐滤波器按组成可分为无源和有源两大类。由无源元件 R、L、C 组成的滤波电路称为无源滤波器。无源 RC 滤波器只由阻、容元件组成。有源 RC 滤波器由 RC 调谐网络和运算放大器组成。由于运算放大器的放大、隔离作用而使滤波器的性能得到了改善。

1. 低通滤波器

RC 低通滤波器电路(图 4－17)输入、输出的微分方程式为

$$RC\frac{\mathrm{d}u_0}{\mathrm{d}t}+u_0=u_i \tag{4-20}$$

滤波器的频率响应函数为

$$H(f)=\frac{1}{1+j2\pi f\tau} \tag{4-21}$$

式中：$\tau=RC$。其幅频特性和相频特性分别为

$$A(f)=\frac{1}{\sqrt{1+(2\pi f\tau)^2}}$$
$$\varphi(f)=-\arctan 2\pi f\tau \tag{4-22}$$

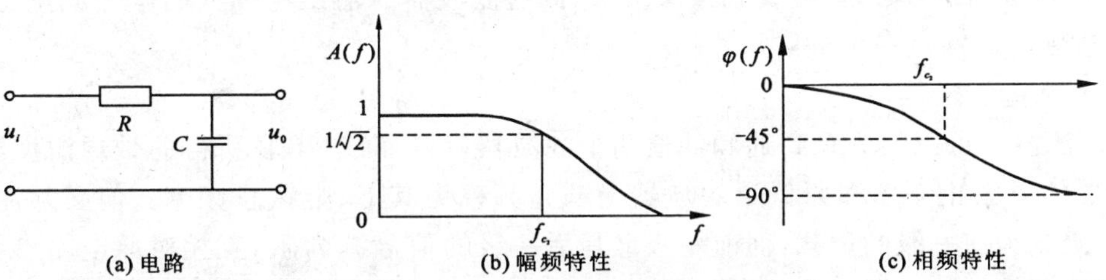

(a) 电路　(b) 幅频特性　(c) 相频特性

图 4－17　低通滤波器及其幅频特性

这是一个典型的一阶系统，特性如下：

当 $f\ll 1/2\pi RC$ 时，$A(f)\approx 1$，$\varphi(f)\approx 0$，此时 RC 低通滤波器为一不失真传输系统。

当 $f=1/2\pi RC$ 时，$A(f)=1/\sqrt{2}$，因此频率 $f_{c_2}=1/2\pi RC$ 为滤波器的上截止频率，改变 R、C 值可以改变截止频率 f_{c_2} 的大小。

当 $f\gg 1/2\pi RC$ 时，此时信号受到极大衰减，滤波器起积分器的作用，它对通频带的高频成分衰减率为－20dB/10 倍频程。

2. 高通滤波器

高通滤波器如图 4－18 所示，输入、输出之间的微分方程式为

$$u_0+\frac{1}{RC}\int u_0\,\mathrm{d}t=u_i \tag{4-23}$$

高通滤波器的频率响应函数为

$$H(f)=\frac{j2\pi f\tau}{1+j2\pi f\tau} \tag{4-24}$$

式中时间常数 $\tau=RC$。它的幅频特性和相频特性分别为

$$A(f)=\frac{2\pi f\tau}{\sqrt{1+(2\pi f\tau)^2}}$$
$$\varphi(f)=\arctan\frac{1}{2\pi f\tau} \tag{4-25}$$

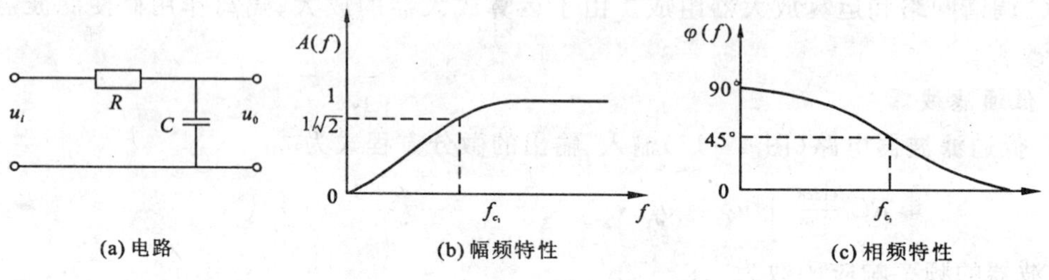

图 4-18 高通滤波器及其频率特性

由此得出以下结论：

当 $f\gg1/(2\pi RC)$时，$A(f)\approx1$，$\varphi(f)\approx0$，此时 RC 高通滤波器近似为不失真测试装置。

当 $f=1/(2\pi RC)$时，$A(f)=1/\sqrt{2}$，此时频率 $f_{c_1}=1/(2\pi RC)$为滤波器的下截止频率。同样改变 R、C 值可以改变截止频率 f_{c_1} 的大小。

当 $f\ll1/(2\pi RC)$时，信号受到极大衰减，高通滤波器的输出与输入的微分成正比，起着微分器的作用。

3. 带通滤波器

带通滤波器可以认为是高通和低通两个滤波器串联而成，串联所得的带通滤波器以原高通滤波器的下截止频率和原低通滤波器上截止频率为其下、上截止频率。但必须注意，串联后，后一级成为前一级的负载，而前一级又是后一级的信号源内阻，互相对原电路参数有很大影响，需作隔离处理。所以实际的带通滤波器常常是有源的，如利用运算放大器的阻抗变换特性就可以起到很好的隔离作用。

四、有源滤波器

以上介绍的都是低阶的无源滤波器，其幅频特性的衰减都很缓慢。根据测量装置的动态特性分析，滤波器的阶次和幅频特性的斜率直接有关。因此滤波器在通带外的衰减特性反映到其选择性指标上，也就反映出与理想滤波器的差距，主要由滤波器频响函数的阶次所决定。一阶滤波器的斜率为－20dB/10 倍频程，所以在过渡区域衰减缓慢，选择性不佳。把无源的 RC 滤波器串联，虽然可以提高阶次，但受级间耦合影响，效果是互相削弱的，而且信号的幅值也将逐级减弱。为了克服这些缺点只能采用有源滤波器。

有源滤波器由 RC 调谐网络和运算放大器组成。运算放大器既可作为级间隔离，又可起信号放大作用。

图 4-19 所示为基本的一阶有源低通滤波器。

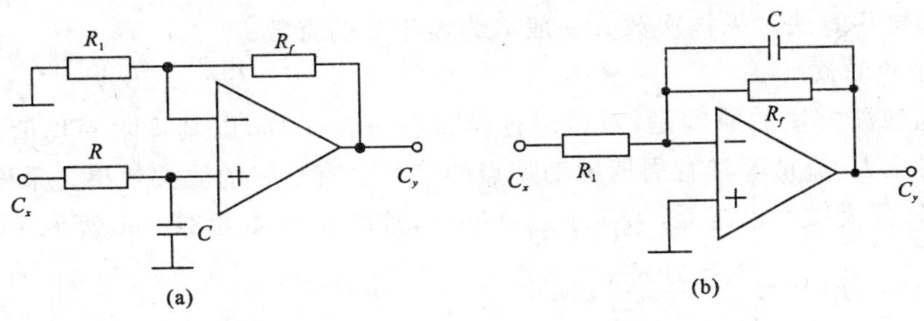

图 4－19　一阶低通有源滤波器

在图 4－19(a)中，将无源 RC 滤波网络接入运算放大器的输入端，运放将起到隔离、放大和提高负载能力的作用。其截止频率仍为 $f=1/(2\pi RC)$，放大倍数为 $K=1+R_f/R_1$。根据控制工程中对反馈传递函数的分析，把高通网络作为运算放大器的负反馈[如图 4－19(b)]结果将起到低通滤波的作用。其截止频率为 $f=1/(2\pi R_f C)$，直流放大倍数 $K=R_f/R_1$。这两个放大器的滤波网络都是一阶的，故通带外高频衰减率均为－20dB/10 倍频程。

一阶有源滤波器虽在隔离增益性能方面优于无源网络，但是它仍存在着过渡区域衰减缓慢的严重缺点，所以就要寻求过渡带更为陡峭的高阶滤波器。值得注意的是，阶次越高，其幅频特性越接近理想特性，使得串接后滤波器的总相频特性也将是各个环节相频特性的叠加，相频特性非线性会增加。

图 4－20 所示为二阶低通滤波器。高频衰减率为－40dB/10 倍频程。二阶有源低通滤波器是一阶有源低通滤波器的改进形式。它可形成多路负反馈，以削弱 R_f 在调谐频率附近的无反馈作用，使滤波器的特性将更接近“理想”的低通滤波器。

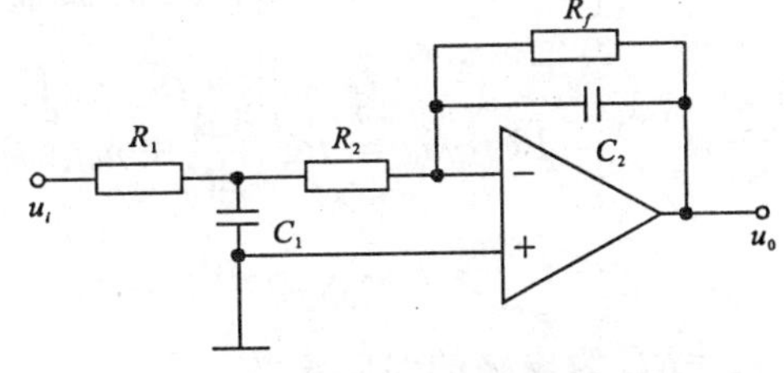

图 4－20　二阶有源低通滤波器

以上我们仅讨论了滤波器的主要问题，在实际工作中，为了各种需要，常将滤波器组合使用，主要是串、并联应用，还可以用简单的 RC 网络与运算放大器组成其他类型的滤波器。详情则请读者参考有关资料。

五、数字滤波

数字滤波是一种算法，它利用离散时间系统特性对输入信号进行加工处理，把输入序列 $x(n)$ 变换成一定的输出序列 $y(n)$，从而达到改变信号频率构成的目的。数字滤波实质上是一种程序滤波，与模拟滤波相比具有如下优点：

①不需要额外的硬件设备，不存在阻抗匹配问题，可以使多个输入通道共用一套数字滤波程序，从而降低了仪器的硬件成本；

②可以对频率很低或很高的信号实现滤波；

③可以根据信号的不同而采用不同的滤波方法或滤波参数，灵活、方便、功能强。

1. 中值滤波

中值滤波对缓慢变化信号中混有偶然因素引起的脉冲干扰具有良好的滤除效果。其原理是，对信号连续进行 n 次采样，然后对采样值排序，并取序列中位值作为采样有效值。程序算法就是通用的排序算法。采样次数 n 一般取为大于 3 的奇数。

2. 算术平均滤波

算术平均滤波方法的原理是，对信号连续进行 n 次采样，以其算术平均值作为有效采样值。该方法对压力、流量等具有周期脉动特点的信号会有良好的滤波效果。采样次数 n 越大，滤波效果越好，但灵敏度也越低，为便于运算处理，常取 $n=4$、8、16。其算术平均值为

$$E[x(t)]=\frac{1}{N}\sum_{n=0}^{N}x(n) \tag{4-26}$$

3. 滑动平均滤波

该方法采用循环队列作为采样数据存储器，队列长度固定为 n，每进行一次新的采样，把采样数据放入队尾，扔掉原来队首的一个数据。这样，在队列中始终有 n 个最新的数据。对这 n 个最新数据求取平均值，作为此次采样的有效值(图 4-21)。这种方法每采样一次，便可得到一个有效采样值，因而速度快，实时性好，对周期性干扰具有良好的抑制作用。

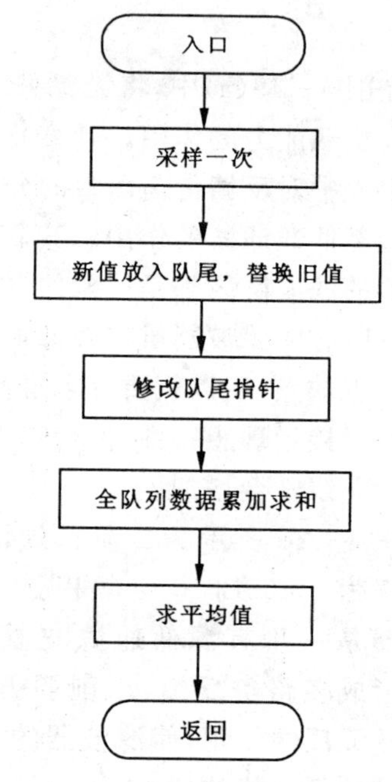

图 4-21　滑动平均滤波流程图

4. 低通滤波

当被测信号缓慢变化时，可采用数字低通滤波的方法去除干扰。数字低通滤波器是用软件算法来模拟硬件低通滤波的功能。一阶 RC 低通滤波器的微分方程为

$$u_i=IR+u_0=RC\frac{\mathrm{d}u_0}{\mathrm{d}t}+u_0$$

$$=\tau\frac{\mathrm{d}u_0}{\mathrm{d}t}+u_0 \tag{4-27}$$

式中：$\tau=RC$ 为电路的时间常数。

用 X 替代 u_i，Y 替代 u_0，将微分方程转换成差分方程，并整理得：

$$Y(n)=\frac{\Delta t}{\tau+\Delta t}X(n)+\frac{\tau}{\tau+\Delta t}Y(n-1)$$

式中：Δt 为采样周期；$X(n)$ 为本次采样值；$Y(n)$ 和 $Y(n-1)$ 分别为本次和上次的滤波器输出值。取 $\alpha=\Delta t/(\tau+\Delta t)$，则上式可改写成：

$$Y(n)=\alpha X(n)+(1-\alpha)Y(n-1) \tag{4-28}$$

由上式可见滤波器的本次输出值主要取决于其上次输出值，本次采样值对滤波器输出仅有较小的修正作用，因此该滤波器算法相当于一个具有较大惯性的一阶惯性环节，模拟了低通滤波器的功能，其截止频率为：

$$f_c=\frac{1}{2\pi\tau}=\frac{\alpha}{2\pi\Delta t(1-\alpha)}\approx\frac{\alpha}{2\pi\Delta t} \tag{4-29}$$

数字低通滤波程序流程图如图 4-22 所示。

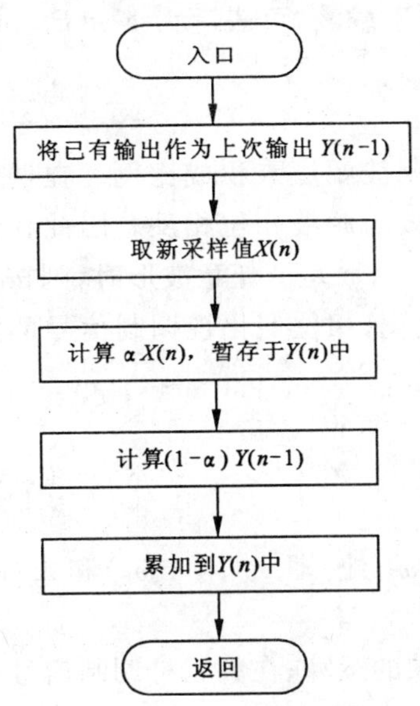

图 4-22　数字低通滤波程序流程

第四节　调制与解调

工程中有些物理量，如温度、应变、压力等，经过传感器变换后，往往是缓变电信号，这类信号可直接采用直流放大器来放大。但由于存在零漂和级间耦合等问题，所以较常见的处理方式是：先把缓变电信号调制成适当频率的交流信号，然后用交流放大器放大，经过传输、处理后解调，以恢复原缓变信号。因此，调制与解调在工程测试中得到广泛应用。

所谓调制，就是利用缓变信号来控制、调节高频振荡信号的某个参数（幅值、频率或者相位），使其按缓变信号的规律变化。调制的目的是便于放大和传输缓变信号。该缓变信号称为调制信号。调制信号的信息载于高频振荡信号中，故称高频振荡信号为载波。载波被缓变信号调制后称为已调波。调制分为调幅、调频和调相三种。若调制信号调节控制载波的幅值，所得已调波称为调幅波，此过程称为调幅（AM）；若调节控制的参数为载波的频率或相位，则称为调频（FM）或调相（PM），所得已调波分别称为调频波或调相波。

设调制信号为 $x(t)$，载波信号为 $z(t)=A\cos(2\pi ft+\varphi)$，则：

调幅波为 $y(t)=[A\cdot x(t)]\cos(2\pi ft+\varphi)$；

调频波为 $y(t)=A\cos\{2\pi[f_0+x(t)]\cdot t+\varphi\}$；

调相波为相位调制波 $y(t)=A\cos\{2\pi ft+[\varphi_0+x(t)]\}$。

其中调幅和调频在工程测试中较为常用。解调是从已调波中恢复出调制信号的过程。

一、调幅与解调

1. 幅度调制

幅度调制是将载波（一般是一高频正余弦信号波）与调制波（被测量信号波）在时域内的相乘运算。交流电桥是常用的幅度调制器。下面以交流电桥为例分析幅度调制在时、频域的变化过程。

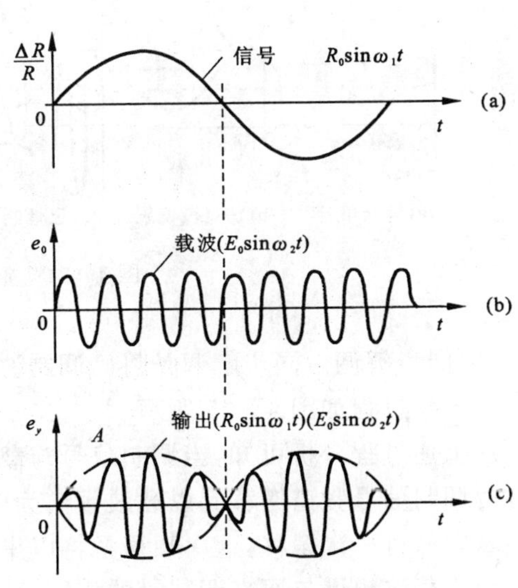

图 4-23　交流电桥幅度调制

交流电桥的幅度调制如图 4-23 所示。四个桥臂部为纯电阻 R，并将其阻值调整后使电桥平衡。若四个桥臂中任一臂的阻值发生变化 ΔR，使电桥失去平衡，而形成电桥的电压输出为

$$e_y = K\frac{\Delta R}{R}e_0 \tag{4-30}$$

式中：K 为与电桥接法有关的系数；$\Delta R/R$ 为

由被测信号变化引起的电阻相对变化，相当于调制信号，若 ΔR 也是一个正弦变化量(如正弦交变应力)，即 $\Delta R/R = R_0 \sin\omega_1 t$；$e_0$ 为电桥的激励电压，相当于载波，可表示为 $e_0 = E_0 \sin\omega_2 t$，因此调幅波为两式相乘的结果，令 K_0 为常数，$K_0 = E_0 R_0 K$，上式变为

$$e_y = E_0 R_0 K \sin\omega_1 t \sin\omega_2 t = K_0 \sin\omega_1 t \sin\omega_2 t \tag{4-31}$$

可以看出：输出的已调制波信号的幅度与载波幅度和调制波幅度乘积成比例。在调制信号为正值时，调制波与载波同相位；调制信号为负值时，调制波与载波相位相反。因此在调制波中包含了调制信号的方向信息。若调制信号波形不是正弦波，而是一任意波形时，则按上述方法求得的已调制波波形的幅值随调制信号的幅值变化而变化；相位变化视调制信号的正负而定。

从频域进行分析，(4-31)式用三角函数的积化和差公式计算得

$$e_y = \frac{1}{2} K_0 [\cos(\omega_2 - \omega_1)t - \cos(\omega_2 + \omega_1)t] \tag{4-32}$$

其结果相当于把原信号的频谱图形由原点平移至载波频率 ω_2 处，即 $\pm(\omega_2 + \omega_1)$ 和 $\pm(\omega_2 - \omega_1)$，而其谱线的幅度减半。

因此，幅度调制的过程在时域是调制信号与载波信号相乘的运算；在频域是调制信号频谱与载波信号频谱卷积运算，是一个频移的过程。幅度调制装置实质上是一个乘法器，电桥本质上就是一个乘法器，输出值为已调制波。

2. 幅值调制的解调

幅值调制的解调过程是将已调制波恢复为原低频调制信号的过程。实现这一过程有如下几种方法。

(1)整流检波解调。这种解调方法在时域内的信号流程如图 4-24 所示。被测信号即调制信号(a)，在进行调制前先加一直流偏置，使调制信号不再具有双重极性(b)，然后与载波信号相乘得已调制波(c)。在解调时，只需对已调制波作整流(d)和检波(e)，最后去掉所加直流偏置，就可得到原调制信号(f)了。这种方法虽然可以恢复波形，但在调制过程中有一个加、减直流(电流或电压)的过程。

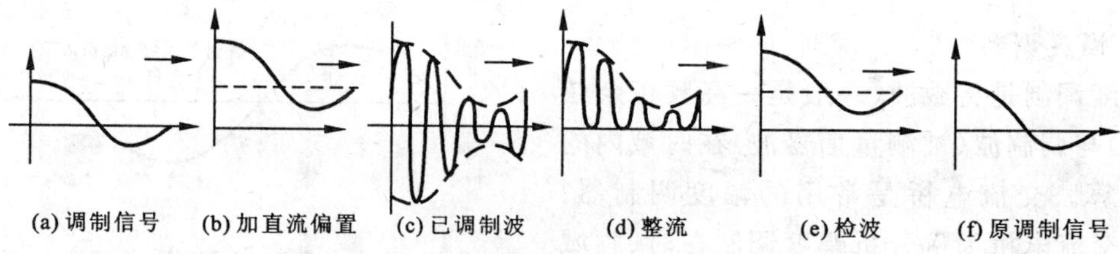

图 4-24　整流、检波、解调示意图

(2)同步解调。同步解调是将已调制波与载波信号相乘，则频谱图形再一次进行“平移”，其信号流程过程如图 4-25 所示。

从上述过程分析可知，当调制信号与载波信号在时域内相乘时，造成领域内以坐标原点为中心的调制信号频谱搬移到以载波频谱为中心处。若已调制波与载波相乘同样会造成其频谱在频域内的再一次搬移，这次频移是将以坐标原点为中心的已调制波频谱平移到载波为中心处。由于载波频谱与原来调制时的相同，而使第二次搬移后频谱有一部分搬移到原点处，所以同步解调后的频谱包含有与原调制信号相同的频谱和附加的高频频谱两部分，如果用一个低

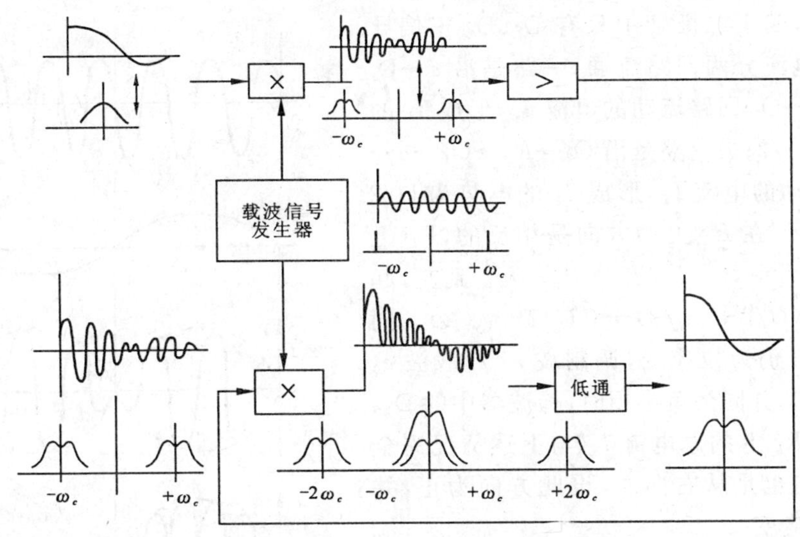

图 4－25　同步解调信号流程

通滤波器滤去高频成分，那么可复现原调制信号的频谱（只是其幅值减小为一半，这可以用放大处理来补偿），这一过程称为同步解调。“同步”指解调时所乘的信号与调制时的载波信号具有相同的频率和相位。

在同步解调中没有施加任何直流过程，不存在恢复波形过程中的零漂问题，所以在鉴别原调制信号幅值的正负极性方面是可靠的。

(3)相敏解调。相敏检波解调器能将已调制波在幅值和极性上完全恢复成原调制信号。环形相敏检波器是幅度解调中最常用的一种，简单介绍如下。

环形相敏检波器的原理如图 4－26 所示，电路由四个特性完全一致的二极管组成一个桥式电路。各桥臂上有预调电桥平衡的附加电阻，桥路的两对角线端通过两个耦合变压器分别输入已调制波 e_y 和与载波信号 e_0 相同的参考电压 U。根据前述，当调制信号 ΔR（输入为应变片的阻值变化）处于正半周时，已调制波 e_y 与载波同相，而当调制波 ΔR 处于负半周时，已调制波 e_y 与载波 e_0 相位相反。相敏检波就是利用已调制波 e_y 与载波 e_0 这种同相与反相关系来鉴别调制波 ΔR 的正、负极性。

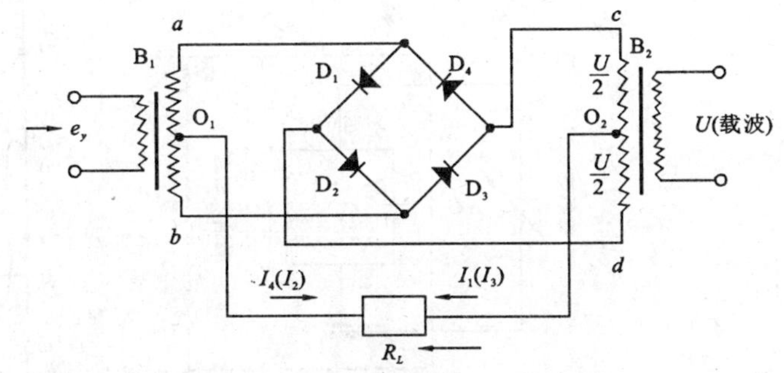

图 4－26　环形相敏检波器的电器原理

环形相敏检波器的具体工作过程如下。由放大器输出的已调制波 e_y 从变压器 B_1 输入到相敏检波器，参考电压 U 由变压器 B_2 输入到相敏检波器，并设 $U \gg e_y$。O_1、O_2 为变压器 B_1、B_2 的中心抽头，即变压二次绕组分成对称的两部分，R_L 为负载，半导体二极管在电路中起“门”或开关的作用，由参考电压 U 来控制。

当输入信号为拉应变时，若已调制波 e_y 和载波 e_0 同相（图 4－27），并同为正半周时，由图

4-26 可看出，四个二极管中只有 D_1、D_4 正偏导通，电路中的电流分两回路流通，一路是沿 $c \to D_4 \to a \to O_1 \to R_L \to O_2$ 回路流动的电流 I_4，形成 I_4 的电势为 $U/2 - e_y/2$；另一路是沿 $O_2 \to R_L \to O_1 \to a \to D_1 \to d$ 回路流动的电流 I_1，形成 I_1 的电势为 $U/2 + e_y/2$。I_1 和 I_4 在 R_L 上的方向是相反的，R_L 上流过的电流为 $I_L = I_1 - I_4$，流动方向从右到左，起作用的电势为 $(U/2 + e_y/2) - (U/2 - e_y/2)$。同理，当输入信号仍为拉应变，调制波 e_y 和载波 e_0 同相(图 4-27)，并同为负半周时，检波器中的 D_2、D_3 导通，负载 R_L 上的总电流 I_L 与上述情况完全相同，电流方向也是从右向左，设此方向为正，并表示输入为拉应变。

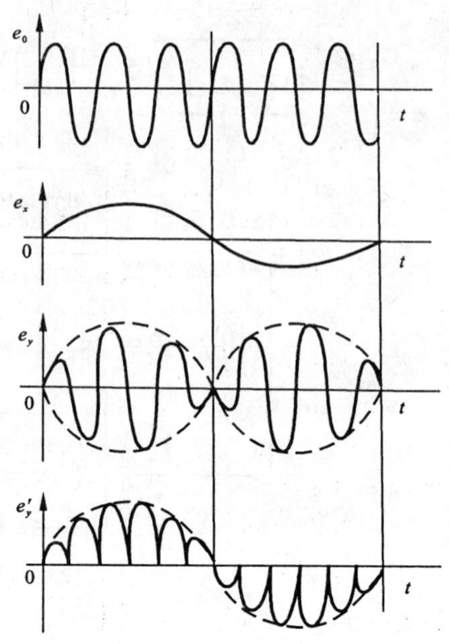

图 4-27 相敏解调波形

同理可分析，当输入量为压应变，调制波 e_y 和载波 e_0 反相，无论是正半周，还是负半周，所得结果与上述分析完全相反，R_L 上流过的电流 I_L 总是从左向右的，设此方向为负，代表压应变。

若在 R_L 两端取电压输出，其波形如图 4-28 所示。在幅值上取决于 e_y，在极性上取决于载波 e_0 与调制波 e_y 二者的方向，这样经相敏解调后的时域波形外包络线就是原调制信号。

幅度调制与解调在工程技术上是很有用途的，动态电阻应变仪就是利用交流电桥作调幅，又利用相敏检波作解调的测试电路。

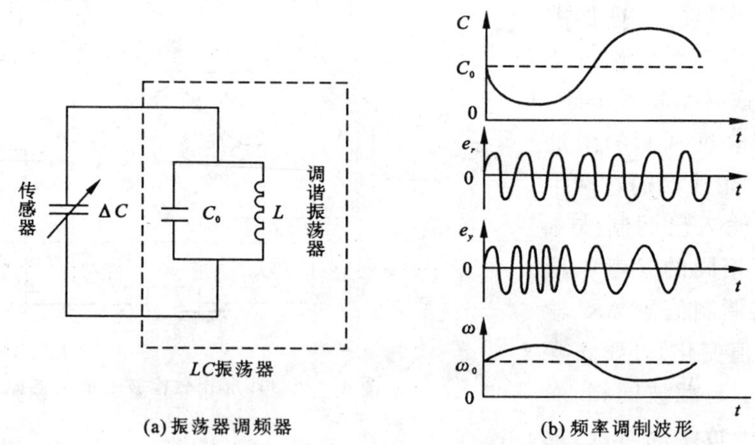

(a) 振荡器调频器　　(b) 频率调制波形

图 4-28 *LC* 振荡调频器和频率调制波形

二、调频与解调

调频是利用信号 $x(t)$ 的幅值调制载波的频率，或者说，调频波是一种随信号 $x(t)$ 的电压幅值而变化的疏密度不同的等幅波。其优点是抗干扰能力强。因为调频信号所携带的信息包含在频率变化之中，并非振幅之中，而干扰波的干扰作用则主要表现在振幅之中。其缺点是占频带宽度大，复杂。调频波通常要求很宽的频带，甚至为调幅所要求带宽的 20 倍；调频系统较之调幅系统复杂，因为频率调制是一种非线性调制。

1. 频率调制器及工作原理

频率调制最普通的方法是将传感器输出的电压信号输入到一个电压/频率(V/F)变换器，这时，变换器输出的是一个被调制信号进行了频率调制的已调制波。

另一种方法是利用电抗元件组成调谐振荡器。电抗元件(电容或电感传感器)检取被测量作为调制信号输入，振荡器原有的振荡信号为载波。当有调制信号输入时，振荡器输出即是被调制了的已调制波。如图 4-28(a)所示，为一个 LC 振荡器，该回路 LC 两端如果没有衰减的话，是按 $A\sin\omega_0 t$ 作简谐振荡变化的，其振荡频率为

$$\omega_0 = \frac{1}{\sqrt{LC_0}} \tag{4-33}$$

此信号即是调频器的载波信号。若 C_0 为一电容传感器，当测试被测物理量时，传感器的电容量就会产生一个随被测量变化而变化的附加电容变化量 ΔC，此时谐振回路中的电容量变为 $C_0+\Delta C$，此时回路的振荡频率变为

$$\omega = \frac{1}{\sqrt{L(C_0+\Delta C)}} \tag{4-34}$$

将(4-34)式变换为

$$\omega = \frac{1}{\sqrt{LC_0\left(1+\frac{\Delta C}{C_0}\right)}} = \frac{1}{\sqrt{LC_0}\cdot\sqrt{1+\frac{\Delta C}{C_0}}} = \omega_0\cdot\frac{1}{\sqrt{1+\frac{\Delta C}{C_0}}}$$

用级数将后项展开，并略去高次项，可得

$$\omega = \omega_0\left(1-\frac{\Delta C}{2C_0}\right) \tag{4-35}$$

设 $\frac{\Delta C}{2C_0}\omega_0=\Delta\omega$，则得

$$\omega = \omega_0 - \Delta\omega \tag{4-36}$$

上式表明，当被测物理量引起振荡回路中的电容变化时，振荡回路的角频率在原来 ω_0 上又叠加一个 $\Delta\omega$ 频率。$\Delta\omega$ 是随被测物理量变化而变化的。所以振荡器的角频率 ω 受控于被测物理量，被测物理量即是调制信号，这就是一种调频过程。图 4-28(b)所示是一调频过程中的时域波形。调制信号(电容 C 的变化)是一个谐波信号，以 ω_0 为角频率的高频振荡信号，即是载波信号，已调制波 e_y 的角频率随输入量的变化而增加(或减少)$\Delta\omega$，形成随被测量变化而疏密变化的已调制波。

2. 鉴频器

调频波的解调又称鉴频，是将频率变化的等幅调频波按其频率变化复现调制信号波形的过程，鉴频的方法有很多，变压器耦合得谐振回路鉴频器如图 4-29 所示。

图 4-29(a)中 L_1 和 L_2 是耦合变压器的原、副边线圈，分别与 C_1、C_2 组成并联谐振回路。调频波 u_f 经 L_1、L_2 耦合，加在 L_2C_2 谐振回路上，在它的两端获得如图 4-29(b)所示的频率-电压特性曲线，在 L_2C_2 回路的谐振频率 f_n 处，线圈 L_1 和 L_2 的耦合电流最大，副边输出电压 u_a 也最大。f 值偏离 f_n，则 u_a 值下降。u_a 虽然与 u_f 的频率一致，但幅值却是随 u_f 的频率 f 变化而改变。通常利用特性曲线的亚谐振区近似直线的一段实现频率-电压变换，使调频波的中心频率 f_0 处于该近似直线段的中点，从而使调频波的振幅随其频率变化而基本呈线性变化，成为调频-调幅波。经过线性变换后，调频-调幅波再经过幅值检波、低通滤波后实现解调，

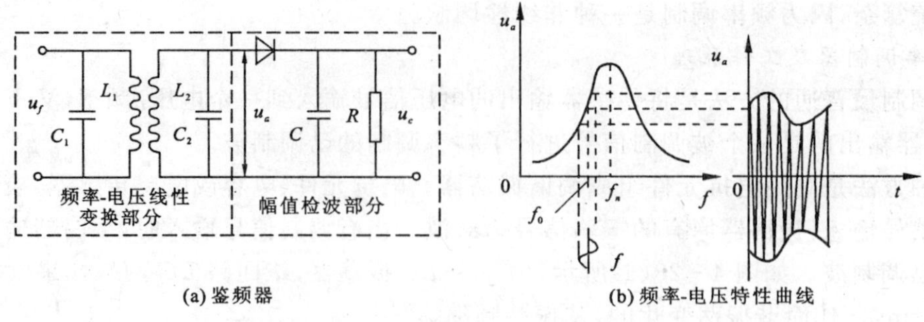

(a) 鉴频器　(b) 频率-电压特性曲线

图 4-29　变换器耦合的谐振回路鉴频

复现调制信号。

第五节　模拟与数字信号转换器

在我们经常测试或控制的对象(如力、位移、速度、压力、温度、流量等信号)中,大多是随时间连续变化的物理量。通常把这些连续变化的电压和电流称为模拟电压或模拟电流,通称为模拟量。模拟信号可以直接用指示仪表读取或用记录仪记录。其读取方式简单、直观,但读数精度受到仪表度盘刻度值和指示器精确度的限制。

随着数字技术的发展,数字显示仪表、数字控制及数字计算机的应用,广泛涉及用数字来表示量的问题。用数字来表示量是一种离散量或不连续量,通称为数字量。

在测试系统中,不仅需要将被测的模拟量转换为数字量送入计算机进行信号处理,而且还要将计算机处理后的数字量转换为模拟量送入模拟显示、记录仪器,以便于数据的显示和记录,或者送入模量控制系统去进行系统的控制。A/D、D/A 转换是微型计算机与模拟被测参数间相互连接的桥梁。

把模拟量转换成与其相对应的数字量的装置称为模-数转换器,或称 A/D 转换器。将数字量转换成与之相对应的模拟量的装置称为数-模转换器,或称 D/A 转换器。

一、数字-模拟转换器

数-模转换器是将数字信号转换为模拟信号的装置,其输入量为数字信号,输出量为模拟信号。主要有下列两种电路可以具体实现数-模转换。

1. 权电阻译码网络 D/A 转换器

我们通过图 4-30 所示的 4 位权电阻译码网络 D/A 转换器来简单分析其工作原理。首先利用“寄存指令”将输入的二进制数字量存入寄存器。寄存器输出为二进制数 a_3、a_2、a_1、a_0 分别控制电子开关 S_3、S_2、S_1、S_0。当某一位二进制数 a = “1”时,使 S_i 开关接通参考电压 V_R;当二进制数某一位 a=“0”时,使 S_i 开关接通“地”。

对于任意 4 位二进制数字量输入后,通过权电阻网络流出的总电流为

$$I = I_0 + I_1 + I_2 + I_3$$

$$I = \frac{V_R}{R} \cdot a_3 + \frac{V_R}{2R} \cdot a_2 + \frac{V_R}{2^2 R} \cdot a_1 + \frac{V_R}{2^3 R} \cdot a_0 \tag{4-37}$$

$$I = I_f = \frac{V_A - V_0}{R_f} = -\frac{V_0}{R_f} \tag{4-38}$$

式中：I_f 为运算放大器的反馈电流；R_f 为运算放大器反馈电阻；V_0 为 D/A 转换器的输出模拟电压。整理后得

$$V_0=-\frac{R_f}{R}\cdot V_R\left(a_{n-1}+\frac{a_{n-2}}{2}+\cdots+\frac{a_1}{2^{n-2}}+\frac{a_0}{2^{n-1}}\right) \tag{4-39}$$

在(4-39)式中，当参考电压 V_R、网络电阻 R、反馈电阻 R_f 一定时，输出的模拟电压同输入的二进制数字量成正比。

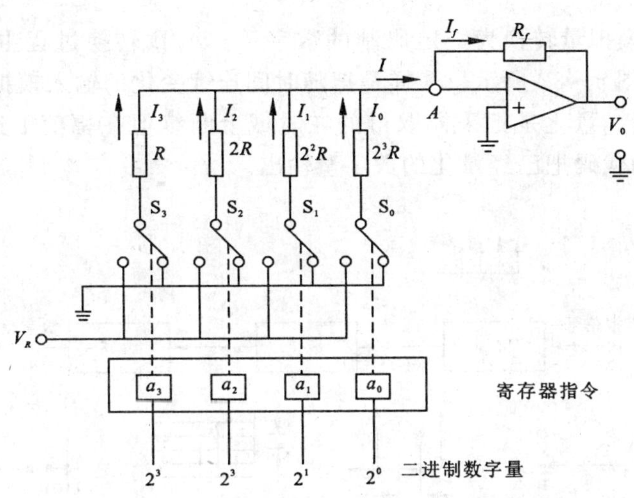

图 4-30　4 位权电阻译码网络 D/A 转换器

2. T 型电阻网络 D/A 转换器

图 4-31 是常见的 T 型电阻网络 D/A 转换器（以四位数字量为例）原理线路图。n 位二进制 T 型电阻网络 D/A 转换器的输出为

$$V_0=V_a=\left(\frac{a_{n-1}}{2}+\frac{a_{n-2}}{2^2}+\frac{a_{n-3}}{2^3}+\cdots+\frac{a_1}{2^{n-2}}+\frac{a_0}{2^{n-1}}\right)V_R \tag{4-40}$$

D/A 转换器的输出模拟电压同输入的二进制数字量成正比关系。

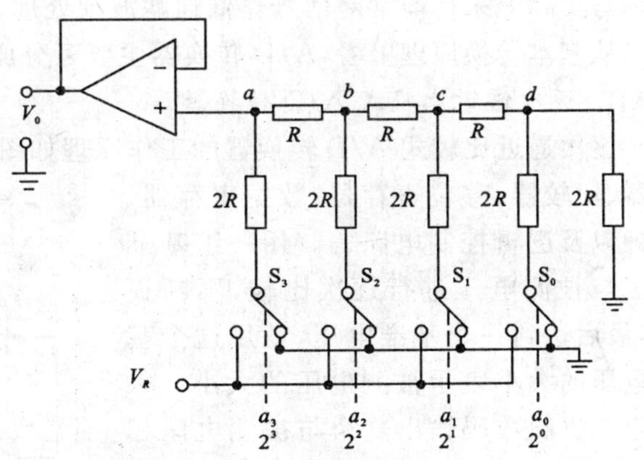

图 4-31　T 型电阻网络 D/A 转换器

3. D/A 转换电路的主要参数

(1)分辨率。分辨率是指输入量最低位数字(LSB)的变化所引起的输出模拟量变化。例如，一个 10 位的 D/A 转换器(D/A 转换器能输入 10 位数字量，其最高数字量为 03FFH)，如果其输出在 0～10V 范围内变化，则分辨率定义为 $10/2^n=9.75\text{mV}$。

(2)绝对精度。绝对精度是指 D/A 转换器对应于给定的满刻度数字量，其实际输出值与理论值之差，一般应低于 1/2LSB。

(3)相对精度。相对精度是指 D/A 转换器在满刻度已校准的情况下，其实际输出值与理

论值之差。

(4)线性误差。输入相等的单位数字量增量时，理想的 D/A 转换器应产生相等的输出模拟量增量，即转换特性是线性的。偏离理想转换特性的最大值称线性误差。

(5)转换时间。当 D/A 转换器数据变化量是满刻度时，达到终值±1/2LSB 时所需的时间称为转换时间。转换时间的长短与所用元件有关，尤其是双向开关和运算放大器。

二、模拟-数字转换器

模-数转换是将模拟量转换为一定码制的数字量。A/D 转换过程主要由采样、量化和编码三个过程组成，如图 4-32 所示。采样是把随时间连续变化的输入模拟量离散化，即变成时间域上断续的模拟量。量化是把采样取得的在时域上断续但在幅值上连续的模拟量进行量化。编码是用一定的代码把已经量化的数字量输出。

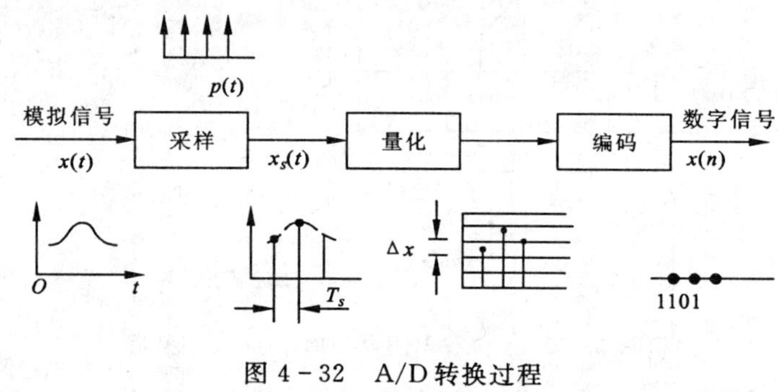

图 4-32　A/D 转换过程

信号 $x(t)$ 经上述变换后，即成为时间上离散、幅值上量化的数字信号 $x(n)$。一般按时间间隔 Δt 采样。记 $f_S=1/\Delta t$，f_S 称为采样频率，即每秒采样点数。采样中的关键是合理选择采样频率 f_S 及采样点数 N，用较少的数据量满足后续分析要求。这需要综合考虑频率混叠、频率分辨率和谱分析误差等问题。为防止频率混叠，应有 $f_S\geqslant 2f_m$（f_m 为被采样信号的最高频率），实际上采样前常对信号作低通滤波预处理，故多取 $f_S\geqslant(3\sim4)f_m$，这就是采样定理。

从基本转换原理上看，A/D 转换器主要可分成两类：直接比较型和间接比较型。

1. 逐次逼近比较式 A/D 转换器

逐次逼近比较式 A/D 转换器的工作原理如图 4-33 所示。主要组成部分有：数字模拟转换器、比较器、移位寄存器、数据寄存器、时钟以及逻辑控制电路等。用一组基准电压与被测电压进行逐次比较，不断逼近，最后达到一个基准电压，就用这个基准电压的大小表示被测电压的大小。以一定二进制数码输出这个与被测电压相平衡的基准电压就实现了 A/D 转换过程。

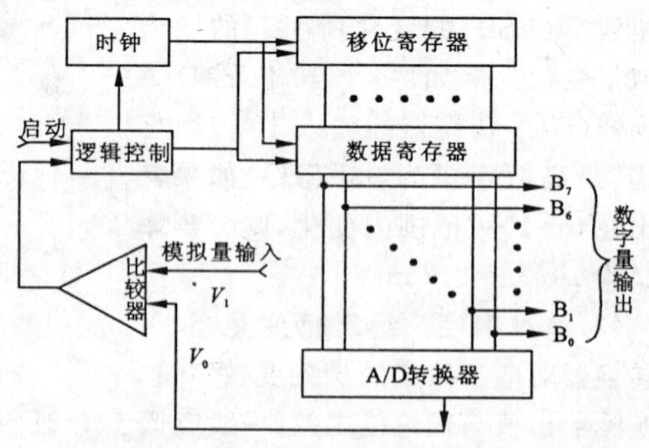

图 4-33　逐次逼近比较式 A/D 转换器

2. 双斜积分式 A/D 转换器

这种 A/D 转换器属于间接比较型转换器，以电压-时间转换方式工作，将输入的模拟电压转换为时间间隔等参数，然后再转换成数字量。它由积分器、比较器、模拟切换开关、控制电路和计算显示部分等组成，其基本原理框图见图 4－34 所示。

3. A/D 转换电路的主要参数

(1)分辨率。A/D 转换器的分辨率是指转换器的输出每改变 1LSB(1 个数码)所对应输入模拟电压的最小变化量。对于最大输入幅度为 V_{Fs}，位数为 n 的 A/D，其分辨率 1LSB＝$V_{Fs}/(2^n-1)$。

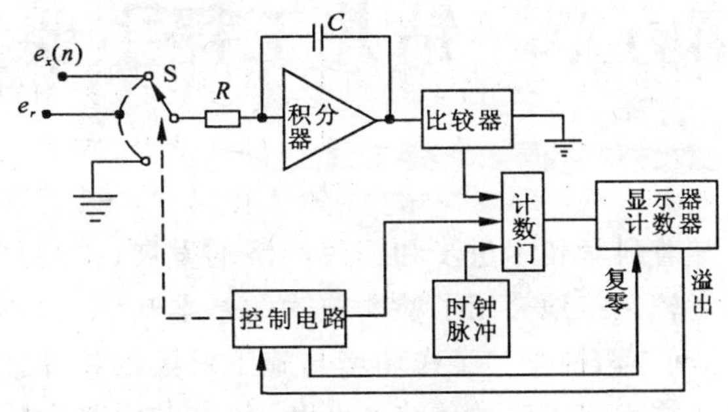

图 4－34　双斜积分式 A/D 转换基本原理框图

(2)精度。A/D 转换器的精度是指对应于一个给定数字量的实际模拟输入值与理论模拟输入值之差，亦称绝对误差。当它用百分数表示时，称为相对精度或相对误差。误差的主要来源有量化误差、零位误差、非线性误差等。量化误差是指 A/D 转换器输出的量化值与输入模拟值之间的误差，对模拟数值进行离散取值而引起的误差。提高分辨力可减小量化误差。

(3)转换时间与转换速率。A/D 转换器完成一次转换所需要的时间为 A/D 转换时间。而转换速率是转换时间的倒数。一般位数愈多，转换时间愈长。

除以上主要技术指标外，其他性能指标可以从产品手册中查到。

第五章　钻井工程主要参数检测方法与技术

随着科学技术进步和国民经济的发展，检测技术已逐渐发展成为一门独立的学科。本书前四章较系统地介绍了检测技术的基本知识、基本手段和常用的变换原理。对于钻井（探）工程专业而言，由于其工作环境与施工对象的特殊性，在参数信号的获取和检测手段方面，与应用检测技术较成熟的传统产业相比，有其自身的特点。例如，用于钻井（探）工程的传感器必须具备很强的对恶劣环境（温度、潮湿、振动、多尘和强电磁干扰）的适应性，必须留有较大的超载余地，能用于信号的远距离传输，便于装卸和频繁搬迁。除了常规的压力、转速、泵量、扭矩和位移（速度）等参数外，还必须检测地下孔（井）段的角度、温度、环空压力等参数。因此，在介绍了前述基本内容的基础上，还有必要进一步讨论钻井（探）工程主要参数的检测方法与技术手段。

第一节　电机功率的检测

一、功率检测的意义与现状

本书前述内容基本上都属于非电量电测技术的范畴，而功率本身就是电量，研讨功率检测的意义何在呢？

(1)钻井（探）工程中所用的设备主要靠三相异步电机驱动，即使在没有电网的深山老林里，也只能靠自行发电来实现电机驱动。

(2)施工中的功率消耗值是选择与设计施工设备及工具的重要依据。设计正确与否，关键在于这一基础数据是否准确可靠。

(3)施工中的功耗指标反映了岩石破碎的难易程度，为制订生产定额和选择合理的钻井工艺提供了依据。

(4)钻进时的功率消耗值及其在时域中的变化趋势，是反映孔内工况、预报事故的重要信息，可以作为检验生产过程是否正常的一种度量。例如，图 5－1 为俄罗斯技术人员用笔录仪记录的钻进功率曲线，它帮助操作者正确判断了钻进过程中金刚石钻头的磨损特征。图 5－1(a)为钻头上载荷不足造成金刚石钻头抛光，这时功率值逐渐减小，功率和机械钻速曲线的振幅也逐渐下降；图 5－1(b)为金刚石钻头强烈磨损，孔底的热物理过程伴随着钻头胎体温度升高并软化，这时功率曲线出现不稳定的峰值，并伴有钻速下降，泵压升高；图 5－1(c)为孔底发生烧钻，功率曲线的峰值剧烈升高。

由于功率值比其他参数更容易检测，所以目前在部分钻井（探）生产单位已把功率检测用于生产现场。其方法不外乎两种：一是用单相功率计（瓦特表）的测量值乘以 3，得出总功率值；二是分别用电流、电压表测出电流、电压值，再以电流值乘以电压值表示功率值。这两种方法中，前者仅适用于三相四线制的交流负载，而对三相三线制的负载则尚有问题，这将在本节

后续内容中讨论;后者得出的功率值将产生很大误差,具体分析如下:

三相交流电机的总视在功率 S 可表示为

$$S=\sqrt{P^2+Q^2} \tag{5-1}$$

式中:P 为三相总的有功功率;Q 为三相总的无功功率。

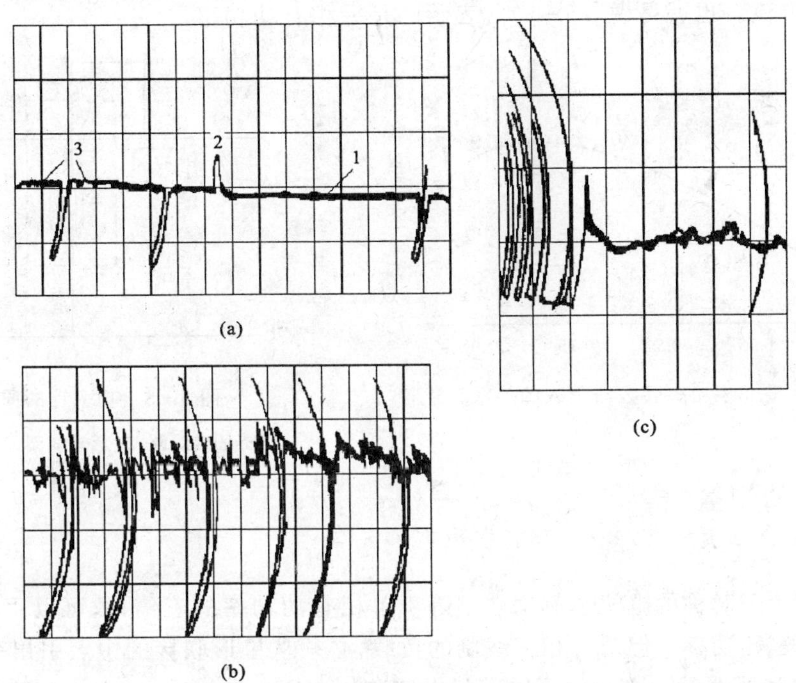

图 5-1 反映钻头磨损特征的功率变化曲线

(a)金刚石钻头抛光 1,孔内强行自锐 2,进入正常钻进规程 3;

(b) 金刚石钻头强烈磨损时的功率曲线不稳定特征;(c) 烧钻时功率消耗增大

当然,我们关心的只是三相有功功率 P

$$P=\sqrt{3}U_l I_l \cos\varphi \tag{5-2}$$

式中:U_l、I_l 分别为线电压和线电流(仅考虑电机三相对称的情况);$\cos\varphi$ 为电机的功率因数。

由(5-2)式可知,即使忽略$\sqrt{3}$这个常数对功率变化趋势的影响,仅仅用电流乘以电压来表示功率值也会产生很大的误差。因为功率因数是个变量,它与负载的关系示于图 5-2,当电机空载时,功率因数只有 0.2～0.3 左右。当电机负载增加时,功率因数随着增大(呈非线性),只有当电机接近额定负载时,功率因数才达到接近 1 的最大值。当电机超载时,功率因数则降低。而在正常生产过程中,电机的负载往往达不到额定值。以 XY-4 钻机为例,为它配 30kW 的电机,是考虑到处理事故和提升钻具的功率需要,而正常钻进时,经实测仅需 10～20kW。这一段负载对应的功率因数远小于 1。因此,仅用电流乘以电压来表示功率,将不可能准确地表征钻进过程的工况。也就是说,研讨用功率计检测是具有现实意义的。

二、功率计的结构和工作原理

功率计属于电动系仪表,其测量机构的工作原理与磁电系仪表类似。在功率计内,有两个线圈，一个是固定线圈，它的导线较粗，通过负载电流；另一个是活动线圈，它用细导线绕成，与一个适当的附加电阻串联后并联到负载两端，通过它的电流大小与负载电压成正比。图 5-3 中虚线方框即为功率计。由电工学知识可推导出功率计指针偏转角 β 为

$$\beta = KUI\cos\varphi \tag{5-3}$$

即与被测电路的有功功率成正比。但要注意，对三相电机而言，(5-3)式中的 U、I 分别指负载相电压、相电流。也就是说，(5-3)式表示的是一相有功功率。

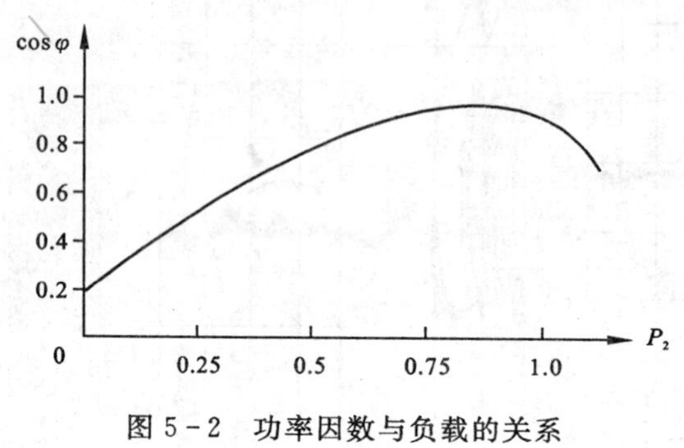

图 5-2 功率因数与负载的关系

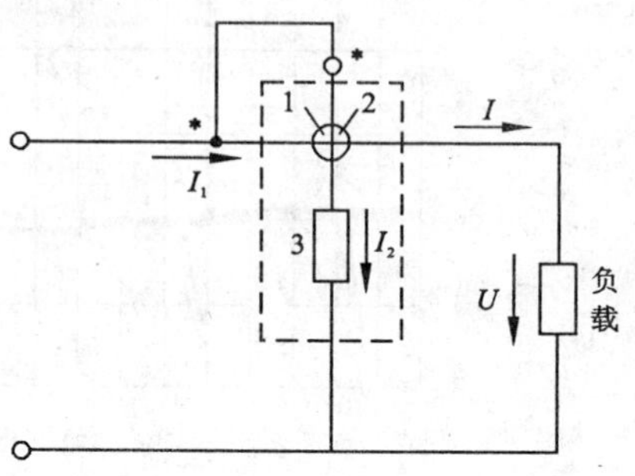

图 5-3 功率计的原理线路

1. 固定线圈；2. 活动线圈；3. 附加电阻

三、功率的测量

1. 单功率计法

由于三相负载对称的电机总有功功率等于单相有功功率的三倍，故可以用单功率计来测三相四线制的三相功率。但对三相三线制的负载，必须从星形联接的中点引出一根线来(图 5-4)，因为功率计两线圈中必须分别输入相电流和相电压。

2. 两功率计法

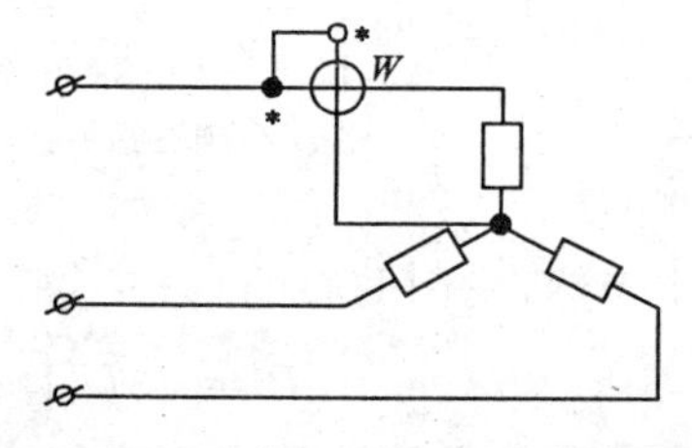

图 5-4 用单功率计测三相功率

除三相四线制外，我们不是总能同时测量到相电压和相电流的。例如图 5-5(a)所示的三角形负载，能测到相电压，但测不到相电流，因为相电流在电机内部流过；图 5-5(b)的情况则相反，能测到相电流，而测不到相电压。在这种情况下就不可能用单功率计来测三相总功率了，而施工现场的电机往往就是图 5-5 所示的情况。但是，我们可以从设备的外面同时测到线电流和线电压，按一定的规则把两个功率计接到三根火线上，是能够测出三相总功率的。这时功率计的接法如图 5-6 所示。其中第一个功率计的电流线圈串联在 A 相线上，电压线圈并联接在 A 和 C 相线上；而第二个功率计的两个线圈分别串、并联接在 B 相和 B 与 C 相线上。那么两个功率计的读数是：

$$P_1 = U_{AC} I_A \cos\varphi_1 \tag{5-4}$$

$$P_2 = U_{BC} I_B \cos\varphi_2 \tag{5-5}$$

式中：φ_1、φ_2 分别为 $\dot{U}_{AC}$ 与 $\dot{I}_A$、$\dot{U}_{BC}$ 与 $\dot{I}_B$ 之间的相位差。

由电工学知识可以证明，无论是星形联接，还是三角形联接的三相电机总有功功率 P 就是 P_1 与 P_2 的代数和，因为在三相电路中，它的瞬时功率 $\vec{P}$ 总是等于各相瞬时功率之和

$$\vec{P} = \vec{u}_A \vec{i}_A + \vec{u}_B \vec{i}_B + \vec{u}_C \vec{i}_C \tag{5-6}$$

根据克希荷夫定律有

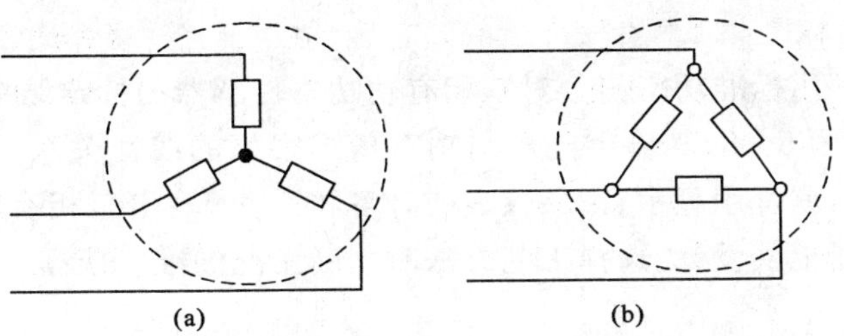

图 5-5　只能测到线电压(a)和线电流(b)的三相三线系统

$$\vec{i}_C = -(\vec{i}_A + \vec{i}_B) \tag{5-7}$$

代入(5-6)式得

$$\begin{aligned}\vec{P} &= \vec{u}_A\vec{i}_A + \vec{u}_B\vec{i}_B - \vec{u}_C(\vec{i}_A + \vec{i}_B) \\ &= \vec{i}_A(\vec{u}_A - \vec{u}_C) + \vec{i}_B(\vec{u}_B - \vec{u}_C) \\ &= \vec{i}_A\vec{u}_{AC} + \vec{i}_B\vec{u}_{BC}\end{aligned} \tag{5-8}$$

因而相应的三相平均功率

$$P = U_{AC}I_A\cos\varphi_1 + U_{BC}I_B\cos\varphi_2 \tag{5-9}$$

(5-9)式右边第一项就是(5-4)式,即第一个功率计测出的结果;第二项则为(5-5)式,即第二个功率计测出的结果。总功率是 P_1、P_2 的代数和

$$P = P_1 + P_2 \tag{5-10}$$

值得注意的是,用“两功率计法”测三相功率时,必须遵循以下接线规则:

(1)两功率计的电流支路串入任意两相线,它们的“发电机端”(即接线柱标有“*”号者,参见图 5-6)必须在电源一侧。

(2)两功率计的电压支路的“发电机端”接到各自功率计电流支路所在的那一相线上,而“非发电机端”都接在第三根线上。

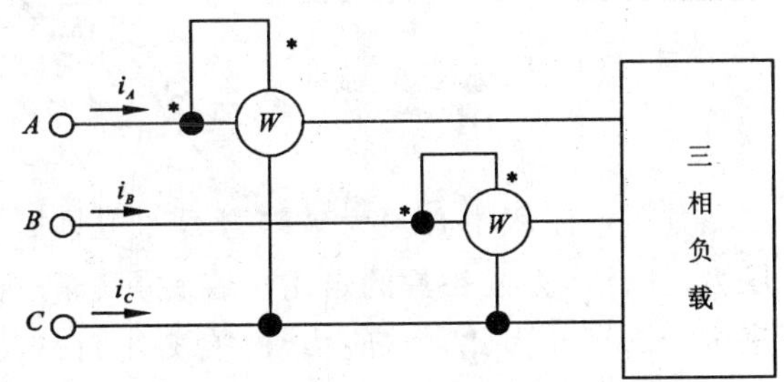

图 5-6　“两功率计法”测三相功率

四、三相有功功率传感器

用“两功率计法”虽然可以检测出三相电机的有功功率,但由于必须同时读出两个仪表的指针显示,再做加法运算,这在现场是很不方便的。为此,我们可据此原理设计三相有功功率传感器。

1. 功率传感器的结构

三相有功功率传感器的结构如图 5-7 所示。由于钻井(探)工程中所用的驱动电机功率都比较大,其线电压为 380V,线电流也在 50～100A 左右,为此,首先必须借助测量互感器把高电压变成低电压,把大电流变成小电流。图 5-7 中用两个电流互感器取出与 I_A、I_B 成比例的小电流信号,用两个电压互感器取出与 U_{AC}、U_{BC} 成比例的低电压信号,再由“功率变换器”完成(5-8)式的运算,并输出与有功功率成比例的毫伏级直流信号。

2. 功率传感器的标定

表 5－1 中列出了用标准功率信号对三相有功功率传感器的标定结果。据表 5－1 中的数据绘制的标定曲线见图 5－8，其输出电压与功率值成很好的线性关系。因此，只要增加后续信号处理(接口)电路，就可用显示、记录仪表或计算机采集，输出三相有功功率的数值和变化曲线，从而为生产现场提供设计、选择工艺方法和判断工况的准确依据。

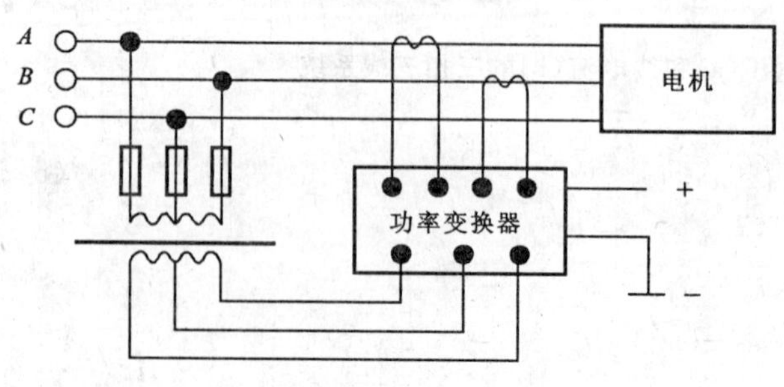

图 5－7　三相有功功率传感器结构框图

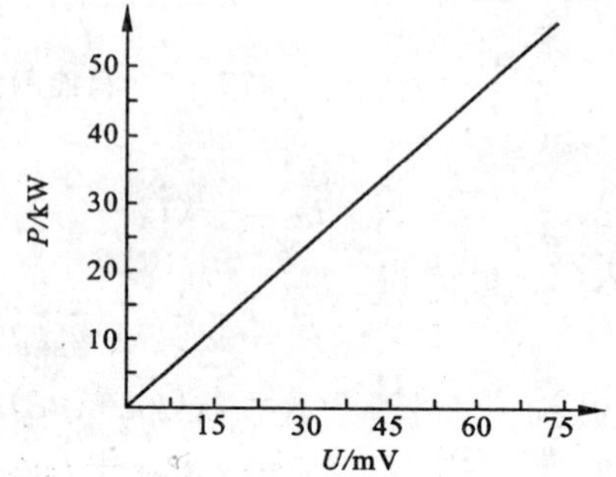

图 5－8　三相有功功率传感器的标定曲线

表 5－1　标准功率信号对三相有功功率传感器的标定结果

功率(kW)	5	10	15	20	25	30	35	40	45	50
输出电压(mV)	7.5	15.2	22.4	30.0	38.1	45.4	52.6	60.1	67.7	75.2

第二节　压力、拉力和应力的检测[①]

在钻井(探)工程中必须为破碎岩石的工具提供足够的轴向载荷，这种轴向压力，可以来自液体压力、气体压力或钻具的自重。在钻井(探)机械的零部件设计中，往往需要通过实验应力分析来进行验证。因此，力(应力)的检测在钻井(探)工程中用得非常普遍，按力的性质可分为测压力、测拉力和测应力，可用的测力方法很多，大致有以下几种常用方法：

(1)通过测应变或位移来测力；

(2)通过测量等效的液体或气体压力来测量力；

(3)用压磁或压电的方式来测量力；

(4)通过测量加速度来测力。把待测力 F 作用在一质量 m 已知的物体上，使其产生加速度 a，由于力 $F=ma$，故可通过加速度测出力。

在实际工作中，常常是两种方法共同使用。例如先把待测力变换成等效的液体压力，再用贴有应变片的膜片来测应变，从而完成力的测量。考虑到钻井(探)工程对传感器的要求和使用现状，下面着重介绍压磁传感器等几种常用的测压力和拉力的传感器，以及测机械零件上组合应力的方法。

一、压磁式压力传感器

由于压磁式传感器的压磁力敏元件在受力时变形非常微小，故这种传感器十分牢固，超载

① 在物理学中，压力与压强是两个不同的概念，但在工程中常常把轴向压力、液体压力(实际是压强)都简称为压力。

能力强，不均匀载荷对测量精度影响小，能用于野外和井下恶劣的环境。同时，它还具有输出信号强、抗干扰性能好等优点。但是，这种传感器线性度稍差，响应速度较慢。不过这两个缺点对精度要求不很高的野外作业而言，并不是主要矛盾。因此，压磁式测力传感器在国内外钻井(探)工程界得到广泛的应用。

1. 压磁效应

压磁式传感器的工作原理是基于铁磁材料的压磁效应。所谓压磁效应是指某些铁磁材料在机械力 F(拉、压、扭等)的作用下，使铁磁材料的导磁率 μ 发生变化，导磁率的变化致使铁磁材料的磁阻 R_m 改变，从而又引起铁芯线圈的电感 L、阻抗 Z 或感应电势产生相应的变化。因此，压磁型传感器完成非电量转换成电量的变换链是：$F \to \sigma \to \mu \to R_m \to L \to Z \to E$(或 i)。

铁磁材料产生压磁效应时，如果承受的是拉力，则在作用力方向上的导磁率 μ 提高，而在与作用力垂直的方向上，导磁率略有降低。反之，铁磁材料上承受压力时，压磁效应的结果恰好相反。

另外，铁磁材料的压磁效应还受外磁场的影响，因此为了使磁感应强度与应力之间只有单值函数关系，必须使外磁场强度保持一定。在满足这种单值函数关系的条件下，铁磁材料的导磁率 μ 的相对变化，与其内应力 σ 之间的函数关系式为

$$\frac{\Delta\mu}{\mu} = \frac{2\varepsilon_m}{B_m^2} \cdot \sigma \cdot \mu \tag{5-11}$$

式中：σ 为压磁材料承力后内部应变产生的应力；ε_m 为压磁材料在磁饱和时的应变；B_m 为压磁材料的饱和磁感应强度；μ 为压磁材料的导磁率。

显然，由(5-11)式可知，压磁元件选用的铁磁材料要求承力后有大的应变量，并且还要求其导磁率大而饱和磁感应强度小。满足这些要求的铁磁材料，目前主要是硅钢片、坡莫合金等。因坡莫合金的性能尚不稳定，且价格较贵，所以大多采用硅钢片作为压磁型传感器的铁磁材料。把同样形状的硅钢片叠合组装即构成一个压磁元件，这种压磁元件的应变和导磁率的相对变化呈近似的线性关系，其相对灵敏度 k 近似为

$$k = \frac{\Delta\mu/\mu}{\Delta l/l} \approx 200 \tag{5-12}$$

2. 工作原理

图 5-9 中的压磁元件由硅钢片冲剪成形，经热处理后粘合而成，硅钢片上冲有四个对称的冲孔：1、2 和 3、4 孔。孔 1、2 间绕有激磁绕组(初级绕组) $\omega_{1,2}$，孔 3、4 间绕有测量绕组(次级绕组) $\omega_{3,4}$，$\omega_{1,2}$ 与 $\omega_{3,4}$ 之间成正交。当激磁绕组 $\omega_{1,2}$ 通过一定的交变电流时，铁芯中就产生一定大小的磁场。设想把孔间分成 A、B、C、D 四部分，在不受外力时，A、B、C、D 四部分的磁导率是相同的。这时磁力线呈轴对称分布，合成磁场强度 H 平行于测量绕组 $\omega_{3,4}$ 的平面，磁力线不与测量绕组 $\omega_{3,4}$ 交链，故不会产生感应电势，如图 5-9(b)所示。

在压力 F 作用下，A、B 区域将受到很大的应力 σ，而 C、D 区域基本上仍处于自由状态，于是 A、B 区域磁导率 μ 下降，磁阻增大，而 C、D 区的 μ 基本不变，这样铁芯中的磁导率不再是均匀的，激磁线圈 $\omega_{1,2}$ 所产生的磁力线按照不同磁导率的情况重新分布，磁力线的图形改变了，如图 5-9(c)所示。合成磁场强度 H 不再与测量绕组 $\omega_{3,4}$ 平面平行，一部分磁力线与 $\omega_{3,4}$ 相交链而产生感应电势 e，F 值愈大，交链的磁通愈多，e 值也愈大。感应电势 e 经过变换处理后，就可以用电流或电压来表示被测力 F 的大小。

压磁式传感器的输出电势可以很大，因此一般不必放大，只要经过滤波整流就可以直接进

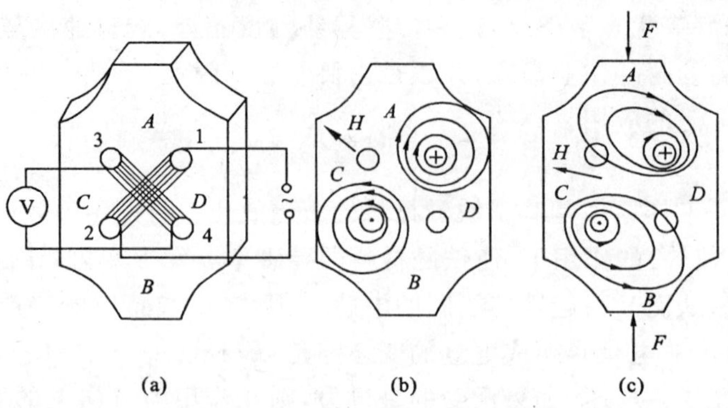

图 5-9 压磁元件的工作原理

行测量，但要求有一个稳定的激励电源。

3. 压磁式压力传感器的结构

(1)EY 型压磁式钻压与泵压传感器。该传感器由中国有色金属工业总公司矿产地质研究院研制成功，并已形成商品。该传感器的结构如图 5-10 所示，它主要由 12 个零部件组成，工作时液体压力经接头 1 引入由密封垫 12 密封的压力腔内，再由定位垫圈 10 中的加力垫 11 将压力传递给压磁力敏元件 9。由固定在外壳 2 上的顶丝、螺母 6 和钢球 7 及承力垫 8 构成了可以消除剪力干扰的预紧力调节装置，使压磁力敏元件在传感器各种位置下都只受到纯压力的作用，以减少位置误差。压磁力敏元件 9 上的信号绕组给出的电信号经零位补偿电路板 5 送到固定在 4 上的电缆插座 3 将信号引出。当然，传感器的电源也由同一插座引入。

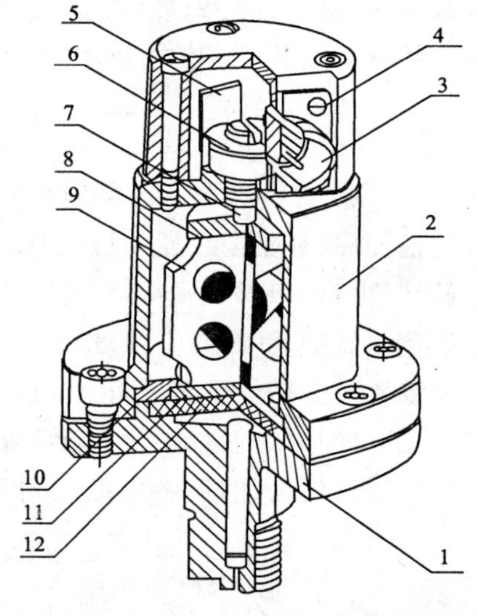

图 5-10 压磁式压力传感器结构图

1. 下接头；2. 外壳；3. 电缆插座；4. 上盖；5. 电路板；6. 预紧螺母；7. 钢球；8. 承力垫；9. 力敏元件；10. 定位垫圈；11. 加力垫；12. 密封垫

该传感器的主要技术规格：

量程：0～6，0～8，0～10，0～20(MPa)；

精度：相对误差＜1.5％，2.5％，4％；

超载能力：额定工作压力的 300％；

电源功耗：工频交流 220V 或直流 12V；功耗 1.5W；

环境温度：－10℃～＋45℃；

尺寸：Φ80mm×138mm。

(2)俄罗斯的 ДДС 型差压传感器。该传感器的结构示于图 5-11，其工作原理仍是利用压磁效应把油缸压力转换为成正比的电压信号输出。该传感器左、右两端的油管接头分别连通钻机的液压油缸上、下腔，从而可以测出上、下腔的压力差，即为加在钻具上的轴向载荷值。该传感器配在 ЗИФ-650M 和 ЗИФ1200MP 型钻机上，在俄罗斯的钻探队野外现场，应用非常普遍。

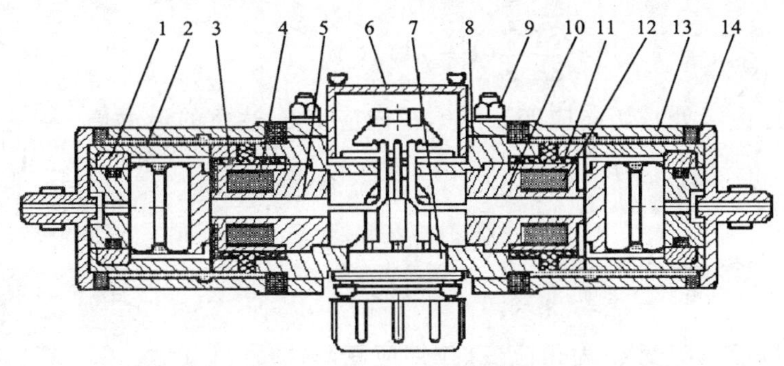

图 5－11　ДДС 型差压传感器结构图

1、14. 杯体；2、13. 压套；3、12. 磁导体；4. 线圈；5、10. 传感元件；6. 盖；7. 插头；8. 壳体；9. 螺母；11. 线圈

二、应变式压力传感器

1. 膜片式应变压力传感器

由于膜片式应变压力传感器体积小，重量轻，线性度好，精度高，故常用于检测钻井(探)机械的油压和泵压。它的不足之处是超载能力差，不能用于测高温流体介质的压力。

图 5－12 示出了该传感器的结构，它的弹性敏感元件为周边固定的平面膜片，由平面膜片受压后产生变形。应变片贴在膜片的内表面上，膜片受压后产生应变，使应变片产生电阻变化。

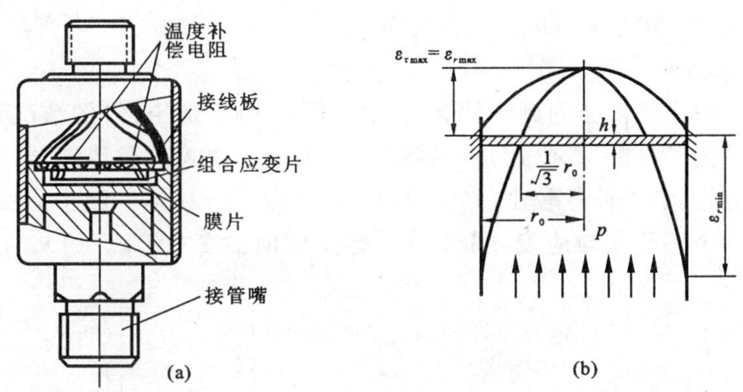

图 5－12　膜片式应变压力传感器

周边固定的平面膜片，受到均布压力后，产生径向和切向应力，引起的径向和切向应变为

径向应变　$$\varepsilon_r = \frac{3p}{8h^2E}(1-\mu^2)(r_0^2-3r^2)\times 10^{-4} \tag{5-13}$$

切向应变　$$\varepsilon_r = \frac{3p}{8h^2E}(1-\mu^2)(r_0^2-r^2)\times 10^{-4} \tag{5-14}$$

式中：p 为被测压力；μ 为平面膜片材料的泊松系数；E 为平面膜片材料的弹性模量；h 为平面膜片的厚度；r_0 为平面膜片的半径；r 为平面膜片中心至计算点的半径。

由(5－13)式、(5－14)式可见：

当 $r=0$(膜片中心处),径向应变 ε_r 和切向应变 ε_τ 均达最大值

$$\varepsilon_{r\max}=\varepsilon_{\tau\max}=\frac{3pr_0^2}{8h^2E}(1-\mu^2)\times10^{-4} \tag{5-15}$$

当 $r=r_0$(膜片边缘处),切向应变 $\varepsilon_\tau=0$,径向应变 ε_r 达负的最大值

$$\varepsilon_{r\min}=-\frac{3pr_0^2}{4h^2E}(1-\mu^2)\times10^{-4} \tag{5-16}$$

当 $r=\frac{r_0}{\sqrt{3}}$ 时,径向应变 $\varepsilon_\gamma=0$;

当 $r<\frac{r_0}{\sqrt{3}}$ 时,径向应变 ε_r 为正应变(拉伸应变);

当 $r>\frac{r_0}{\sqrt{3}}$ 时,径向应变 ε_r 为负应变(压缩应变)。

根据以上分析,膜片的径向与切向应变分布曲线如图 5-12(b)所示。该传感器使用箔式组合应变片(图 5-13),使位于膜片中心的两个电阻 R_1、R_3 感受正的切向应变 ε_τ,则按圆周方向排列的丝栅被拉伸而电阻增大;而位于膜片边缘的两个电阻 R_2 和 R_4 感受负的径向应变 ε_r,则按径向排列的丝栅被压缩而电阻减小。利用直流电桥的和差特性,把这四个电阻组成全桥可得到最大的测量灵敏度,并具有温度自补偿作用。

膜片厚度的计算可据(5-16)式得

$$h=\sqrt{\frac{3pr_0^2}{4E\varepsilon_{r\min}}(1-\mu^2)} \tag{5-17}$$

根据膜片允许的最大应变量 ε_r,(即应变片所允许的应变)和传感器的量程 p,并选定膜片的半径 r_0 及其材质后,就可求得膜片的厚度 h。

2. 柱式应变压力传感器

在钻井(探)工程中经常会遇到测较大的轴向压力(而不是压强)的情况,这时常选用柱式应变压力传感器。为了与前一种压力传感器区别,常称为柱式荷载传感器。其弹性敏感元件通常做成圆柱或方柱状,当荷载较小($10^3\sim10^5$)时,做成空心柱体。四个应变片粘贴的位置和方向应保证其中两个感受纵向应变,另外两个感受横向应变(图 5-14),应变片接成全桥电路。

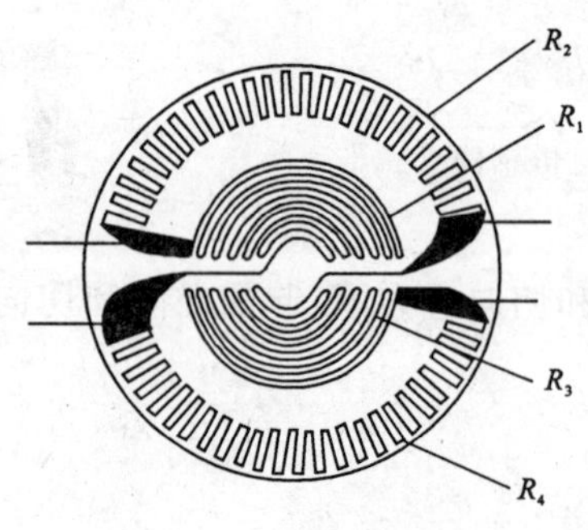

图 5-13　箔式组合应变片

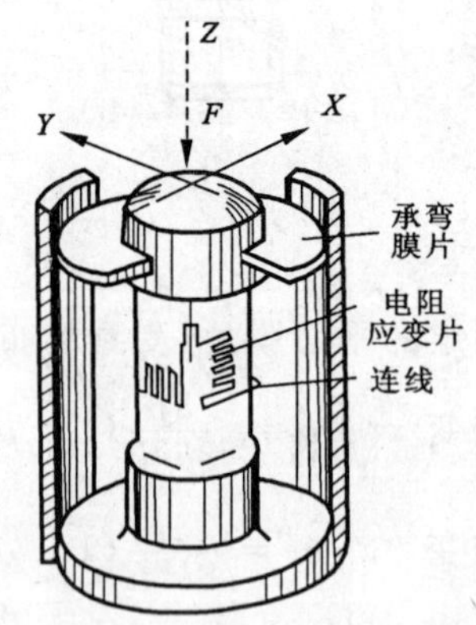

图 5-14　柱式应变压力传感器

在实际测量中，力不可能正好沿着柱体的轴线作用，而总是与轴线之间成一微小的角度或微小的偏心，这就使弹性柱体除受纵向力作用外，还受到横向力和弯矩的作用，从而影响测量精度。为了消除横向力的影响，常采用承弯膜片结构。它是在传感器刚性外壳上端加一片或两片极薄的膜片，如图 5－14 所示。由于膜片在平面方向上的刚度很大，所以作用在其平面内的横向力就经膜片传至外壳和底座。在垂直于膜片平面方向上，其刚度很小，沿柱体轴向的变形正比于被测力。这样，膜片即承受了绝大部分的横向力和弯曲，消除它们对测量精度的影响。灵敏度虽稍有下降，但其影响通常小于 5％。

三、测拉力的传感器

在用转盘式钻机钻进（如石油钻井、工程施工基桩孔等）的场合，是靠钻具自重加压，为准确了解钻头上的轴向载荷，就必须用拉力传感器来检测钢丝绳上的拉力。

1. *液压式拉力传感器*

液压式拉力传感器的工作原理是，首先把钢丝绳的拉力变换成液体压力，再通过测出液体压力来表示钢丝绳的拉力。该传感器的结构如图 5－15 所示。图中 S 力为钢丝绳拉力，R 为加在加压盖 5 上的压力。由几何关系知

$$R = 2S \cdot \sin\alpha \tag{5-18}$$

而

$$R = pF$$

式中：p 为液压油的压力（MPa）；F 为传感器中的承压膜片的面积（m^2）。

代入（5－18）式，有

$$S = \frac{pF}{2\sin\alpha} \tag{5-19}$$

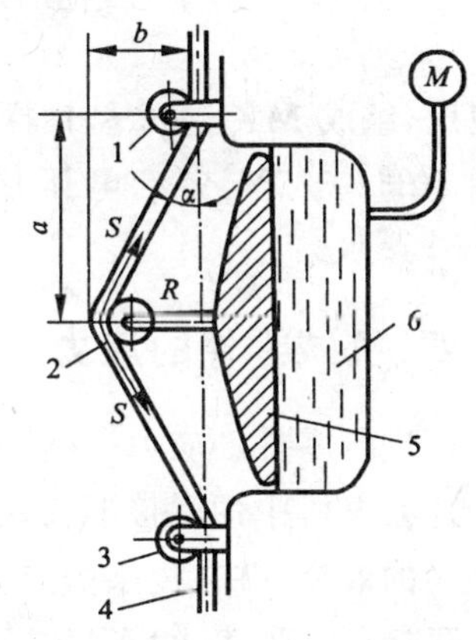

图 5－15　液压式拉力传感器

1、2、3. 滑轮；4. 死绳头；5. 加压盖；6. 液压油

由于 α 角很小，故可近似地看成 $\sin\alpha \approx \text{tg}\alpha$，把它写成 $\sin\alpha \approx \text{tg}\alpha = b/a$，代入（5－19）式，得

$$S = \frac{pFa}{2b} \tag{5-20}$$

由于对传感器而言，F,a,b 都是定值，故只要测出油压 p，就可测出钢丝绳的拉力 S。

这种液压式拉力传感器在石油钻井工程中和地质钻探现场应用很广，它的输出可以直接用表头显示，也可以再接上一个压力传感器（如膜片应变式传感器），把测出的钢丝绳拉力变换为电信号输出。图 5－16 就是俄罗斯的 ГИВ－6 型钻压记录（显示）仪的组成示意图，其中 2 为显示液压油压力的表头，而 3 的表芯虽然也是一块压力表的表芯，但它的刻度盘按（5－20）式刻成拉力的量纲，而且有两个表盘，其中动盘可以旋转。当钻具称重量后，逆时针旋转动盘使零点对准指针的位置，这样减压钻进时，钻压表显示的就是钻进的实际钻压值。图中 4 的圆形记录纸缓慢旋转，由油压带动墨水笔尖在纸上记录钢丝绳拉力的变化情况。由于圆形记录纸上已印有分成 24 格的螺旋线，它一昼夜转一圈，故从记录的钢丝绳拉力变化曲线，就可分析判断出，一昼夜中什么时候是正常钻进，什么时候是升降钻具，各占了多少时间，纯钻进时间利用率是多少，等等。

2. *压磁式拉力传感器*

钻探生产现场还常用一种压磁式拉力传感器，它与图 5－11 所示的压磁式压力传感器配

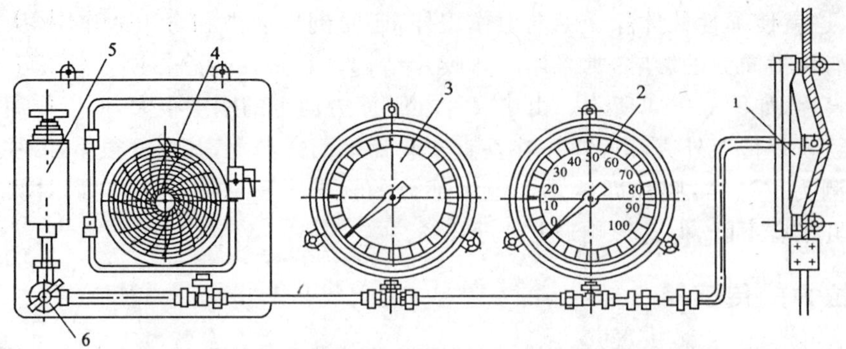

图 5-16　ГИВ-6 型钻压记录(显示)仪

1. 液压式拉力传感器;2. 压力表;3. 钻压表;4. 笔录仪;5. 压力储能包;6. 旋钮

合使用,组成 MKH-2 型钻探测重仪,是为 600m 钻机设计的钻压及钻具重量检测专用仪表,采用 50Hz、380V 交流电压供电,可在 −30℃ ~ +50℃ 的环境温度下工作,测量误差为 ±2.5%。

四、机械零件的应力(应变)检测

在进行零件的应力(应变)检测之前,首先要分析受力状态,设计应变片如何连接成桥路。应变片在电桥中的联接形式很多,如果选用得当,不但能提高检测的灵敏度,而且还能取得温度补偿的效果,并在复杂的受力状态下,能测出某一个单一的应力值。测应力(应变)的应变片常用联接形式见表 4-1。对于二维检测系统(例如平面应力、应变),还可以采用应变花进行测量。

第三节　转速的检测

转速也是钻井(探)工程中经常用到的一个参数,它以旋转体每分钟内的转数来表示,单位为 r/min。也许读者要问,钻井(探)工程设备的变速箱铭牌上都已标明了各挡的转速数值,为什么还要测量转速呢?理由有三:

(1)在野外自行发电的情况下,其电压和频率都可能不稳定,造成电机转速有所变化,故回转器的转速往往与铭牌上的理论值有一定差异。如果在现场用柴油机驱动的情况下,则这种差异更加明显。

(2)在生产工艺过程的检测系统中,转速是一个重要的参量。例如,用间接法测扭矩时,即测出有功功率再通过软件计算扭矩,就必须已知准确的瞬时转速值。因此,即使是实际转速与铭牌上大体一致,也必须自动测出转速。我们不可能要求操作者每次换挡都向检测系统手工键入一次转速数据。

(3)转速值是分析钻进工况不可缺少的一个参量,转速的瞬时值曲线在一般情况下是一条直线,但当遇到强烈破碎的地层,钻至坚硬异物(例如桩基抽芯检验中钻到钢筋)或卡钻等意外工况时,转速曲线也会出现抖动的锯齿状。

虽然,我们在第三章第九节中已介绍过一种光电式转速仪(参见图 3-34),但是这种测转速的方法必须在转轴上画(贴)上黑白相间的条纹,这在钻井(探)工程施工现场是不现实的。因为钻井(探)机械的工作环境充满油、泥,而且钻机的转轴在回转的同时,还在向下运动,所以这种方法只能用于室内场合。目前可用于钻井(探)工程生产现场的转速检测方法有电磁感应式(测速发电机、磁阻式转速传感器)和霍尔式、磁敏式转速传感器等。为了不与第三章重复,这里仅介绍测速发电机、磁敏式转速传感器的工作原理和霍尔式转速传感器的结构。

一、测速发电机

测速发电机与普通发电机不同之处在于它有较好的测速特性,例如输出电压与转速之间线性关系较好,有较高的灵敏度、较小的惯性和较大的输出信号等。测速发电机也分为直流和交流两类,这里仅介绍直流测速发电机。

直流测速发电机的平均直流输出电压 U_0 与转速 N 大体上成正比,表达式为

$$U_0 = \frac{n_p n_c \Phi N}{60 n_{pp}} \tag{5-21}$$

式中:n_p 为磁极数;n_c 为电极导线数;Φ 为磁极的磁通;n_{pp} 为正负电刷之间的并联路数;N 为转速,每分钟的转数,$N=\omega/2\pi$。

输出电压 U_0 的极性随旋转方向的不同而改变。由于电枢导线的数目有限,所以输出电压有小纹波。对于高速旋转的情况,纹波可利用低通滤波器来减小。图 5-17 为永久磁铁直流测速发电机的输出电压随转速变化的曲线。当转速达 1 000r/min 时,典型的永磁式高精度测速发电机的灵敏度为 7V,额定转速为 5 000r/min,在 0～3 600r/min 范围内的非线性为 0.07%,转速高于 100r/min 时的纹波电压为 2%。

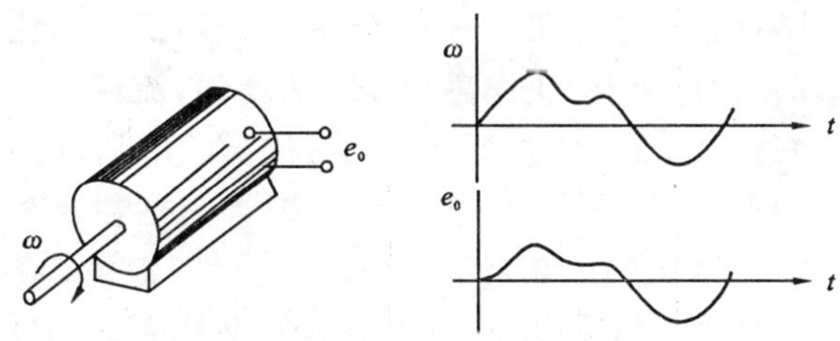

图 5-17　直流测速发电机

俄罗斯的新型地质勘探千米钻机 УКБ-7 在出厂时就配备了测速发电机用于转速的自动测量。

二、磁敏式转速传感器

磁敏二极管和磁敏三极管是继霍尔元件之后发展起来的一种新型磁电转换元件,具有磁灵敏度高(比霍尔元件高数百倍甚至数千倍)、能识别磁场极性、体积小、电路简单等优点,因此很适宜做成用于野外环境的转速传感器。

磁敏二极管的结构是 P^+-i-N^+ 型。它的管芯是在本征导电高纯度锗的两端,用合金法制成高浓的 P 区和 N 区,在本征区(即 i 区)的一个侧面上设置高复合区(r 区),与 r 区相对的另一侧面保持光滑为无复合表面,如图 5-18 所示。

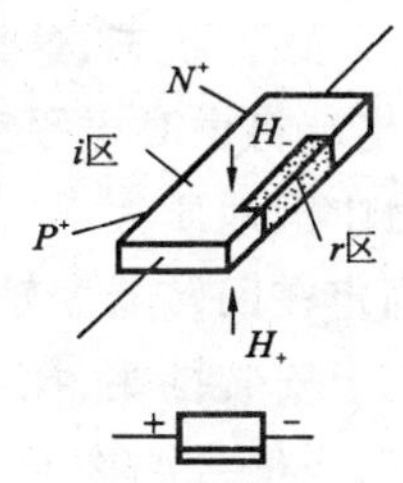

图 5-18　磁敏二极管

当磁敏二极管外加正向偏压(电源正极接 P 区,负极接 N 区)时,随着它所感受的磁场的变化,流经其上的电流亦发生变化,即磁敏二极管的等效电阻随磁场不同而改变。这种现象简述如下:当外加电压后,若没有磁场作用,P 区中的大部分空穴

通过 i 区进入 N 区，N 区中的大部分电子通过 i 区进入 P 区，从而产生电流，如图 5－19(a)所示。只有很少一部分电子与空穴在 i 区被复合掉。当有正向磁场 H_+ 作用时，运动中的空穴和电子受洛伦兹力的作用而向 r 区偏转，如图 5－19(b)所示，并在 r 区很快被复合掉，因而 i 区载流子密度减小，电流减小，即电阻增大。i 区电阻增大使外加电压分配在其上的电压降增大，P_i 结和 N_i 结上的电压降相应减少。电压降减小又进而使载流子的进入量减小，以致 i 区电阻进一步增大，直到某一稳定的平衡状态。当有反向磁场 H_- 作用时，电子和空穴则向光表面一侧偏移，如图 4－19(c)所示，在这里电子与空穴很少复合，同时载流子又继续注入 i 区，因而载流子密度增大，电流增大，i 区电阻减小。结果外加电压分配在 i 区上的电压降减小，相应地 P_i 结和 N_i 结电压降增大，进而促使更多的载流子注入 i 区，使 i 区电阻进一步减小，直到某一稳定平衡状态。

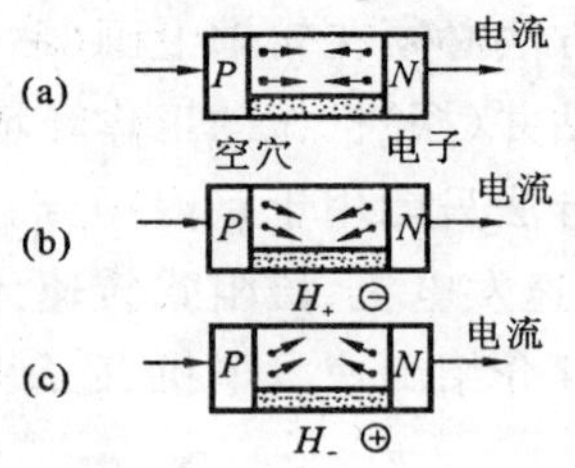

图 5－19　磁敏二极管工作原理

在磁敏二极管中，载流子偏转的程度取决于洛伦兹力的大小，而洛伦兹力又与电压与磁场的乘积成正比。如果以恒压源供电，则随正向磁场 H_+ 的增强，流经磁敏二极管的电流减小。如以恒流源供电，则其上的电压降随磁场的增强而增大。因此，只要把磁敏二极管紧贴在永久磁铁磁极端面上，就可组成测量探头，探头正对固定在被测转轴上的齿轮(图 5－20)或非导磁体圆盘上交替安装的铁氧体，就可得到频率与被测轴转速成比例的交变电压信号。检测其频率就可得出转速，所以这种传感器也叫数字式传感器。

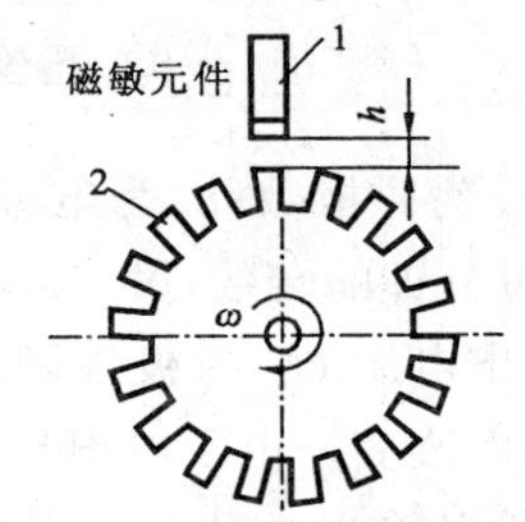

图 5－20　磁敏式转速传感器结构示意图

1. 永久磁铁；2. 导磁齿圈

三、霍尔开关式转速传感器

我们在第三章第七节中已介绍过霍尔效应，利用其输出的霍尔电势与控制电流和磁场的乘积成正比的特点，可制成角位移和转速传感器。近年来，又出现了把霍尔元件、放大器、施密特触发器和输出极集成在同一块芯片上的霍尔开关。霍尔开关自身有温度补偿功能，它把经两级差分放大几十倍的霍尔电势整形为矩形脉冲，进一步提高了抗干扰能力，加之它体积不大于 5mm×5mm×2mm，所以更适于制成简单轻便的转速传感器。国产的霍尔开关主要性能见表 5－2。

由于霍尔开关仅是一个开关元件，其集电极为开路输出(输出信号为电平)，因而要使它正常工作，必须接上一个负载电阻 R(图 5－21)。并在正常工作时，常态应处于“截止”状态，而不宜处于“导通”状态，这样可以延长其使用寿命。在给霍尔开关供给 5V 电压后，当有磁场作用时，输出端将由高电平变为低电平，即由 5V→0V。

由中国地质大学(武汉)研制的霍尔开关式转速传感器(图 5－22)，把几个永磁体作为信号源固定在回转器立轴六方套外径上，保证它与立轴同步回转却不参加上、下移动，而在回转器外壳上安装探头，探头内封有霍尔开关。注意调整探头与信号源之间的间隙。这样立轴回转时，每当信号源接近一次探头中的霍尔开关，就有一个电脉冲输出，检测两次脉冲之间的时间 t(秒)，即为立轴的每 $1/N$ 转的时间，则立轴转速为

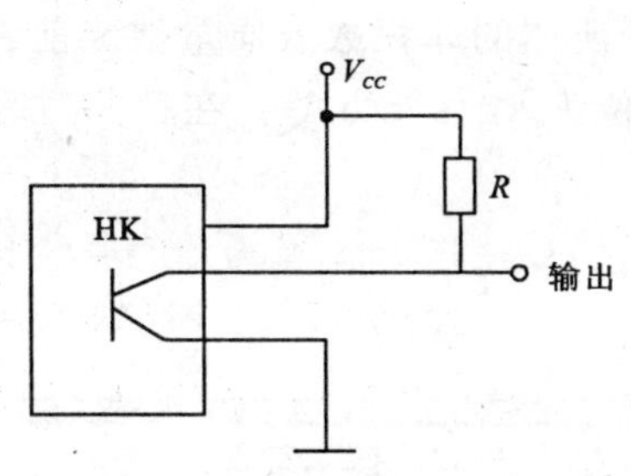

图 5-21 霍尔开关的接法之一

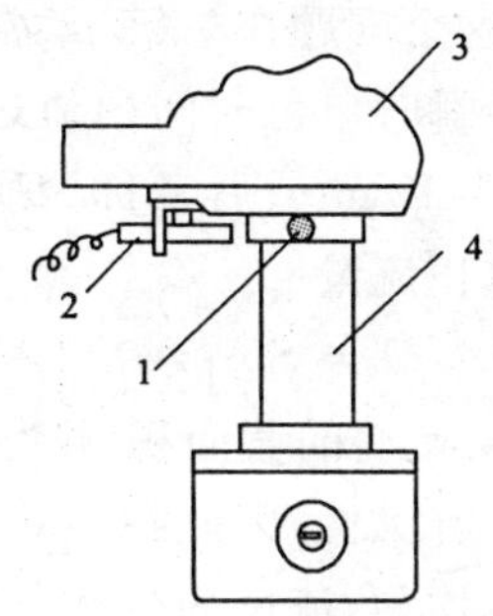

图 5-22 转速传感器的安装

1. 信号源；2. 探头；3. 回转器外壳；4. 立轴

$$n = \frac{60}{Nt} \quad (\text{r/min}) \tag{5-22}$$

式中：N 为永磁体信号源的个数。

显然这种转速传感器比在转轴上装一个导磁齿圈（参见图 5-20）的方式更轻便，又简单实用。

表 5-2 国产霍尔开关的主要性能

型号	导通磁感应强度 $B(H\to L)$/Gs*	截止磁感应强度 $B(L\to H)$/Gs*	输出低电平 V_{OL}/V	高电平输出电流 I_{OH}/μA	截止电源电流 I_{CCH}/mA	导通电源电流 I_{CCL}/mA	电源电压 V_{CC}/V
CS839A CS6839A	≤750	≥100	≤0.4	≤10	7	7	4.5～16
CS839B CS6839B	≤550	≥100	≤0.4	≤10	7	7	4.5～16
CS839C CS6839C	≤350	≥100	≤0.4	≤10	6	9	4.5～16
DS837A DS6837A	≤750	≥100	≤0.4	≤10	7	7	4.5～9
DS837B DS6837B	≤550	≥100	≤0.4	≤10	7	7	4.5～9
DS837C DS6837C	≤350	≥100	≤0.4	≤10	6	9	9

* 1GS≈10^{-4}T

第四节 流量的检测

一、概述

钻井（探）工程中经常要用到各种流体，其中往往还有固相颗粒，如清水、空气、泥浆、水泥浆、混凝土浆、化学浆液等。无论这些流体是用于钻孔冲洗，还是作为孔底动力，或是用于地基处理，都必须在现场测出或控制它们的流量。因此流量检测是钻井（探）工程参数检测中的一个重要问题，而这个问题在“第三章常用传感元件的变换原理”中很少涉及。

流量是指某瞬时单位时间内流过管道某一截面处流体的体积数或质量数。前者称为体积流量，常用单位为 L/min；后者称为质量流量，常用单位为 kg/s、t/h 等。在钻井(探)工程中用得较普遍的是体积流量

$$Q = Sv \tag{5-23}$$

式中：S 为管道某截面的截面积；v 为流体的流速。

由于流体具有黏性，因此在某一截面上的流速分布并不均匀，流速的分布与流体流动型态——层流和湍流有关，如图 5-23 所示。

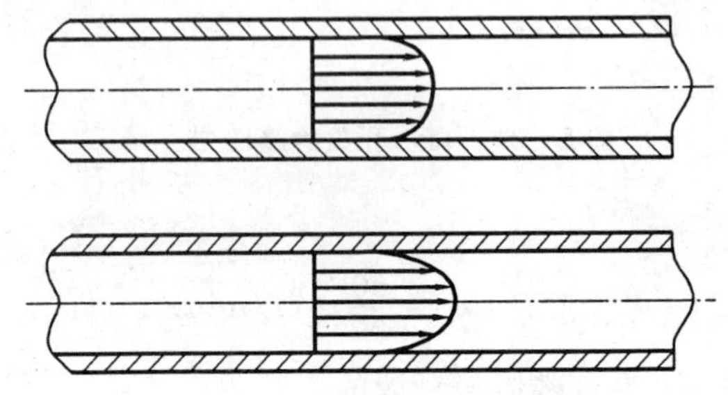

图 5-23 流体的速度分布

对圆形管道而言，截面上各点的速度随该点至圆心的距离而变化。层流和湍流的流体在管壁处的流速均为零。在层流情况下，各点上的速度呈抛物线分布，平均速度是管道中心最大速度的一半。而湍流情况下，速度分布曲线顶部较平坦，靠近管壁处变化较陡，平均速度是管中心最大速度的 0.8 倍。

因此，在(5-23)式中所说的流体流速指的是平均速度。由(5-23)式可见，体积流量 Q 在被测介质密度 ρ 一定的条件下，是管子截面积 S 和流速 v 的函数。因此，当速度 v 不变时，可借助测 S 来测量体积流量；而当截面积 S 不变时，可借助测 v 来测量体积流量。

下面介绍在勘察工程中常用的流量测量原理及仪表。

二、浮子流量计

1. *工作原理*

图 5-24 示出的是勘探队现场用得较多的 FL-1 型浮子流量计，它主要由壳体、锥管、浮子及指示器等组成。浮子可以在锥管内上下自由运动。该流量计必须垂直安装，让钻井液由锥管的下端流入，从侧出口的法兰盘流出。当液体流动时，浮子因节流作用被液流顶起，直到液体的上顶力和浮子重量相平衡为止。浮子升起的高度与流量大小成正比。浮子上连杆顶端固定有磁钢，通过偶合作用，带动刻度管外的指示环移动，由指示环所指的刻度值来显示该时刻的流量值。

由上可见，浮子流量计是以改变流通截面积的大小来反映被测流量的大小，故浮子流量计又称为面积式流量计。当被测流体的重度不变时，浮子的重力和流体的浮力不变，因此无论浮子处于什么平衡位置，被测流体在浮子上的压力差总是一个恒定值，故浮子流量计也称为恒压降流量计。

2. *流量方程式*

流量方程式是指流量与浮子在锥管内上升高度间的关系式。浮子在平衡位置所受的力有以下几种。

(1)浮子本身的重力

$$F_1 = V\gamma_f \tag{5-24}$$

式中：V 为浮子体积；γ_f 为浮子材料的重度。

(2)浮力

$$F_2 = V\gamma \quad (5-25)$$

式中：γ 为流体的重度。

(3)流体对浮子的力

$$F_3 = \zeta \frac{\gamma v^2}{2g} S_f \quad (5-26)$$

式中：ζ 为浮子对流体的阻力系数；v 为流体流过环隙面积的平均流速；g 为重力加速度；S_f 为浮子的最大横截面积。

浮子在平衡位置时，$F_1 - F_2 - F_3 = 0$，得

$$v = \sqrt{\frac{2gV(\gamma_f - \gamma)}{\zeta \gamma S_f}} \quad (5-27)$$

由(5-27)式可见，流体流过环隙的平均速度 v 是一个常数，即不论浮子停在什么位置，v 是一个常数。

而流体的体积流量为

$$Q = S_0 v \quad (5-28)$$

式中：S_0 为锥形管与浮子间的环隙面积。

而环隙面积为

$$S_0 = \frac{\pi}{4}(d^2 - d_f^2) \quad (5-29)$$

式中：d 为距刻度零点 h 处锥管的内径；d_f 为浮子的最大直径。

由图 5-25 可见，锥管的内径为

$$d = d_f + 2h\tan\varphi \quad (5-30)$$

把(5-30)式代入(5-29)式，得

$$S_0 = \pi d_f h \tan\varphi + h^2 \tan^2\varphi \quad (5-31)$$

将(5-27)式与(5-31)式代入(5-28)式，则得体积流量为

$$Q = \alpha(\pi d_f h \tan\varphi + h^2 \tan^2\varphi)\sqrt{\frac{2gV(\gamma_f - \gamma)}{\gamma S_f}} \quad (5-32)$$

式中：$\alpha = \frac{1}{\sqrt{\zeta}}$ 称为流量系数。

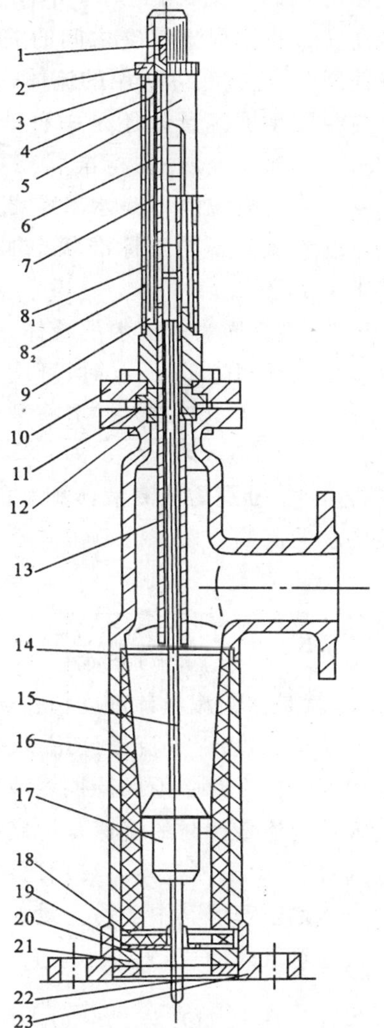

图 5-24　FL-1 型浮子流量计结构图

1. 密封圈；2. 固紧螺母；3. 压紧螺母；4. 密封圈；5. 保护罩；6. 导管组件；7. 刻度管；8. 指示环；9. 调位螺母；10. 螺栓；11、12、14、18. 密封圈；13. 接管组件；15. 上连杆；16. 锥管；17. 浮子组件；19. 导向环；20. 加强板；21. 镇紧螺栓；22. 下连杆；23. 壳体组件

由(5-32)式可见。体积流量 Q 与上升高度 h 呈非线性关系。但是实际上 φ 角很小，$(h\tan\varphi)^2$ 这一项数值很小，可忽略，则

$$h = \frac{1}{\alpha} \cdot \frac{1}{\pi d_f h \tan\varphi} \sqrt{\frac{\gamma S_f}{2gV(\gamma_f - \gamma)}} Q \quad (5-33)$$

亦即浮子在锥管内上升的高度与体积流量是线性关系。因此可根据浮子在锥管中的上升高度 h 来测流量。

3. 浮子流量计的刻度修正与标定

由(5-33)式可见，对于一定的浮子流量计，d_f，S_f，V，γ_f 为定值。而流体的重度 γ、流量

系数 α 与流体有关，因此对于不同的流体，浮子在锥管中的上升高度 h 与体积流量 Q 之间的关系就不同，因此浮子流量计在使用时，应按实际所用的流体来修正刻度。

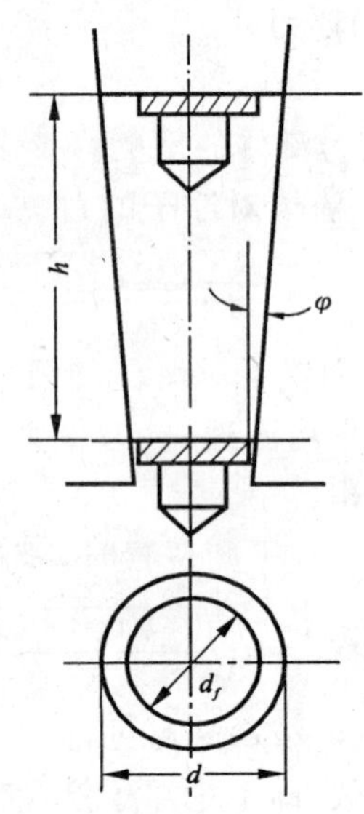

图 5－25　环隙面积与浮子高度的关系

在我国浮子流量计还是一种非标准化的仪器。生产厂家用水或空气作介质，在标准状态下（20℃，760×133Pa）进行标定。当被测流体不是水和空气，或者是空气，但被测空气的温度和压力不同于标准状态时，都应进行刻度修正，否则将带来测量误差。

(1)被测介质为非清水的液体。当被测液体的黏度和水的黏度相比不超过 1Pa·s 时，可用下式修正

$$Q_L = \sqrt{\frac{\gamma_f - \gamma_L}{\gamma_f - \gamma_W} \cdot \frac{\gamma_W}{\gamma_L}} \cdot Q_W \tag{5-34}$$

式中：γ_L，γ_W 分别为被测液体和水的重度；Q_W 为浮子流量计刻度的水的流量。

令

$$K_Q = \sqrt{\frac{\gamma_f - \gamma_L}{\gamma_f - \gamma_W} \cdot \frac{\gamma_W}{\gamma_L}} \tag{5-35}$$

K_Q 就是浮子流量计刻度值折合成被测液体的体积流量时的重新修正系数。

必须指出，当浮子流量计用于测量高黏度的泥浆、水泥浆等流体时，应该用实际流体重新标定刻度。标定时必须保持被测液体贮存容器（如泥浆罐）中的液面高度不变，以保证被测液体进入浮子流量计时的流速是恒定的。

(2)被测介质为气体。在用通风机或压风机的场合，常需测气体流量。当介质不是空气，或者虽然是空气但其中含粉尘量大，已改变介质的重度时，可按下式修正。

因为对气体而言，$\gamma_f \gg \gamma_g$，$\gamma_f \gg \gamma_a$，故(5－34)式可写成

$$Q_g = \sqrt{\frac{\gamma_a}{\gamma_g}} Q_a \tag{5-36}$$

式中：Q_g，Q_a 分别为被测气体的实际流量和流量计刻度的空气流量；γ_a，γ_g 分别为空气和被测气体的重度。

如果在被测的位置上被测气体的温度、压力与标准状态不同，则须根据气体状态方程进行修正，即

$$Q = \sqrt{\frac{P_0}{P}} \sqrt{\frac{T}{T_0}} Q_0 = K_p K_T Q_0 \tag{5-37}$$

式中：Q_0，P_0，T_0 分别为被测气体在标准状态时的体积流量、绝对压力和绝对温度；Q，P，T 分别为被测气体在工作状态下的体积流量、绝对压力和绝对温度；K_p 为压力修正系数；K_T 为温度修正系数。

4. 浮子流量计的特点

浮子流量计具有结构简单、故障率很低、测量范围宽（$Q_{max}/Q_{min}=10$）、线性度好等优点。但是它不太适宜含有固相颗粒的流体测量。例如 FL－1 型浮子流量计，虽然用硬材料作浮子，用耐磨塑料做锥管，但它仍然要求泥浆清洁，并定期清洗。也就是说，浮子流量计将随着被固相颗粒的磨损而影响其精度和寿命。因此，在钻井(探)工程界推广非接触式的流量计，很有必要。

三、多普勒超声流量计

多普勒超声流量计与浮子流量计不同，它没有活动部件，属于非接触式测量。这种传感器要求管道的截面积 S 为定值，也就是说，它是通过测流体运动速度来测流量的，其工作原理基于多普勒效应。

1. 工作原理

这种传感器的敏感元件是能发射短超声波束的压电材料，为测定流速，声波的频率应高于可听范围。

当发射换能器（电能-声能）向流体中发射出频率为 f_F 的连续超声时，经悬浮在流体中的散射体（如气泡、悬浮粒子等）发生反射，反射回来的超声波将产生多普勒频移，并被接收换能器接收。设接收的超声波频率为 f_S，则 f_S 与 f_F 服从多普勒关系（图 5－26）。

$$\Delta f = f_S - f_F = \frac{2u\cos\theta}{c} \cdot f_F \tag{5-38}$$

式中：Δf 为多普勒频移；u 为散射体的运动速度；θ 为颗粒运动方向与超声波束的夹角；c 为流体中的声速。

亦可写成

$$u = \frac{c\Delta f}{2\cos\theta \cdot f_F} \tag{5-39}$$

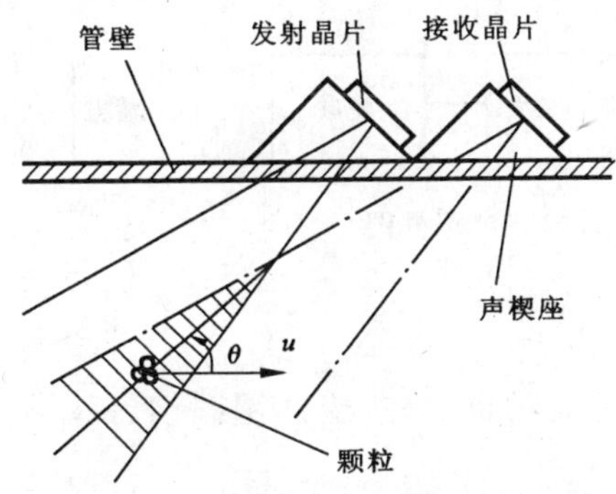

图 5－26 多普勒超声流量计原理

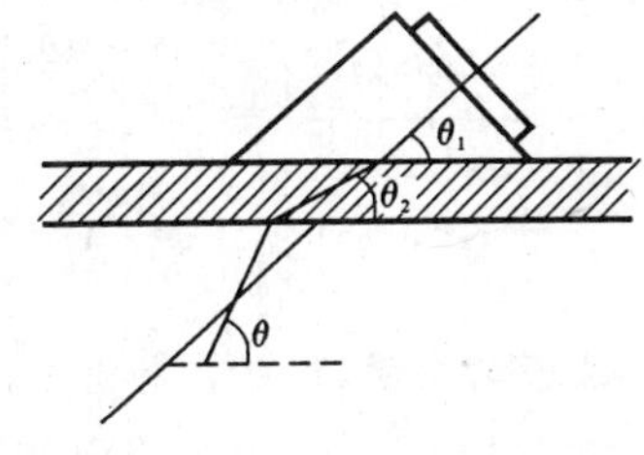

图 5－27 θ_1、θ_2 与 θ 间的关系

在 θ 角与 f_F 不变的情况下，散射体的运动速度（流体的速度与粒子的运动速度大致相同）则只与声速 c 和多普勒频移 Δf 成正比。但是流体中的声速 c 是随温度而变化的量，因此须把超声波束通过声楔座再入射到流体中（图 5－27）。

根据斯涅尔定律，有

$$\frac{\cos\theta}{c} = \frac{\cos\theta_1}{c_1} = \frac{\cos\theta_2}{c_2}$$

式中：c_1，c_2 分别为在声楔座和管壁中的声速；θ_1，θ_2 分别为声楔座中的入射角和管壁中声波被折射后的入射角。

故（5－39）式可写成

$$u = \frac{c_1\Delta f}{2\cos\theta_1 \cdot f_F} \tag{5-40}$$

(5-40)式中的 c_1 比液体中声速随温度变化的速率小一个数量级，可视为不变。因此，用这种方法测流速时，流体的温度和密度对流速的测量没有影响，即流速正比于频移 Δf。频移 Δf 是由发射和接收信号在接收晶体上混合产生拾频而得到的，得到了 Δf 就可测出流速 Q：

$$Q = S\bar{u} \tag{5-41}$$

式中：S 为被测管路的截面积；$\bar{u}$ 为被测管路中流体的平均流速。

2. 检测电路

检测电路的设计在于完成多普勒频移 Δf 的检测，并将 Δf 转换成定宽脉冲信号。电路框图示于图 5-28。

(1)发射换能器。发射机由振荡器与功放电路构成。由(5-40)式可知，为保证流量的测量精度，f_F 必须保证是一个稳定不变的常量，故采用石英晶体脉冲发生器作为发射振荡器。

(2)接收换能器。接收机由选频放大器、检波器、低通放大器、整形器及显示器组成。由于选频放大器输出的是既有基频 f_F 又有差频 Δf 的混频信号，为了取得差频 Δf，应将混频信号送入检波器进行检波。而检波出来的代表流量信息的 Δf 仍较微弱，还须通过二级低通放大器对 Δf 进行放大。再将信号送入施密特电路进行整形，变为前后沿陡峭的矩形波，再经单稳电路，使 Δf 被整形为定宽脉冲，即能输出准确反映流量的信号。

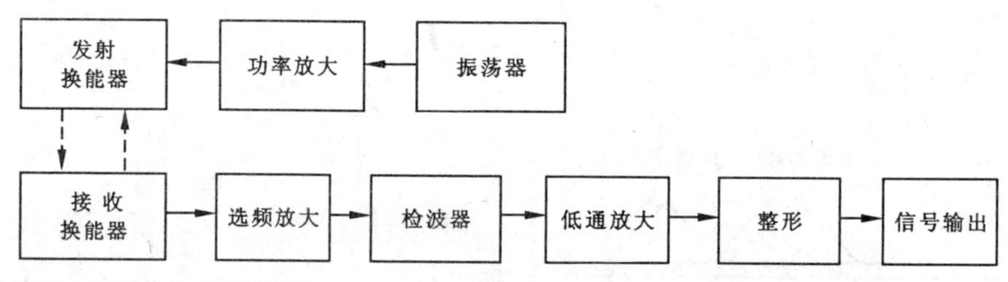

图 5-28　多普勒超声流量计检测电路框图

3. 探头的安装及注意事项

(1)被测管必须能传递超声波，纤维、陶瓷不是声波的良导体，应选用碳钢、铝、铜、硬塑料为好，管道内不能有衬里，并要求光滑。

(2)为了使声楔座和被测管壁能有效地耦合，其接触面上要涂一层耦合剂，可选用其中没有杂质和气泡的钙基黄油。保证探头与被测管间有 0.5mm 左右的耦合剂间隙即可。

(3)被测管的内径尺寸必须准确一致，对于非标准管路须重新对流量计进行标定。

(4)为了保证精度，被测部位(管壁上加工的 10mm×50mm 平面)应保持前为 $10D$ 后为 $5D$ 的直管段(D 为被测管内径)。

四、电磁流量计

电磁流量计是根据法拉第电磁感应原理制成的一种流量计。这种流量计在钻井(探)工程界用得十分普遍。

1. 工作原理

如图 5-29 所示，它由产生激励磁场的系统、非导磁材料的管道及在管道截面上的导电电极组成，磁场方向、电极联线及管道轴线三者在空间相互垂直。

当被测的电解性液体流过管道时，切割磁力线，于是在和磁场及流动方向的垂直方向上产

生感生电势，其值与被测液体的流速成正比。当用50Hz交流电激励产生交流磁场，则磁感应强度 B 为

$$B = B_{\max}\sin\omega t \tag{5-42}$$

感应电势 E 为

$$E = B_{\max}\sin\omega t \cdot Dv = BDv \tag{5-43}$$

式中：D 为切割磁力线的导管液体长度（为管道内径）；v 为电解性液体在导管内的平均流速。

故体积流量为

$$Q = \frac{\pi D^2}{4} \cdot v = \frac{\pi D}{4} \cdot \frac{E}{B} \tag{5-44}$$

也就是说，测出 E/B 的比值就可以测得流量 Q，所以交流励磁的电磁流量计要有 E/B 的运算电路。这样还可以消除由于电源电压及频率波动所引起的测量误差。

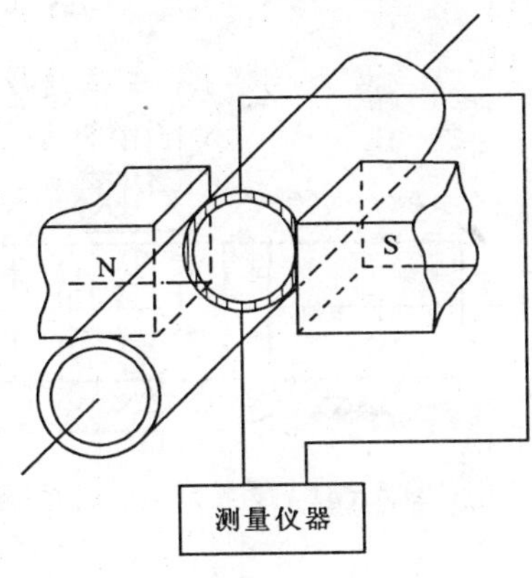

图 5-29　电磁流量计原理图

2. 电磁流量计的结构

俄罗斯钻探现场普遍采用的ЭMP型电磁流量计示于图5-30。它的传感部分包括铝合金管3、衬于管内的聚乙烯管4、管内按径向布置的两个电极2和两个位于管外硅钢铁芯上的励磁线圈1。两个线圈与外壳共地，另一端接到航空插头的电源线上。

这种流量计的测量范围为0～150L/min和0～300L/min，它的测量误差为最大量程的±2.5%。

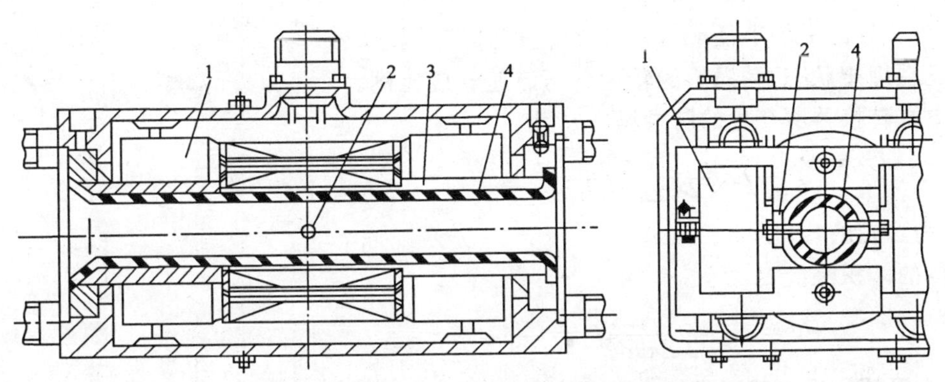

图 5-30　ЭMP-2型电磁流量计的结构

1. 励磁线圈；2. 电极；3. 铝合金管；4. 聚乙烯管

五、涡轮流量计

上面讲的多普勒超声流量计和电磁流量计都是无运动元件非接触式的测流量仪表。下面介绍的涡轮流量计，虽然是接触式的，但由于它测量精度高，反应灵敏，抗干扰能力强，所以在测洁净液体或气体流量的场合也常使用。

1. 工作原理

涡轮流量计主要由三部分组成：导流器、涡轮和磁电转换器，如图5-31所示。

流体从流量计入口经过导流器，使流束平行于轴线方向流入涡轮，推动螺旋形叶片的涡轮转动，磁电式转换器的脉冲数与流量成正比。因此涡轮流量计是一种速度式流量计。

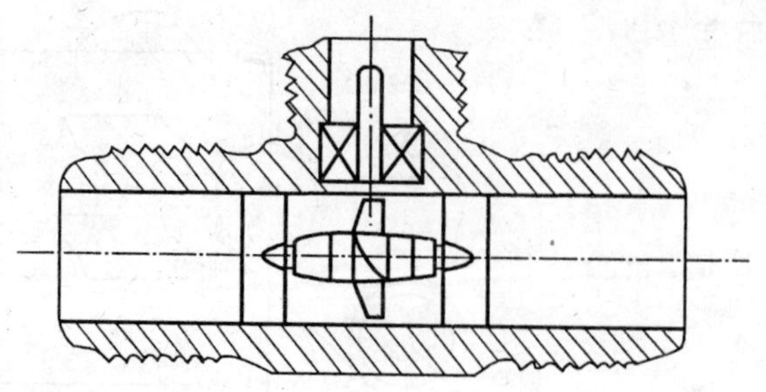

图 5-31　涡轮流量计的原理结构图

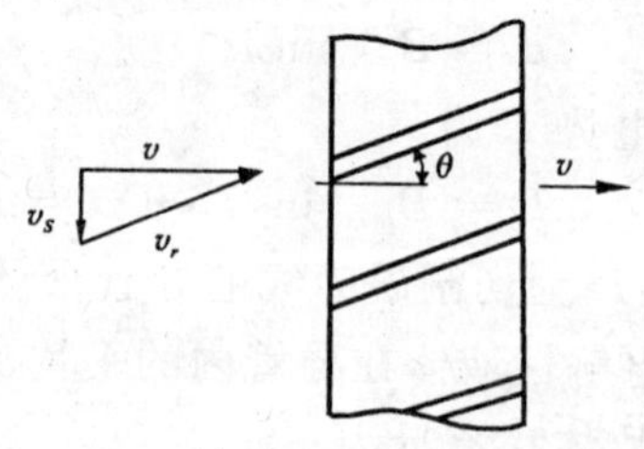

图 5-32　涡轮叶片分解

2. 流量方程式

平行于涡轮轴线的流体平均流速 v，可分解为叶片的相对速度 v_r 和叶片切向速度 v_S，如图 5-32 所示。切向速度为

$$v_S = v\tan\theta \tag{5-45}$$

式中：θ 为叶片的螺旋角。

若忽略涡轮轴上的负载力矩，那么当涡轮稳定旋转时，叶片的切向速度为

$$v_S = R\omega$$

则涡轮的转速为

$$n = \frac{\omega}{2\pi} = \frac{\tan\theta}{2\pi R}v \tag{5-46}$$

式中：R 为叶片的平均半径。

可见在理想状态下，涡轮的转速 n 与流速 v 成比例。

磁电式转换器所产生的脉冲频率 f 为

$$f = nZ = \frac{Z\tan\theta}{2\pi R}v \tag{5-47}$$

式中：Z 为涡轮的叶片数。

流体的体积流量 Q 为

$$Q = Sv = \frac{2\pi RS}{Z\tan\theta}f = \frac{1}{\zeta}f \tag{5-48}$$

式中：S 为涡轮的通道截面积；ζ 为流量转换系数。

$$\zeta = \frac{Z\tan\theta}{2\pi RS}$$

可见，对一定结构的涡轮，流量转换系数是个常数，因此流量 Q 与磁电转换器的脉冲频率 f 成正比。但是，实际上涡轮轴承的摩擦力矩，磁电转换器的电磁力矩，流体和涡轮叶片间的摩擦阻力等因素都会影响流量转换系数 ζ，使它在整个流量测量范围内不是一个常数，其与被测流量之间的关系见图 5-33。

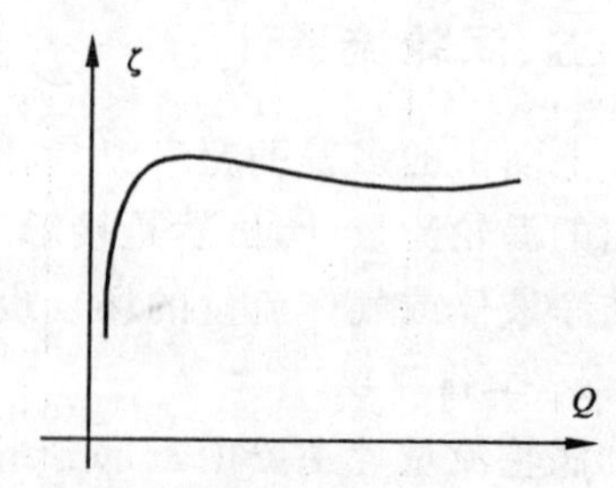

图 5-33　流量变换系数与流量的关系曲线

3. 涡轮流量计的特点与应用

(1)由于流量计内装有轴承，怕脏污及腐蚀性流体，故主要用于清水、油料和气体的流量测量。我们知道油压钻

机钻进时，给进油缸的下腔要回油，而且回油速度与钻进速度成正比。由此可把涡轮流量计装在钻机油缸下腔回路上，当作钻速传感器用，从而解决测量瞬时钻速的问题。这种方法在瑞典出的钻机和俄罗斯的部分钻机上用得较普遍。

(2)由(5－48)式可知，流量的测量已经转换成脉冲频率的测量，所以数字式涡轮流量计的基本电路是一个数字频率计。数字信号的抗干扰能力强，故涡轮流量计的信号便于远距离传输。

(3)涡轮流量计的测量范围较宽($Q_{max}/Q_{min}=10\sim30$)。但由图 5－33 可知，在小流量时，由于各种阻力(摩擦力矩、电磁力矩等)之和与流体给叶轮的转矩相比，相对较大，因而流量转换系数下降，呈一段非线性关系。在大流量时，由于叶轮的转矩大大超过了各种阻力矩之和，因此流量转换系数几乎保持常数。也就是说，涡轮流量计在流量较大时输出特性为线性关系。换句话说，在用涡轮流量计来测回油速度，当作钻速传感器的场合，若瞬时钻速太低(比如钻进“打滑”地层或钻头“抛光”)，则所测钻速的准确度不高，这一点是其不足。

六、靶式流量计

1. *工作原理*

靶式流量计是利用流体阻力来测流量的一种传感器，其结构如图 5－34 所示，它主要由靶、杠杆、膜片和力变换器组成。

当被测流体流过装有靶的管道时，靶对流体的流动产生阻力。同时靶也受同样大小的反作用力。该力由两部分组成：一部分是流体和靶表面的摩擦阻力；另一部分是由于流束在靶后分离产生的压差阻力。因摩擦阻力很小，可忽略不计。靶在压差阻力作用下，以密封膜片为支点偏转，经杠杆传给力变换器，将力的信号转换成电的信号，供输出显示。

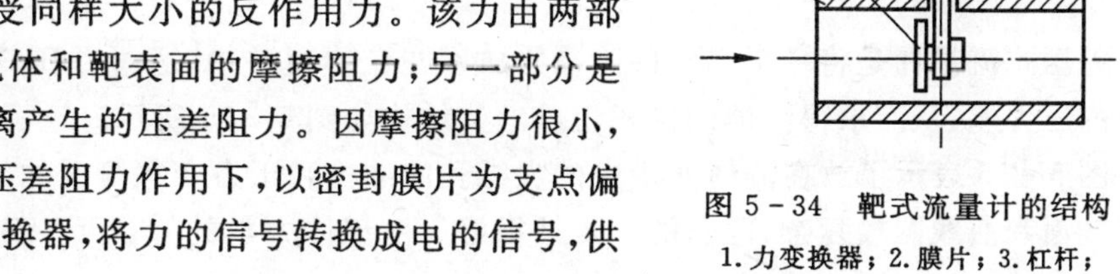

图 5－34　靶式流量计的结构

1.力变换器；2.膜片；3.杠杆；4.靶；5.流体导管

2. *流量方程式*

流量方程式是指流量与阻力间的关系式。流体作用在靶上的力为

$$F=\zeta\frac{\gamma v^{2}}{2g}S_{1} \tag{5-49}$$

式中：F 为流体作用在靶上的力；ζ 为阻力系数；γ 为流体的重度；g 为重力加速度；v 为靶和管壁间的环形截面(环隙)上流体的平均流速；S_1 为靶的受力面积，为$\frac{\pi d^2}{4}$，d 为靶的直径。

由(5－49)式可求得环隙中流体的平均速度为

$$v=\sqrt{\frac{2g}{\zeta\gamma S_{1}}}\sqrt{F} \tag{5-50}$$

则体积流量为

$$Q=Sv=\frac{\pi}{4}(D^{2}-d^{2})\sqrt{\frac{1}{\zeta}}\sqrt{\frac{2g}{\gamma\frac{\pi d^{2}}{4}}}\sqrt{F}$$

$$= \alpha(\frac{D^2 - d^2}{d})\sqrt{\frac{\pi g}{2}}\sqrt{\frac{F}{\gamma}}$$

$$= \alpha(\frac{1}{\beta} - \beta)\sqrt{\frac{\pi g}{2}}\sqrt{\frac{F}{\gamma}} \tag{5-51}$$

式中：$\alpha=\sqrt{\frac{1}{\zeta}}$为流量系数；$\beta=\frac{d}{D}$为靶径与管径之比。

由(5-51)式可见，对于一定的流体，其流量与力(F的平方根)有关，只要用力变换器测出力就可得出流量，但这种关系是非线性的，所以显示仪表要按非线性来刻度。

流量系数α与靶形、靶径比β、雷诺数、靶及管道的同心度等因素有关。对于一定形状的靶，当靶与管道同轴安装时，流量系数α保持不变。

3. 靶式流量计的特点及应用

(1)靶式流量计结构简单，安装维护方便，适于测量大黏度、小流量的流体和含有固相颗粒的浆液(如泥浆、砂浆等)流量。

(2)由于该流量计的靶可伸缩调整安装位置，而且由(5-50)式可见，它可以测量某个点(即小范围)的流体流速，故可用于实验室研究流体在管道中的流场分布和流型(参见图5-23)。

(3)由于刻度为非线性，测量结果易受流体密度变化的影响，且对插入管道中的部分密封要求较高，故在使用中必须注意进行实际标定，同时不适用于测压力很高的流体。

七、差压式流量计

差压式流量计是将一个已知的障碍物放置在流体通道中，通过差压传感器来测量障碍物两边的压力差，从而求得流体的体积流量。其结构如图5-35所示。

图5-35表示了放在流体通道中的尖缘孔的结构和压力变化情况的剖面及曲线图。虽然压力剖面和曲线图较复杂，但它的一致性很好。由流体力学的知识可以对其进行描述并制成表盘。

对于不可压缩的、无摩擦的流体，在圆形管道中的体积流量Q为

$$Q = A_d\sqrt{1-(\frac{A_d}{A_u})^2}\cdot\sqrt{\frac{2(P_u - P_d)}{\rho}} \tag{5-52}$$

式中：A_u，A_d分别为未受限制和受限制的流动面积；P_u，P_d分别为障碍物上流和下流的压力，它们可以用差压传感器测出；ρ为流体的密度。

几乎所有的流体都可以用这类流量计来测量。其结构简单、可靠，仔细校正后其精度可以达到1%。但它在管道中设了障碍物，对流体的压力有损耗，由于障碍物两侧的压力差不可能很大，故须用灵敏度高的差压传感器，如膜片应变式等。

八、螺旋桨式空气速度传感器

我国的沿海和西北属多风地区，野外作业时常常要根据风速来决定是否需把塔衣放下来，以免塔衣对风的阻力过大而把钻塔吹倒。在掘进作业中也要测通风以后掌子面的风速，以降低掌子面的粉尘浓度，或煤矿中的瓦斯浓度。因此，对空气速度传感器的知识应该有所了解。

图5-36是一个用于测风速的螺旋桨式传感器。其工作原理与涡轮式流量计基本相同，所以也放在这一节中加以介绍。所不同的是，螺旋桨并不截断流体的整个流通截面。因此，螺

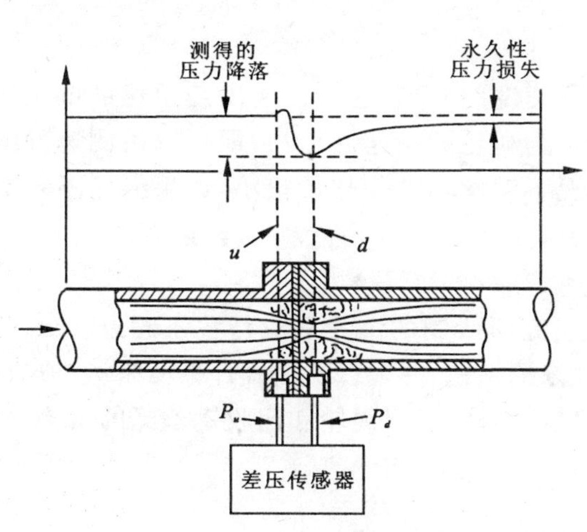

图 5-35　差压式流量计结构原理图

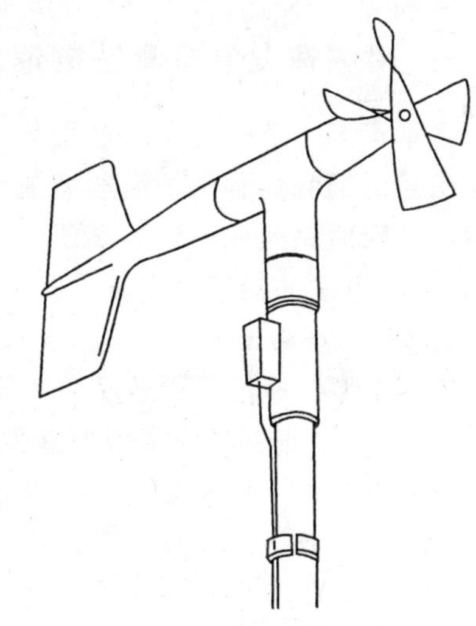

图 5-36　螺旋桨式空气速度传感器

旋桨的转速与流体速度成正比，而不与流体的体积流量成正比。在"涡轮流量计"这一部分内容中，讨论磁电式转换器所产生的脉冲频率与流量的关系时，(5-47)式是在理想状态下得出的结论，实际上流体的黏度也有一定的影响。而对螺旋桨式空气速度传感器而言，流体的黏度影响已不存在，故工作范围大于 10：1。

第五节　位移和速度的检测

位移和速度的检测在钻井(探)工程中占有重要的地位。人们在进行钻井(探)生产和岩土施工时，常用进尺量(线位移)和平均钻进速度来作为衡量钻头(钎头)质量，划分岩石(岩土)级别和考核班组生产管理水平的技术经济指标，而瞬时钻进速度又是判断钻井工具在孔(井)内的工作状况是否正常和参数选择是否合理的重要依据。因此，在现场条件下实时、准确地检测出工具的进尺量和钻进速度，是一个迫切需要解决的问题。

我们知道，位移和速度是两个紧密相关的物理量。只要测出位移和完成该位移所需的时间，就可以求出平均速度，如果把位移量的采样时间间隔(Δt)取得很小，则求出的就是瞬时速度。同理，如果首先测得的是瞬时钻速，则通过积分电路就可以输出进尺量。因此，在本节中将不把位移检测与速度检测分开来讨论，而是按照检测原理分类介绍钻井(探)工程中常用的进尺和钻速检测方法。

我们在前面第三章中已介绍过可以测量线位移的传感器有：电位计式，电容式，电感式(互感式、自感式)，电涡流式和霍尔式等。其中，除了电位计式和互感式(差动变压器)可以测较大位移量外，其他都只能用于微小位移或厚度的测量，而钻井(探)工程却要求传感器既能测毫米级以下的小位移(用于判断工况)，又能测几百毫米以上的大位移(作为生产指标)，既要求传感器具有大的量程，又要求它有较高的分辨率。同时，考虑到野外现场的安装、搬迁、使用方便等因素，还必须对传感器的体积、结构有所要求。因此，电位计式和差动变压器式等可以测大位移的传感器也不适合用在野外现场。为了能缩小传感机构(元件)的体积，并使它结构简单，便于防护油、泥浆的浸入，常采用的办法是把线位移转化为角位移，把线速度转化为角速度来检测。

一、用测速发电机测钻进速度

在本章第三节中曾介绍过用测速发电机测角速度的原理，它可以输出与角速度成正比的电压信号。当我们利用细钢丝绳把钻进速度转化为绳轮的角速度以后，即可以用测速发电机来输出与瞬时钻速成正比的电压信号。一般情况下钢丝绳的伸长量很小，如果绳轮不打滑的话，则这种方法的精度完全可以满足生产要求。

1. ZS-1型钻速仪

ZS-1型钻速仪是原地质矿产部勘探技术研究所研制的。为适应行程不超过10m的地质钻机，它采用细钢丝绳牵引测速发电机的原理来测钻速，并配以机械式计数器来测进尺量。

该仪器由装有测速发电机及其放大电路的仪器本体、牵引绳轮和回收钢丝绳的机构组成，结构原理示于图5-37。

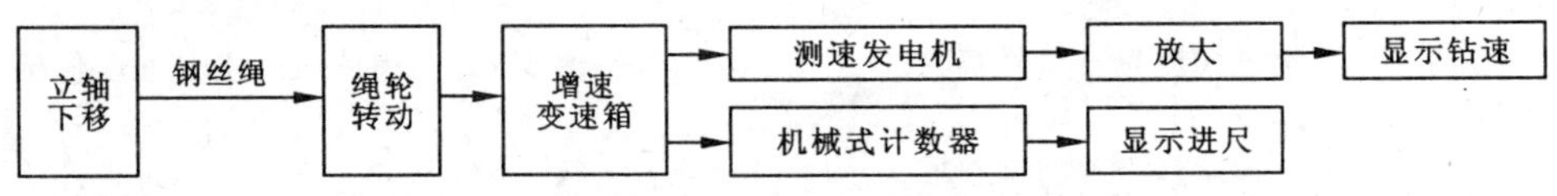

图5-37　ZS-1型钻速仪结构框图

牵引钢丝绳与钻机的立轴横梁相连。钻进时立轴下移，带动钢丝绳，牵引仪器箱内的测速发电机转动，产生与钻进速度成正比的电压信号。该信号经集成电路放大送至广角表头显示钻速大小。为了提高仪器的测速灵敏度，在仪器的钢丝绳牵引轮与测速发电机之间装了一个增速变速箱(因为用于金刚石硬岩钻进时，机械钻速可能很低)。增速变速箱的另一输出轴经过三角皮带带动一个机械计数器来记录回次累计进尺量。因为在钻进中经常要进行倒杆作业，为了防止倒杆时立轴上移而输出错误的反向信号，在仪器的传动链中设计了单向超越式离合器。

ZS-1型钻速仪的技术特征

量程　瞬时钻速：0.1～25m/h

　　　累计进尺：0～99.99m

精度　4级

电源　直流18V(1# 电池12节)

属于这种类型的还有俄罗斯的ИСБ型钻速仪。

2. ИСБ型钻速仪

ИСБ型钻速仪在俄罗斯用得较普遍，它可以测量瞬时机械钻速，是专为ЗИФ系列油压钻机设计的，如图5-38所示。

传动机构中的齿条1把钻机回转器导向杆的给进运动变换为输出轴的回转运动，增速器2进一步把转速提高，并通过软轴Ⅱ把转动传至变换器Ⅲ。变换器Ⅲ中有测速发电机5、增速齿轮系4和联轴节3。与我国钻速仪不同的是，该仪器中用АДП-262型带空心转子的交流异步电机作为测速发电机。仪器的显示面板上有开关6，保险管7，表头8，转换测量范围的拨动开关9，信号灯10和记录器插座11。仪器的测量范围分两档：0～3m/h和0～15m/h。仪器的传动机构安装在钻机回转器外壳上，含测速发电机的变换器放于钻机后边，而显示仪的面板则固定在方便观察的钻场墙上。

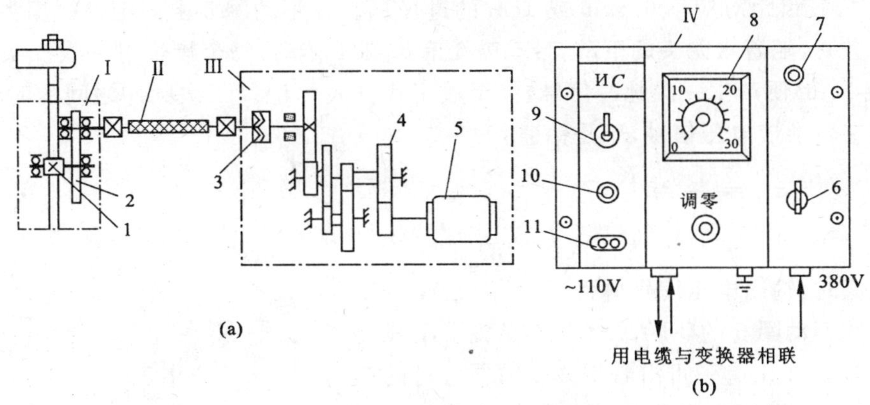

图 5 - 38　ИСБ 型钻速仪结构(a)与仪器面板(b)的示意图

Ⅰ. 传动机构；Ⅱ. 软轴；Ⅲ. 变换器；Ⅳ. 仪器面板；1. 齿条；2. 增速器；3. 联轴节；4. 增速齿轮系；5. 测速发动机；6. 开关；7. 保险管；8. 表头；9. 拨动开关；10. 信号灯；11. 记录器插座

二、磁电脉冲式钻速仪

本章第三节中介绍的磁敏式转速传感器和第四节中介绍的涡轮流量计(分别参见图 5 - 20 和图 5 - 31)，实质上都是把角速度变换成脉冲量的磁电式传感器。只不过流量计测的是流体速度，靠流体的运动带动涡轮回转，如果用钢丝绳牵引一个导磁齿轮回转，则用这种原理也可以做成钻速仪。比较有代表性的是莫斯科地质勘探大学研制的 ИРСИП 型钻速仪。

莫斯科地质勘探大学的研究者们分析了用测速发电机测钻速的不足之处，他们认为 ИСБ 钻速仪在下述三个方面有缺陷：

(1)由于测速发电机的输出电压与瞬时钻速成正比，当钻进坚硬岩石时，机械钻速的瞬时值很低，电信号也就很弱，因而仪器的灵敏度明显下降。而正是在这种情况下，及时掌握机械钻速的瞬时值是非常重要的。

(2)靠钻机立轴的下移来带动测速发电机，如果主动钻杆已被磨损，则可能造成卡盘在主动钻杆上打滑，即钻机立轴的下移与主动钻杆的下移并不同步，这时的输出信号将失真。

(3)在一定的孔深条件下，当钻具自重接近于钻头所需钻压时，往往不用卡盘卡住主动钻杆。这时钻机立轴将不产生位移，故这种情况下就无法用 ИСБ 钻速仪来确定钻进速度了。

莫斯科地质勘探大学的 ИРСИП 型钻速仪用磁电脉冲原理来克服上述第一点不足。该仪器不是直接测与瞬时钻速成正比的电信号，而是把钻速的变化转换成离散的脉冲量，测量对应一定位移量的两次脉冲之间的时间。当钻进坚硬岩石钻速很低时，该时间间隔必然增大，信号将随着钻速降低而增强，从而提高了钻速仪的分辨率和精度。ИРСИП 型钻速仪把细钢丝绳连在主动钻杆上端的水龙头上，直接测的是主动钻杆的下移速度和位移量，从而克服了上述第二、第三点不足，同时该仪器既输出钻速，又输出累计进尺量。

ИРСИП 型钻速仪的结构原理示于图 5 - 39。钻速仪立座支架的同一根轴上固定了两个带螺旋槽的卷鼓 1 和 2，螺旋槽用于缠绕细钢丝绳，保证钢丝绳的线位移和卷鼓的角位移完全同步。在鼓 1 上缠绕直径 1.5～2mm 的工作细绳，往上经过导向轮与水接头相联。为了使工作钢丝绳保持恒拉紧的稳定状态，在鼓 2 上缠的张紧钢丝绳末端固定了配重。在鼓 1 端部装有导磁齿圈 4，其齿距对应于 0.5cm 或 1cm 的进尺量。在不动圈 5 上固定磁敏探头 6。

正常钻进时，随着水龙头的下移，带动鼓 1 和齿圈 4 转动，每个齿经过一次探头 6（即每进尺 0.5cm 或 1cm）便产生一次脉冲信号，传至数字式仪表可记录二次脉冲之间的时间，并通过后续电路把它转换成电压信号，于是钻速

$$v_m = \frac{L}{t_s} = \frac{K}{U} \tag{5-53}$$

式中：L 为齿距对应的进尺；t_s 为两次脉冲的时间间隔；K 为钻速仪变换系数；U 为输出电压。可见钻速愈低时，输出电压信号愈强。

钻速仪的不动圈 5 的环形凹槽中还安装了滑线变阻器的裸线 7，鼓 1 上有一可沿着滑线变阻器滑行的凸块 8。从凸块 8 和滑线变阻器 7 的末端上测得的电阻（电压）值，与相应的进尺数成比例，这时如果鼓 1 转了 360°，则相当于主动钻杆下移了（即进尺）0.5m。为了得到回次进尺数，则只须累加鼓 1 转的圈数×0.5m，再加上测得的电阻（电压）值对应的进尺量即可。

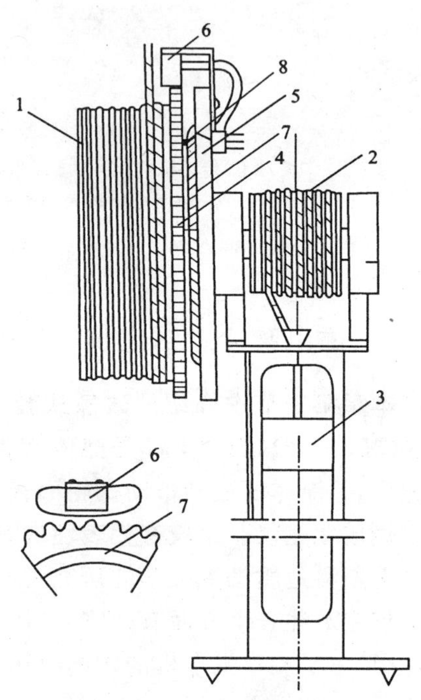

图 5-39　ИРСИП 型钻速仪结构图

1、2. 卷鼓；3. 配重；4. 导磁齿圈；5. 不动圈；6. 磁敏探头；7. 滑线变阻器；8. 凸块

这种钻速仪可以测出机械钻速和回次进尺，而且当钻速愈低时，电信号愈强，提高了硬地层钻进时的钻速测量准确性，这是其优点。但是，由（5-53）式可见，它实质上测出的是两次脉冲之间的平均钻速，而两次脉冲之间对应的进尺达 0.5cm，所以其实时性较差。例如，我们假设坚硬地层的机械钻速为 0.6m/h，即每秒钟进尺 1/60cm。那么两次脉冲之间的时间为 0.5/(1/60)=30s。也就是说，在 30s 内仪器不可能显示目前的瞬时钻速变化情况。这对于希望通过瞬时钻速来辅助判断钻头工况的场合，显然因时间间隔太长而实用价值不大。因为金刚石钻头的烧钻事故往往在 10～30s 之内就严重恶化了。

通过以上分析可以看出，为了适应坚硬地层金刚石钻进的需要，还必须提高钻速仪的分辨率，而我们不可能把齿圈的齿距做得非常小，因此只能在后续细分电路上想办法，或者在齿圈和磁敏探头的结构之外另辟蹊径，采用新的检测方法。

三、光栅式进尺（钻速）传感器

为了提高金刚石孕镶钻头在坚硬地层钻进中的位移和瞬时钻速分辨率，中国地质大学（武汉）研制了轻便、可靠的光栅式传感器。其原理图和现场安装形式示于图 5-40、图 5-41。

该传感器的工作过程是：首先通过绳轮把立轴下移的线位移转化为敏感元件——主光栅的角位移，然后记录光电元件输出的与线位移成比例的脉冲数。为了保证细绳绷紧，与绳轮之间不打滑，专门设置了用弹簧力收绳的收绳轮，并在绳轮表面“滚花”，以增加表面粗糙度。同时，因为光栅很薄、很轻，故绳轮也很小，不会因惯性而影响它与细绳线位移的同步。

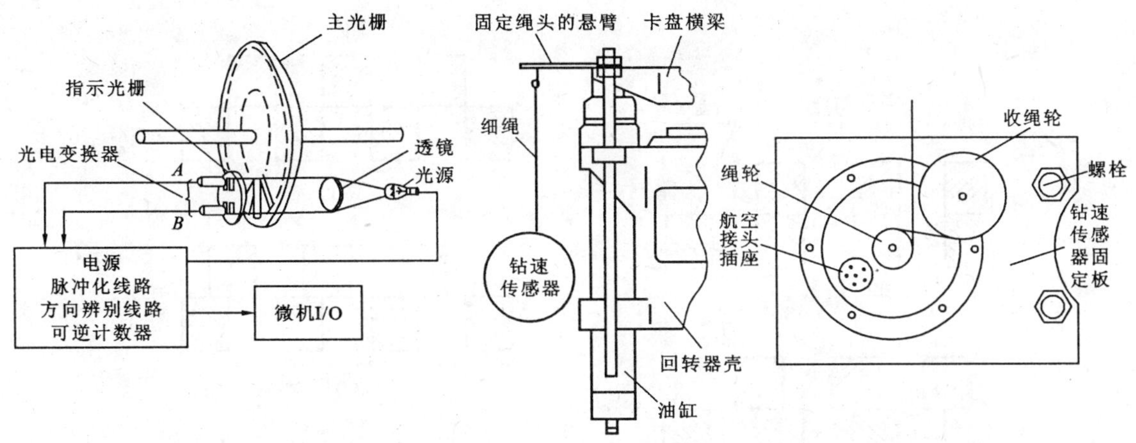

图 5-40　光栅式进尺(钻速)传感器原理　图 5-41　光栅式传感器的安装(右图为传感器部分的局部放大)

1. 光栅及光栅的遮光作用

光栅系统由光栅、光源、光路和测量电路等部分组成。其中光栅是关键部件,它决定整个检测系统的测量精度。光栅按其用途和形状可分为测量线位移的长条形光栅和测量角位移的圆盘形光栅。该传感器使用的是不锈钢薄片制成的圆盘形光栅,其上刻了 600 条呈放射状的透光细缝,如图 5-42 所示,图中 W 为栅距,a、b 分别为透光和不透光部分的宽度。

用光栅测量位移必须用两块光栅。一块叫主光栅,与运动件联在一起(参见图 5-40)同步转动。另一块很小的固定不动,称为指示光栅。两块光栅之间有很小的间隙,把二者的透光细缝调整成平行,移动主光栅时,透过的光则显明暗变化。因为它犹如一个闸门,故又称为光闸光栅。

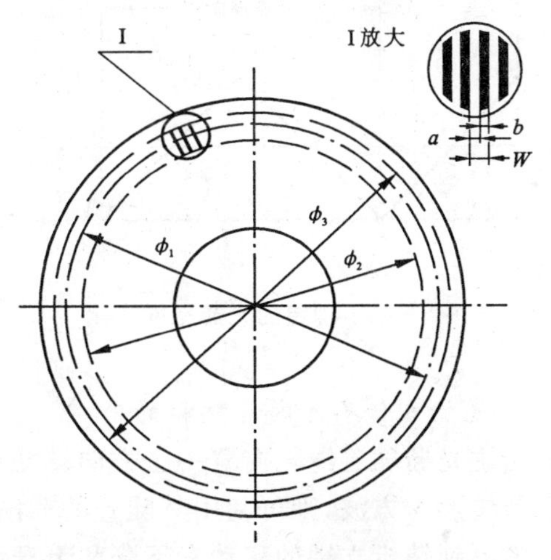

图 5-42　透射式圆光栅

图 5-43 为光闸式光栅位置放大图。(a)为起始位置,(b)、(c)、(d)、(e)分别为主光栅相对指示光栅移过 $W/4$、$W/2$、$3W/4$ 和 W 时的位置。如果两光栅完全叠合,则没有光线透过,因为刻制光栅时使线宽 a=缝宽、$b=W/2$。假设光强为 $2I$,则对应于(a)、(b)、(c)、(d)四个位置上的透光量分别为 I,$I/2$、0 和 $I/2$;移过一个栅距后[图 5-43(e)],又重复图中(a)的状态。这就说明遮光作用与位移成线性关系,亮度变化曲线应呈三角形,具有很大的反差(图 5-44)。但是,实际上两块光栅之间总有一定的间隙,由于光的衍射,灯丝宽度的影响和光栅上透光细缝的边缘不光滑等原因,输出的波形被削顶、削底后就成了近似的正弦波。

当硅光电池接收到明暗变化的光信号后,它就转换成变化的电信号(电压或电流),该电信号与亮度的关系近似于线性关系。图 5-45 为硅光电池的输出波形图,图中 $\overline{U}$ 为平均输出电压,也称为直流分量或直流电平。$\overline{U}_\varphi$ 是波动值,也称为交流分量。光电信号的质量用反差来反映,常用调制系数 K_e 和对比度 C 来表示

$$K_e = U_\varphi/\overline{U} \qquad C = U_{\max}/U_{\min}$$

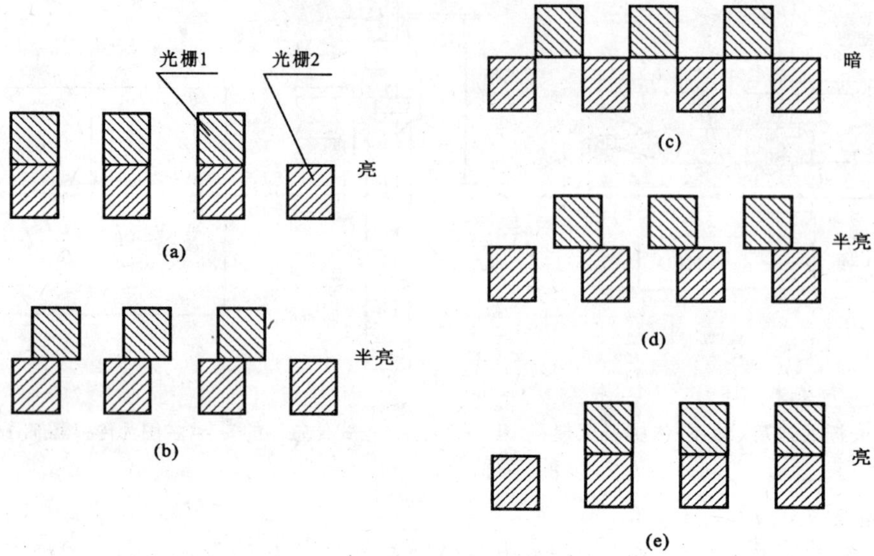

图 5-43　光栅的遮光作用原理

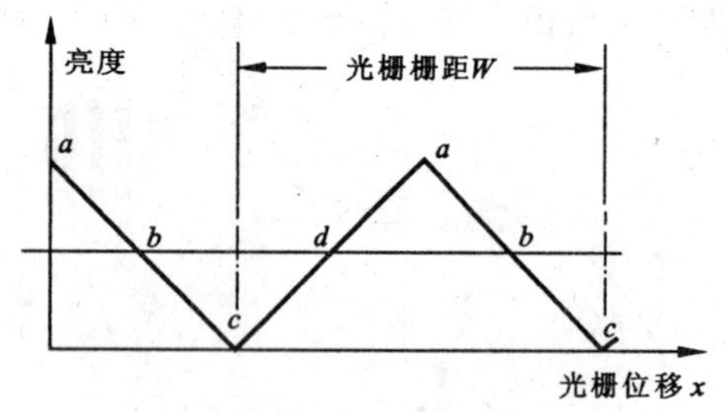

图 5-44　理想的光栅亮度变化

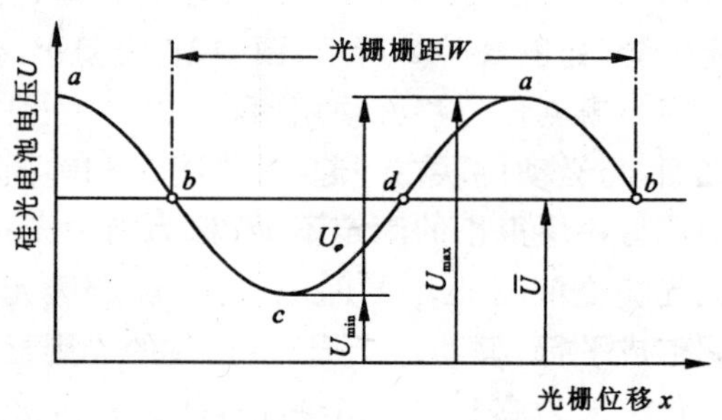

图 5-45　光栅输出电信号波形图

2. 光栅式传感器的计数和辨向

当主光栅随着绳轮向着一个方向转动时，由光电元件输出的近似正弦波形的信号经施密特电路整形为方波，则可利用其陡直的前沿(上升沿)触发计数器进行计数(图 5-46)。

考虑到钻机立轴的移动有下降和上升两个方向，故光栅传感器还须对运动方向进行辨别。该传感器通过指示光栅两组刻线条纹，由两个光电元件取出两路相位相差 90°的独立脉冲电信号，其中一个信号用于计数，另一个用于方向辨别。即第一个光电元件的电压信号 u_1 =

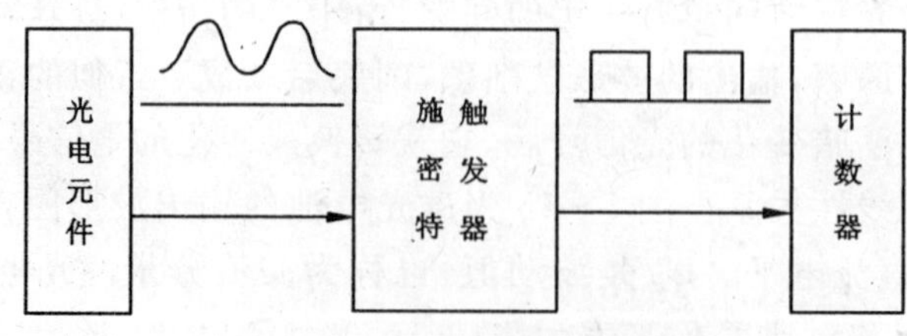

图 5-46　光栅计数电路方框图

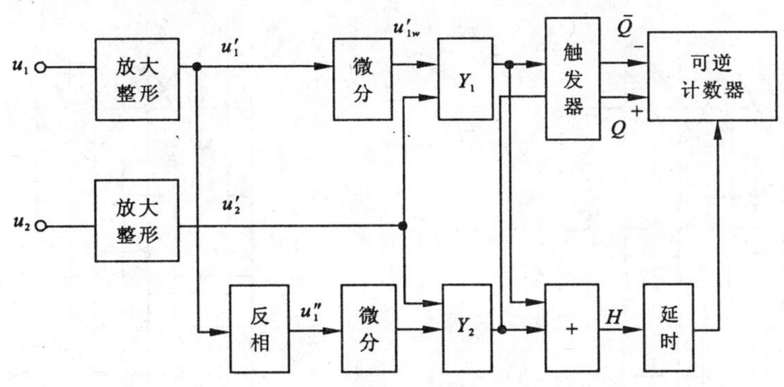

图 5-47　光栅传感器的辨向电路

$U_\varphi \sin\varphi$，第二个光电元件的电压信号 $u_2 = U_\varphi \cos\varphi$，然后把 u_1 和 u_2 加到图 5-47 所示的辨向电路进行处理。

当主光栅顺时针转动时，光敏元件 1 和 2 分别输出图 5-48(a)所示的电压波形 u_1 和 u_2 经放大整形后得到相位相差 90°的两个方波信号 u'_1 和 u'_2。u'_1 经反相后得到 u''_1 方波。u'_1 和 u''_1 经 RC 微分电路后得到两组脉冲信号 u'_{1w} 和 u''_{1w}，分别加到与门 Y_1 和 Y_2 的输入端。对与门 Y_1，由于 u'_{1w} 处于高电平时，u'_2 总是低电平，故脉冲被阻塞，Y_1 无输出。对与门 Y_3，u''_{1w} 处于高电平时，u'_1 也正处于高电平，故允许脉冲通过，并触发加减控制触发器，使之置“1”，可逆计数器对与门 Y_2 输出的脉冲进行加法计数。同理，当主光栅逆时针转动时，输出波形如图 5-48(b)所示，与门 Y_2 阻塞，Y_1 输出脉冲信号使触发器置“0”，可逆计数器对与门 Y_1 输出的脉冲进行减法计数。这样每当光栅转动一个栅距时，辨向电路只输出一个脉冲，计数器所计之脉冲数即代表了光栅的角位移。

上述辨向逻辑电路的分辨率取决于一个光栅栅距 W，例如我们用的圆盘光栅为 600 线，绳轮直径为 13mm，则对于钻机立轴的线位移可分辨到 0.068mm，即每进尺 0.068mm 就有一个脉冲输出。如果想进一步提高分辨率，可以通过增大光栅的刻线密度来减小栅距 W，但这种办法受到制造工艺的限制。另一种办法是采用细分技术，使光栅每转动一个栅距时输出均匀分布的 n 个脉冲，从而使分辨能力提高到 W/n 行。细分方法有直接细分和电阻桥细分法等多种，限于篇幅不作介绍。

3. 进尺和机械钻速的检测

设圆光栅的刻度密度为 t(线/度)，则主光栅转动一圈时光电元件输出 $360t$ 个电脉冲。其每输出一个脉冲对应的立轴位移是

$$t_L = \frac{(D+d)\pi}{360t} \tag{5-54}$$

式中：D 为绳轮直径(mm)；d 为绳径(mm)；t 为光栅密度(线/度)。则进尺

$$L = t_L \cdot \sum(\text{脉冲数}) \tag{5-55}$$

钻速是位移的速率，即

$$V_m = 3.6\frac{\Delta L}{\Delta t} \tag{5-56}$$

式中：ΔL 为进尺增量(mm)；Δt 为采样周期(s)。

由于光栅式钻速传感器通过接口电路与微机 I/O 口相联，故上述运算和瞬时钻速的回次

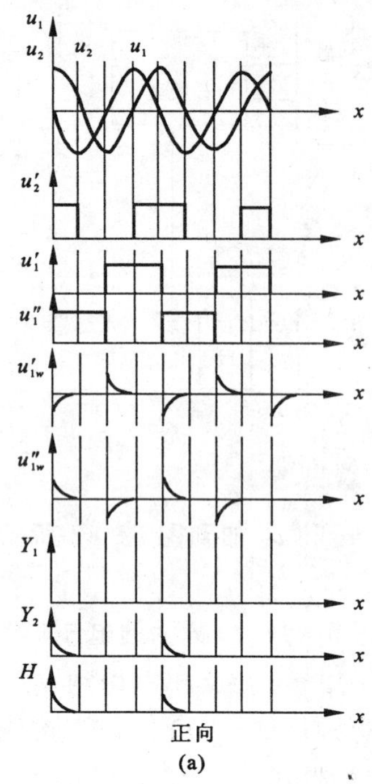

(a)

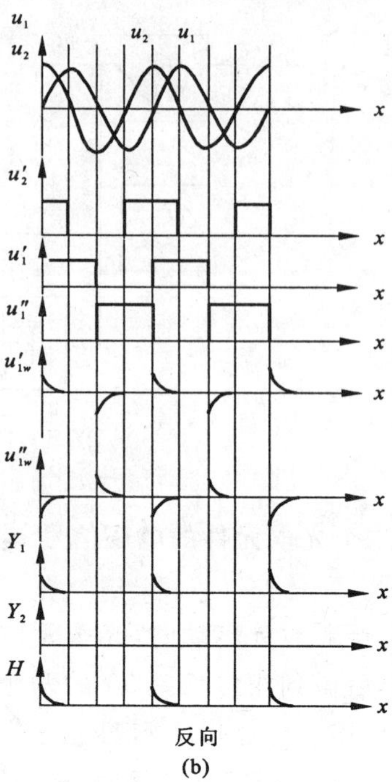

(b)

图 5-48　光栅转动时辨向电路各点波形

曲线显示均可由软件快速完成。加之光栅的栅距非常小，微机采样频率高，故这种钻速传感器具有分辨率高、实时性强、准确性好等优点。它不仅可输出瞬时钻速、回次进尺，还可输出回次钻速和累计孔深。

第六节　扭矩的检测

一、概述

扭矩和机械钻速、泵压一样，虽然不属于地表直接控制的钻进参数，但是它们是反映孔(井)内钻进工况最敏感的钻进指标。无论是孔底的岩性变化，还是金刚石钻头被抛光、出现烧钻，或出现卡钻、断钻等复杂工况，扭矩值(尤其是瞬时扭矩值)都会有显著变化。例如，图 5-49 是示波仪记录的用孕镶金刚石钻头钻进闪长玢岩时，钻进扭矩 M_0、机械钻速 V_m 和钻头温升 T 三个参数在同一时间坐标上的变化曲线。可见，当孔底发生钻头烧钻时，几乎在同一时间扭矩和温升曲线同步上升，而钻速曲线几乎也从同一个拐点时刻开始同步地下降。这张典型的金刚石钻头烧钻曲线告诉我们，虽然钻头唇面的温度不便于测量，但钻进扭矩和钻速是可以在地表检测的，因此可以通过实时检测扭矩、钻速参数的瞬时值，并实时分析其相互关系，来预报孔内烧钻事故。这在钻井(探)生产中将具有重要的实际意义。正因为扭矩检测具有实用价值，所以一些技术先进的钻探大国都为施工中深孔以上的钻机配备了扭矩仪，从而为科学打钻创造了条件。

从测量原理上可把扭矩测量仪分成直接测量和间接测量两大类。其中，直接法可用于各种动力机驱动的场合，但需在动力机与钻机之间增加一截弹性轴及其测试元件；而间接法是通

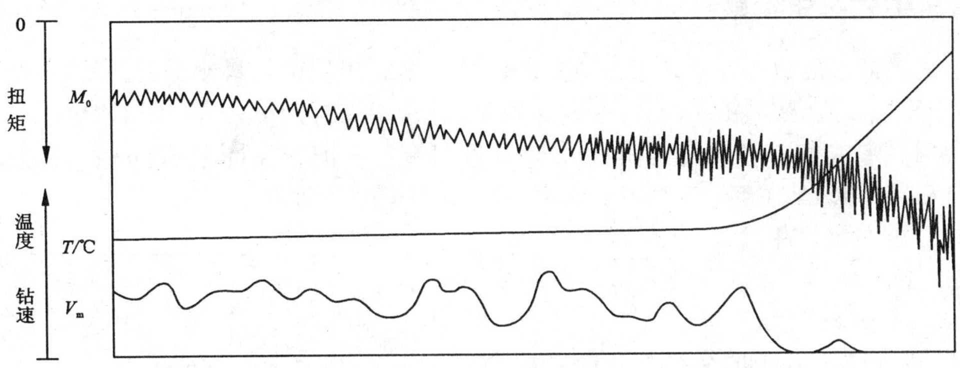

图 5-49　孕镶金刚石钻头发生烧钻时的扭矩、温升和钻速曲线

过测电机的功率值算出扭矩，所以不必对钻机结构作任何改动，但只能用于电机驱动的条件下。用直接法检测扭矩的原理依据来自力学分析。由材料力学可知，受到纯扭的轴在横截面上最大剪应力 $\tau_{\max}$ 与轴截面的抗扭模量 W_p 和扭矩 M 有如下关系

$$\tau_{\max} = \frac{M}{W_p} \tag{5-57}$$

$$W_p = \frac{\pi D^3}{16}(1 - \frac{d^4}{D^4}) \tag{5-58}$$

式中：D 为轴的外径；d 为空心轴的内径。

最大剪应力 $\tau_{\max}$ 是不能用应变片来测量的。但是，与转轴中心线成 ±45°夹角方向上的正负应力 σ_1 和 σ_3 的数值等于 $\tau_{\max}$，即

$$\sigma_1 = -\sigma_3 = \tau_{\max} = \frac{16DM}{\pi(D^4 - d^4)} \tag{5-59}$$

根据虎克定律应变为

$$\varepsilon_1 = \frac{\sigma_1}{E} - \mu\frac{\sigma_3}{E} = (1+\mu)\frac{\sigma_1}{E} = \frac{16(1+\mu)DM}{\pi E(D^4 - d^4)} \tag{5-60}$$

$$\varepsilon_3 = \frac{\sigma_3}{E} - \mu\frac{\sigma_1}{E} = (1+\mu)\frac{\sigma_3}{E} = -\frac{16(1+\mu)DM}{\pi E(D^4 - d^4)} \tag{5-61}$$

式中：E，μ 分别为材料的弹性模量和泊松比。

在扭矩 M 作用下，转轴上相距 L 的两横截面之间的相对转角 φ 为

$$\varphi = \frac{32ML}{\pi(D^4 - d^4)G} \tag{5-62}$$

式中：G 为轴的剪切弹性模量。

根据(5-60)式和(5-61)式，可以沿轴向 ±45°方向分别粘贴 4 个应变片组成全桥电路，来感受轴的最大正负应变，从而输出与扭矩成正比的电压信号（参见第四章的有关内容）。但是由于轴在高速旋转，电阻应变片与测量电路的连接一般是通过导电滑环引出，因此当触点接触力小时，工作不可靠；增大接触力时，则触点磨损严重，这是该方法的明显不足。如果用无线发射和接收的方式来获取应变片输出的电信号，则造成传感器结构复杂化。

下面着重介绍三种用直接法测扭矩的传感器和一种间接法测扭矩的传感器。

二、压磁式扭矩传感器

关于压磁效应的概念在本章第二节中已作过介绍。用铁磁材料制成的扭轴，在受扭矩作用后，由于压磁效应，使其沿正应力 σ_1 方向磁阻减小，沿负应力 σ_3 方向磁阻增大。把绕有线圈的两个"Π"形铁芯 A 和 B 相互垂直放置，让开口端与被测轴保持 1～2mm 间隙，从而由导磁的轴把磁路闭合，如图 5-50 所示，AA 沿轴向，BB 垂直于轴向。

在铁芯 A 的线圈中通以 50Hz 的交流电流，形成交变磁场。当轴未受扭时，其各向磁阻相同，BB 方向正好处于磁力线的等位中心线上，因而铁芯 B 上的绕组不会产生感应电势。当轴受扭矩作用时，其表面上出现各向异性的磁阻特性，磁力线将重新分布，而不再对称，因此就在铁芯 B 的线圈上产生感应电势 U_0。扭矩愈大，感应电势也愈大，在一定范围内，两者成线性关系。于是，就可以通过感应电势来检测轴上的扭矩。

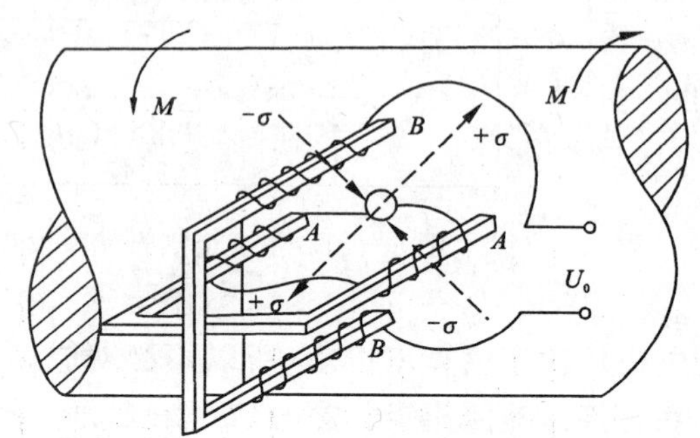

图 5-50　压磁式扭矩传感器原理

压磁式扭矩传感器是非接触式测量，使用方便，结构简单可靠，基本上不受温度影响和轴的转速限制，而且输出的电压信号很强(可达 10V)。

三、扭转角式扭矩传感器

由(5-62)式可知，当轴受扭矩作用时，其上两截面间的相对扭转角与扭矩成正比，因此可以通过扭转角来测量扭矩。按照这一原理，可以制成振弦式扭矩传感器(参见第三章第十节及图 3-38)、光栅式扭矩传感器和相位差式扭矩传感器等。

1. 光栅式扭矩传感器

光栅式扭矩传感器的测量原理是在被测轴上固定安装两片圆盘光栅，如图 5-51 所示，当轴不承受扭矩时，两片光栅的明暗条纹完全错开，遮挡住光路，因此放置于光栅另一侧的光敏元件无光线照射，则无电信号输出。当有扭矩作用于被测轴上时，安装光栅处的两个截面产生相对转角，两片光栅的暗条纹逐渐重合，部分光线透过两光栅照射到光敏元件上，从而测出电信号。扭矩越大，扭转角越大，则照射到光敏元件上的光越多，因而输出电信号也越多。

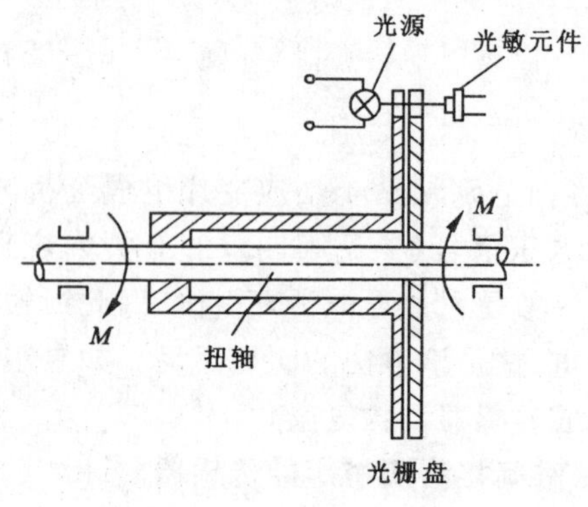

图 5-51　光栅式扭矩传感器

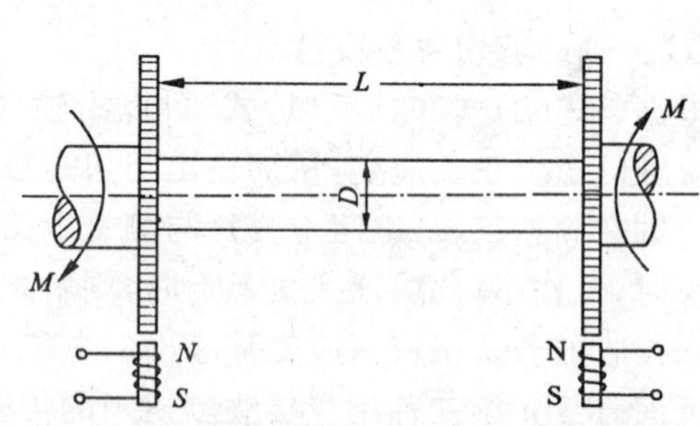

图 5-52　相位差式扭矩传感器

2. 相位差式扭矩传感器

相位差式扭矩传感器的测量原理是应用磁感应原理。在被测轴上相距 L 的两端处各安装一个齿形转轮，靠近转轮沿径向各放置一个感应式脉冲发生器（在永久磁铁上绕一固定线圈而成，如图 5－52 所示）。当转轮的齿顶对准永久磁铁的磁极时，磁路气隙减小，磁阻减小，磁通增大；当转轮转过半个齿距时，齿谷对准磁极，磁路气隙增大，磁通减小，变化的磁通在感应线圈中产生感应电势。无扭矩作用时，被测轴上安装转轮的两个截面间无相对角位移，两个脉冲发生器的输出信号相位相同。当有扭矩作用时，两个转轮之间就产生相对角位移，两个脉冲发生器的输出感应电势不再同步，则产生与扭转角（即与扭矩）成比例的相位差，因而可通过测量相位差来测量扭矩。

北京地质仪器厂为金刚石钻进研制的 IN－1 型扭矩仪属于相位差式仪表，它由装置于动力机和钻机之间的扭矩传感器和二次仪表组成。

IN－1 型扭矩仪的二次仪表主要包括整形及鉴相电路，用于检测出代表扭力大小的相位差信号，通过广角表头显示扭矩值。在一次仪表中还设有报警电路，用户可根据当时的孔深及钻进条件设定报警限。一旦钻进中的实际扭矩值超限，仪器就通过声、光报警，提醒操作者采取措施，防止发生恶性的孔内和机械事故。

IN－1 型扭矩仪具有结构紧凑，交、直流电源均可使用，超载报警等优点，但扭矩量程偏小，只有 400Nm，而且现场安装较麻烦。

光栅式和相位差式扭矩传感器，都属于非接触式测量，结构简单，工作可靠，对环境条件要求不高，精度一般可达 0.2%。

四、间接法测扭矩

间接法测扭矩的工作原理在于分别测出驱动电机的三相有功功率（参见本章第一节）和钻机立轴的转速（参见本章第三节），然后通过硬件或软件按下式算出钻进扭矩 M(Nm)

$$M = 9\,550\,\frac{N}{n}\eta \qquad (5-63)$$

式中：N 为三相有功功率 (kW)；n 为立轴转速(r/min)；η 为传动效率。

用间接法测扭矩较有代表性的仪器是俄罗斯的 OM－40 型扭矩仪，它不仅能实时检测扭矩值，而且可以对钻进中的实际扭矩参数进行自动约束。该扭矩仪主要包括测量部分、报警部分、自动约束部分和自动保护四个部分。

1. 各部分的组成

（1）测量部分由两个互感器、相位检波器、信号发送器和电磁式测量表头组成，把测得的电机相电压和相电流转换成与钻机立轴扭矩成正比的直流电压信号。

（2）报警部分由信号发送器、脉冲发生器、继电器、信号灯和“超载”换挡的拨动开关组成。

（3）自动约束部分由信号发送器、继电器和“约束”换挡拨动开关组成。

（4）自动保护部分的主要部件是电磁阀等，用电缆与仪器主体相连。

2. 仪器的功能

OM－40 型扭矩仪可监测钻进中的扭矩值；人工选择约束条件，当实际扭矩超过“约束”值时用闪烁灯光报警，并自动限制钻机立轴上的扭矩；当扭矩事故发生时，自动关闭钻机的电动机，提起钻具；升降钻具时，测量绞车系统的载荷值，超载亦报警。该仪器在工作中可对电机的空转功耗进行自动补偿。由于仪器上有与钻机变速箱相对应的换挡拨动开关，故不另设转速传感器。由有功功率值与转速挡便可算出，并用表头显示扭矩值。当升降钻具时，由于绞车半径是一定的，故可用扭矩表头显示钢丝绳的拉力值变化情况。

3. OM－40型的技术特性

扭矩测量范围	0～2.5kN·m
绞车大钩载荷测量范围	
四股钢绳	0～250kN
二股钢绳	0～125kN
单股钢绳	0～62.5kN
超载报警限设置	
钻进时	0.25,0.5,0.75,1.00,1.25,1.5kN·m
提升钻具过程(四股绳)	2.5,5.0,7.5,10.0,12.5,15.0kN
扭矩值自动约束限设置	0.75,1.0,1.5,2.0,2.5kN·m
四股绳时大钩载荷自动约束限设置	200kN
扭矩测量的允许误差	±4%(测量上限)
额定输入电压	220V
额定输入电流	75A
液压系统的额定压力	4.5MPa
电源额定电压	380V

第七节　振动和冲击的检测

由于钻井(探)工程的施工对象——岩石的性质差异很大，所以破碎方法也有所不同。除了常用的回转切削、磨削方法外，对塑性为主的土层和松软地层，要用振动钻进以保证取样质量；对塑脆性为主的地层，可采用回转振动钻进以提高效率；对脆性为主的硬岩层，可采用冲击或冲击回转的办法钻进。同时振动或冲击的办法还常用于处理孔内卡、埋钻的事故。为了设计、优选振动器、冲击器的结构，使各类振动器、冲击器的产品质量规范化，都必须实现对振动和冲击的检测。

一、振动器的检测

钻探用振动器是利用偏心轮在旋转时产生的离心力来形成振动作用。常用的双轮双轴式振动器的激振力来自两个离心力的垂直分力的合力，它是一个按正弦规律变化的交变力。因此必须检测其激振力的幅值与频率。

1. 检测台架的结构原理

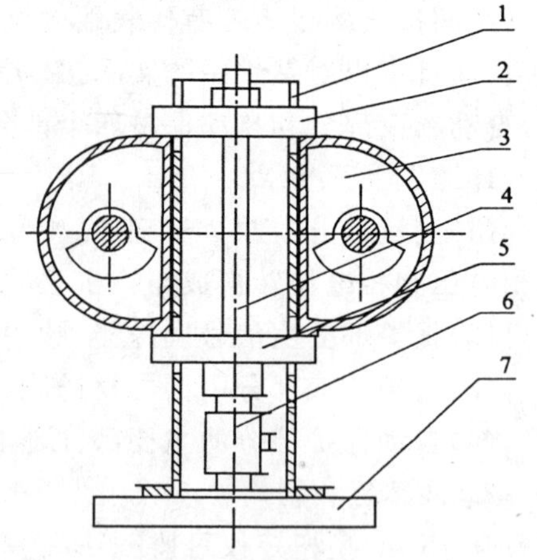

图5－53　振动器检测台架

1. 导向筒；2、5. 压板；3. 振动器；4. 连杆；6. 传感器；7. 底座

检测台架的作用是保证将振动器产生的激振力和振动频率准确地传递给传感器，这里所选的传感器为应变式拉压力传感器，检测台架如图5－53所示。导向筒1和底座7固定为一体，振动器3套在导向筒上，两者为动配合，导向筒起扶正作用，缓减

振动器的横向振动。拉压力传感器 6 通过螺栓固定在底座 7 上，且位于导向筒的中心位置。连杆 4 通过压板 2、5 将振动器压紧并与拉压力传感器相联。当振动器工作时，激振力向上，则拉压力传感器输出正电压；激振力向下，则输出负电压。即传感器输出的是交变电压信号。

2. 检测方法和传感器的动态特性

信号的采集、调理和显示输出可用图 5－54 所示的两种方式，根据输出的波形，即可得出激振力的幅值与频率数值。由于振动检测属于动态测试，所以传感器的动态特性，尤其自振频率是一个重要的参数。传感器的自振频率应远大于被测力的变化频率，否则将影响检测结果的准确性。该测试系统选用的 BLR－1/5 型拉压力传感器的自振频率为 2.56kHz，远高于被测激振力的振动频率 0～50Hz。因此，该传感器在其测试频率范围内所测结果的畸变很小，不会对测力精度带来较大影响。

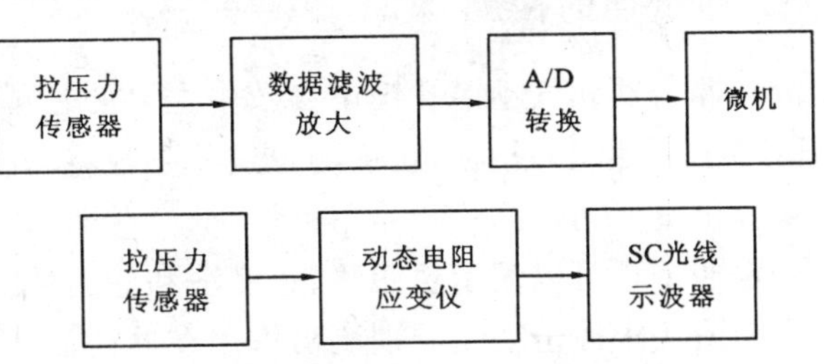

图 4－54　振动器检测的两种方式

二、机械振动的检测

上面关于振动器的检测是为了测出对施工有利的激振力幅值与频率，而在工程技术中还存在着大量有害的机械振动。为此必须对机械设备或部件进行测试和分析，寻找振源，减少或消除振动的影响，或者通过机械振动的检测来进行故障识别与质量检测。通常机械振动的检测包括振幅检测、速度检测和加速度检测三种途径。常用的电容式、电涡流式位移传感器、磁电式速度传感器、压电式加速度传感器等都可用于机械振动的检测，在各个传感器的测量电路中增加微分、积分等环节，则可由一种物理量得出其他两种物理量。现用一种传感器来加以说明。

图 5－55 为磁电感应式振动传感器的结构原理图。这种传感器的作用原理：与磁力线交链的线圈中产生与线圈切割磁力线速度成比例的感应电势，即线圈的输出电压与振子的运动速度成比例。与振动速度成比例的感应电势经过 *RC* 积分电路得到与振幅成比例的信号。

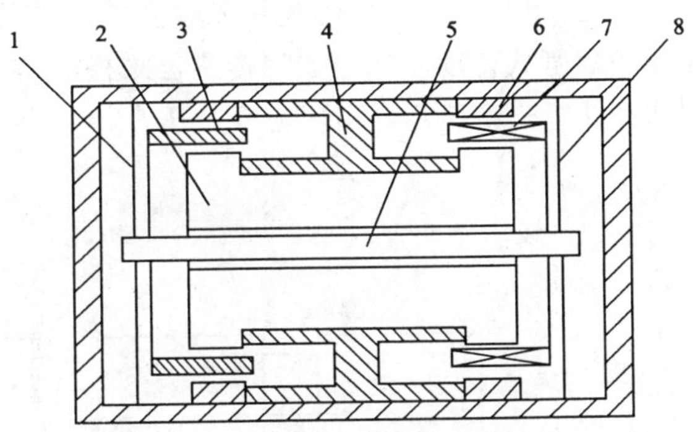

图 5－55　磁电感应式振动传感器

1. 片弹簧；2. 永久磁铁；3. 阻尼器；4. 铝架；5. 芯杆；6. 壳体；7. 感应线圈；8. 片弹簧

传感器中永久磁铁 2 用铝架 4 固定在圆筒形的壳体 6 里面，借助于壳体的导磁性，形成一个磁路，在磁路中有两个环形气隙，在右边的气隙里，放置着一个支承在片弹簧 1 和 8 上的感应线圈 7，而在左边的气隙里放置了一个作阻尼用的阻尼器 3，感应线圈 7 和阻尼器 3 用一芯杆 5 连在一起，相当于一质量块。

使用时，把振动传感器与被测物固定。当被测物振动时，传感器也随之振动，此时线圈、阻尼线圈和芯杆的整体由于惯性而不随它振动，因此与壳体产生相对运动，即线圈 7 在环形气隙中运动，切割磁力线而产生感应电势，再由放大器对输出信号进行放大。

另处，当感应线圈流过电流时，产生一种与线圈运动速度成比例的电磁制动力，因此感应线圈兼有阻尼器的作用，这是其他原理的振动传感器所没有的特点。

三、冲击功的检测

液动冲击器和气动潜孔锤诸参数中主要的是单次冲击功和冲击频率，它们是评价冲击器(潜孔锤)技术性能的指标，正确测定这些参数将为改进冲击器(潜孔锤)的结构设计，为提高应用效果提供重要的依据。

测定冲击功可以用示功图法、速度法和应力波法等方法。下面首先介绍示功图法。

示功图法求冲击功是分别测出作用在冲锤活塞上、下两个端面上的压力和冲锤活塞的位移，利用在同一时间域上的两条压力变化曲线与位移变化曲线来作出以位移为横坐标，以压力为纵坐标的示功图，即可求得冲击功。

冲锤活塞受力后是作直线往复运动的，如果用一个均匀力来代替作用在活塞端面上的力，则活塞冲程所作的功 A 为

$$A = PS \tag{5-64}$$

式中：P 为作用在活塞上的平均力；S 为活塞冲程的位移量。

但是在工作过程中，冲击器缸内的压力是随位移量而变化的，因而在活塞冲程中不能用一平均力来代替。这时可将活塞所经的路径(即冲程)划分为许多微小的位移(ΔS_i)，在每一个微小位移中近似认为作用在活塞上的力(P_i)是不变的，在这段小位移中对活塞所作的功 ΔA_i 为

$$\Delta A_i = P_i \cdot \Delta S_i$$

则整个冲程中所作的功为

$$A = \sum \Delta A_i = \sum P_i \cdot \Delta S_i \tag{5-65}$$

对于上、下缸压力可以用膜片式应变压力传感器(参见本章第二节)来检测，而活塞的位移量可以用螺管式差动变压器位移传感器来检测(参见第三章第四节)。它们在实验台架上的联接方式如图 5-56 所示。由于应变片压力传感器的输出电信号较弱，故首先必须经动态应变

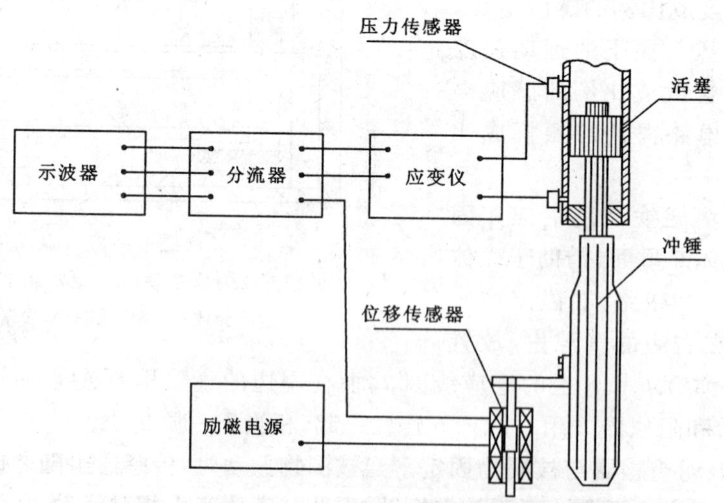

图 5-56　冲击器的上、下腔压力与冲锤位移检测示意图

仪放大检波，而差动变压器的输出信号强，不必放大，但它是一调幅波，要获得与其输入信号相似的波形，还须经过整流和低通滤波。对这两种传感器进行认真的标定以后，就可以用于冲击器上、下腔压力和冲锤位移的检测了。测得的曲线如图 5 - 57 所示。由图 5 - 57 三条曲线上取值，便可绘出形如图 5 - 58 的示功图，图中横坐标为位移 x，纵坐标为压力 P，其中 P_1 为上缸压力，P_2 为下缸压力，则冲击功 A 为

$$A = (P_1 - P_2)x$$

即为示功图曲线包络区的面积。

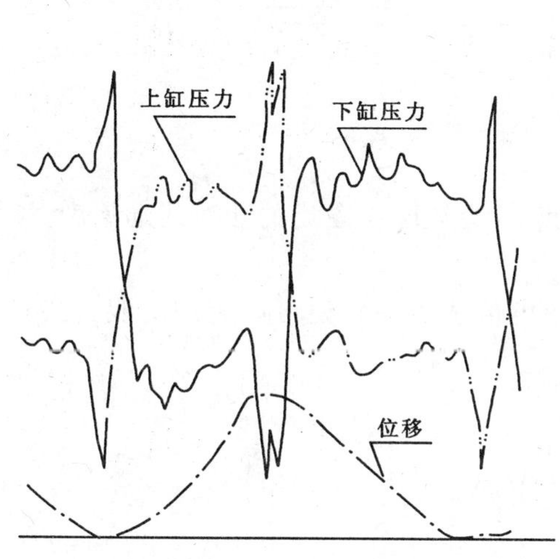

图 5 - 57　上、下腔压力与位移的检测曲线

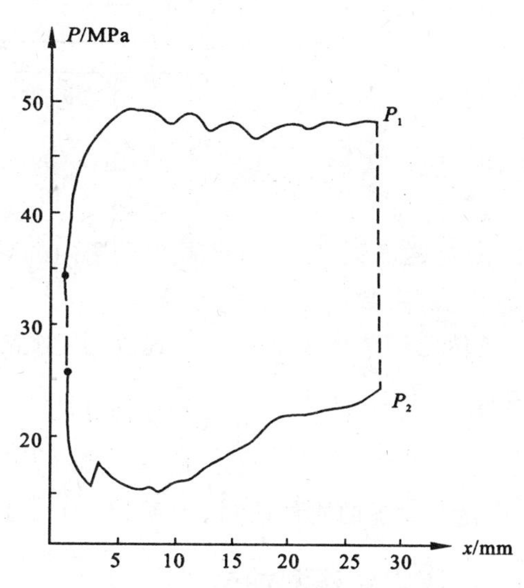

图 5 - 58　求冲击功的示功图

四、冲击速度的检测

冲击速度既是冲击回转钻进破碎岩石的一个重要参数，又是求算冲击功的一个自变量。检测冲击速度可用触点法和磁电式速度传感器来进行。

1. *触点法*

触点法是让冲锤冲击到一个特制的砧子上，如图 5 - 59 所示，在砧子的端部预埋了两个高差很小(Δs=1～2mm)的触点露头，触点柱下部用弹簧支撑着。两个触点用屏蔽线与数字频率计相连。当冲锤冲击砧子时，先后接通高矮两个触点的电路，给数字频率计以启动和停止两个信号，由频率计便可读出时间间隔 Δt 来。则冲锤在 Δs 行程内的平均速度 $v = \Delta s/\Delta t$，因为这时的 Δs 已非常接近砧子端面，所以求得的 v 可看作是冲击末速度。显而易见，当 Δs 很小时，则可以把 v 看作是瞬时末速度。

2. *用磁电式速度传感器测冲击速度*

如图 5 - 60 所示，将线圈(或磁体)固定在冲锤上，当冲锤运动时，线圈也跟随冲锤一起运动并切割磁力线而产生感应电势。在这种情况下，感应电势的大小与冲锤的运动速度成正比，即

$$e = BL\frac{\mathrm{d}s}{\mathrm{d}t} = BLv = Kv \tag{5-66}$$

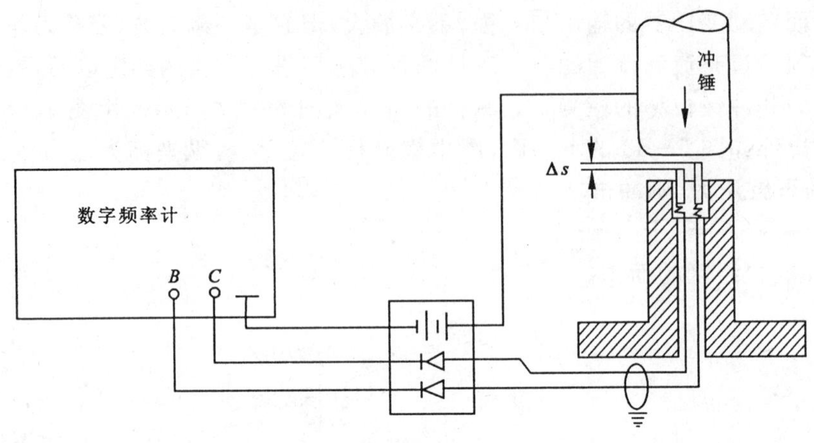

图 5-59 触点法测冲击速度

式中：B 为磁场强度；L 为线圈在磁场内的导线长度；v 为线圈与磁场的相对运动速度；K 为传感器的比例系数。

既然已经测出了冲锤的末速度(用触点法或速度传感器法)，便可以应用动能公式求出冲击功。

$$A = \frac{1}{2}mv^2 \tag{5-67}$$

式中：m 为冲锤的质量(包括活塞在内)；v 为冲锤末速度。

五、应力波法测冲击功

冲锤沿冲击杆柱给钻头传递破碎岩石的应力波。代表冲击功的应力波能量可按下式算出：

$$A = \frac{ac}{E}\int_0^t \sigma^2 \mathrm{d}t \tag{5-68}$$

式中：A 为冲击功(应力波能量)；a 为贴有应变片杆柱的截面积；c 为杆柱上的波速；E 为杆柱的弹性模量；σ 为应力的幅值；t 为应力波的持续时间。

应力波法是将电阻应变片粘贴在被冲锤冲击的杆柱上，通过应变片把入射的应力波转换成电信号。用微机控制连续采集，也可以随机地采集一定数量的入射应力波。采集结束后，程序自动转入数据处理，根据要求可以算出每个被采集的入射应力波的能量，或算出总的入射应力波的平均能量及偏差值。冲击功可用其平均能量来表示(比如常用 25 个入射应力波的平均能量)。

应力波法要求贴应变片的杆柱的截面积不变，并有一定的长度，以使首次入射的应力波不受其反射波的影响，否则捕获不到完整的首次入射波。贴应变片时应注意消除由于杆柱弯曲造成的影响(参见第四章第二节的内容)。一般在杆柱直径相对两侧贴应变片来测轴向应力，将其连接成相对的桥臂即可消除弯曲的影响。

测试中为了消除相邻两次入射波的干扰，须将首次入射波的首次反射波的能量限制到足够小(比如不大于首次入射波能量的 20%)。为此须采用吸能装置，将贴有应变片的杆柱装入吸能装置中去，使其能量大部分被吸收，以达到衰减首次反射波的能量，防止它干扰入射波。

由于采集到的应力 σ 幅值仅是电压信号，而代入(5-68)式计算冲击功必须是对应的应力

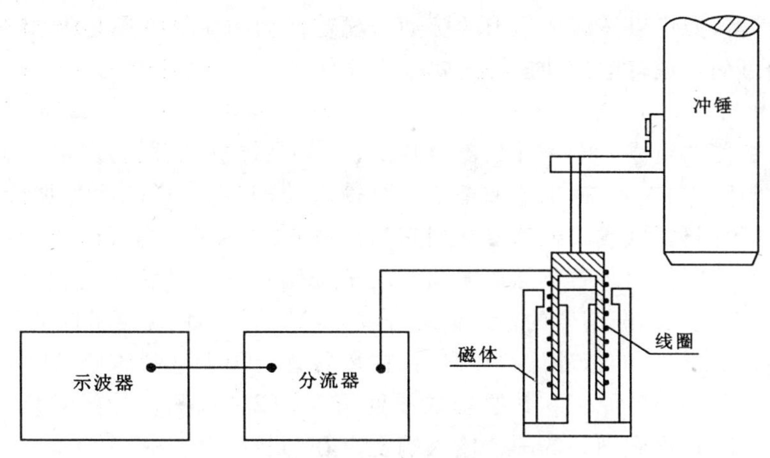

图 5-60　用磁电式速度传感器测冲击速度

值，故在测试之前必须进行标定。标定工作一般用自由落锤试验来完成，落锤做成和贴应变片的杆柱截面相同（或稍大）的柱状短棒，自由下落冲击杆柱时，采集并记录输出的电压信号，这时电压值对应的应力值 σ 为

$$\sigma = \rho c \frac{\sqrt{2gh}}{1+\gamma} \tag{5-69}$$

式中：ρ 为杆柱的密度；c 为杆柱上的波速；h 为自由落锤的高度；g 为重力加速度；γ 为杆柱与落锤的断面比。

重复试验多次，便可按（5-69）式求出应力与电压间的标度系数，从而可确定由应力波法检测出的应力幅值，并按（5-68）式算出冲击功来（可让微机软件完成）。根据微机采集的应力波形还可以算出冲击频率，可以进一步研究冲锤形状和重量对冲击入射波的影响等问题。

六、冲击频率的检测

冲击频率一般不需专门进行检测，因为前述各参数的输出波形中便可反映出冲击频率，但它们都只能在实验台上检测冲击频率。如果要在生产现场，甚至在钻孔中测出冲击器工作时的冲击频率，则必须用 FM-3 型测频仪。

1. FM-3 型测频仪

由中国地质大学研制的 FM-3 型测频仪工作原理见图 5-61。该仪器是利用阀式液动冲击器工作时，每完成一次冲击运动，就要关闭一次阀门，即产生一个液力脉冲，这个液力脉冲的频率就是冲击器的工作频率。这种水击波是以近于声波速度通过管路中的液体向上传播的，可以一直传到稳压罐。利用安装在地面高压送水管路上的

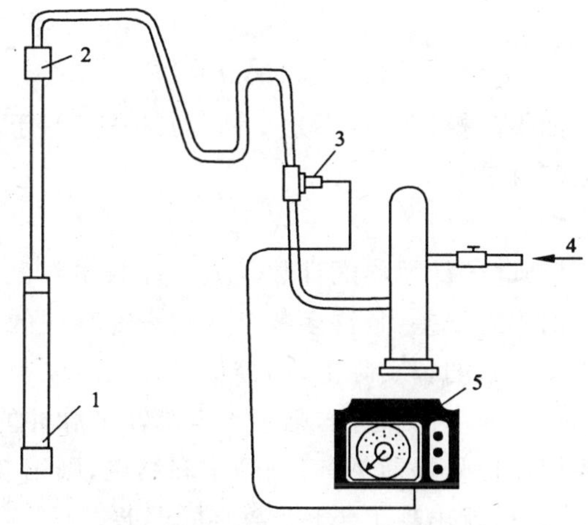

图 5-61　FM-3 型测频仪工作原理

1. 液动冲击器；2. 水龙头；3. 传感器；4. 来自泵的高压流体；5. FM-3 型测频仪

压电式压力传感器，便可以把液体压力的脉动情况变换为相应的电压变化，再通过整形电路和电子计数器，则可显示或打印出冲击器的实际工作频率。

2. 电子计数器

(1)电子计数器的组成。电子计数器由闸门、石英晶体振荡器、分频器和计数器组成。闸门相当于一个“门”，它有一个输出端和至少两个输入端，其中一个输入端加计数的脉冲信号，另一个输入端加闸门信号(或门控信号)，当它为高电平时，闸门才打开，让计数的脉冲到达闸门输出端，反之则关闭闸门。石英晶体振荡器用于产生频率非常稳定的振荡，作为时间基准。分频器则把来自石英晶体振荡器的输入信号分频，得到具有不同宽度的时间基准，或称为时标信号。计数器对来自闸门的脉冲计数译码后，在数码管上用十进制的形式显示出来。

(2)电子计数器测频的原理。其原理框图见图 5-62。被测信号经过整形电路后变成与其同频率的窄脉冲，再加到闸门的一个输入端上。在门控信号到来之前，闸门是关闭的，因此窄脉冲不能通过，计数器没有计数，显示为零。门控信号到来时，闸门被打开，窄脉冲通过闸门加到计数器输入端，计数器便开始计数。直到门控信号结束(回到低电平)，闸门关闭，计数器停止计数。如果门控信号的宽度是 1 秒，那么闸门打开的时间也是 1 秒，计数器计数的时间也是 1 秒。按照频率的定义，在 1 秒钟内计数器计得的脉冲个数就等于被测频率。

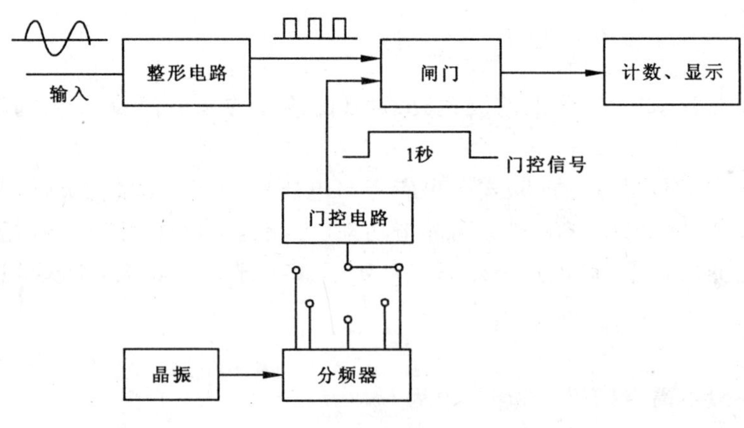

图 5-62 数字测频的原理框图

如果门控信号宽不是 1 秒，而是宽度等于 t_g 的信号，在这段时间计得的脉冲数为 N，则被测频率就是

$$f_x = N/t_g \tag{5-70}$$

(3)电子计数器的计数误差。计数误差也叫量化误差或±1 个数字的误差，它属于电子计数器的固有误差，是许多数字式仪表都存在的一种误差。该误差是由于被测信号和门控信号不同步引起的。实际上，门控信号什么时候来到，完全是随机的。在图 5-63 中，如果门控信号加在 t_1、t_2 时刻之间，则第 4 至第 9 个脉冲能通过闸门加到计数器上，计数器显示 6 个脉冲。如果门控信号提前 Δt 时刻到来和结束，则第 3 至第 9 个脉冲能通过闸门，计数器显示为 7 个脉冲，这样就出现了±1 个数字的误差。

(4)频率测量的相对误差。由(5-68)式可写出计数器的相对误差 γ 为

$$\gamma = \frac{\Delta f_x}{f_x} = \frac{\Delta N}{N} - \frac{\Delta t_g}{t_g} \tag{5-71}$$

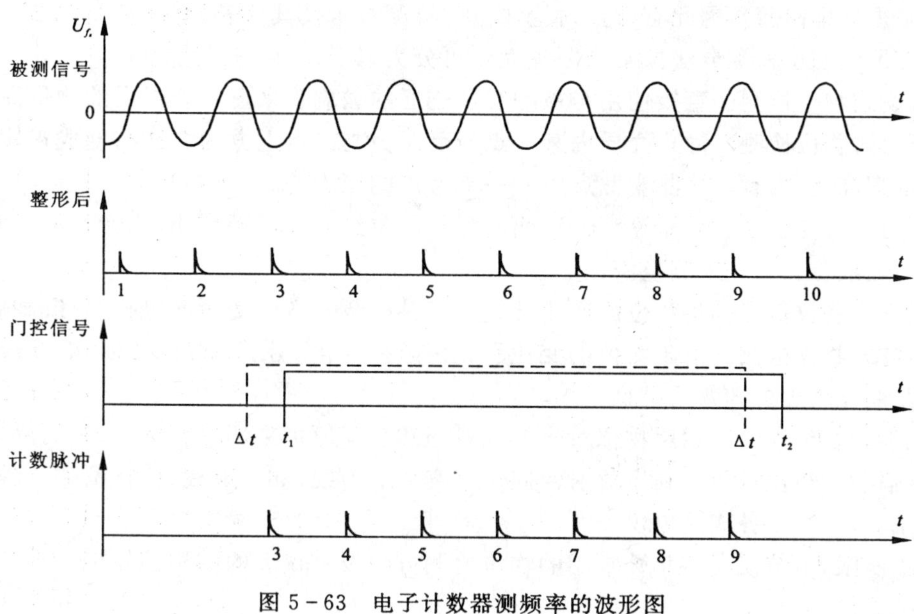

图 5-63　电子计数器测频率的波形图

考虑到 Δt_g 取决于石英晶体振荡器的准确度和稳定度，通常晶振的准确度和稳定度都较高，而且仪表给定后，操作者是无法改变的，因此主要讨论(5-69)式右边第一项对相对误差的影响。由于计数误差 $\Delta N=\pm 1$，所以

$$\gamma \approx \pm \frac{1}{N}=\pm \frac{1}{f_x t_g} \tag{5-72}$$

很明显，(5-72)式告诉我们要想减小频率检测的相对误差，则必须让 $f_x t_g$ 的值不能太小。即当被测频率较低时，门控信号的宽度 t_g 则不能太窄。例如，把国产的 Z56-Ⅱ型冲击器(设计冲击频率 20Hz)和俄罗斯的 ГВ-6 型冲击器(设计冲击频率 60Hz)置于同一测频仪上测试，都取门控信号宽度 $t=1$s，则由(5-72)式前者的相对误差为±5%，而后者为±1.7%，如果这时把门控信号宽度取为 $t_g=10$s，则前者的相对误差就降为±0.5%了。这一思路对其他数字式仪表和计算机自动采集的检测系统同样适用，当被测信号频率不太高时，应注意适当延长采样时间间隔，即降低采样速率，以保证检测结果的相对误差控制在很小的范围内。

第八节　物位的检测

一、概述

在钻井(探)工程和岩土工程中，常常需要及时了解和掌握液态(泥浆、水泥砂浆等)、固态(水泥干粉、砂子等)消耗材料在储存容器(如泥浆池、水泥罐)中的体积和高度，常常需要及时了解和掌握地下或地表水位的升降情况，以利于生产的正常运行和进行必要的经济核算。

上面所谈到的液位和料位总称为物位。物位检测的结果常用高度、体积和百分数来表示。当然，在目前生产中许多物位检测问题并未用到仪表，而是借助测绳用肉眼观测、手工记录来完成的。但是，随着技术的进步，工程项目和生产任务对物位检测在实时性和准确性方面，提出了更高的要求，同时，在某些工程中，还必须对液面高度实现自动控制(例如在止水工地，排水过多则必须立即回灌)，因此有必要讨论物位的检测技术及其仪表。

目前使用的物位检测方法按工作原理大致可分为以下几类：

(1)直读式物位检测。直接使用与被测容器连通的玻璃管来显示容器内的物位高度。

(2)压力式物位检测。静止介质内某一点所受压力与此点上方的介质高度成正比，因此可用压力表示其高度，或者间接测量此点对另一参考点的压力差。

(3)浮力式液位检测。利用漂浮于液面的浮子的位置随液面而变化，或者浸没于液体中的浮筒的浮力随液位而变化来测量液位。

(4)电气式物位检测。将物位的变化转换为某种电量参数的变化而进行间接的测量。

(5)声波式物位检测。由于物位的变化引起声阻抗变化，测出声波的遮断和声波反射距离的不同及其变化就可测知物位高低。

(6)光学式物位检测。利用物位对光波的遮断和反射原理来测量物位。

(7)核辐射式物位检测。利用放射性同位素衰变的射线(如 β 射线，γ 射线等)将被中间介质吸收而减弱，可制成各式液位仪表。

受篇幅所限，本节仅介绍几种常用的物位检测方法及其仪表的结构和原理。

二、压力式物位仪表

1. 压力式物位计

液体或固体对容器底面产生一定的压力，设物料的密度为一常数，则对定点的压力与物料的高度 H 成正比，即

$$H=\frac{p}{\rho g} \tag{5-73}$$

式中：p 为物料对容器底部的压力；ρ 为物料的密度；g 为重力加速度。

因此，通过测量出压力 p 就可测出物料相对容器底部的高度。

图 5-64 为压力式液位计的示意图，当压力计的安装高度与容器底部高度不一致时，须对(5-73)式加以修正。

$$p=\rho gH\mp\rho gh$$

即

$$H=\frac{p\pm\rho gh}{\rho g}=\frac{p}{\rho g}\pm h \tag{5-74}$$

式中：p 为测得的压力数；H 为被测介质液面至底部距离；h 为检测仪表至容器底部的距离，若仪表高于容器底部，取正值；低于底部取负值。

2. 差压式液位计

图 5-64 的容器是敞口的，如果在密闭容器中测量液位高度，当液面上部的介质压力与大气压力不同时，尤其是液面上部的压力还有变化的情况下，便不能用压力式液位计，而应用差压式液位计。因为这时容器底部受到的压力除与液面高度有关外，还与液面上部压力有关。

图 5-65 所示为差压式液位计，它一端与容器底部用法兰直接连通，而另一端通过引压管与液面上部空间(气体)相通。为了避免引压管中由于液柱高度的变化而影响测量结果，在引压管上端装有平衡容器，且充以被测液体，使其保持液柱高度 h_2。当液面上部介质密度远小于被测液体密度时：

高压端压力　$p_1=p+h_2\rho g$

低压端压力　$p_2=p+(H-h)\rho g$

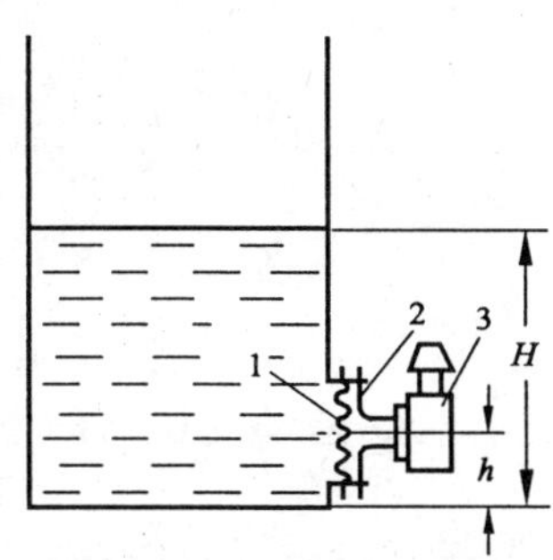

图 5-64　压力式液位计

1. 隔离膜；2. 隔离液；3. 压力计

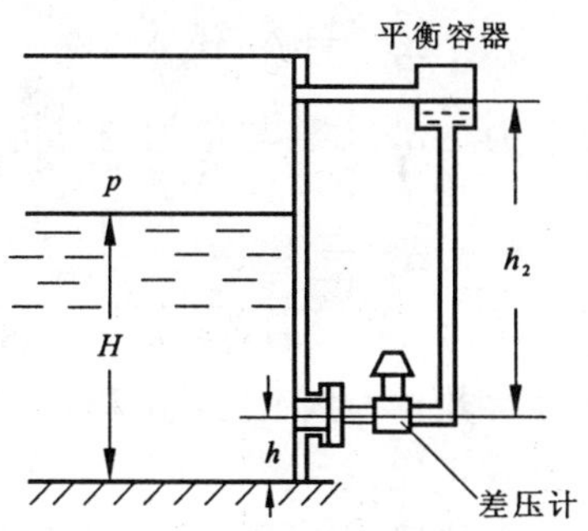

图 5-65　差压式液位计

压差 $$p_1 - p_2 = (h_2 + h - H)\rho g \tag{5-75}$$

式中：p 为被测液面上部介质压力；ρ 为被测液体密度；H 为液面高度；h 为差压计安装距底部距离；h_2 为引压管内液面至差压计的距离，为恒定值。

从(5-75)式可以看出，所测压差仅随被测液面高度 H 变化。但应注意到，在上述情况下，被测液面升高时，差压计指示反而变小，这与人们的习惯正好相反。为此要把差压计反接，即高压端压力 p_1 接差压计负压端，而低压端压力 p_2 接差压计正压端。从理论上看，差压计在这时输出应为负值。为了使液面高度升高时，差压计输出增大，可以在测量系统中事先加一个正迁移量。因为当正负压反接时有：

$$p_2 - p_1 = (H - h - h_2)\rho g$$

这时若在仪表中加一迁移弹簧，使零位向正向移动 $\delta = h_2\rho g$，则差压计的压差值将为

$$\begin{aligned}\Delta p &= (p_2 - p_1) + \delta = (H - h - h_2)\rho g + h_2\rho g \\ &= (H - h)\rho g\end{aligned} \tag{5-76}$$

从上式可见，当液面升高时，输出压差值 Δp 增大。

三、浮筒式液位计

图 5-66 所示为一个结构简单、维修调校方便的浮筒式液位变送器。在工作中因为弹簧 4 的作用，使浮筒的位移不能与液位变化相一致，而小于液位变化。当浮筒运动时，带动铁芯 5 在差动变压器中运动，因此差动变压器的输出电压就代表了液位的变化。这种原理的液位计还可以测量密封高压容器内的液位。

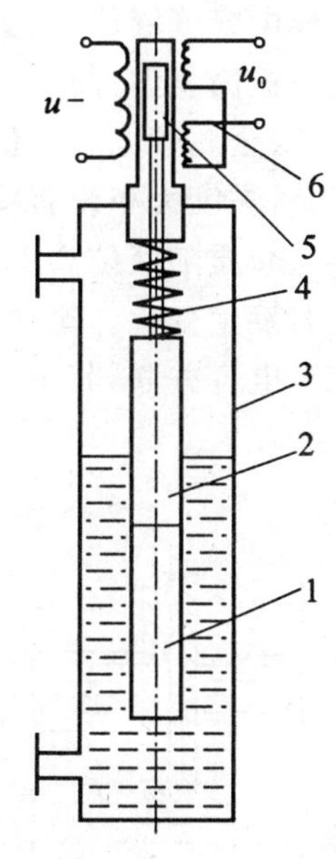

图 5-66　浮筒液位计

1. 浮筒固定段；2. 浮筒浮力段；3. 沉筒室；4. 弹簧；5. 铁芯；6. 差动线圈

若浮筒处于某一平衡位置，则

$$kx = \frac{\pi}{4}D^2[h\rho' g + (L - h)\rho'' g] - G \tag{5-77}$$

式中：k 为弹簧刚度；x 为弹簧变形量；D 为浮筒直径；L 为浮筒全长；h 为浮筒被液体浸没长度；ρ' 为被测液体密度；ρ'' 为密封高压容器内的气体密度；G 为浮筒重力。

当液面升高 ΔH 时，浮筒浸没长度增加 Δh，弹簧被压缩

Δx，此时

$$\Delta H = \Delta h + \Delta x$$

增加的弹簧压力 $\Delta x \times k$ 将与增加的浮力 $\frac{\pi}{4}D^2 g(\rho' - \rho'')g\Delta h$ 相平衡，可推导出

$$\Delta x = \frac{1}{\frac{4k}{\pi D^2 g(\rho' - \rho'')g} + 1}\Delta H \tag{5-78}$$

可见只要 k 为常数，则浮筒上下位移量与液位变化量成正比，显然，差动变压器的电压输出与液位变化量也成正比。

图 5-66 中的浮筒由浮力段和固定段两部分组成。固定段几何尺寸是固定的，而浮力段则可以做成不同的长度，与固定段连接后，构成不同的量程或用于不同的被测介质。

四、电气式物位仪表

1. 电阻式液位计

图 5-67 所示的液位计测的是导电介质的液位，由于液位的变化，作为电桥一个桥臂的电阻极棒阻值发生变化，使桥路有信号输出。这种液位计结构简单，可以完成液位连续测量，远距离传送、报警、控制，而且结构简单。但电极表面状态的变化，如结晶、结垢、氧化、腐蚀、集聚气泡等都会影响测量的精度。

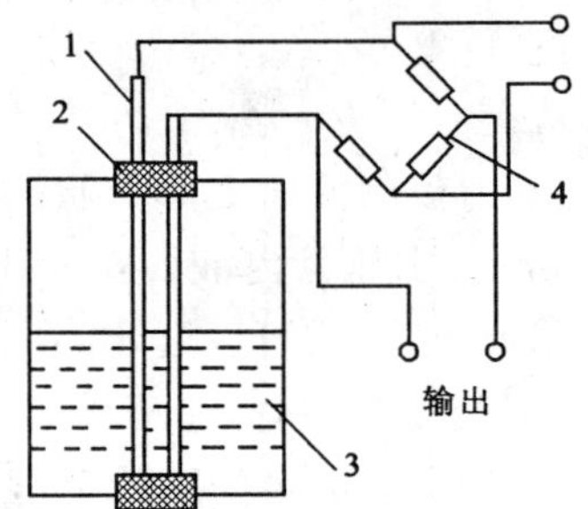

图 5-67　电阻式液位计

1. 电阻极棒；2. 绝缘套；3. 容器；4. 平衡电桥

2. 电容式物位计

由第三章的(3-13)式知道，电容量的变化取决于电容板极面积、电容板极间距离和电容板极间介质的等效介电常数三个参数中任何一个参数的变化。这样电容式液位计就可以做成多种形式，常见的有如图 5-68 所示的四种。对导电介质常用变电极面积型，而对非导电介质则常用改变等效介电常数型。

(1)裸金属管电容液位计。裸金属管电容液位计适用于规则金属容器内非导电介质的液位测量，对黏度大小没有特殊要求。工作时以中央的裸金属极和容器壁分别作为两极。被测的非导电介质随液位高度不同使浸没电极的长度不同，从而电极间的等效介电常数发生变化，而使电容发生变化。这种电容式液位计的等效电路如图 5-69 所示，由图中可见，总的电容相当于三个电容并联，其中：C_1 为不随液位变化的等效杂散电容；C_2 为液面上部介质与两个电

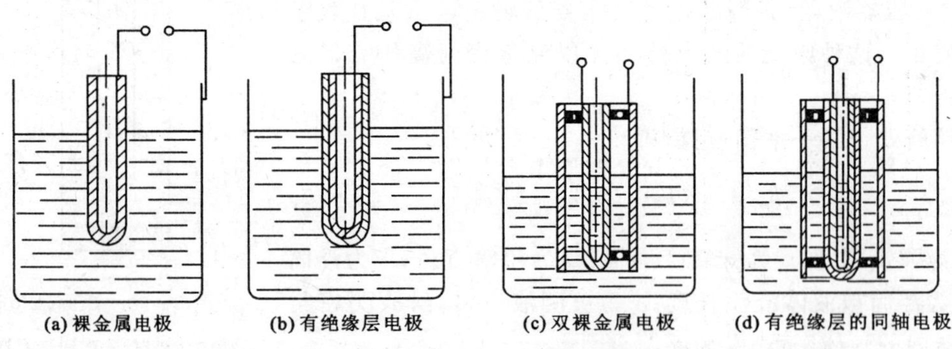

图 5-68　电容式液位变送器类型

极间形成的电容，即

$$C_2 = \frac{k\varepsilon_1(H_0 - H_L)}{\ln\dfrac{D}{d}}$$

C_3 为被测介质与两个电极间形成的电容，即

$$C_3 = \frac{k\varepsilon_2 H_L}{\ln\dfrac{D}{d}}$$

式中：k 为常数，对于同心圆柱电极 $k=2\pi$；ε_1、ε_2 分别为液体上部介质和被测液体的介电常数；H_0、H_L 分别为电极有效长度和浸入液面长度；D、d 分别为容器和电极的直径。

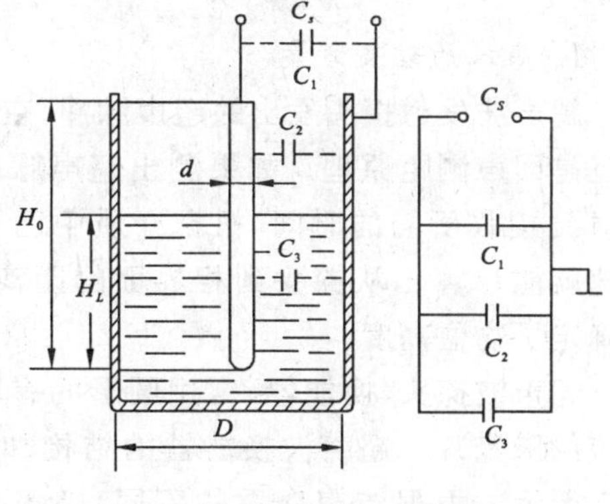

图 5 - 69　裸电极安装后的等效电路

故总电容 C_s 为

$$C_s = C_1 + C_2 + C_3 = C_p + KH_L \tag{5-79}$$

式中：$C_p = C_1 + \dfrac{k\varepsilon_1 H_0}{\ln\dfrac{D}{d}}$ 为不变的初始电容；$K = \dfrac{k(\varepsilon_2 - \varepsilon_1)}{\ln\dfrac{D}{d}}$ 为灵敏度。

(5 - 79)式表明电容值仅随液位 H_L 而变化，而且灵敏度与($\varepsilon_1 - \varepsilon_2$)成正比，故被测介质与其上部介质的介电常数差值愈大，灵敏度愈高；而灵敏度又与 $\ln\dfrac{D}{d}$ 成反比，一般情况下，$D \gg d$，这样会使灵敏度降低。为了提高灵敏度，对于黏性不特别大的液体，可将裸电极装入与被测容器相通的导电的连通管内，这时 D 就便于选择了。或者采取图 5 - 68(c)的形式，都可达到增大灵敏度的目的。

(2)带绝缘层的金属管电极式电容液位计。这种电极主要用于测量导电介质的液位。它也可推导出类似于(5 - 79)式的结果，即总电容值仅随液位 H_L 而变化，只是灵敏度的表达形式有所不同。但这种带绝缘层的金属管电极，一般不适于测量黏性导电液体，因为导电液体的黏附作用将引起较大的误差。

(3)同轴圆柱形金属电极式电容液位计。同轴圆柱形金属电极如图 5 - 68(c)、(d)所示。采用同轴电极可消除安装条件对电容的影响，故适用于不规则容器内的液位测量，可得到较为稳定的灵敏度。

总之，对图 5 - 68 中的四种(实际是两类)电容式液位计而言，使用同轴电极变送器对安装的要求可以降低，但最好用于流动性好，且不含杂质的被测介质(因同轴电极之间的间隙较小)。使用单独电极的形式则对被测介质的流动性要求低，但安装位置对测量结果影响较大，尤其是靠近容器壁时，灵敏度变化更明显。

电容式液位计除可测正常温度下的液位外，还可测较高或较低温度下的液位，甚至还可用于粉状料位的测量。但由于介电常数 ε 常随温度、湿度变化，故当条件变化时，须注意随时修正，否则误差较大。其测量精度可达 1.5%。

3. 电感式液位计

电感式液位计的原理是通过与被测容器连通的管路中浮子位移，使管路中电感线圈的电感产生变化，以输出变化的电信号作为液位指示、记录、报警的依据。由于前面已对电感变换原理作过阐述，此处不再讨论。

五、超声波物位仪表

1. 基本原理及方案

超声波发射探头发出的超声脉冲，在介质中传到相界面经过反射后，再返回到接收探头，这就是回声测距原理。如果测出超声脉冲从发射到接收所需的时间，根据介质中已知的声速就能计算出从探头到相界面的距离，从而确定了物位高度。

超声波探头(换能器)常用圆形的有压电效应的陶瓷片。超声波换能器的结构如图 5－70 所示。根据传声介质的不同，超声波物位计可分为液介式、气介式和固介式三类，以前两种为常用。根据探头的工作方式又可分为单探头式(发射和接收由一个探头完成)和双探头式(发射和接收由两个探头完成)。由于介质的不同和探头使用上的差异，可以组成六种形式，如图 5－71 所示。

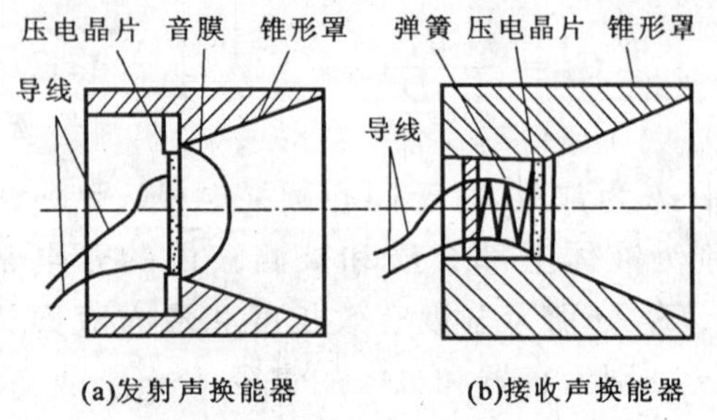

图 5－70　超声波换能器结构

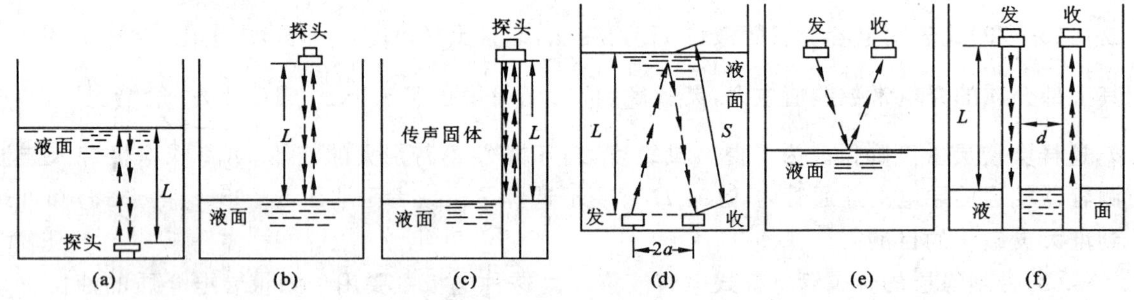

图 5－71　脉冲回波式超声波液位计的六种基本方案

图 5－71(a)为单探头式，它固定在液位最下部。若探头至液面的距离为 L，从发射到接收的时间为 t，而经过精确测定的超声波在介质中的传播速度为 c，则液位高度 h 就能按下式确定

$$h = L = \frac{1}{2}ct \tag{5-80}$$

图 5－71(b)与(a)基本相同，如果已知探头到容器底部的距离 H，则液位高度 h 为

$$h = H - L = H - \frac{1}{2}ct \tag{5-81}$$

但应注意探头须固定在液面可能到达的最高位置之上，即 $H > h_{\max}$。

图 5－71(c)是固介式的测量方案，它与(b)方案基本相同，只是这时超声波不是在空气中传播，而是在固体介质中，故这种方案适用于液面以上气体成分变化较大的场合。

图 5－71(d)所示为双探头式，若双探头均在液面以下，且水平距离为 $2a$，则探头到液面的距离 h 为

$$h = \sqrt{\frac{1}{4}c^2t^2 - a^2} \tag{5-82}$$

对图 5－71(e)，则

$$h = H - \sqrt{\frac{1}{4}c^2t^2 - a^2} \tag{5-83}$$

对图 5－71(f)，则

$$h = H - \frac{1}{2}c(t - \frac{d}{c_1}) \tag{5-84}$$

式中：d 为两探头的水平距离；c_1 为超声波在传声介质中的传播速度。

对以上六种方案，选择时从技术上要考虑以下两点：一是精度须满足要求；二是安装、维护方便，使用安全可靠。用超声波测量可以实现非接触测量，换能器振幅小，寿命长。由于声波与介质的电导率、热导率及介电常数等无关，故使用范围广，只要界面的声阻抗率不同，液位、料位都可测量。但是该类仪表不能用于高温，而且有些介质对声波吸收能力较强，则无法使用。另外，测量电路复杂，造价较高也是超声波物位检测的一个问题。

2. 声速校正

由于超声波测量物位的先决条件是已知声速 f，但是随着液、气介质的成分、温度、压力变化，随着固体成分的变化，声速并非恒定值，所以必须根据具体条件校正声速。常用的有两种方法：用校正具校正和用固定标记校正，这里着重介绍后一种方法。

如图 5－72 所示，在探头侧面铅垂方向每隔一定距离设一个小反射板，它们的相互位置能使探头接收到小反射板的回波信号。这时探头接收到的声波信号[如图 5－72(b)]中既有液位返回信号，也有小反射板返回信号。由图 5－72(b)中看出液面高度正好是小反射板距离的 4.5 倍，设其间距为 70cm，则液面高度 h 为

$$h = 70\text{cm} \times 4.5 = 315\text{cm} = 3.15\text{m}$$

从声速校正方法来看，采用液介式液面计效果最好。因为气介式影响声速的因素过多，而液体中声速校正影响因素少，在通常情况下，不加校正精度也可达 1%左右，若进行校正，可达 0.1%。

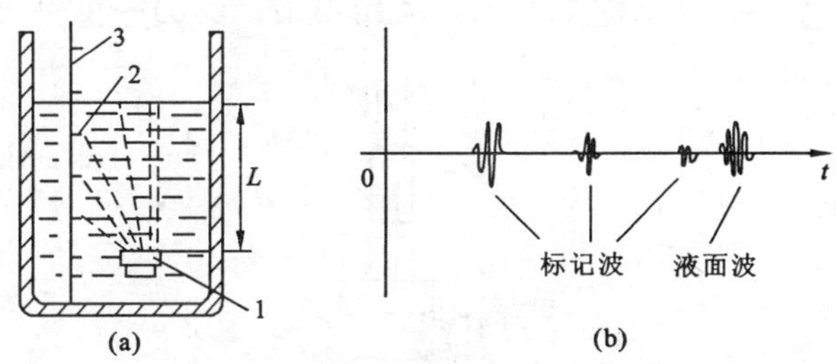

图 5－72　固定标记校正声速

1. 超声探头；2. 小反射板；3. 固定臂

3. 液位测量的近限与远限

近限与远限指的是超声探头距液位太近和太远都不能工作。过远，探头接收到的超声信号太弱，无法与噪声信号相区别；太近，则信号进入接收探头的盲区以内而无法分辨。

从设计、使用、安装、维护和成本等条件考虑，单探头占有一定的优势。但是当探测距离较远时，就需要大功率发射换能器，但发射功率越大，接收灵敏度越低，这样就不得不把发射和接收分开，采用双探头式。

在单探头系统中，当停止发射信号后，探头上还会有余振，其变化如图 5－73 点划线所示，而接收信号如实线所示。为了不超过一定的信噪比，接收信号的幅值需要规定一个阈值 U_m，只有大于 U_m 时，接收信号放大器才有输出，这就是液位测量的远限。而在 ac 段，虽然发射信号小于接收信号，但是实际的接收信号是接收与发射信号的叠加，故难以把发射信号剔除出去。只有在 c 点以后发射信号才低于阈值，此时接收信号才摆脱了发射信号的干扰，故 $0c$ 段(代表时间)即为盲区，亦即发射后在 $0c$ 时间内探头无法接收返回信号。把在介质中的声速与

盲区时间(0c 段)相乘,即为盲区距离,也就是近限。

对于双探头而言,接收电路多少也会受到发射电路的影响,故也有一定的盲区,只不过比单探头小得多。

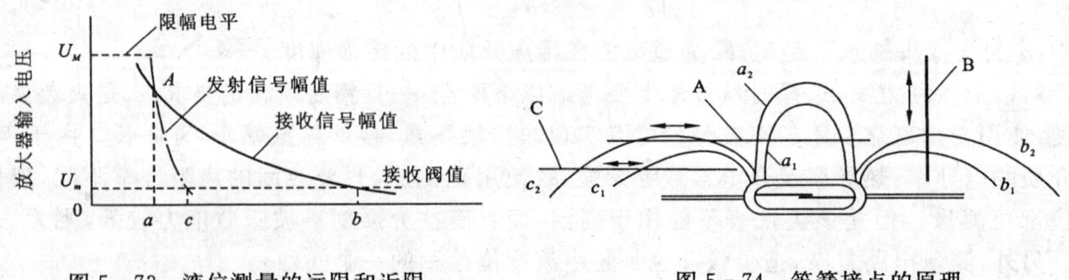

图 5-73 液位测量的远限和近限

图 5-74 笛簧接点的原理

六、用于液位监控的浮子开关

除上述检测液位的方法外,近年来有一种称为浮子开关的元件以其结构简单、可靠性高、价格低廉而日益得到广泛应用。

1. 基本原理

如图 5-74 所示,当磁铁接近笛簧接点元件,就会因吸引力而使接点闭合,磁铁离开,接点则断开。浮子开关就是利用了笛簧接点元件这一基本原理。其磁铁的接近方式有图 5-74 中的 A、B、C 三种,这是作为浮子开关应用时的三种基本方法。

2. 普通型浮子开关

图 5-75 是作为浮子开关用得最广泛的一个例子。如结构图 5-75(a)所示,笛簧接点元

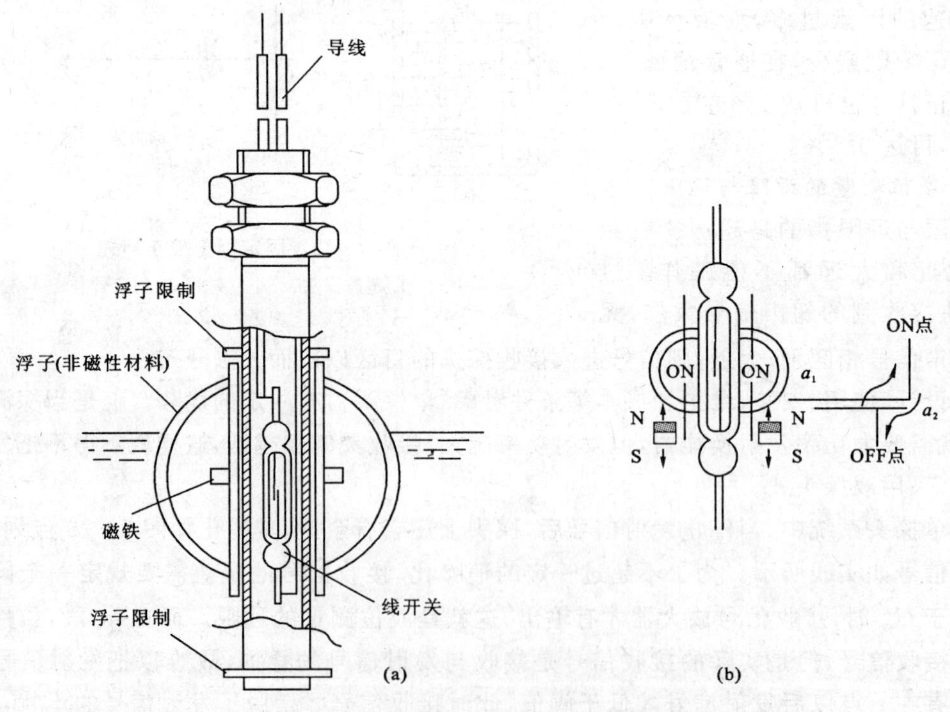

图 5-75 采用笛簧接点元件的浮子开关结构

件放在非磁性材料管子内，在非磁性材料的浮子内则装有磁铁。当浮子随着液位上升而升高，其中的磁铁达到图 5－75(b)中 a_1 位置时，开关闭合，当液位下降到 a_2 的位置时，开关断开。

这种开关的优点是闭合与断开的磁滞非常小，即使磁铁的灵敏度、磁力有了变化，动作位置也不会有大的偏离。使用中应注意，开关的灵敏度不应太高，磁铁的磁力不应过强，否则会有三点动作的危险，液面波动时，因动作磁滞很小，可能会有反复闭合-断开的动作。

3. 偏置间隙型浮子开关

当设计上不能将浮子做成环形时，往往在浮子开关中采用图 5－76 所示的偏置间隙型笛簧接点元件(接点不在开关中心，而在笛簧接点元件端部)。动作时磁铁作上下运动(参考图 5－75)，上升到 b_1 点时开关闭合，下降到 b_2 点时开关断开。

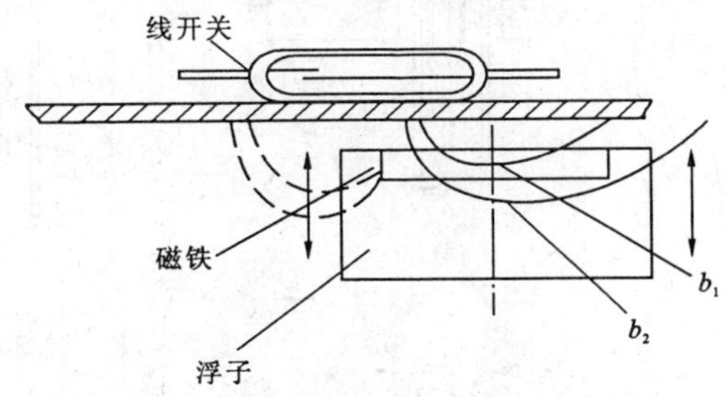

图 5－76　偏置间隙型笛簧元件

这种方法的优点是价格低廉，能够检测黏度高的液体液面，但是要特别注意不能让浮子偏移。

4. 具有很大闭合-断开磁滞的浮子开关

这种浮子开关的基本结构如图 5－77 所示。这种浮子开关一般可用于液面波动的场合(因动作磁滞很大，所以，即使波动也不会重复闭合-断开动作)，或用于给水或排水场合。其动作为：浮子上升到某点，开关闭合[图 5－77(a)]，浮子下降到某点，开关断开[图 5－77(b)]。

该方法的优点是一只浮子开关就能进行供水和排水的控制，开关不会因浮动而重复闭合-断开动作。

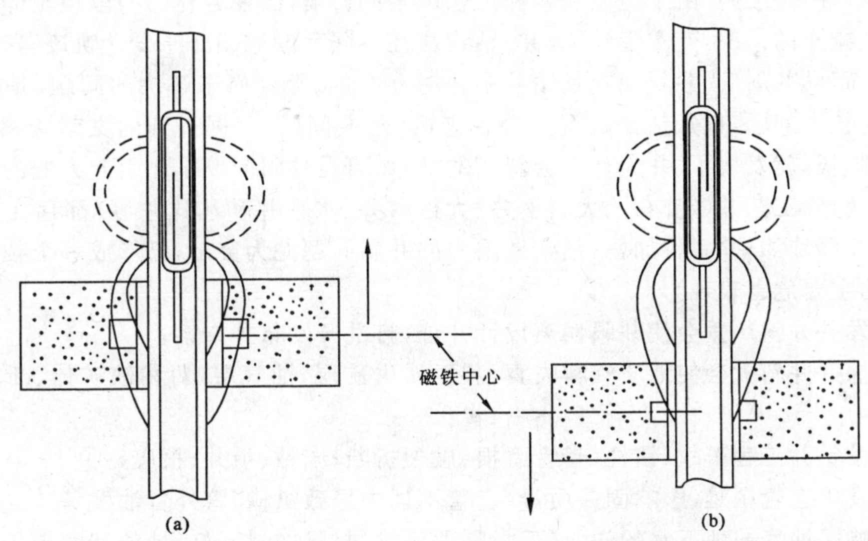

图 5－77　具有很大闭合-断开磁滞的浮子开关

5. 记忆型浮子开关

记忆型浮子开关到达图 5－78(a)所示的位置时，开关就呈闭合状态，即使浮子进一步上升，由于偏离磁铁，开关仍继续保持闭合状态，即记忆状态[见图 5－78(b)]。水位下降，浮子达到图 5－78(c)所示的位置时，开关才能脱离闭合而呈断开状态。

这种方法,可应用于水处理和化学浆液的液位控制。

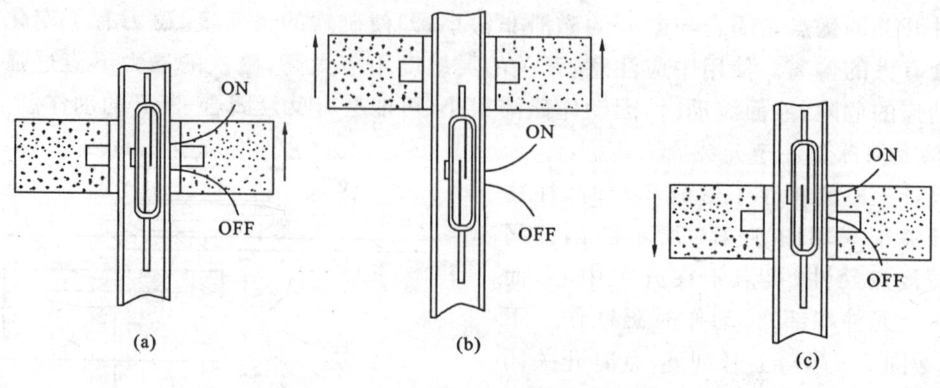

图 5-78 记忆型浮子开关的动作

第九节 钻孔(井)顶角(井斜角)和方位角的检测

一、概述

钻孔(井)在地下空间的位置与形态是根据地质勘探或工程(开采)要求预先设计好的,其轨迹一般为垂直孔、倾斜直孔或弯曲型定向孔。在油气勘探与开发领域则大量应用复杂结构井(包括水平井、多分支和大位移井)等新技术。

在钻探(井)施工中,由于地质因素和工艺因素的影响,出现各孔(井)段顶角(井斜角)和方位角增大或减小的情况,使实际钻孔(井)轴线往往不同程度地偏离原设计轨迹,这种现象叫做钻孔弯曲,简称“井斜”。井斜问题是钻井中普遍存在的、至今尚未解决的问题,是与钻井工程与生俱来的技术问题,也是钻井工程中最古老的“经典问题”。据查到的文献资料,早在 1924 年《华盛顿邮报》就发表了“井为什么会斜?”的文章,可见井斜问题早已引起人们的关注。无论是直井还是特殊工艺井(定向井、大斜度井、大位移井、水平井和丛式井等)都存在井斜与防斜问题,随着井深增加,井斜将加剧;复杂地层中的井斜问题尤为突出,已形成一个技术“瓶颈”。

井斜的主要危害表现为:

(1)开发井井斜严重会使井眼偏离设计井位,打乱开发布井方案;

(2)勘探井井斜大会使地质资料失真,甚至错失矿层、油气层(对稀缺矿体、断块小油田尤为突出);

(3)引发钻井工程事故(钻柱、套管磨损、破裂折断,卡钻、填井、报废);

(4)引发下套管困难,影响固井质量(套管不居中导致窜槽、管外冒油气等);

(5)影响采油气或地下水的作业(下封隔器困难、封隔密封不好、抽油杆磨损折断等)。

对井身质量的要求包括如下三个方面:顶角(井斜角)不能超过允许值;井斜变化率不能超过允许值;井底水平位移不能超过允许值。

因此,对钻孔(井)的弯曲形态进行实时检测是达到地质目的、保证工程质量必不可少的重要工作。钻孔(井)弯曲测量技术的发展与水平,同本国的科技进步水平密切相关,也与最先应用定向钻井技术的石油天然气行业发展水平有关。

常用的钻孔(井)角度测量方法有:重锤-磁针式、加速度计式和磁通门式。其中,加速度计和磁通门传感器近年来在钻孔(井)角度测量仪器中得到了广泛的应用。工作时,井下仪器中的三个相互垂直安装的重力加速度计——针对顶角(井斜角),把井下仪器当时的物理姿态相对于重力的变化,从三个互相垂直的方向转换成电信号;井下仪器的三个磁通门传感器——针对方位角,也同时把井下仪器的这一物理姿态相对于地磁场的变化,从三个相互垂直的方向转换成电信号。这些电信号经它们相应的电子线路放大整理后,由脉冲多路调制器收集起来,并把这些电压信号按比例地转换成编码,按一定时序把它们送到电缆驱动器,经单芯铠装电缆或泥浆脉冲、电磁波送到地面接收仪器/电子计算机。

地面接收仪器/电子计算机中的电源系统有一个信号分离电路,由它分离出数据编码,并把这些数据编码送到接口板。接口板在中央处理机的控制下,采集数据,分离出各个参数,把各参数转换成数字,送到中央处理机板,按一定的数学模式进行运算,其结果被送到面板显示部分,供定向井工程师选择磁性工具面、高边工具面、钻孔(井眼)顶角(井斜角)、原始方位、修正方位磁场强度或磁倾角显示。以表盘指针的形式指示出井下钻具的工具面角。这个数字量被同时送到司钻读出器的数字显示部分,实时地给司钻提供井眼倾角和方位数据。

二、重锤-磁针式电测法

重锤-磁针式测斜仪结构简单,使用方便,适合于钻孔施工过程中或终孔后测量不同孔段的顶角和方位角。该仪器采用非电量电测法,把井下测得的顶角和方位角值通过传感器(电阻)转换成电量,经电缆传至地表测量面板上进行读数,可实现一次下孔多点测量,从而提高测斜速度与测量精度。

1. 测量电路原理

测量基本电路——直流平衡电桥的原理图如图 5-79 所示,图中 AB、BC、CD、DA 称为电桥的四个桥臂,其中三个桥臂连接标准的已知电阻,而在 BC 桥臂中连接被测电阻 R_x。在电桥的对角线 BD 二点间连接指零仪表 G(一般采用检流计),另一对角线 AC 两点间连接直流电源 E。

电源接通后电桥开始工作。根据电桥原理,如两相对桥臂上的电阻值乘积相等(即 $R_1 \cdot R_3 = R_2 \cdot R_x$),电桥达到平衡。$B$、$D$ 两点的电位相等,检流计指示为零,在已知 R_1、R_2、R_3 三个桥臂电阻的情况下,即可计算出被测电阻 R_x 的数值 $R_x = \dfrac{R_1 \cdot R_3}{R_2}$。当 R_x 阻值变化时,调节 R_1 电阻,使检流计指示为零,仍可计算出被测电阻 R_x 的值。

根据上述原理,就可以设计测量钻孔顶角和方位角的线路。

把图 5-79 的基本线路改变成图 5-80 的测量线路,R_1、R_2、R_3 为固定的线绕电阻。R_4 为平衡电阻。R_5 为电缆补偿电阻。R_x 为井下仪器的可变电阻,它的大小随着所测顶角和方位角参数的改变而变化。

设计者根据 R_x 电阻变化的范围,设计了 R_1 至 R_4 电阻值。测量时操作者可根据 R_x 的实际电阻值来调整 R_4 平衡电阻,使

$$(R_1 + R'_4) \cdot R_3 = R_2 \cdot (R''_4 + R_5 + R_x)$$

R_x 数值越大,可使 R_4 的接点向下移,R'_4 趋大、R''_4 变小,保证电桥仍维持平衡,这时在平衡电阻 R_4 的轴柄上装上一块刻度盘,从刻度盘上即可读出孔下的顶角和方位角(电阻),从而达到测量目的。

桥臂中 R_5 是电缆补偿电阻,它是预先串联在被测桥臂中的一电阻,当仪器接上电缆下孔

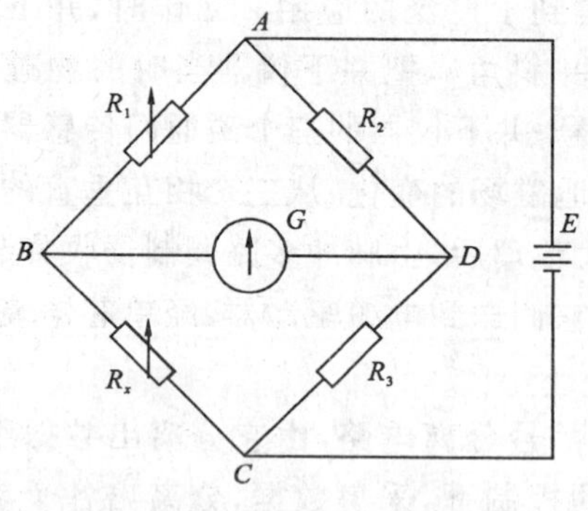

图 5－79　直流平衡电桥原理图

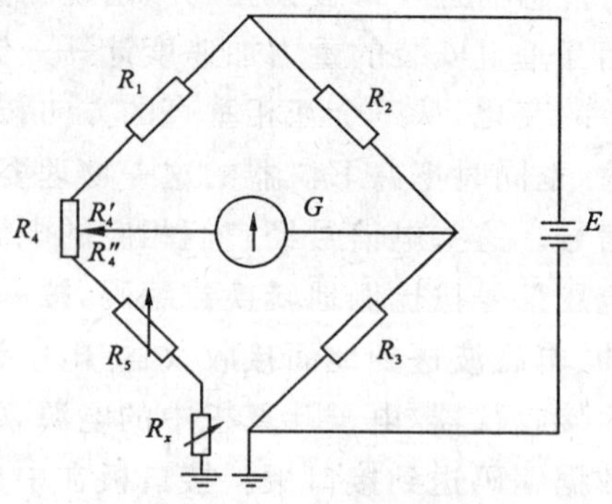

图 5－80　电桥测量线路

测量时，为了不使电缆电阻影响测量精度，可减小 R_5 阻值，使新的 R_5 阻值加上电缆电阻等于原设计的 R_5 阻值，从而保证测量数值的正确性。

上海地质仪器厂生产的 JJX－2 型、KKX－3 型、KXP－1 型以及西安石油仪器厂生产的 JX641GA、SJX77、SSJX77 和上海电子仪器厂生产的 CX－3601 型等测斜仪的测量线路都是根据平衡电桥原理设计的。

2. 顶角(井斜角)测量

如前所述，重锤-磁针式测斜仪采用平衡电桥原理，随着孔段的顶角(井斜角)不同，利用重锤悬垂原理引起电阻变化，通过测量电阻来指示钻孔顶角(井斜角)的数值。为此，该仪器的顶角测量部分安装在有二自由度的框架里(图 5－81)，顶角电阻安装在框架的下方，并与框架平面成垂直状态，测量时，框架重锤始终旋转到钻孔的下帮(当顶角为 0°时与钻孔轴线平行)，顶角测量重锤亦始终垂直向下，这样必然造成顶角测量杆与顶角电阻间有一阻值，通过集流环把这一阻值信号传输到地面。钻孔井斜角度越大，输出的电阻值也越大，地面操作箱上顶角角度的指示也越大，从而达到测量顶角(井斜角)的目的。

3. 方位角测量

与顶角(井斜角)测量类似，该测斜仪利用罗盘定向原理和方位电阻来测量方位。

如图 5－82，仪器的罗盘盒装在能环绕轴心线 aa' 旋转的框架中，罗盘盒本身依靠重锤垂直作用而使罗盘盒表面呈水平，保证罗盘中间的磁针指北。磁针下嵌有环形的方位电阻 mn。当钻孔倾斜时，框架重锤旋转到钻孔的下帮，罗盘盒仍处于水平面，磁针所接触的方位电阻大小即是钻孔与磁北方向的夹角。其阻值通过集流环和电缆接到地面操作箱的平衡电桥上，测出此电阻，就等于测到了孔段该点的方位角。

三、重力加速度计

重力加速度计是因为其传感器响应重力加速度而得名的。倾角计是因为把小量程的重力加速度计用来探测斜率而得名的。重力加速度计是探测倾角、计算重力高边和确定倾斜方向的关键性元件，它的好坏直接影响仪器的工作和精度。目前，国内使用的重力加速度计有四种类型。

1. 挠性加速度计

挠性加速度计主要由摆组件、力矩器磁路和信号传感器三部分组成。

(1)摆组件。摆组件由摆片、力矩器动圈、传感器动圈和挠性杆组成，如图 5－83 所示。摆

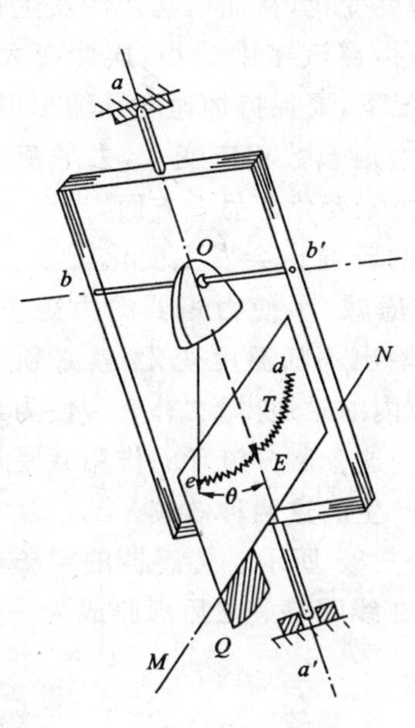

图 5-81　顶角测量框架示意图

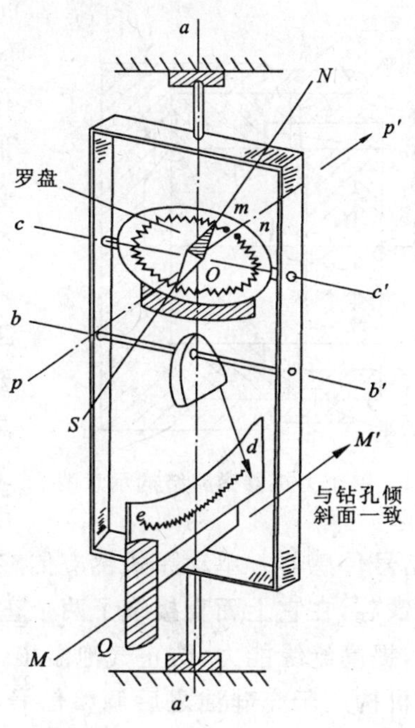

图 5-82　测量灵敏系统

片采用了三角形平面形状，以减小转动惯量和减小由于仪表内部温度不均匀而产生的对流力矩对摆的干扰。三角形摆用密度较大的铍青铜材料做成，这样可以增加摆性。在摆的中部用胶粘了两组力矩线圈，它与相应的永磁铁组成一对推挽式力矩器，以产生恢复力矩，去平衡外加速度形成的惯性力矩。摆的顶部用胶粘了一个传感器动圈，它与传感器的定子构成信号传感器。敏感摆在外加速度作用下偏离中立位置的角度，由于传感器动圈距挠性杆关节较远，所用半径较大，提高了信号传感器的输出梯度，也改善了分辨率。

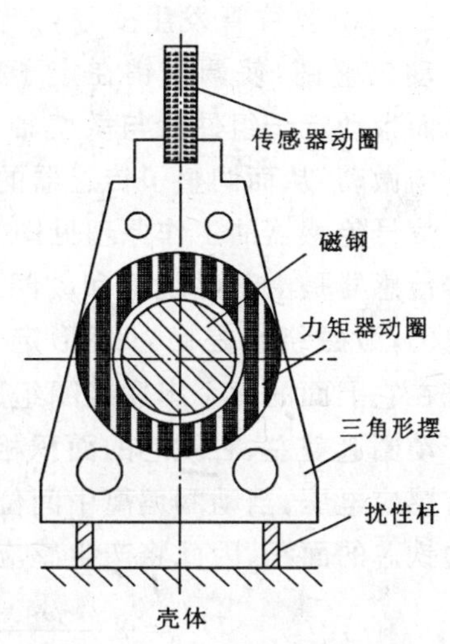

图 5-83　摆组件结构示意图

由于摆被长期浸泡在硅油里，为了防止油分子渗进三角形摆的金属分子间隙中改变摆性而带来误差，在整个摆的外表均匀地涂了一层防油漆。

(2)力矩磁路。单个力矩磁路如图 5-84 所示，它主要由定位环、磁分流环、导磁环、黄铜环、导磁帽、黄铜片、永磁体和力矩器座等构成。实际使用时，两个力矩器动圈串联，两个永磁体极性对顶放置。因此，当力矩器动圈中有电流流过时，两个动圈在各自磁场中所受力的方向是相同的。对于摆组件来说，就形成了一推一拉的推挽状态，从而提高了力矩器的工作效率。另外，由于力矩器动圈全部置于工作气隙磁场中，使动圈在磁力线最密集的均匀磁场区域内。这样，当线圈中有电流流过时，整个线圈都能产生有效的恢复力。采用这种推挽结构，消除了因力矩器增、减磁效应而引起的非线性误差。两个永磁体同名极对顶放置，相距很近，可以互相屏蔽，而且把沿轴向漏掉的磁力线大部分“压回”到环状工作间隙中。

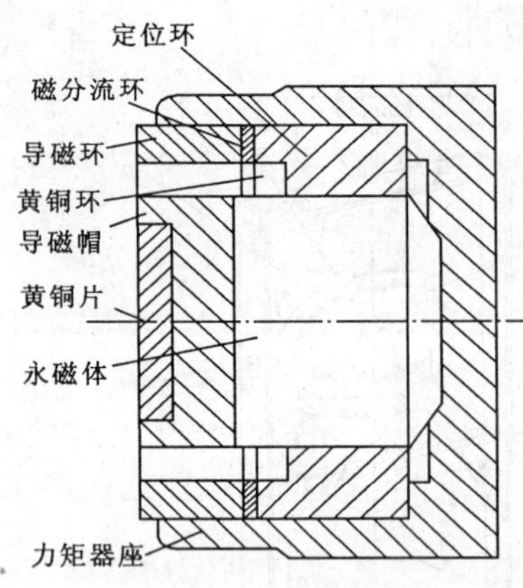

图 5-84　单个力矩器磁路结构示意图

磁分流环的作用是形成热磁分流。当温度变化时，将引起浮液密度变化，从而引起摆性发生相应的变化。当温度升高时，浮液密度减小，摆性变大，在输入加速度不变的情况下，要保持加速度计输出值不变，就必须使力矩器的力矩系数相应变大，去平衡由于温度升高而引起的摆力矩变化。另一方面，当温度变化时，力矩器工作气隙的磁通也会发生变化。温度升高时，工作气隙内的磁通减少，使力矩器的力矩系数降低。要保持加速度计输出不随温度变化，就必须在温度升高时，使工作气隙内的磁通得到"补充"，使力矩系数不变。力矩磁路上的这个磁分流环的作用就是用来补偿由于温度变化而产生的这两种效应。

(3)信号传感器。单动圈式感应传感器的结构如图 5-85 所示。传感器的定子是一个整体钛合金铁芯，在它上面直接绕了两个正向串联的线圈，在线圈绕好之后灌胶成为一体。从而增加强度，提高绝缘能力，防止气泡溢出，减小涡流效应。

微调机构用于充硅油之后调整信号传感器的机械零。当拧动微调螺钉时，其前端的小钢球向前顶小轴，与小轴焊在一起的小波纹管发生变形，产生的弹力推动调整销，使调整销在定子座孔中移动而带动定子组件沿与敏感轴相垂直的方向微动，从而调整了传感器的零位。

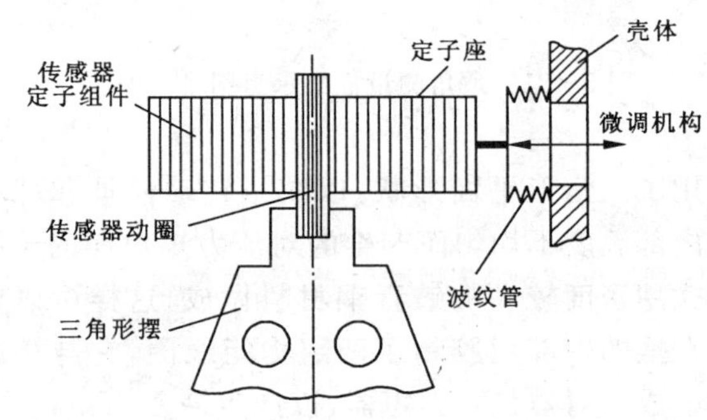

图 5-85　信号感应器结构示意图

信号传感器的工作原理见图 5-85。信号传感器是由激磁绕组和动圈两部分组成的，激磁绕组是由"凹"形定子铁芯和绕在它上面的两个串联线圈组成的。动圈位于定子铁芯的间隙中，当动圈处于中间位置时，由于动圈遮盖左、右铁芯的面积相等，即左、右穿过动圈的磁通量大小相等，方向相反，故动圈没有感应电压；当动圈偏离中间位置时，例如向左移动，则动圈遮住左边铁芯的面积大于遮住右边铁芯的面积，因此将产生感应电动势，其大小可由下式计算：

$$U_1 = 2\frac{\omega_1 \cdot \gamma}{\omega_2 \cdot a \cdot K_b} \cdot U_2 \cdot \beta \tag{5-85}$$

式中：U_1 为动圈感应电压(V)；ω_1 为动圈匝数(匝)；ω_2 为激磁线圈匝数(匝)；a 为铁芯磁极宽度(mm)；K_b 为考虑边缘磁通的凸起系数；γ 为动圈中心相对于挠性关节的转动半径(mm)；U_2 为激磁电压(V)；β 为动圈偏离中间位置的小转角(弧度)。

2. 石英电容式加速度计

石英挠性电容式加速度计利用了石英材料温度系数小、弹性模量小和具有最小内耗等优点，做成挠性元件，减小了滞环体积，增大了它的重复性和稳定性。

石英挠性电容式加速度计的结构如图 5-86 所示。它主要由检测质量、信号传感器、力矩器和电子线路四部分组成。

(1)检测质量。构成检测质量的元件是熔凝石英平板加工形成的环形挠性敏感元件的中心圆盘部分，以及与这一石英圆盘固结在一起的两个力矩器动圈。这一中心圆盘与石英外环通过两条平行的石英挠性梁相连接，由于这两条梁采用了特殊加工工艺，保证了检测质量只能有沿石英梁弯曲方向的一个自由度。采用石英材料和这种结构，基本上消除了一般弹性材料都具有的疲劳、不稳定性和迟滞误差。

(2)信号传感器。石英挠性加速度计采用电容式信号传感器，电容的活动极板是在中心石英圆盘的上、下两个表面采用真空镀膜的方法镀上一层薄金做成的。与此石英圆盘周边固定在一起的环形石英板做成电容的固定极板，在上、下两块环形石英板(定极板)上与石英圆盘镀金部分相应的位置，也镀上一层金。活动极板上的电容信号及固定在活动极板上的一对力矩器线圈的反馈电流，通过在两个桥形挠性石英梁上的镀金布线来传输。

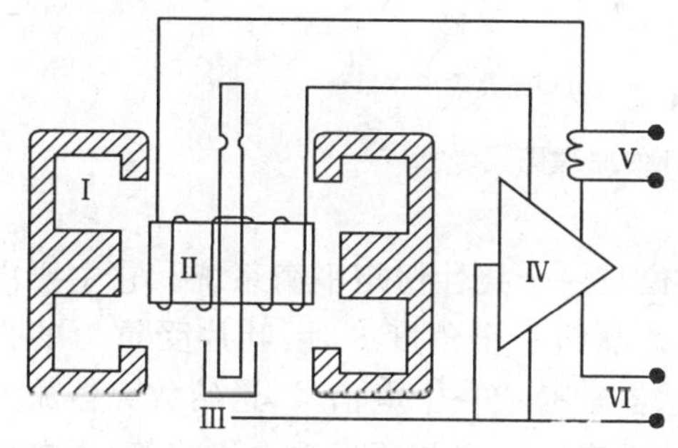

图 5-86 石英挠性加速度计原理图

Ⅰ.力矩器；Ⅱ.检测质量；Ⅲ.电容传感器；Ⅳ.伺服放大器；Ⅴ.输出信号；Ⅵ.电源

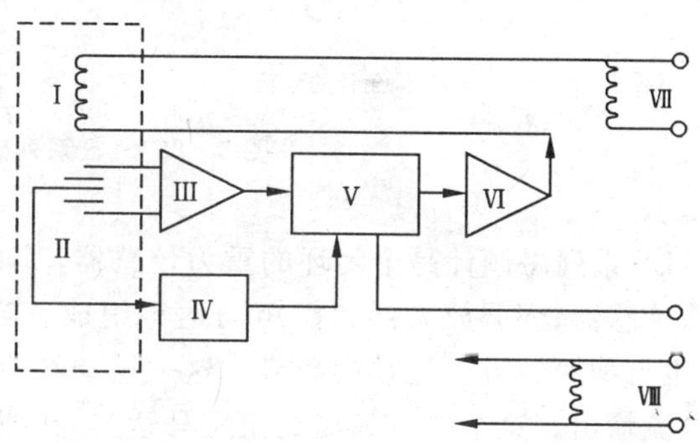

图 5-87 石英挠性加速度计电子线路原理方框图

Ⅰ.力矩线圈；Ⅱ.电容传感器；Ⅲ.交流放大器；Ⅳ.基准振荡器；Ⅴ.相敏解调器与补偿网络；Ⅵ.直流放大器；Ⅶ.信号输出；Ⅷ.直流电源

(3)力矩器。石英挠性加速度计也采用永磁动圈型力矩器，也是采用对顶放置的两个磁路。这两个磁路既相互独立，各成体系，又互相补充，形成推挽式结构，起到了补偿非线性误差，减少对内、外的电磁干扰，提高永磁材料利用效率的作用。

由于检测质量组件与磁路之间有精密的小间隙，因此可以在检测质量运动时产生较大的气体阻尼。另外，检测质量的一部分的力矩动圈也在检测过程中产生反电动势而形成电磁阻尼。有了这两种阻尼，使得石英挠性电容式加速度计无需浸泡在阻尼液里就能正常工作了。

(4)电子线路。图 5-87 是石英挠性电容式加速度计的电子线路原理图。它是由微电子器件和集成电路构成的混合体，包括一个图中未画出来的匹配电路、基准振荡器和控制放大器，都一起封装在一个壳体里。

控制放大器的输入级是一个在参考频率上具有高开环增益、高共模抑制比的交流放大器。它的作用是放大差动电容传感器上的位移信号，并在信号传感器与电子线路之间起隔离作用。

解调器将电容传感器的相位与基准振荡器的信号进行比较，产生一个噪声极低，并且与检测质量位移成正比的信号输出。这个信号经直流功率放大后，加到与该电阻相串联的线圈上，迫使力矩器连同与之固连的电容的活动极板回到中间位置。这个电流信号也就是测量信号。

3. LS 系列磁倾计

Data 公司生产的 DST 仪器使用的加速度传感器是磁倾计，它是一个直流闭环的固态力平衡传感器(图 5-88)，整个倾角计封装在一个壳体中，用标准直流电源工作，输出一个正比于倾角的正弦模拟直流信号。在水平位置时，其直流输出为 0；当发生倾斜时，磁倾计的输出在 0～+5V 间变化。

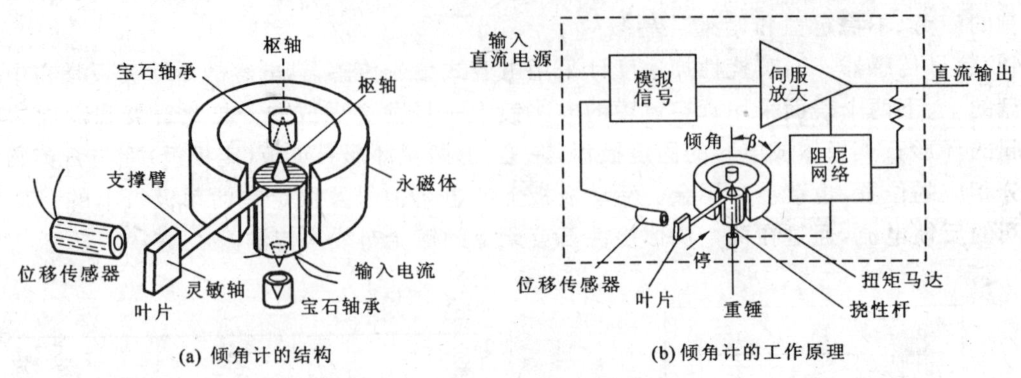

图 5-88　LS 系列磁倾角计的原理图

LS 系列磁倾计是个闭环的重力传感器，其心脏部位是一个挠性扭矩平衡系统。它主要由位移传感器、伺服放大器和扭矩马达等组成。当倾角计倾斜一个角度 β 时，叶片受重力的作用，也有朝倾斜方向运动的趋势。这一运动经位移传感器转换成一个电信号，送给放大器放大成电流输出。这个电流施加到扭矩马达上，在扭矩马达上产生一个与原运动大小相等、方向相反的扭矩，迫使悬重回到原来的位置，从而实现了力的平衡。扭矩马达上得到的电流正比于倾斜角，而且流过一个精密的固定电阻 R_0，这样电阻 R_0 上就产生了一个与倾角成正比的电压输出。当未接通电源时，叶片停留在两边限制它运动的中间任意位置；接通电源时，叶片自动回到它的零值。

四、磁通门传感器

磁通门传感器是测量地磁场强度、地磁倾角、井眼方位和磁性工具面角的最重要的元件，我们必须了解它的结构和原理。

1. 软铁芯被磁场磁化所产生的磁通与测量方位的关系

我们知道，如果在地磁场中水平放置一根细长的软铁芯[图 5-89(a)]，由于地磁场水平分量 H_e 的感应，铁芯将被磁化，而且具有一定的磁感应强度 B_e[图 5-89(b)]。B_e 的方向与铁芯的中心方向一致，其大小与铁芯的导磁系数 μ 和地磁场水平分量沿铁芯轴线方向的投影 $H_e\cos\psi$ 成正比，即与铁芯轴线和地磁场水平分量之间的夹角 ψ 的余弦成正比。可用公式表示：

$$B_e = \mu H_e \cos\psi \tag{5-86}$$

假定铁芯的截面积为 S，则地磁场在铁芯中所产生的磁通 Φ_e 的大小为：

$$\Phi_e = B_e \cdot S = S\mu H_e \cos\psi \tag{5-87}$$

对于一定的铁芯，它的截面积 S 和导磁系数 μ 是不变的；测斜时，当地的磁场强度也是不变的。那么，铁芯中所产生的磁通 Φ_e 就仅仅同铁芯轴线与地磁场水平分量的夹角 ψ 有关。当夹角 $\psi=0°$ 时，$\cos\psi=1$，铁芯中的地磁通 Φ_e 最大；随着夹角 ψ 的增大，Φ_e 降低；当夹角 $\psi=90°$ 时，$\cos\psi=0$，$\Phi_e=0$。所以，如果我们测量出铁芯中的地磁通 Φ_e，就可以测量出铁芯的轴线与地磁水平分量的夹角 ψ 了。在实际工作中，把铁芯的轴线方向安装在弯接头构成的平面内，且

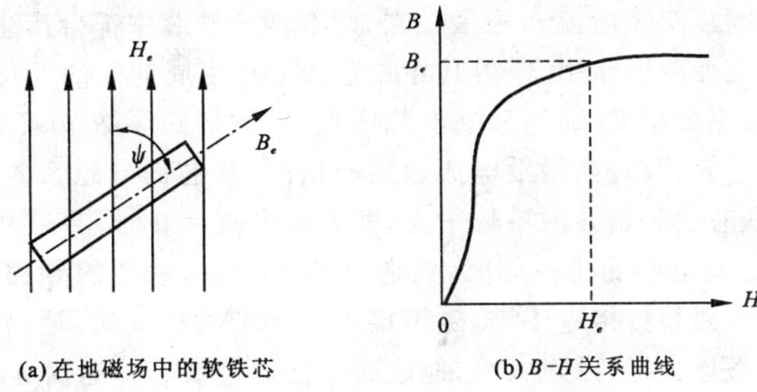

(a)在地磁场中的软铁芯　(b) B-H关系曲线

图 5-89　在地磁场中软铁芯的磁化情况

垂直于弯接头上的画线。当测量出铁芯的地磁通 Φ_e 时，就可以用上式计算出铁芯与地磁子午线的夹角 ψ。ψ 表征了弯接头平面与地磁子午线的夹角。这就是定向钻井的一个重要参数——磁性工具面角。

为了测量铁芯中的地磁通，需要在铁芯上绕测量线圈。但是，当铁芯的截面积、导磁系数和地磁水平分量一定时，铁芯中产生的磁通仅仅同铁芯轴线与地磁水平分量之间的夹角有关。当这个夹角 ψ 也一定时，磁通 Φ_e 就是一个定值，即铁芯中的地磁通是非交变的。我们知道，只有交变的磁通通过闭合线圈时，才能在线圈上感应出电动势。因此，在铁芯上的测量线圈是不会产生感应电动势的，从而也就无法测出地磁通 Φ_e 的大小。这时，需要在铁芯上再绕上磁化线圈，来构成单相地磁感应元件——磁通门传感器。

2. *磁通门传感器的测量原理*

单相地磁感应元件由两根铁芯、一组磁化线圈和一个测量线圈组成，如图 5-90(a)所示。铁芯采用起始导磁系数很大，而剩磁又很小的坡莫合金做成。磁化线圈有两个，分别绕在两根铁芯上。它们的匝数相同，绕向相反，并且互相串联。在绕好磁化线圈的两根铁芯上，再共同绕一个测量线圈。

为了测量地磁通 Φ_e，必须把它变成交变的磁通。从(5-87)式可知，唯一的办法是使铁芯的导磁系数 μ 产生交变。由于铁芯中的导磁系数 μ 随外加磁场的变化而变化[图 5-90(b)]，所以需要另外加一个变化的磁场来使导磁系数变化，从而使铁芯的磁通变化。绕在铁芯上面的磁化线圈的作用在于使铁芯的导磁系数变成交变的导磁系数。

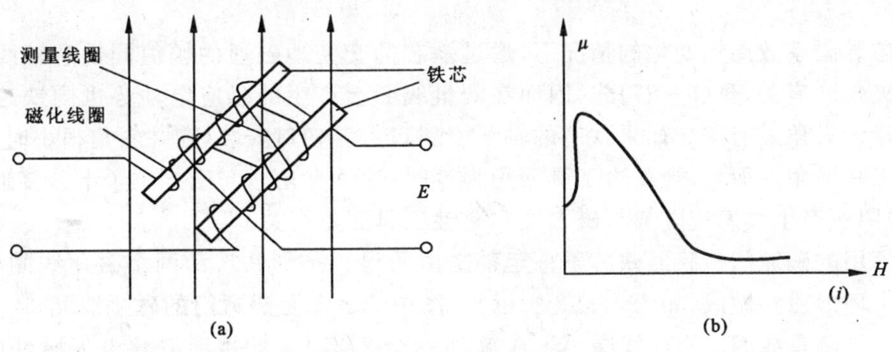

(a)　(b)

图 5-90　磁通门传感器和它的 H-μ 关系曲线

如果给磁化线圈通以交变电流 i，去激励它，则在两个铁芯中都会产生交变磁场 H[图 5-90(a)]。由于铁芯受交变磁场作用，使得其导磁系数 μ 产生周期性的变化[图 5-90(b)]。当激励电流减小时，导磁系数增大；而当激励电流增大时，则导磁系数 μ 减小。铁芯的截面积和磁化线圈的匝数是这样设计的，当激励电流达到峰值时，铁芯的导磁系数达最小值，此时铁芯处于饱和状态；又因铁芯的起始导磁系数很大，即激励电流为 0 时，导磁系数达到最大值[图 5-91(e)]；所以，每当激励电流变化一周时，铁芯饱和了两次，铁芯的导磁系数也变化了两周。而且，当铁芯饱和时，导磁系数接近于零，磁阻接近于无穷大。此时，地磁通便不能通过铁芯。只有当铁芯的导磁系数增大时，磁阻减小，地磁通才能通过铁芯。也就是说，当导磁系数大时，通过铁芯的磁通多，而导磁系数小时，通过铁芯的磁通少。这样，由于导磁系数的周期变化，也就可以使通过铁芯的地磁通 Φ_e 也产生周期性变化[图 5-91(c)]。由于铁芯导磁系数的变化频率等于磁化线圈激励电流频率的两倍，所以地磁通也以两倍于激励电流的频率脉动地通过铁芯。在这个交变地磁通的作用下，测量线圈便产生了感应电动势 E[图 5-91(d)]。显然，这个感应电动势的变化频率也等于激励电流频率的两倍。因此，也有人将磁通门叫做“二次谐波磁强计”。

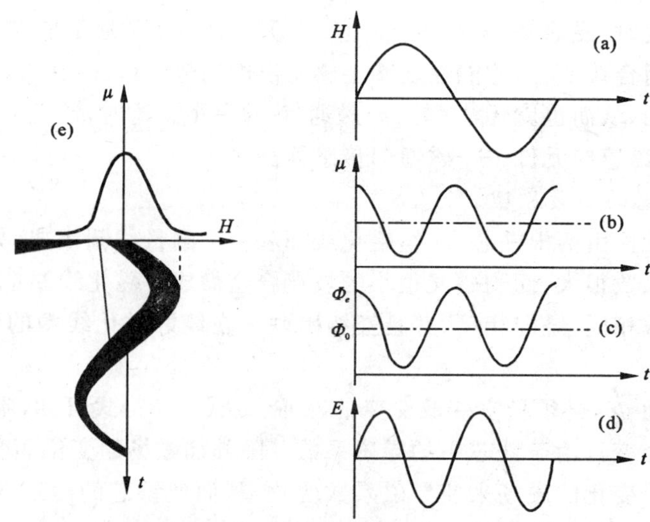

图 5-91 磁通门的地磁感应曲线

在铁芯导磁系数周期变化的情况下，通过铁芯的交变地磁通的幅值同铁芯轴线与地磁水平分量的夹角 ψ 有关，见(5-87)式，因而在测量线圈上产生的感应电动势也同铁芯轴线与地磁水平分量的夹角 ψ 有关。如果铁芯的轴线沿斜口管鞋切口安装，在井斜角很小时，这一夹角即是磁性工具面角。而且，当高边工具面角为零时，这一夹角 ψ 与磁方位角十分接近。也就是说，测量线圈所产生的感应电势与磁方位和磁性工具面角有关。

我们使用的磁通门传感器铁芯不一定都是由两根长条形铁芯和两个磁化线圈构成，而往往是用一个环形磁铁做成(如图 5-92 所示)。图中 A-A 是磁通门的磁化线圈，B-B 是它的读出线圈——测量线圈。当给线圈 A-A 施加一个 2.5kHz 的矩形波状电流脉冲时，磁通门将以这个电流脉冲的频率开关，地磁场的磁力线将以很大的速率进、出于这个铁芯，在读出线圈 B-B 上将产生一个正比于它上面穿过磁力线数的感应电动势。磁力线的数目正比于地磁场水平分量与磁通门灵敏轴夹角 ψ 的余弦，感应电动势的方向取决于地磁场相对于读出线圈的方向。

总的来说，用矩形波状电流脉冲去激励磁化线圈，在读出线圈 B－B 上得到的是一个两倍于激励电流频率的脉冲。它的幅值正比于地磁场水平分量与磁通门灵敏轴夹角的余弦，脉冲的极性取决于地磁场相对于读出线圈的方向，见(5－87)式。如果磁通门的灵敏轴保持水平，且相对于地磁场旋转 360°(如图 5－93 所示)，设磁通门的灵敏轴与地磁场水平分量的方向一致时，测量线圈 B－B 上的感应电动势有效值为 E_0，则可以得到测量线圈感应电动势与旋转角度 ψ 的关系式：

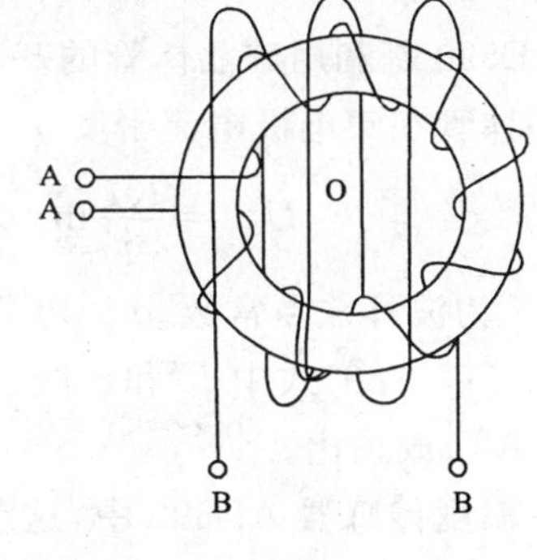

图 5－92　用环形铁芯做成的磁通门

$$E = E_0\cos\psi \qquad (5-88)$$

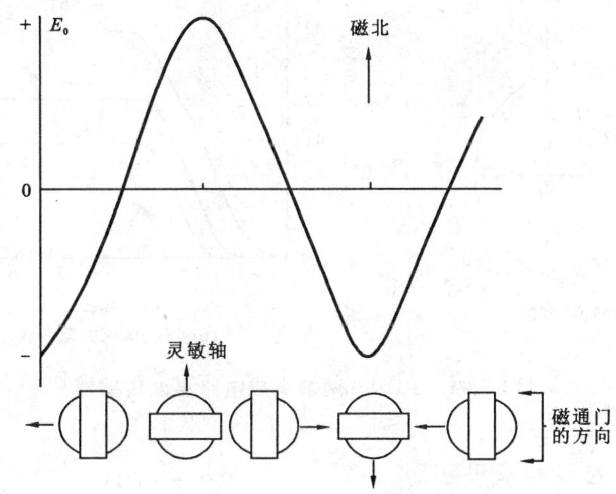

图 5－93　磁通门传感器的输出信号

第十节　孔(井)内温度的检测

随着涡轮钻具、螺杆钻具等井下动力钻具的大量应用，使随钻测斜仪在定向钻井工艺中获得了巨大的生命力。随钻测斜仪对于井下钻具是一个实时监视系统，它除了随时给定向钻井工作者提供井斜、方位、工具面方向参数外，还可检测井底温度参数。

以 SST 井下仪器中使用的温度传感器为例，它实际上是一个 AD590 两端集成电路温度传感器，如图 5－94 所示。

1. 主要技术特性

输出线性电流	1mA/°K；
线性温度范围	－55℃～＋155℃；
两端器件	电压输入/电流输出；
测量精度	满量程内±0.3℃
电源电压	4～30V

2. 工作原理

AD590是利用硅晶体管的基本特性做成的，即它的输出电压与温度成正比。当两个相同的硅晶体管在集电极电流密度 γ 为常数时，它们的基极——发射极电压为

$$U_{bc}=\frac{KT}{q}\ln\gamma \tag{5-89}$$

式中：K 为波耳兹曼常数；q 为电荷；T 为温度。

由于(5－89)式中 K 和 q 两者都是常数，所以从式中可以看出，发射极电压直接与绝对温度(PTAT)成正比。

在温度传感器AD590中，这个绝对温度(PTAT)产生的电压，由温度系数很低的薄膜电阻转换成PTAT电流。器件AD590的总电流是多个PTAT电流的和。图5－94(b)表示在极端温度下电路的典型电压-电流特性曲线。

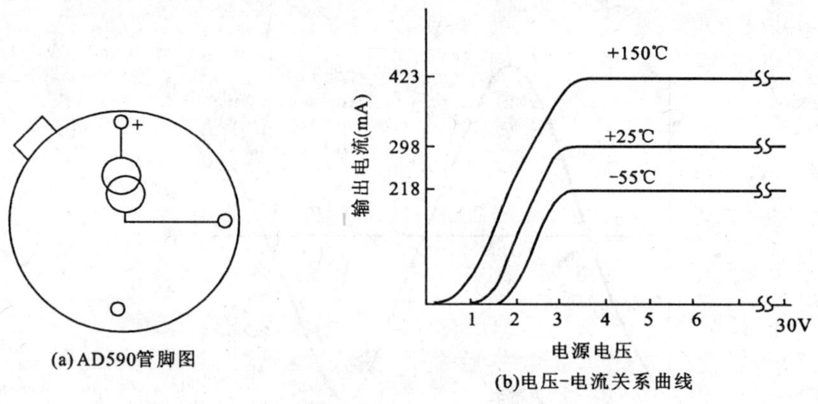

图5－94　AD590两端集成电路温度传感器

3. AD590温度传感器的应用

图5－95是SST仪器10000系列探管温度传感器的实际电路图。温度传感器AD590出厂时，在绝对温度为298.2°(即＋25℃)的情况下，使传感器的输出电流为298.2mA。AD590由井下仪器的二次电源供给它＋12V的电压(相对于－12V而言)。

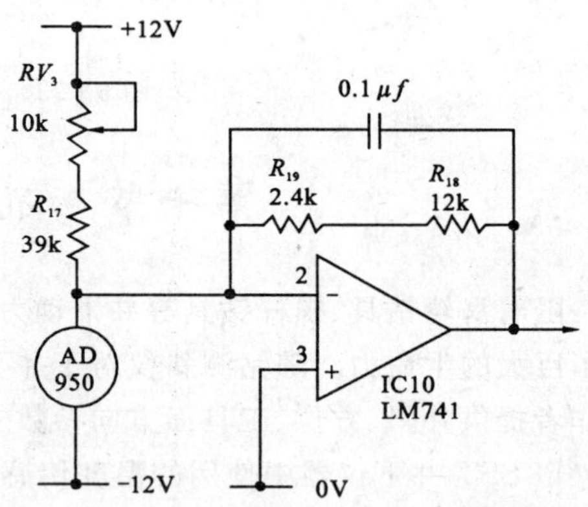

图5－95　10000系列探管的温度测量电路

当传感器的环境温度变化时，AD590的输出电流直接耦合到由 IC_{10}、R_{19}、R_{18} 及电容组成的放大器的反相输入端，经运算放大器把这个电流转换成电压输出。电阻 R_{17} 和电位器 RV_3 为电路提供0℃温度补偿调节，使传感器在环境温度为0℃时，放大器的输出电压为0V。电阻 R_{18} 和 R_{19} 为运算放大器 IC_{10} 建立增益，使放大器在传感器的环境温度每升高1℃时，其输出增加1mV。例如，在125℃时，运算放大器的输出电压应该大约为1.3～1.44V。

第六章　钻井仪器仪表

第一节　概　述

一、钻井仪表的基本概念

在生产过程中，为了及时准确地了解生产过程情况，需要使用各种自动测量仪表，不断地对生产过程的各个参数进行检测，并把测量结果及时指示或记录下来，这个系统就叫自动测量系统。

钻井仪表实际上是一种测量系统，在钻井工艺过程中能够对钻井参数进行感应、测量或传送，实现对钻井过程的监测与控制。

在钻井技术缓慢发展的100年里，钻机上逐渐出现了一些简单的单参数检测仪表，如指重表、泵压表、转速表等。自20世纪下半叶到本世纪初，随着科学钻井时代的来临，需要监测和记录的钻井参数逐渐增多，这时成套的钻井参数测量记录仪就应运而生。目前国内外钻井工艺主要还是使用这类局部自动化检测仪表，在钻井过程中可以连续地测量、显示和记录钻井工艺的各种有关参数，但最终还是由人作出钻井操作决策。

到了自动化钻井阶段，随着最优化钻井工艺的发展，要求及时处理大量的资料并发出各种指令，单靠人工是无法完成的。因此，一些公司相继研制出计算机控制的各类综合自动化钻井仪表。随着科学技术的进步，将逐步实现钻井工程的全面自动化，将检测到的参数自动输入工业计算机，对钻井工艺过程进行全面自动调节和控制。

钻井仪表系统可以分为三大部分：信号检测部分、信号变换部分、指示和记录部分。

二、钻井仪表测量与控制的参数

钻井是一项复杂的系统工程。钻井参数数量之多，变化之大，涉及面之广，是钻井工程的独特之处。钻井工程的工作面集中，钻头处在离地面数千米的地下，潜在的危险性大。因而钻井测量的许多参数需经远距离、多介质的传递，往往滞后一定的时间才能到达地面，这就更增加了钻井参数测量和控制的复杂程度。

钻井工艺过程参数可分为以下几种。

(1)与泥浆有关的参数：泥浆类型、泥浆体积(正常钻进和起下钻时的体积)、返回泥浆流量、可燃气体含量、H_2S含量、CO_2含量、入孔和出孔泥浆密度、固相含量、泥浆温度、塑性黏度、动切力、电导率、泥浆液位等。

(2)水力参数：泵压、泵排量、立管压力、套管压力、喷射速度、环空流速、泵冲数等。

(3)钻井参数：钻压、转速、扭矩、钻速、进尺、井深、*dc*指数、起下钻及钻进时间、井斜角、方位角、工具面方向、磁场强度、地磁倾角、井下扭矩、振动、井下钻压、地层放射性、电阻率、弯曲力矩向量、合力向量、井径、环空温度、孔隙度、水泥浆密度、酸液浓度等。

三、钻井仪表的分类

1. 按驱动动力分类

(1)气动仪表:如气动记录仪等;

(2)液动仪表:如泵压表、指重表等;

(3)电动仪表:如电动转速表、电动压力变送器等。

2. 按结构及完善程度分类

(1)单参数检测仪表:如指重表、测斜表等。

(2)多参数钻井仪表处理系统:如 ZJC 型钻井仪、SK－2Z01 系列钻井仪表、Datalog 系列钻井仪表、M/D－3200 马丁-戴克钻井仪等。

(3)钻井数据集中遥测和分析系统:如 TELEDRILL 钻井仪,可对上百台钻机进行遥控。

四、钻井仪表的构成

钻井仪表系统的组成包括:传感器(一次仪表)、信号处理器(放大器、校正器)、显示记录仪、计算机、打印机、磁带记录器、报警器等。

1.传感器

传感器也叫一次仪表,其任务在于把人们感兴趣的钻井信息(多为非电量)转化为与之对应、容易处理和传输的信号(主要是电量)。以传感元件为核心,配以一定的支承固定机构,通过机械、电气方式连接,能将所获信号传输出去的装置称为传感器。它有两种功能:一是能够感受待测参数;二是变换和传送待测参数。传感器的输入量即为待测的钻井参数;而输出量则是另一种形式的可测量,如电压、电流、频率、气压、液压等。

传感器的输入信号来源于钻机的三大系统:循环系统、吊升系统、旋转系统。它们分装在钻机的有关部位。

取自循环系统的参数主要有六个:泥浆密度、泥浆出口温度、地面泥浆总体积、出口泥浆流量、泵压、泵排量。

与吊升系统有关的参数为:大钩负荷、大钩高度与井眼深度等。

取自旋转系统的参数为:转盘转速和扭矩。

2.信号处理器

从传感器输出的信号往往能量较低,不足以直接推动显示记录仪表,因此必须加以放大;而过强的信号则须加以衰减,信号中所含的各种干扰成分必须加以滤除。显示仪表往往具有标准限量,因而要把传感器输出信号做相应的调整与校正。如果要显示记录一个运算结果(如泥浆体积等于泥浆液位与泥浆池截面积之积),则还要对原始数据进行运算。

上述的放大、衰减、校正、滤波、阻尼及运算作用,都是由信号处理器来实现的。处理器可以是由气动元件、液动元件、电子元件组成的电子线路或计算机系统,它们的性能及复杂程度有较大的差异。

3.显示、记录仪表

显示、记录部分的作用是实时地显示和永久性地记录各种钻井参数资料。

显示器有模拟指针式表头(如电压表、电流表、压力计等),也有数字式显示器(如发光二极管、液晶显示器),还有屏幕显示器等。装在钻台上的显示器,应保证司钻可以在一定距离内准确地读出数据。

记录仪可以连续地记录钻井系统或工艺过程中的某些变量。在多数场合，变量值被记录在时间坐标上，即把随时间变化的变量值作为记录的内容。

记录仪可以大致分为两种类型：圆图记录仪和长图记录仪。圆图记录仪使用有规定刻度的圆形记录纸；长图记录仪则用很长的带状记录纸，将记录纸收卷在卷纸轴上。记录仪的走纸信号可以是时间，也可以是井深等参数。因此，同一个参数既可以记录成时间函数曲线，也可以记录成井深等其他函数曲线。有的记录仪只记录一个变量，而有的记录仪却能够记录 2 个、4 个、6 个、8 个甚至更多变量。钻井仪表中往往使用多道记录仪，把几个参数集中记录在一张记录纸上，既节约了设备，又便于把各有关的参数联系起来进行综合观察、分析对比。

4. 其他部分

信息处理系统具有存储、运算等功能，一些反映钻井工艺实质性参数，如 dc 指数、水力功率、环空流速等，其运算就是在这里进行的。该系统有若干存储器，能存储检测程序，使各种原始数据有秩序地进入处理机。能存储运算程序，指挥和操纵其内部的运算器，将各种参数根据程序进行计算。还能够把原始数据、中间结果和最终结果记忆下来，以备对比之用。总之，信息处理系统是数据采集系统的核心，是所有外围执行装置的指令装置。

打印机、磁带记录器和报警器都是处理机的外围装置。打印机是为了把数据保留为档案资料，以备分析之用。它可以根据需要，把数据整理成报表或报告的格式。

磁带记录仪可把数据以磁带记录形式保留下来，把收集的数据集中到计算分析中心供大型计算机使用，以实现对下一口井的最优化设计，或对该井进行综合的技术经济评价。

报警器包括声、光报警装置。一旦反映钻井安全的若干敏感参数出现异常时，处理机根据这些异常数据，进行逻辑判断，发出预报警信号，并操纵报警装置，发出强烈的声光报警信号，提醒相关技术人员采取应变措施，确保安全生产。

第二节　钻井指重表

钻井指重表是石油钻井普遍使用的一种重要仪表，主要用于测量钻具的悬重、钻压大小及其变化情况，从而了解钻头、钻柱的工况，指导钻进作业、打捞作业和井下复杂情况的处理。

钻井指重表按其工作原理可分为液压式和电子式两大类。目前，使用最普遍的是液压式指重表。本书曾在第五章第二节中介绍过测拉力的传感器——液压式拉力传感器，但从两方面考虑，一是钻井指重表在石油钻井中的地位与作用；二是当时仅把它作为单一的传感器来介绍，现在我们要把指重表作为最常用的钻井仪表来讨论，所以仍把国内外钻井指重表的结构与工作原理单列一节加以阐述。

一、悬重和钻压的测量原理

钻压测量是通过测量大钩总负荷的变化间接测得的，这种方法的依据是

$$W_{压} = W_{总} - W_{悬} \tag{6-1}$$

式中：$W_{压}$为钻压(kN)；$W_{总}$ 为钻具提离井底时大钩的总负荷(kN)；$W_{悬}$ 为钻进时大钩的负荷(kN)。

由(6-1)式可知，要测得钻压，必须测得 $W_{总}$和 $W_{悬}$。而 $W_{总}$和 $W_{悬}$都是大钩上的负荷，于是只要测得钢丝绳的张力，便可求出大钩负荷和钻压。钢丝绳张力通过死绳固定器上的传感

器变成压力信号，再由指重表将该信号转换成大钩负荷显示出来，如图 6－1 所示。

当钻速较低，且钻机又存在振动的情况下，可忽略滑轮的摩擦力，则钢丝绳的张力处处相等，并服从下式：

$$T=\frac{W}{n} \tag{6-2}$$

式中：T 为钢丝绳的张力(kN)；W 为大钩负荷(kN)；n 为游动滑车上钢丝绳的有效股数。

钢丝绳通过死绳固定器固定于井架底座，并由传感器机构测量大钩负荷 W。死绳固定器是一个以轴心 O 为支点的杠杆，简化力学模型如图 6－2 所示。

$$F=\frac{L_T}{L_F}T \tag{6-3}$$

式中：F 为传感器对臂梁的拉力(kN)；T 为钢丝绳的张力(kN)；L_T 为 T 力对点 O 的力臂(m)；L_F 为 F 力对点 O 的力臂(m)。

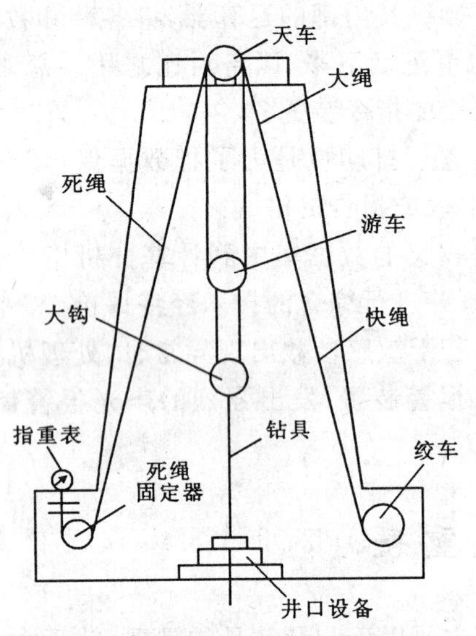

图 6－1　钢丝绳张力与大钩负荷示意图

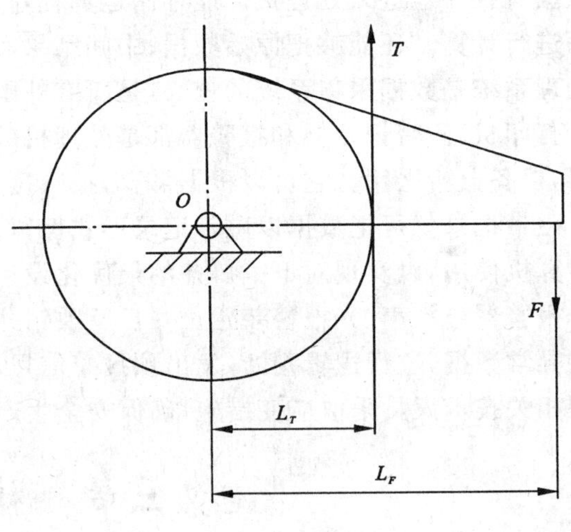

图 6－2　死绳固定器受力分析

在传感器中：

$$P=\frac{10^3F}{S} \tag{6-4}$$

式中：P 为承压室内液体压强(MPa)；S 为承压室截面积(m^2)。

将(6－2)式、(6－3)式代入(6－4)式得

$$P=\frac{10^3L_T\cdot W}{n\cdot S\cdot L_F} \tag{6-5}$$

由(6－5)式可知，当 L_T、L_F、n、S 为常量时，承压室中液体压强与大钩负荷成正比。只要测得 P，便可测得 W。

二、JZ 和 MZ 系列指重表

在液压式指重表中，性能较好和使用较多的有日本产 W 系列、国产 JZ 系列和 MZ 系列以及美国产 FS 系列等几种。W 系列指重表已被国产 JZ 和 MZ 系列指重表代替。美国 FS 系列

指重表数量很少。因此，本节仅着重介绍国产 JZ 和 MZ 系列指重表的原理与结构。

JZ 和 MZ 系列指重表都是由死绳固定器、传感器、指重表、记录仪、胶管及快速自封接头、手压泵等组成，如图 6－3 所示。

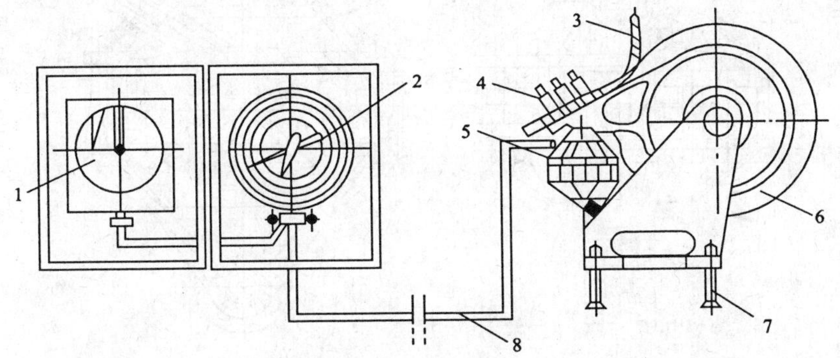

图 6－3　JZ 系列指重表

1. 记录仪；2. 指重表；3. 钢丝绳；4. 压板；5. 传感器；6. 绳轮；7. 固定螺栓；8. 传压管线

(1)死绳固定器和压力传感器。死绳固定器是将钻机大绳固定在井架底座上的一种装置。死绳固定器上安装有压力传感器，主要由底座、死绳滚筒、传感器、臂梁、夹紧装置、轴承等组成，如图 6－4 所示。

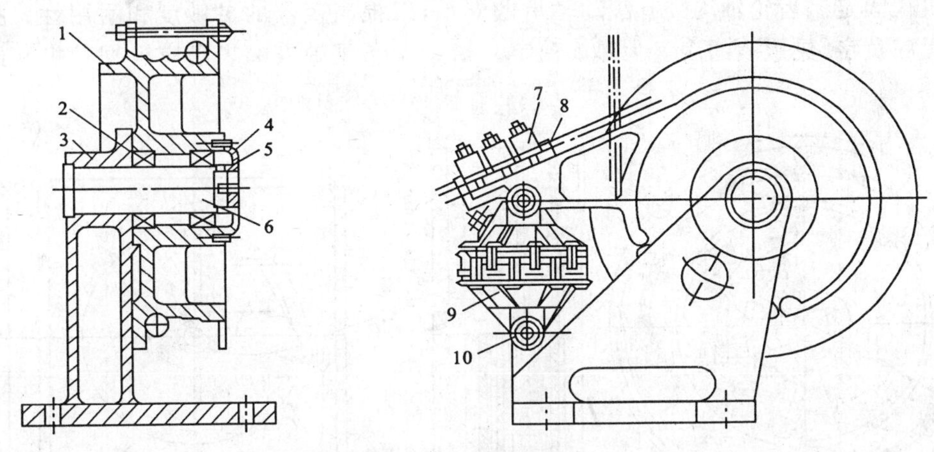

图 6－4　死绳固定器

1. 绳轮；2. 轴承；3. 底座；4. 端盖；5. 井冒；6. 轴；7. 压盖；8. 绳卡；9. 传感器；10. 销轴

传感器安装在死绳固定器上，是死绳固定器总成的重要部件。传感器主要由上下支承盘、油室压盘、油隙盘、橡胶膜片、螺栓、油管接头等组成，如图 6－5 所示。当钢丝绳受张力时，死绳轮便有转动趋势，臂梁对传感器施加拉力。在传感器压盘和橡胶膜片作用下，将这一拉力转换为承压室中的压力(压强)。该压力信号由液压管线传递给指重表和记录仪进行转换、显示与记录。

(2)指重表。指重表是一种特制的弹簧管液压表。它主要由弹簧管、放大机构、指重表指针、灵敏表指针、表盘等组成，如图 6－6 所示。

指重表和灵敏表组装在一起。指重表表针最大偏转角度为 375°，灵敏表表针的最大偏转

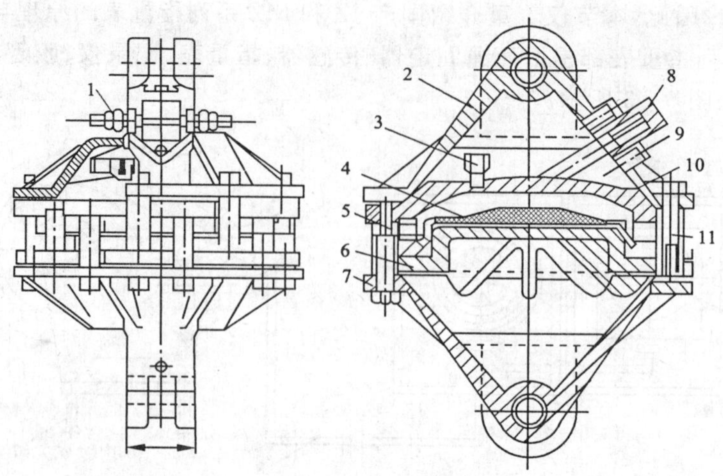

图 6-5　将拉力转换为承压室压力的传感器

1. 油管接头；2. 上盖；3. 接头；4. 胶皮膜；5. 压圈；6. 压盖；7. 下盖；8. 自封接头三通；9. 内六方螺丝；10. 护圈；11. 螺丝套筒

角度为指重表表针的四倍。指重表、灵敏表各有一根弹簧管，其额定压力为 5.885MPa。指重表、灵敏表弹簧管的自由端通过连杆带动扇形齿轮、齿轮轴转动，从而使指针产生偏转。指重表扇形齿轮的传动比为 13∶1，灵敏表的扇形齿轮的传动比为 32∶1。放大机构由三块固定板和支承机构固定。齿轮轴均带有滚动轴承做支承，以提高仪器的灵敏度和耐用性。指重表的表盘为黑底黄字，灵敏表的表盘为黑底白字。指重表和灵敏表的表盘应根据钻机和绳数来选择。

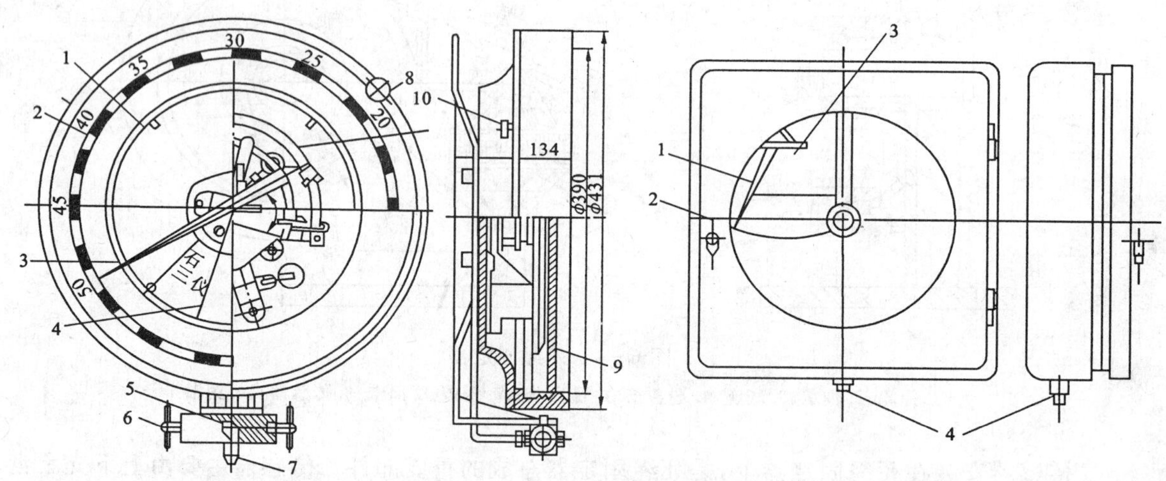

图 6-6　指重表

1. 指重表盘；2. 灵敏表盘；3. 灵敏针；4. 指重针；5. 放气阀；6. 指重减振阀；7. 传压管线；8. 灵敏表盘旋钮；9. 弹簧管；10. 表盖螺钉

图 6-7　记录仪

1. 笔杆；2. 笔尖；3. 微调螺钉；4. 传压管线入口

(3)记录仪。记录仪主要由弹簧管、时钟机构、记录笔杆、热敏笔尖(或墨水笔尖)、稳压电源及记录纸等组成，如图 6-7 所示。

由传感器输出的压力通过弹簧管带动连杆机构转换成记录笔杆的摆动，由笔尖在记录纸上画出悬重曲线。时钟以 1 圈/24h 的速度转动，这样就将钻机工作状况记录下来了。时钟机构上一次发条可连续工作 48h 以上。稳压电源输入电压 220V，输出电压 2.6V。

三、FS 型指重表

FS 型指重表是美国马丁-戴克公司（Maritin - Decker Co）的产品。目前主要在引进的钻机上使用。

FS 型指重表和日本 W 系列、国产 JZ、MZ 系列一样，都由死绳固定器、传感器、指重表、记录仪、胶管、快速自封接头、手压泵等组成。其工作原理和使用要素也基本相同。

(1)死绳固定器。死绳固定器安装在井架底座上，起固定死绳的作用。死绳固定器根据轴承等结构分为 118 型和 118T 型，如图 6 - 8 所示。

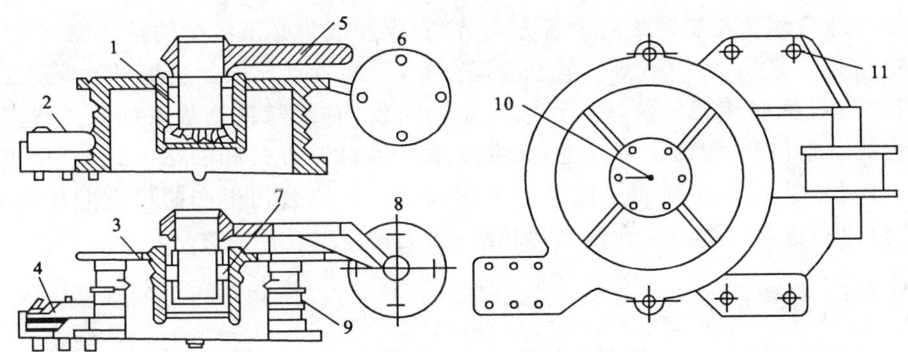

图 6 - 8　大力神死绳固定器滚轮及轴承

1. 滚柱轴承；2. 绳卡压板；3. 锥形滚柱轴承；4. 嵌板；5. 框架；6. 118 型滚柱轴承；7. 轴承支架；8. 118T 型锥型轴承；9. 框架；10. 固定轴承黄油盖；11. 螺栓

大力神 118 型死绳固定器主要由支架、滚轮、钢丝绳压板、挡板、地脚螺栓、传感器、倒绳缓冲器组成，如图 6 - 9 所示。这种类型的死绳固定器上还安装了一套倒绳缓冲器。其作用在于当一个人倒绳时，操作它抵住绳锚，限制钢丝绳滑动。

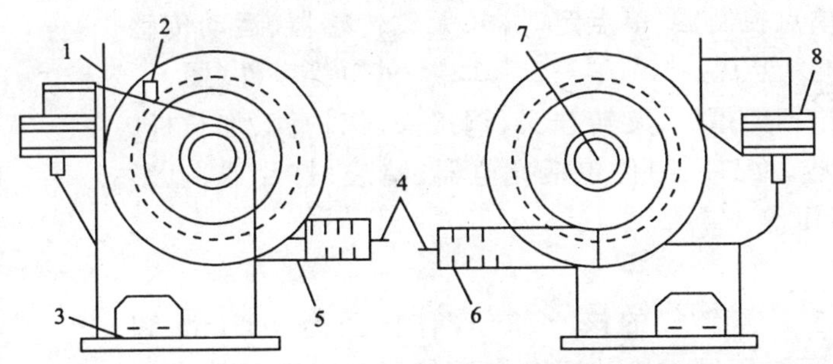

图 6 - 9　大力神死绳固定器总成

1. 到天车的死绳；2. 挡块；3. 地脚螺栓和地脚螺母；4. 到绞车滚筒的大绳；5. 绳卡压板；6. 压板螺母；7. 固定轴承黄油盖；8. 传感器

(2)压力传感器。E542 压力传感器与 FS 型指重表、大力神 118 型死绳固定器配套使用。其结构与 JZ 型传感器相似,也安装在死绳固定器上,是将张力转换为压力的重要敏感元件。

(3)FS 型指重表。FS 型指重表的组成元件基本上与 JZ 型指重表相同。指重表的表盘有 Φ215mm 和 Φ305mm 两种。表盘箱上除指重表之外还安装有泥浆压力表、转盘转速表等五种表。

Φ215mm 指重表的表盘为白底黑字,而 Φ305mm 指重表的表盘为黑底白字。Φ215mm 表盘只有一只,且是固定的;Φ305mm 表盘为两只,内盘为固定的指重表盘,外盘为可由旋钮转动的灵敏表盘,指示钻压。指重表内有一长一短的指针,长针为灵敏针,短针为指重针。除上述主要部件之外还有高压钢丝胶管、快速自封接头和手压泵。

第三节 钻井测斜仪表

为了实时地监测和控制井眼的轨迹方向,测斜仪便成为必不可少的钻井测试仪表之一。

随着定向井的普及,各种测斜仪器也应运而生,不断发展起来。从最早的测斜工具——氢氟酸瓶,发展到机械照相测斜仪,电子单、多点测斜仪,有线随钻测量系统及无线随钻测量系统。测量方式也在吊测、投测的基础上,又发展增加了自浮方式和随钻方式,不仅提高了测量精度,而且可明显提高效率,降低故障率。下面以北京合康公司生产的单点照相测斜仪,电子单、多点测斜仪和自浮式测斜仪为例说明其结构、工作原理及使用方法。

一、单点照相测斜仪

照相测斜仪既可用于裸眼井中,亦可在无磁钻铤中使用。通过拍摄,在胶片上能同时记录井眼的井斜角、方位角及工具面角。随着技术的进步,很多早期测斜仪器都不再使用了,但单点机械照相测斜仪因其准确可靠,仍经常被用作校验其他现代测斜仪的依据之一。使用时,可采用吊测(用钢丝绳吊入井中)、投测(直接投入井中)方式,进行测斜或定向测量。

1. 照相测斜仪的组成

单点照相测斜仪由机芯、外保护总成及配件、附件组成。机芯包括充电电池筒、单点控制器(单点定时器、无磁传感器、运动传感器)、单点照相机和罗盘(0°～10°、0°～20°、15°～90°)等零件(图 6-10)。外保护总成包括绳帽头、旋转挂头、铜接头、保护筒、加长杆、定向杆、底部减振器。配件、附件包括充电器、暗袋、打片器、显影罐、读片器、摩擦管钳等。

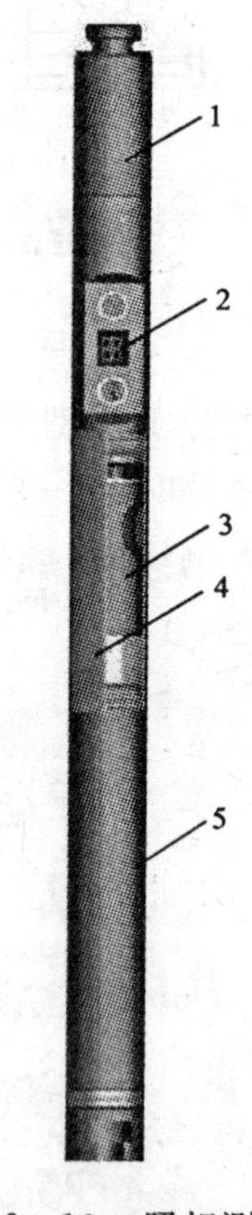

图 6-10 照相测斜仪机芯结构图

1. 充电电池筒;2. 单点定时器;3. 单点照相机;4. 相机外筒;5. 罗盘

2. 工作原理

(1)机芯。机芯是测斜仪的核心部分,有直径为 Φ32mm 和 Φ27mm 两个系列,可与不同规格的罗盘搭配使用。机芯的技术指示示于表 6-1。

充电电池筒与单点定时器连接,为单点照相测斜仪机芯提供电源,能够适应高温、振动、冲击的恶劣环境。专用充电器可反复充电 800 次以上。

单点定时器用于控制照相测斜仪机芯的工作时间，让其在设定时间照相，定时时间为 0～99 分钟。单点定时器一端与电池筒连接，另一端与单点照相机连接。其上的"定时"和"启动"按键用于设置定时时间和令定时器开始工作。单点定时器除具备抗振性外，还具备定时重显功能（仪器工作后重显定时时间）、定时记忆功能（记忆并保留前一次定时时间）和电池能量测试功能（当电量不足时，控制器面板显示"E"，提醒工作人员更换电池）。

表 6－1　机芯的技术指示

参　数	技 术 指 标
使用温度	－40℃～＋105℃
供电电压	DC3.8V～6V
定时时间	0～99 分钟
曝光时间	10 秒钟
外形尺寸	Φ31.75×117.5mm、Φ27×140.5mm

（2）单点照相机。单点照相机由机身、相机外筒等组成。机身内有装胶片的暗室、灯座（中间有感光小孔）、光源（三个灯泡）、后电极等。

使用时，先将相机灯座端与罗盘连接，用打片器将胶片打入相机的暗盒内，再将相机外筒拧在罗盘的外螺纹上，最后将相机外筒与单点定时器连接，使相机的后电极端与定时器的电极端接触，形成工作系统。工作时，定时器控制照相机工作，灯泡发光，罗盘内的测角装置的影像通过感光小孔（"小孔成像"原理）成像于胶片上。胶片感光后，在地表借助显影罐冲洗成像。

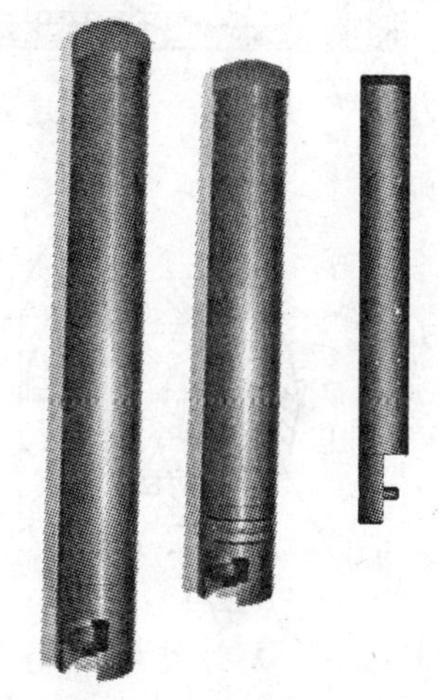

图 6－11　照相测斜仪罗盘

（3）罗盘。罗盘是照相测斜仪的主要测量仪器（图 6－11）。罗盘利用地磁和重力原理，测量井眼的方位角和井斜角，与定向部件配合使用，还可测量工具面角。根据测量范围，罗盘分为 0°～10°、0°～20°和 15°～90°三种规格，应根据所测井斜角的可能范围来选用。罗盘外径有 Φ32mm 和 Φ27mm 两个系列；工作方式有普通型与自浮式两大类。测量范围：方位角 0°～360°，井斜角 0°～90°。测量精度如表 6－2 所示。

表 6－2　照相测斜仪罗盘的测量精度

罗盘类型	精　度	
	方位角	井斜角
0°～10°（直井角单元）	—	±0.2°
0°～10°	±0.5°	±0.2°
0°～20°	±0.5°	±0.2°
15°～90°	±0.5°	±0.25°

① 0°～10°罗盘（图 6－12）。罗盘主要由吊环（即重锤）总成、阻尼油、倾角刻度盘、罗盘和轴尖，以及波纹管等组成。吊环用一根很细的金属丝吊在一根与仪器轴线垂直的金属丝上，可以自由摆动。但是，只要仪器静止下来，吊环将在重力的作用下总是指向地心。

井斜刻度盘面是刻有 10 个同心圆的圆盘（图 6－13），从中心的圆点到第 10 个同心圆分别对应仪器倾角 0°到 10°。方位刻度盘面与井斜刻度盘的圆心重合，方位的刻度在最外面的一个环上。把这个环 72 等分，每等分为 5°。圆环的下面平行地固定了两根条形小磁针，它们的极性指向同一方向，方位盘面上的 0°N 和 180°S 与下面小磁针的南、北磁极相同。整个方位盘面通过宝石座支承在仪表轴尖上，使它可以自由地绕轴尖旋转。

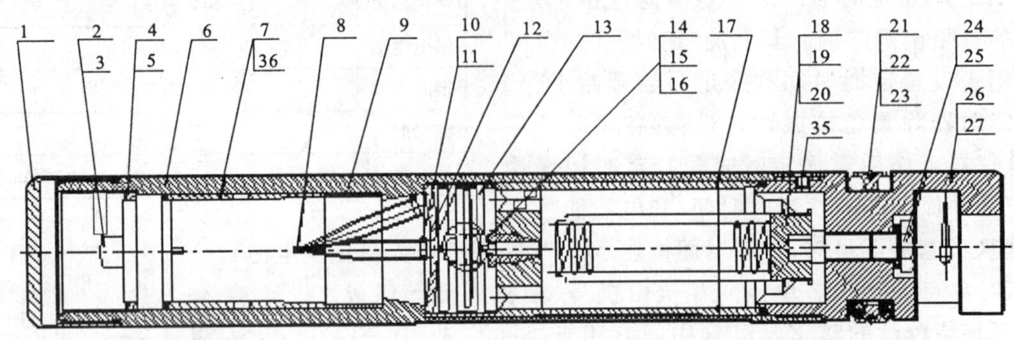

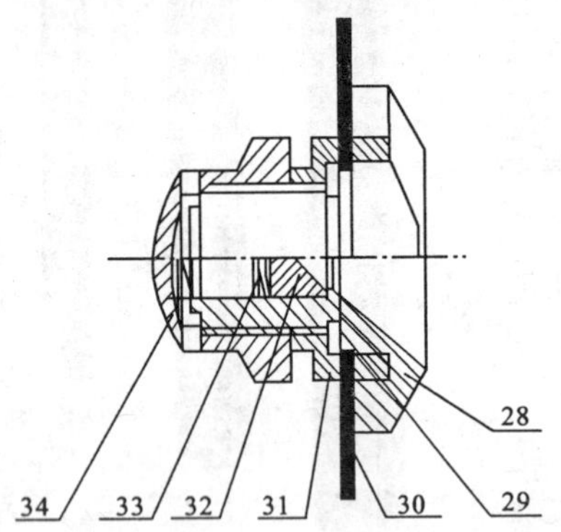

图 6-12　照相测斜仪罗盘的结构图

1. 保护帽；2. 镜头；3. O 型圈；4. 锁紧环；5. 垫片；6. 外壳；7. 摆锤筒；8. 横梁；9. 防反射环；10. 吊丝；11. 吊环；12. 井斜刻度盘；13. 弹性套；14. 仪表轴尖；15. 顶尖轴；16. 轴尖卡套；17. 波纹管套；18. 波纹管；19. 波纹管弹簧；20. 波纹管接头；21. O 型圈；22. 对开环；23. 弹性卡圈；24. 垫片；25. 充液螺钉；26. O 型圈；27. T 型头；28. 宝石座；29. 磁针；30. 方位刻度盘；31. 锁紧螺母；32. 宝石轴承；33. 宝石弹簧；34. 轴承帽；35. 沉头螺钉；36. 垫圈

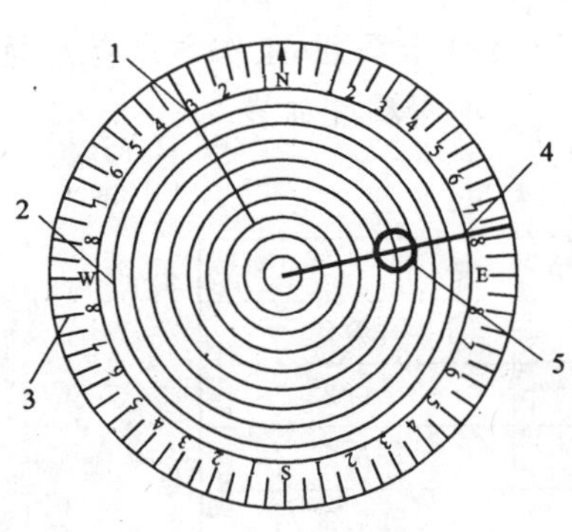

图 6-13　照相测斜仪的刻度盘

1. 高边线；2. 井斜刻度线；3. 方位刻度线；4. 读片器刻度线；5. 吊环

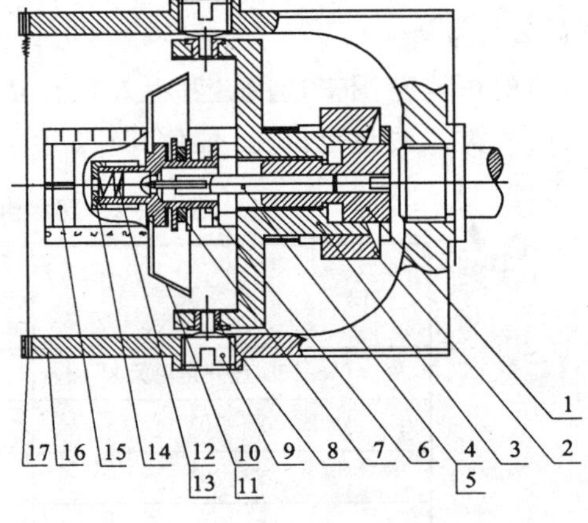

图 6-14　15°～90°罗盘框架结构图

1. 轴套；2. 配重环；3. 十字盘；4. 顶尖轴；5. 仪表轴尖；6. 轴承座；7. 磁针；8. 轴套；9. 支撑螺钉；10. 垫片；11. 90°方位刻度盘；12. 宝石轴承；13. 宝石弹簧；14. 端盖；15. 刻度环；16. U 形架；17. 弹簧拉丝

当仪器静止在某一测点时，方位盘面在阻尼液的作用下很快静止下来，并保持在水平面。同时，方位盘面下边的小磁针在地磁场的作用下，使方位盘面上刻度的 N 和 S 对准地磁场的南、北极，并使罗盘面上刻度的 W 和 E 对准地磁场的东和西。为什么罗盘面上的刻度与实际的地磁场方向相反呢？这并不是由于小孔成像的缘故，而是由于井眼的倾斜方向是井眼高边的指向，而测量仪器中吊环的指向总是在低边，两者正好是相反的。所以，在仪器的罗盘上刻度时，人为地让它与实际地磁场方向相反。这样，胶片上成像的井眼倾斜方向就与实际的井斜方位一致了。

当仪器垂直时，吊环的十字交叉点投影在罗盘刻度盘的圆心上。此时的方位角无法确定，也无意义。当仪器倾斜一定角度时，方位才有意义。例如，图 6－13 胶片中显示仪器的井斜角为 6°，方位 N77°E，那么吊环的十字交叉线将投影在井斜刻度盘的第 6 个圆上，并且落在实际地磁方向的 S77°W 那条线上。由于预先刻度时方位盘上的刻度与实际地磁方向相反，所以胶片上读出的方位仍然是 N77°E。

②15°～90°罗盘。15°～90°罗盘除了框架（图 6－14）和高边针之外，其余各部分都与 0°～10°的罗盘相同。高边针与弯接头上的划线平行，用它来确定工具面角。15°～90°罗盘总成由 90°方位刻度盘 11、配重环 2 和刻度环构成。90°方位刻度盘与 0°～10°罗盘的差别是，其刻度在一个球面边沿上，而不在一个平面圆环上。刻度环是由螺钉固定在配重环上的一个环形带。它的中间有一条基线，基线的左侧从 1 到 9 分别对应于倾角的 0°～90°，基线的右边相对于左边的每一个刻度段 4 等分，于是它的每一个刻度间隔就是 2.5°。转动轴承可以绕仪器轴线旋转，它的 U 形组件通过支承螺钉支撑整个罗盘总成，形成一体。在两个支承钉上拉了一条弹簧拉丝 17，我们把它叫做测线。

综上所述，罗盘具有两个自由度。当仪器在某一测点静止时，一方面框架在配重环的作用下，转动轴承绕仪器的轴线转动，使 U 形架平面与倾斜井身平面垂直；另一方面，受配重环作用使罗盘始终保持水平。与此同时，倾角刻度环随配重环转动了一个角度。此时，测线在刻度环上的投影指示出仪器的倾斜角；倾角刻度环上的基线投影到罗盘球面，与罗盘刻度的交点指示出仪器的倾斜方向。它的成像原理与 0°～10°的罗盘完全相同。

1
2
3
4
5
6
7
8
9

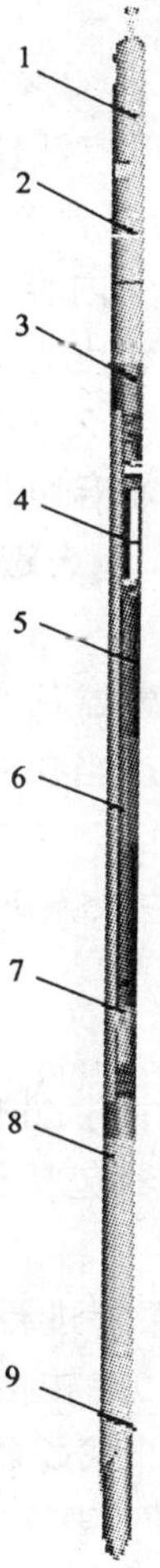

图 6－15　外保护总成结构图

1. 绳帽头；2. 旋转挂头；3. 铜接头；4. 橡胶保护器；5. 机芯；6. 外保护筒；7. 定位键轴；8. 定向杆总成；9. 引鞋键槽

（4）外保护总成。外保护总成的作用是装载、保护机芯（图 6－15），保证其在井下的恶劣条件下正常工作。标准配套时，各部件的作用如下：

绳帽头——投测时与打捞器配合，回收测斜仪；

旋转挂头——防止钢丝绳拧结；

铜接头——连接机芯与外保护总成，密封外保护筒；

橡胶保护器——悬挂机芯，并利用橡胶伸缩性，为机芯减震；

外保护筒——装载、保护机芯；

定向杆总成——是定向减震接头、加长杆、定向引鞋的组合，使仪器与弯接头内的键配合，进行定向测量。

此外，还有图中未画出的加长杆（调节机芯位置，以保证机芯处在无磁钻铤中最小磁干扰的测量位置）和底部减振器（减少测斜仪下井时的振动冲击）。

3. 测斜或定向钻进作业

根据外保护总成的不同搭配，测斜仪可进行测斜、定向两种方式的测量。

(1)测斜方式。有吊测和投测两种作业方式。其中，吊测是用钢丝绳把仪器吊入井中，测量结束后再用钢丝绳把仪器回收；投测是直接将测斜仪投入井中进行测量，仪器回收则有两种方式：一是起钻换钻头时回收，二是使用打捞矛进行回收。

(2)定向作业方式。定向时，定向杆总成的引鞋键槽与弯接头内的定向键配合，而弯接头定向键的方向即为井身的弯曲方向。定向杆总成引鞋键槽与顶部定位键轴 T 形头上的刻线在一条直线上，罗盘 T 形挂头(与罗盘中的高边针方向相差 180°)与定位键轴的 T 形头配合，即罗盘高边针方向与定向杆总成的引鞋键槽方向相差 180°，也与弯接头弯曲方向相差 180°。由于照相机的成像原理是“小孔成像”原理，经拍照后，胶片上罗盘的高边针的方位就正好是弯接头的弯曲方位。连接完毕，即可下井进行测量工作。

二、电子测斜仪

随着传感器技术日趋成熟，测斜仪逐渐由机械式向电子式迈进。各油田广泛使用的各类电子测斜仪探管工作原理基本相同。它们大都采用重力加速度计作倾角传感器测量井斜，用磁通门作方位参数传感器测量方位，用温度传感器测量温度(详见第五章相关内容)。

为了适应井下的恶劣环境，石英加速度计采用了特殊的结构设计，具有精度高、抗冲击、响应速度快的特点。探管中两个或三个加速度计分别安装于符合右手定则的 OX、OY、OZ 轴方向。三个磁通门也分别安装于同一坐标系的 OX、OY、OZ 轴方向，其中 X 轴沿切口轴线方向且指向切口，Z 轴沿井轴方向且与 X 轴垂直，Y 轴为 XOZ 平面的法线方向，且 XYZ 系统符合右手定则。

数据采集与处理电路使用高精度 A/D 转换电路，通过微控制器，将传感器信号转换为数字信号。电源电路将充电电池筒的电源转换为多路直流电源，给探管供电。当探管工作完成后，由地面仪器通过通讯电缆将探管存储的信息读出。

电子测斜仪包括单点电子测斜仪、多点电子测斜仪和有线随钻测斜仪三大系列(随钻测量系统将在第七章中专门介绍)。

1. 单点电子测斜仪

单点电子测斜仪，顾名思义，一次下井测量只能采集一个测点的参数(井斜、方位、工具面、磁倾角、磁场强度等)。单点电子测斜仪包括井下仪器和地面仪器，井下仪器包括机芯和外保护总成；机芯包括充电电池筒和单点电子探管。

地面仪器包括：控制器、探管通讯电缆和充电器等。控制器可对电子探管进行性能检测、参数设置、数据接收等控制。外保护总成的标准配置包括：绳帽头、绳挂头、旋转接头、径向缓冲器、铜接头、橡胶悬挂器、橡胶保护器、外保护筒、加长杆、多元缓冲器、底部减震器、定向引鞋等部分。在标准配置的基础上增加或替换部分部件便可实现定向测量或高温要求下的测量。

完成连接与设置的测斜仪，可采用吊测、投测、自浮等方式对井眼进行测量。

(1)单点电子探管。单点电子探管及其控制部分的外观示于图 6-16。为适用于不同工况，探管有 Φ32mm、Φ27 mm 和 Φ25mm 三种外径规格。单点电子探管的测量范围与精度见表 6-3。

电子探管的使用。

① 测试：用控制器测试探管性能；

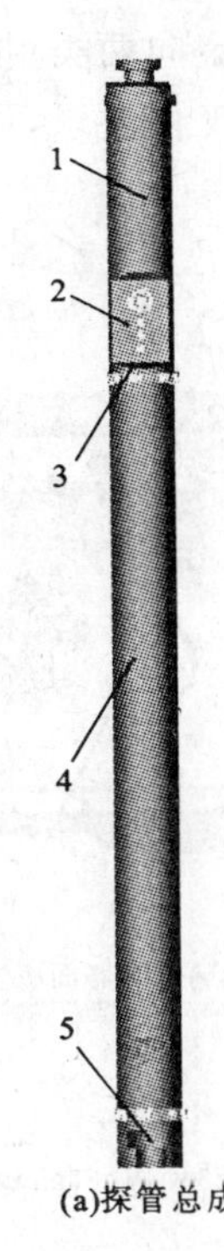

(a)探管总成

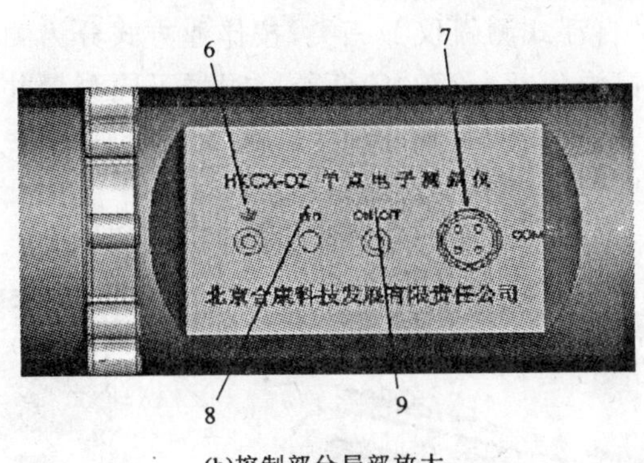

(b)控制部分局部放大

图 6-16　单点电子探管及其控制部分外观图

1. 充电电池筒；2. 控制部分；3. 减震环；4. 电路保护筒；5. T 形头；6. 启动按钮；7. 通讯端口；8. 状态指示灯；9. 电源开关

② 设置：用控制器设置探管工作延迟时间，工作延迟时间＝辅助时间＋测斜仪在井内的下行时间＋1 分钟；

③ 工作：打开探管电源开关，指示灯呈红色，按下启动按钮，持续直到指示灯变为绿色，此时探管开始记时工作；

④ 数据接收：探管工作完毕，指示灯变为绿灯闪烁，持续按下启动按钮，指示灯变为红色，关闭电源开关。连接控制器与探管，进入"数据接收"界面，进行数据接收。

表 6-3　测量范围与精度

项　目	测量范围	精　度
井　斜	0°～55°/0°～180°	±0.2°
方　位	0°～360°	±1.5°(井斜≥6°)
高边工具面	0°～360°	±1.5°(井斜≥6°)
磁性工具面	0°～360°	±1.5°(井斜≤8°)
温　度	−10℃～+125℃	±2℃

(2)电子测斜仪控制器。电子测斜仪控制器是对单点探管进行控制的一种装置，它能实现对探管的检测，高边修正，设置，数据接收，直接显示，打印，存贮和导出等功能。如图 6-17 所示，控制器可直接通过显示屏提示进行操作。其中，状态指示灯显示充电电池组状态（红色长亮表示电量不足，绿灯长亮表示电已充满，红灯闪烁表明正在充电）；微型打印机用于打印数据；通讯口用于连接探管或计算机；电源接口用于外接 5V 电源；开关控制器的电源；功能键用于按照显示屏提示实现不同功能；复位建使控制器重新启动；液晶显示屏显示指令及数据。

(3)外保护总成。单点电子测斜仪的外保护总成种类较多，按测量方式分为：吊测、投测和自浮式（详见后续“自浮式测斜仪”）三类；按作业方式分为测斜和定向两类；按工作温度分为常温（125℃以下）和高温（125～250℃）两类。根据不同测量井况的工作要求，可进行组合配置。

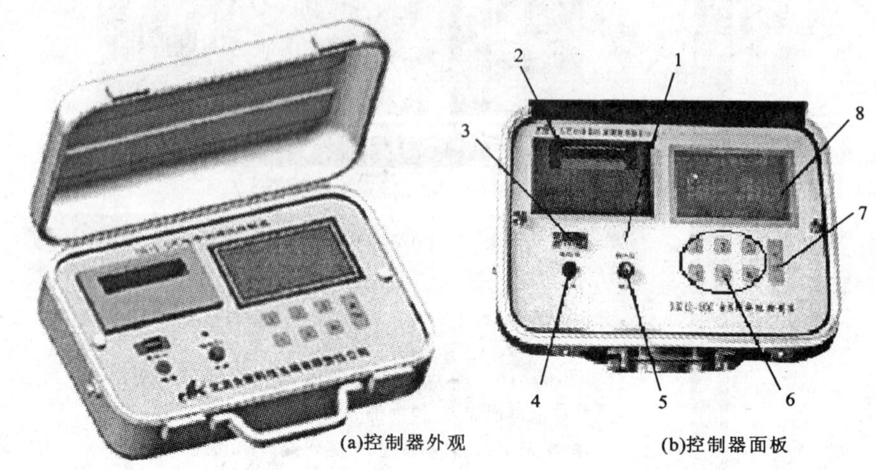

(a)控制器外观　(b)控制器面板

图 6-17　电子测斜仪控制器

1.状态指示灯；2.微型打印机；3.通讯口；4.电源接口；5.开关；6.功能键；7.复位键；8.液晶显示屏

单点电子测斜仪的外保护总成与照相测斜仪的外保护总成兼容，只是在连接结构上（参见图 6-18）增加了径向缓冲器和多元缓冲器；定向作业时，定向杆总成改为由定向减振接头、加长杆、定向引鞋组合而成的部件，它们相互之间通过螺纹连接。由于现场螺纹连接时，很难保证定向减振接头的定位键轴与引鞋的定向键槽完全在一条直线上，因此在定向作业时，必须借助控制器对连接后的探管进行高边修正，用软件进行数学处理，满足定位键轴与定向引鞋的键槽在一条直线上的要求。

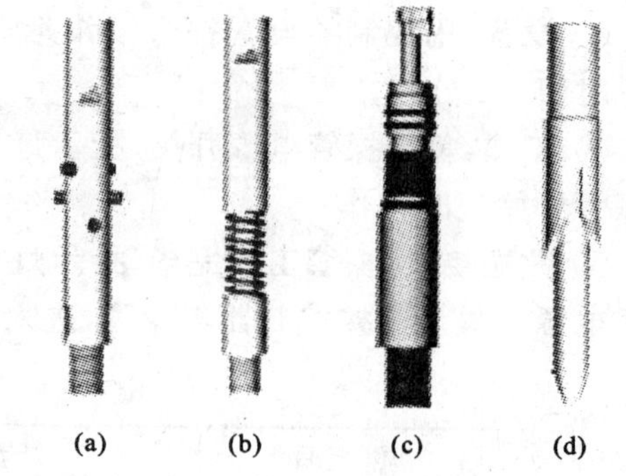

图 6-18　外保护总成

(a)径向减振器；(b)多元缓冲器；(c)定向减振接头；(d)定向引鞋

2. 多点电子测斜仪

多点电子测斜仪，是相对单点电子测斜仪而言的。一次下井测量，能根据设置的间隔时间采集多个测点（最多 2 000 个点）的参数（井斜、方位、工具面、磁倾角、磁场强度等）。与单点电子测斜仪类似，多点电子测斜仪包括井下仪器和地面仪器；井下仪器又包括机芯、外保护总成；机芯包括充电电池筒和单、多点电子探管；外保护总成的标准配置包括绳帽头、绳挂头、旋转接头、径向缓冲器、铜接头、橡胶悬挂器、橡胶保护器、外保护筒、加长杆、多元缓冲器、底部减振器、定向引鞋等部分。在标准配置的基础上增加或替换部分部件便可实现定向测量或高温要求下的测量。除不用于自浮方式外，其他外保护总成与单点电子测斜仪的相同。

地面仪器包括数据处理仪、数据记录仪等，也可采用吊测、投测等方式进行井眼轨迹测量。

(1)电子探管。多点电子测斜仪机芯中的电子探管与单点仪器相似，而此仪器既可设定为单点探管工作方式，也可设定一次下井采集多个点。多点方式时，使用数据处理仪控制，最小间隔设定为 20 秒时，最多能采集 2 000 个数据。

多点方式的工作步骤如下。

① 测试与设置。测试探管性能并设置探管延迟工作时间(到达井底时间)和间隔时间。

② 连接并启动探管工作。控制面板的操作与单点相同，记录仪器的起钻静止时间。

③ 结束工作。仪器工作完毕，取出探管，如采集点数不到 2 000 点，指示灯呈红、绿交替闪烁。在指示灯为绿色时，按下启动按钮，直至指示灯变红，结束探管工作，关闭电源。

图 6－19　数据处理仪及操作界面

④ 数据处理。连接数据处理仪，进行数据采集，根据记录的起钻静止时间选择有效数据，然后输入井眼相关数据进行运算、绘制井眼轨迹。

(2)充电电池筒。使用专用智能充电器一次充电能连续工作 12 小时以上。

(3)电子测斜仪操作软件。使用专用“电子测斜仪操作软件”对单、多点电子探管进行多点方式设置，操作软件界面如图 6－19 所示。该软件可对探管进行测量、高边修正、设置、数据接收等控制，并处理数据、绘制井眼的设计轨迹和实钻轨迹。

3. 自浮式测斜仪

(1)自浮式测斜仪(图 6－20)。在钻井现场使用吊测、投测方式测斜需要配备的辅助工具较多，而且操作较麻烦，因此自浮式测斜仪深受国内用户的欢迎。采用自浮式测斜仪时，只要将组装好的仪器投入钻具中，接上方钻杆、开泵，利用泵冲，将仪器送至井下钻具托盘位置进行数据采集，完成数据采集后停泵，仪器便会自动浮至地面。自浮式测斜仪具备以下特点：

① 简化测井过程，减轻劳动强度，节约测井成本。不需测井绞车，一人即可完成测井工作。

② 节约测井时间。测井前不用循环调整泥浆，操作过程大大简化。

③ 有效预防钻井事故。在整个测井过程中，可随时开泵，提放转动钻具，可正常起钻，从而避免了粘卡事故的发生。

④ 可提高测井深度。仪器在测点经受的只是钻井液循环温度，因此在满足仪器最大抗温能力的条件下，提高了仪器的可下深度。

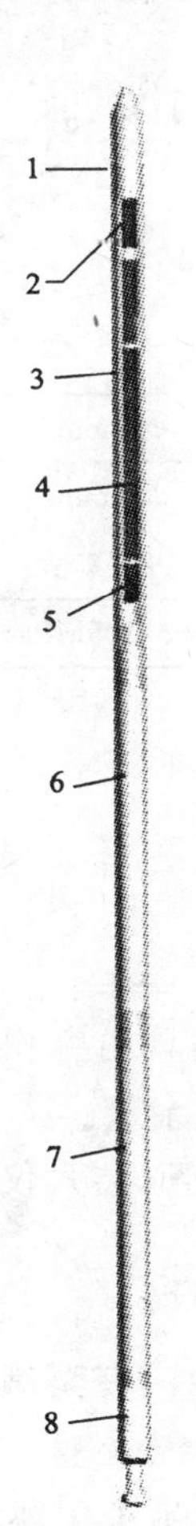

图 6－20　自浮式测斜仪示意图

1. 仪器仓密封接头；2. 橡胶悬挂器；3. 仪器仓；4. 机芯；5. 橡胶保护器；6. 浮力仓；7. 下浮力仓；8. 缓冲器

自浮式测斜仪包括地面仪器、井下仪器及附件。井下仪器包括机芯、自浮载体；地面仪器根据配置机芯与对应的照相、电子测斜仪地面仪器相对应。

(2)机芯。机芯是自浮式测斜仪的心脏部分，它可以与照相测斜仪的机芯或电子测斜仪的机芯配合使用，完成数据采集。

由于自浮式测斜仪是在开泵情况下进行井眼数据测量，因此机芯是在动态下工作，相对于吊测、投测工作方式的机芯在动态性能上有一定区别。

自浮式罗盘为了提高动态下各构件的稳定性，采用大阻尼的阻尼液，使仪器到达测量点时，吊环、罗盘面在阻尼液的作用下缓慢静止下来，罗盘面保持在水平面，吊环指向地心。由于阻尼液的作用，可在振动条件下准确反映测量点井斜角、方位角。

为了确保自浮照相测斜仪在振动环境下能拍摄出清晰的照片，对与自浮式罗盘配套使用的自浮定时器、照相机都做了相应改进。对电子探管，要降低加速计对外界振动的敏感性，通过增加电阻尼来提高加速计的动态性能，从而准确获取测量点数据。

(3)自浮式载体。自浮式载体是自浮式测斜仪的重要组成部分，它装载、保护仪器，保证仪器在井底恶劣的环境中能稳定、准确、可靠地工作，并在停泵时能在钻井液中浮起。

自浮式载体包括仪器仓密封接头、仪器仓、浮力仓、下浮力仓、缓冲器、衬管。其中，浮力仓提供浮力，使载体能自行上浮；下浮力仓连接浮力仓与缓冲器，提供浮力，使载体能自行上浮；缓冲器通过液压缓冲，为载体提供抗震保护，使机芯能正常完成数据采集。

自浮式载体的规格见表 6-4。

载体最大抗压能力的选择为

$$(P+0.0098h\cdot\gamma)\leqslant 45\sim105\ (\mathrm{MPa}) \tag{6-6}$$

式中：P 为泥浆泵出口压力(MPa)；h 为测井深度(m)；γ 为泥浆密度(g/cm^3)。

表 6-4　载体规格

载体最大外径	Φ40mm	Φ49mm	Φ49mm
机芯外径	Φ27mm	Φ31.75mm	Φ25mm
最高工作温度	105℃	105℃	250℃
载体最大抗压	45MPa	60～105MPa	60～105MPa

(4)载体使用。

① 测量准备及仪器组装。

• 安装托盘，检查机芯。

• 组装自浮式载体，用摩擦管钳上紧载体的各连接部分。

• 连接组装仪器，设置定时时间。定时时间≈$V/Q+T$，其中：V 为钻具内容积；Q 为泵排量；T 为组装仪器时间。若泥浆密度大于 1.4，下行时间延长，请留出时间余量。

• 将仪器装入仪器仓。将仪器挂在橡胶悬挂器上，启动仪器，套上衬管，装入仪器仓，用摩擦管钳上紧。

② 自浮式测量。

• 投放仪器。卸开方钻杆，将仪器缓冲器朝下投入钻具内；接上方钻杆，开泵循环，此时自浮式照相测斜仪下行。

• 机芯工作。到定时时间前约 2.5 分钟，应停止活动钻具，将钻具在吊卡上座稳，等待照相；照相后，继续等待 1～1.5 分钟，然后停泵。

• 仪器上浮，取出仪器。停泵后仪器自动上浮，估计仪器已浮到井口时，卸开方钻杆，将方钻杆慢慢提起，取出仪器。

• 读取数据。首先，查看铅模是否剪断，剪断说明仪器是在井底工作，如没有剪断应查找原因。卸开仪器仓，取出仪器，检查仪器是否已正常工作，确认后接收并处理数据，整个测量过程结束。

第四节　国内外多参数钻井仪的发展现状

在前面章节中，我们分别讨论了主要物理量的检测原理，各种传感器或单参数仪表的结构特点及其用法。但是，在钻井(探)生产施工中，仅用单一参数的检测结果很难，甚至不可能描述或约束复杂的钻进过程。因此，还必须研究多参数综合监测的问题。同时，也必须看到，单参数仪表是钻井(探)工程走向科学化、现代化进程中的一个必然阶段，正是这些单参数仪表为研制多参数的综合监测仪表奠定了基础。

一、对钻进过程进行多参数综合监测的意义

1. 钻进过程的复杂性要求随时了解各参数的变化情况

由于岩土性质差异很大，加之钻杆柱(可以看作是一根细长的柔性轴)的传递特性受许多随机因素的影响，所以钻进效果是众多因素综合作用的结果。与已经初步实现自动检测与监控的机械制造业对比，钻井(探)行业还未建立起一套比较完整而成熟的，对生产实践有指导意义的物理模型和数学模型。对这样一个复杂过程的描述与研究，必须借助现代工程数学中的“随机过程”的理论与方法，去寻找统计规律，进行时域和频域的信号分析，而进行这些工作的基础则必须有大量的、实时的、能反映钻进过程的自变量和因变量的原始数据。这些变量又往往不是单独起作用，而是相互之间存在着交互作用，因此必须在同一时间域上把它们同时检测出来。

2. 实现多参数的综合监测将为合理选择钻进规程(进行优化钻进)创造条件

最优化钻井技术是石油钻井行业近20多年来逐渐成熟并得以推广的技术。《钻井工艺原理》一书中指出：“由于各地区的地质条件变化很大，井下情况又难确切掌握和完全一致，现有的各种钻井数学模型尚属统计相关的数学方程，它还不是任何条件下都能用的精确公式。在采用最优化钻井技术时，首要任务是取全、取准各种钻井参数的资料，作为制定该地区优化钻井方案的客观依据，并以后续施工井的实际资料不断检验和修正最优化程序。”技术上较先进的石油钻井尚且如此，那么对于优化钻进起步较晚、所钻岩层和工艺方法更具多样性(石油钻井基本上是在沉积岩中进行无岩芯钻进)的地质钻探来说，更应强调取全、取准各种钻进参数的信息，才可能促进优化钻进技术的进步。

3. 实时地监测与分析各参数的变化情况有助于识别孔内工况和预报事故

由于井内工况复杂，所以国际上公认石油钻井是一个风险行业，往往因为井内异常工况不能被及时识别而酿成恶性事故。专家们普遍认为，钻进过程中一旦出现异常，必须快速地进行识别。这种识别仅靠一个具体参数的信号(如功耗增大)，实际上是不可能的，这将导致对井内工况及其产生原因的错误判断。通常，井内异常工况都伴随着某些参数特征的同步改变。因此，为了提高工况识别和事故预报的可靠性，必须对钻进过程的各种信号进行全面记录与分析。

当发生工况异常时，钻参仪检测到钻进参数的动态信息，每隔一定时间(如 $t=8\sim10s$)对钻进参数建立时间序列模型，按下述参考模式编制识别软件。

(1)正常钻进。各主要参数的时间序列模型具有平稳性，即模型的自回归系数特征方程的

所有根的模大于 1,或格林函数有界。参数的噪音的方差为 σ_a^2 恒定,小波系数近似为 0,曲线的趋势部分和脉动程度在钻进中无显著变化。

(2)换层。硬变软或软变硬时,钻速、钻压、扭矩曲线的趋势部分显著变化;由完整地层进入破碎带时,各主要参数曲线由平稳变为剧烈脉动。换层时时间序列模型具有非平稳性,即存在模型的自回归系数特征方程根的模小于等于 1,或格林函数无界,模型的小波系数在突变时刻不为零。例如由软变硬时,钻速降低,则钻速的一阶方差将为小于零的常数,自回归系数将减小。

(3)孔内事故。岩芯堵塞、烧钻、钻杆裂纹、断钻、卡钻都伴有钻速、扭矩、泵压等曲线的相应变化特征。时间序列模型具有非平稳性,即存在模型的自回归系数特征方程根的模小于等于 1,或格林函数无界,模型的小波系数在突变时刻不为零。例如烧钻和卡钻时,虽然扭矩曲线都在上升,但烧钻曲线一阶差分大于卡钻曲线的一阶差分。

总之,可综合分析所有检测的钻进参数的时间序列模型的特征函数及小波系数来识别孔内典型工况。

表 6-5 是俄罗斯勘探方法与勘探技术研究所的专家们在实践基础上建立的工况识别特征矩阵。表 6-6 是石油钻井行业归纳的井下常见事故(卡钻、钻具断落和井内落物等)诊断方法及其判据。表 6-5 和表 6-6 都可以作为我们根据钻参仪实时检测的数据来判断孔(井)内复杂工况的参考依据。

表 6-5　部分可能出现的工况特征矩阵

No	可能出现的工况	方案	槛　　值				可能出现的标志							
			P	V	σ	N	$V\uparrow$	$V\downarrow$	$P\uparrow$	$P\downarrow$	$\sigma\uparrow$	$\sigma\downarrow$	$N\uparrow$	$N\downarrow$
1	金刚石钻头	1	0	0	0	1	0	1	1	0	0	0	1	0
		2	0	0	0	1	0	0	0	0	0	0	1	0
	烧　钻	3	0	0	0	1	0	0	1	0	0	0	1	0
2	钻杆折断	1	0	1	0	1	0	1	0	1	0	1	0	1
		2	0	1	0	1	0	1	0	0	0	1	0	1
		3	0	1	0	1	0	1	0	0	0	0	0	1
		4	0	0	0	1	0	1	0	1	0	0	0	1
…	…		…				…							
10	钻头抛光	1	0	0	0	0	0	1	0	0	0	1	0	1
		2	0	0	0	0	0	1	0	0	0	0	0	1
		3	0	0	0	0	0	1	0	0	0	0	0	0
11	卡　钻	1	1	0	1	1	0	1	1	0	1	0	1	0
		2	1	0	1	1	0	0	1	0	1	0	1	0

注:"可能出现的标志"栏内"1"表示该标志稳定的改变;"0"表示处于正常状态;"槛值"栏内"1"表示超过了槛值;"0"表示低于槛值。"$V\uparrow$ ($V\downarrow$)、$P\uparrow$($P\downarrow$)、$\sigma\uparrow$($\sigma\downarrow$)、$N\uparrow$($N\downarrow$)"各标志的含义分别是对应于机械钻速、泵压、功率消耗的均方差和功耗值稳定地增大(减少)。

4. 多参数综合监测的结果可辅助操作者判断地层变化的情况

钻探的目的在于探清地下矿体的形态、埋深以及围岩性质等确切地质资料。如果能在钻进过程中实时监测到各参数的变化情况,则可辅助操作者判层,防止打丢矿层。例如,河南某

表 6-6 井下常见事故(卡钻、钻具断落和井内落物等)的诊断判据

诊断依据 \ 复杂类型		卡 钻	钻具断落	钻头落井	井内落物		烧 钻
					钻头上	钻头下	
动力头转动状况	扭矩增加				A	A	A
	扭矩减小		A	A			
	跳钻					A_1	
	蹩钻				A	A	
	不能转动	A					
钻具运动状态	上提遇卡	A					
	下放遇阻	A					
悬重变化	正常						
	下降		A	B	B		
泵压变化情况	正常						
	上升	B			B	B	A
	下降		A	A			
井口流量变化	正常		B	B	B	B	
	增大						
	减小						A
	不返						B
机械钻速变化	减慢				A		
	无进尺		A	A		A	

注:1. 表栏中 A 为诊断复杂的充分条件,角码 1 或 2 可能单独一项或两项同时存在;2. B 为辅助判断依据。

勘探队在应用 DDW-3 型钻探微机监测系统的过程中总结了下述规律:钻进均质完整地层时,钻速、泵压、扭矩、钻压的回次过程曲线平稳;钻进破碎地层时,曲线脉动剧烈;钻进软硬互层地层时,曲线也有对应的变化。他们在勘探石英脉型金矿时,见到钻进监测系统显示的曲线剧烈脉动、钻速同步下降的情况[见图 6-21(a)],便及时调整参数限制回次进尺,提钻后果然已进入矿化带。四川某队在勘探芒硝矿时利用记录的各参数同步变化曲线[见图 6-21(b),扭矩下降,钻速增大,钻压跳跃],正确预报了钻至薄矿夹层的信息,与及时取上来的岩芯完全吻合。因此,地质技术人员也欢迎对钻进参数实现综合监测,能对保证好的地质效果起到辅助作用。

二、国内外多参数钻探仪表(简称"钻参仪")的发展趋势

随着随钻测量(MWD)等新技术的出现,国际钻井界非常重视钻进信息的综合检测与应用。近几十年来,世界上不少国家已生产并应用了许多功能各异的钻参仪。其中代表性的主要是美国 MD TOTCO 公司、英国 Rigserv 公司和加拿大 Datalog 公司等,它们的主要服务对象是石油钻井,而在固体矿产岩芯钻探领域比较成熟,对我国影响比较大的是俄罗斯的 КУРС 系列钻参仪。

上海的"神开"钻参仪在国内石油钻井单位的普及率比较高,而在地质矿产岩芯钻探领域由于种种原因使用钻参仪的单位较少,目前的成果只有中国地质大学(武汉)研制的 DDW-3

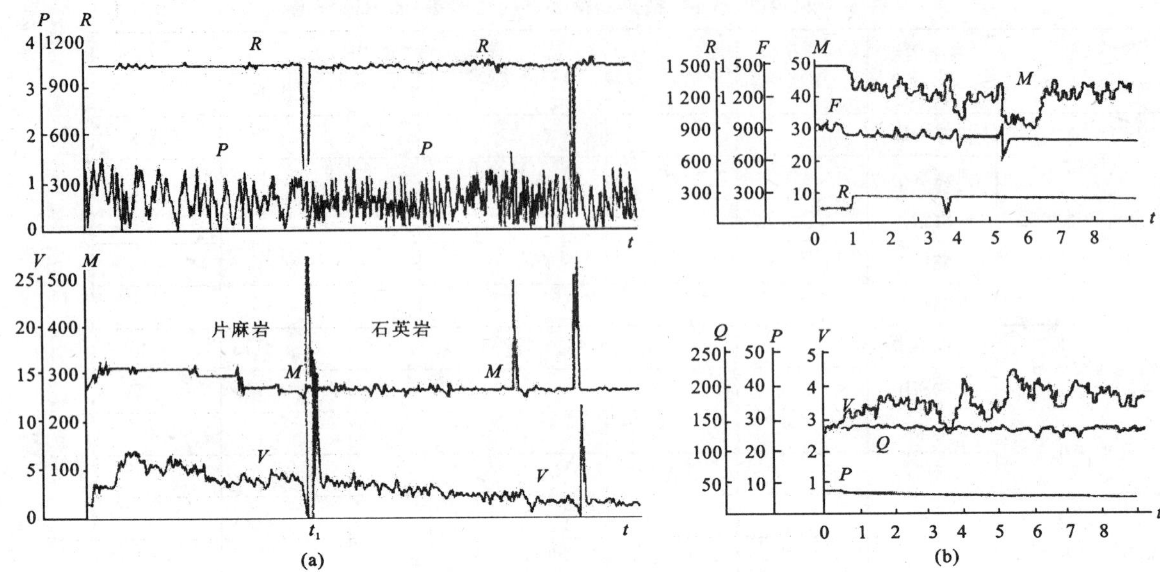

图 6-21 钻探微机监测系统记录的曲线辅助判层举例

P.泵压;*R*.转速;*V*.钻速;*M*.扭矩;*F*.钻压;*Q*.泵量

型钻探微机多功能监测系统、CUG-1型钻探微机智能监测系统和无传输信号线钻探参数微机多功能监测系统。

上述钻参仪的发展趋势及存在问题主要表现为：

(1) 以检测钻场地表参数为主。前述国内外产品和成果基本都是检测钻场地表参数，但真正的钻进过程是发生在地下深处，所以检测井底钻探参数的意义更加重要，同时难度也更大。它不仅要解决井下恶劣环境下的参数检测问题，还要解决井底信号向地表传输的问题。近年来，美国、英国、加拿大和俄罗斯等国的一些钻井仪器公司和国内的中国石油总公司石油勘探研究院、中国地质大学(武汉)都推出了可完成井内钻井参数检测的仪器。其中，美、英、加等国和中石油钻井工程技术研究院的产品均采用泥浆脉冲方式向地表传输钻井参数和角度参数信号；俄罗斯的伏尔加钻井参数检测系统检测孔(井)底钻压、液体压力、扭矩和温度等钻进参数，并通过电磁波方式向地表传输信号；中国地质大学(武汉)研制的井底钻探参数检测仪则采用井底先贮存信号，起钻后地表回放的方式，非实时地获取上个回次的井底钻进信息，使成本大大降低。

(2)当前钻参仪的发展趋势。深部地质钻探对钻参仪提出了新的要求，检测技术、电子技术、计算机技术、通信技术和网络技术的进步也推动着钻参仪的发展。目前，钻参仪正由过去的机械、液压仪表向数字化、模块化、智能化、集成化和网络化方向发展；一次仪表向集成、高精度、低漂移发展；二次仪表向计算机处理、绘图成像、智能方向发展；程序软件向人机界面图符化、处理信息大型化、多功能化发展；数据传输向网络化、Internet 方向发展。

(3)目前国内多数钻井队使用钻参仪的现状。美国、英国、加拿大、俄罗斯的钻井(探)参数检测仪表(系统)价格昂贵，目前国内多数钻井队还是使用靠气、液介质驱动，靠表盘显示，笔录仪记录的钻井八参数或六参数记录仪。这类仪表精度不高，不能输出电信号与计算机相联，因此无法进行信息转贮、远距离传输和信号分析等工作。另外，国外最新的钻井(探)参数仪器仪表就是花大价钱也买不来，人家只租不卖。而且有些国外的钻参仪虽然可以引进，但其部分功能仍不适应中国钻探工作者的操作习惯与中国的国情(井底钻具组合方式、国家管材标准等)。

第五节　DDW－3型钻探微机多功能监测系统

DDW－3型钻探微机多功能监测系统由中国地质大学(武汉)研制。它由传感器、接口电路、STD工控机和8031单片机、输出设备、声光报警设备和转贮设备等组成,能用于野外恶劣环境。其结构框图示于图6－22,其主机外形及在现场的使用情况见图6－23。

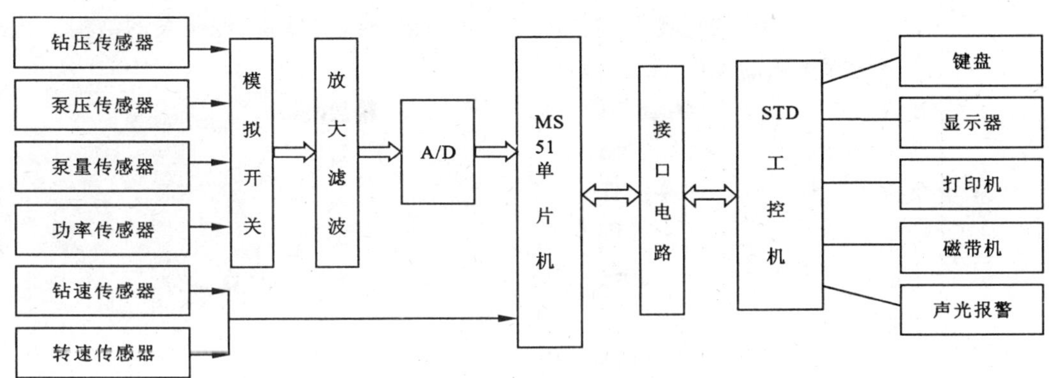

图6－22　DDW－3型钻探微机监测系统结构框图

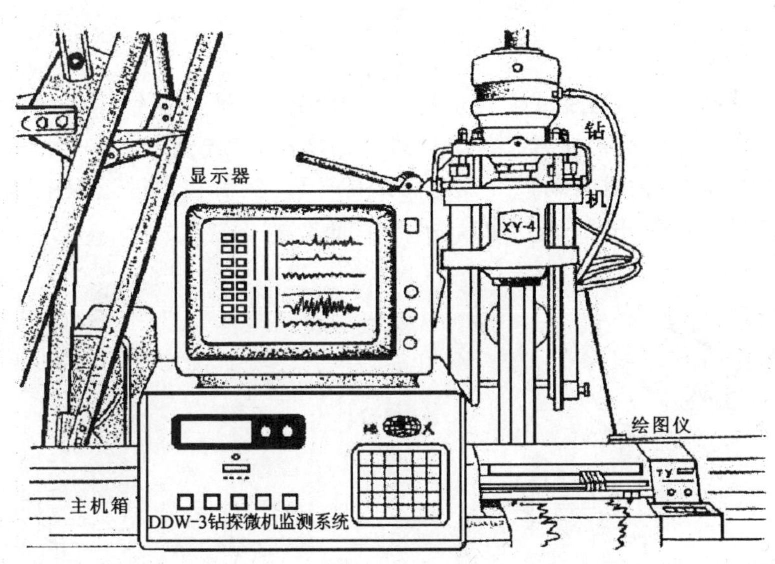

图6－23　DDW－3型钻探微机监测系统

一、系统的功能与特点

(1)可实时采集与显示钻压、转速、扭矩、泵压、泵量、功率、转速、进尺、孔深九个钻进参数,在钻进过程中同步监测其中的1～6条动态曲线。并对五个主要钻进指标设置上、下约束槛值,当任一参数超过(低于)槛值时,则声、光报警,同时在屏幕上指出是哪一个参数超限。

(2)系统分“正常”和“密采”两种方式对诸参数进行采样和存贮。钻进正常时，采样和绘曲线的速率为10秒钟一组数据；当任一参数超限孔内出现异常时，系统自动转入每秒一组的速率“密采”，绘曲线并贮存，以便详细记录孔内异常工况的发展过程。

(3)可长期保存记录的“历史”数据和曲线，亦可随时从内存中调出来显示及打印(绘图)。可通过人-机对话，编制并输出(汉字)小班报表。

(4)可以跟踪钻孔的空间轨迹。只要把测斜资料和钻孔的设计轨迹输入微机，便可显示并打印出设计钻孔与实际钻孔的垂直与水平投影，并给出各孔深处的三维坐标及实际孔与设计孔轨迹的偏距。该功能可方便地用于定向孔与分支孔的设计与施工。

(5)结构简单、紧凑，在现场安装各传感器时不需对现有钻机、泥浆泵的结构进行改动。

(6)主要钻探参数的测量范围及精度等级

参数	测量范围	精度等级
油压(钻压)	0～10MPa	1.5
泵压	0～8MPa	2.5
功率	0～60kW	2.5
泵量	0～300L/min	3.0
钻速	0.16～25m/h	1.0
回次进尺	0～99m	1.0
转速	30～1 500r/min	1.0
扭矩	0～4 000Nm	2.5

二、钻进参数的检测原理

1. 钻压测量

钻压传感器为电阻应变式。在现场安装时借助三通接在钻压表的油路上(图6-24)，这样钻机原有的钻压表仍可正常工作。钻进开始之前，首先使DDW-3系统的硬件总体结构系统进入“称重”状态，微机自动采集并记忆钻具自重，然后在钻进过程中，则按“加压”或“减压”的不同方式自动计算并完成钻压的显示与绘曲线。

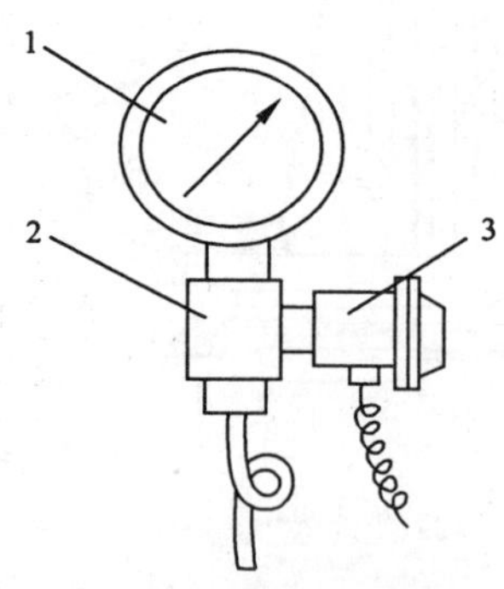

图6-24　钻压传感器的安装

1. 钻压表；2. 三通；3. 钻压传感器

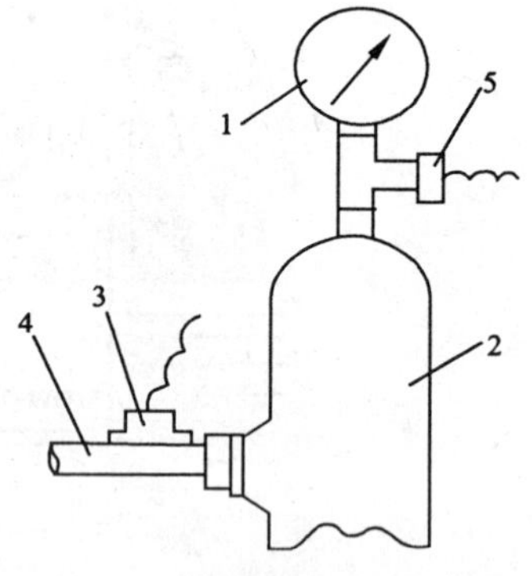

图6-25　泵压、泵量传感器的安装

1. 泵压表；2. 水泵空气室；3. 泵量传感器；4. 水泵出水管；5. 泵压传感器

2. 泵压、泵量测量

泵压、泵量传感器的安装示于图 6-25。其中泵压为压磁式传感器，泵量为多普勒超声传感器。

3. 转速、钻速测量

转速传感器为霍尔开关式，其原理和安装位置参见图 5-21 和图 5-22。

钻速传感器为光栅式，其工作原理及安装位置参见图 5-40 和图 5-41。通过系统软件的处理可得出瞬时钻速、回次进尺和孔深三个参数，并绘制钻速曲线。

4. 功率、扭矩测量

DDW-3 系统用三相有功功率传感器(参见图 5-7)测出驱动电机的总功率 N_{Σ}。由于 N_{Σ} 包括油泵功耗 $N_{油}$、钻机空转功耗 $N_{空}$ 和破碎岩石的功耗 $N_{钻}$，所以为了用间接方式得出准确的钻进扭矩 M，必须从 N_{Σ} 中剔除 $N_{油}$ 与 $N_{空}$ 的影响。而 $N_{油}$ 与钻压成比例，$N_{空}$ 与转速成比例，因此可用实测标定的办法，建立下述一元线性方程

$$N_{油} = a + bF \tag{6-7}$$

$$N_{空} = c + dn \tag{6-8}$$

式中：a、b、c、d 均为回归系数，标定后存入微机内；F 为油缸压力，即钻压传感器输出量；n 为钻机立轴转速，即转速传感器的输出。

于是，钻进中可根据实时的 F，n 值，不断用软件按(6-7)式、(6-8)式算出 $N_{油}$ 和 $N_{空}$，代入下式求出 $N_{钻}$，即

$$N_{钻} = N_{\Sigma} - (N_{油} + N_{空}) \tag{6-9}$$

则可按(5-63)式确定瞬时扭矩值，并绘出回次过程中的扭矩动态曲线。经过(6-6)式～(6-8)式处理后，得出的扭矩值能真正反映钻进环节的扭矩消耗。

上述各参数中，钻压、泵压、功率和泵量传感器所输出的为模拟信号，光栅式传感器和霍尔开关式传感器所输出的是数字信号，它们经过的调理和处理通道是不同的。这方面的知识请参阅第四章的有关内容。

计算机所输出的亦为数字信号，为了能直接在显示器(或打印机)上还原出被测参数的物理量纲，微机还须进行一次信号标度值(模拟量→不同量纲的数字量)变换，标度值由键盘一次性输入并记忆在微机中。

三、DDW-3 型钻探微机监测系统在钻探生产中的应用效果

DDW-3 系统开发成功后。曾先后在国内外推广应用，经受了野外恶劣环境的考验。该系统提供的大量钻进过程动态信息，可辅助操作者正确判断孔内工况，选择合理的钻进规程参数，取得了提高台月效率 35%～56%，降低孔内事故率 5%～12%，辅助判层防止打丢矿层和提高定向孔施工速度和质量的显著效果。

例如，某地质队在冲击回转钻进中，观察钻进曲线发现，每当泵压大于 2.0MPa 时，对应的钻速最高[图 6-26(a)]，因此最合理的规程是调节冲击器，使泵压达 2.0MPa 以上。用 Φ75mm 金刚石钻头在斜孔中打闪长岩时，曲线[图 6-26(b)]表明，增大钻压并未使钻速明显提高(在斜孔中钻压不宜过大)，而适当提高转速则使钻速由 0.8m/h 增至 1.5m/h，找到了在该岩层和钻孔条件下的合理规程。

四川某队在 1202# 孔的钻进过程中发现钻压曲线已超上限，但钻速持续下降直至零，同时泵压持续上升达最大值[图 6-26(c)]，是典型的烧钻曲线。通过及时起钻成功地预防了金刚

石钻头烧钻的恶性事故。

河南某队总结了岩芯堵塞的典型曲线[图 6－26(d)]，其中 t_1、t_2 时刻其他参数无明显变化，仅因岩芯自卡而钻速下降，提动钻具后自动解卡，故钻速迅速回升，使操作者能及时判断孔内工况，大大节约了辅助作业时间。

由于 DDW－3 型钻探微机多功能监测系统在推广应用中效果好，曾被评为"1992 年度国家级新产品"，1993 年获"地质矿产部科技成果二等奖"。

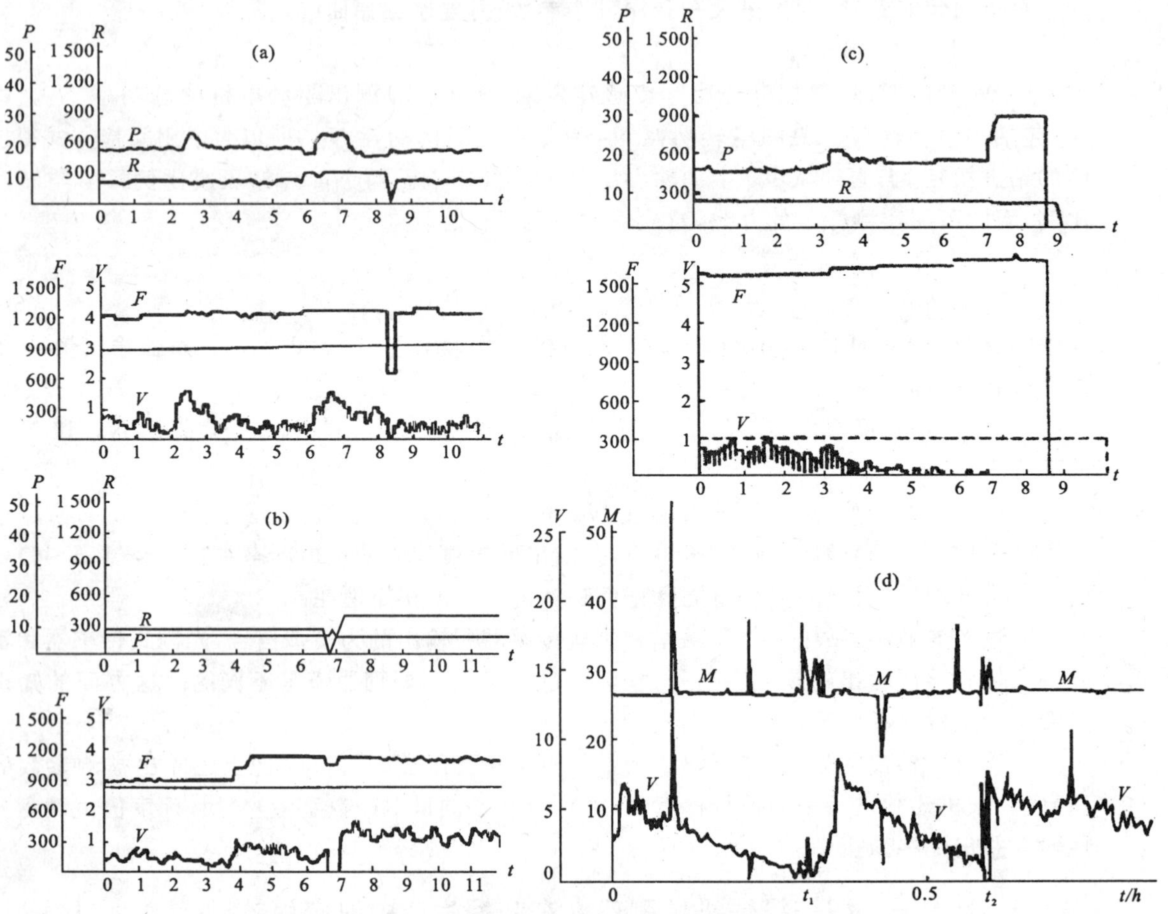

图 6－26　DDW－3 型钻探微机系统记录的钻进参数曲线举例

P. 泵压(×10^5Pa)；*R*. 转速(r/min)；*F*. 轴压(×10N)；*V*. 机械钻速(m/h)；*Q*. 泵量(L/min)；*M*. 扭矩(×10N·m)；*t*. 时间(min)

四、DDW－3 系统在多功能方面取得的新进展

随着技术的进步，针对原系统的不足之处，研制者在下述方面作了改进。

(1)用工业微机取代 STD 工控机。它不仅同样适用于恶劣工作环境，而且存贮空间大好几个数量级，又与社会上主流机型的软件兼容，极大地方便了研制者和用户扩展系统的功能。

(2)自动生成钻进参数的约束条件。传统的凭经验设定参数上、下限的办法不尽合理，而自动生成约束条件的依据是国内外钻探界公认的一些理论公式和经验公式，它不仅包括钻压、转速、泵量三大参数的约束上、下限，还包括处理事故的最大上顶力、正常钻进的扭矩和机械钻速等参数的约束。自动生成的约束条件可显示在屏幕上，并作为报警的判据。系统仍保留了人工修改约束上、下限的功能，但是。若操作者修改后的约束槛值超出了自动生成的约束条件范围，微机监测系统则“拒绝”修改。该功能将有利于杜绝操作者为盲目追求进尺而进行的“野蛮”操作。

(3)建立工况识别的参考模式和判据。研制者在实时监测过程中，采用滚动算法，实时识别孔(井)内岩性变化、岩芯堵塞、典型事故工况，用中文在屏幕上提示并声光报警。

(4)实现测斜仪与微机监测系统一体化。把输出电信号的多点测斜仪当作一个传感器，通过接口电路把顶角、方位角信号送至微机处理。微机监测系统具有测斜数据记录、空间坐标计算、绘钻孔轨迹图等功能。

(5)建立钻探现场数据库，可代替手工记录与整理数据，编制各类报表与报告，按不同的方式自动查询和管理现场数据，并增加了办公自动化的扩展功能。

第六节　上海神开钻井多参数仪 SK－2Z11

SK－2Z11 钻参仪是神开公司研发的新一代钻井仪表，在国内钻井现场的普及率较高。SK－2Z11 钻井参数仪是由 CAN 总线型传感器、PC/104 嵌入式计算机、TFT 大屏幕液晶显示器、触摸屏式钻井监视仪和后台计算机构成的监测系统，让司钻在第一时间了解钻井情况。

SK－2Z11 钻参仪可采集多达 64 道传感器的数据，派生出 60 余项参数。司钻可选择数据显示、曲线显示和仪表仿真等监测画面；设置相关参数的报警门限，可进行声光报警。钻井监测仪既可独立运行，也可用 RS－485 串口线与后台计算机相连，将实时数据发往后台计算机，进行实时数据监测、实时数据和曲线打印，以及对数据进行存储和回放。同时，利用后台计算机上安装的 SK－DPS2000 数据处理系统，可提供钻井工程方面的有关报告、图件等资料。通过本套仪表对钻井过程的实时监测，对提高钻井时效、安全钻井、平衡钻井、有效地保护油气层、预防工程事故、降低成本、实现科学钻井起着重要的作用。

一、SK－2Z11 钻参仪的系统框图

该仪器可监测悬重、泵压、钻压、大钩位置、泵冲和总泵冲次、转盘转速、出口流量、转盘扭矩、井深、钻时、大钳扭矩、总烃、钻头用时等 17 项参数。其系统框图如图 6－27 所示。

钻井监视仪 DOS＋DrillWatchSmart 可靠性高、稳定性好，可独立工作；后台监控软件 Win9X＋DrillingSmart 操作方便；采用 SK－DPS1.16 数据处理系统，进行有关钻井工程资料的处理。

二、SK－2Z11 钻参仪的技术指标

钻井监视仪的面板界面如图 6－28 所示。

1. SK－2Z11 钻参仪的各项技术指标

环境温度范围：－40℃～＋60℃；

环境湿度范围：＜90％；

钻台监视仪防护等级：IP67；

钻台监视仪防爆类型：限制呼吸型防爆，配套的各类传感器均满足相应的防爆要求；

输入电压：220VAC±30％；

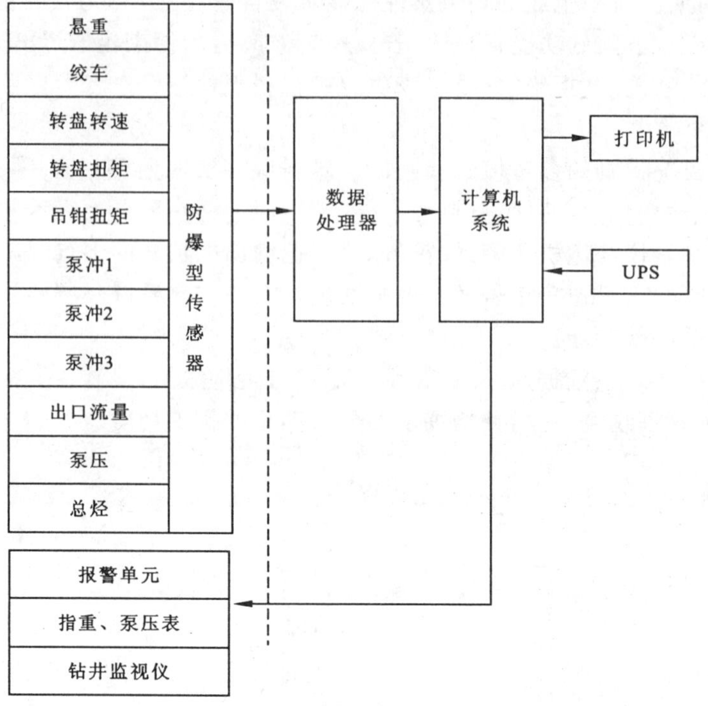

图 6-27　SK-2Z01/2Z11 钻井监视仪系统框图

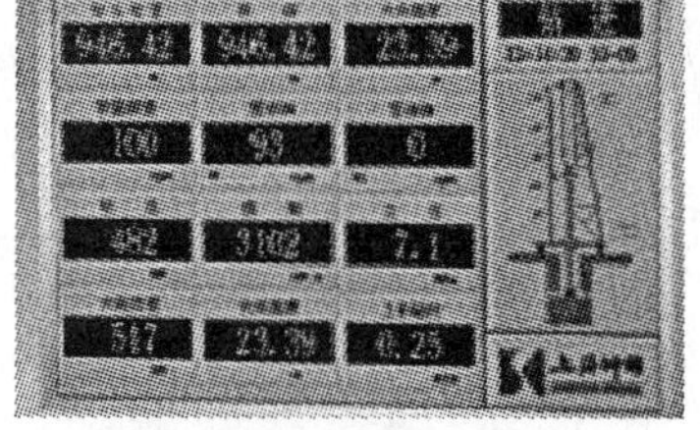

图 6-28　SK-2Z01/2Z11 钻井监视仪面板布置图

输入频率：35～65Hz；

UPS 不间断电源输出：电压 220VAC±1.5%，频率 50Hz±1%；

电源 UPS：1KVA，外界中断供电时可连续工作时间不少于 15min。

2. SK-2Z11 钻参仪的特点

(1)体积小巧，集成度高，安装便捷，适用性强；

(2)司钻的视觉革新，司钻可自主选择符合自己习惯的数据、曲线和仪表仿真；

(3)以 PC/104 嵌入式计算机为核心采集运算，可靠性高；

(4)大屏幕 TFT 液晶+触摸屏人机对话操作显示，视觉效果好；

(5)数据公英制可选，适合不同客户的需求；

(6)总线型传感器，模块化结构，配置灵活；

(7)操作简单，易维护，能长时间无故障使用。

3. SK-2Z11 钻参仪的主要功能

(1)实时数据采集、处理、输出、存储；

(2)实时监测，远程显示，实时声光报警；

(3)实时工程参数报表、曲线打印、显示；

(4)各种参数屏幕选择，全井曲线屏幕回放。

三、传感器的配置(基本型)

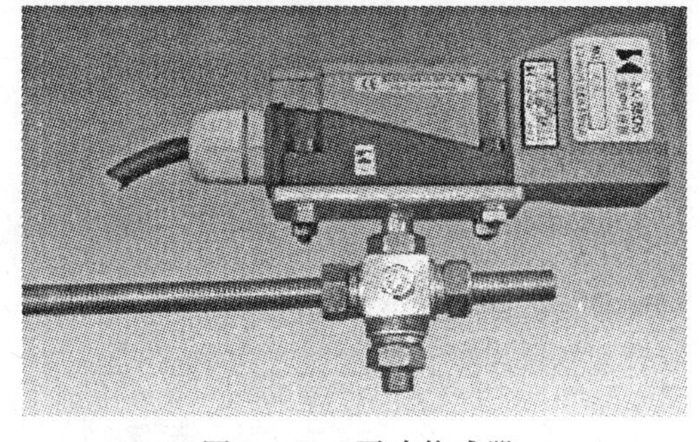
图 6-29　泵冲传感器

1. 泵冲、转盘转速单元(图 6-29)

测量范围:30、60、120、240、480、1920 冲次可选;

测量精度:1%;

输出信号:4～20mA。

2. 深度单元(井深传感器如图 6-30 所示)

井深测量范围:0～9 999.99m;精度:±1%(单根);

显示大钩高度:0～50m;显示步长:0.01m;

钻时测量范围:0.1～600min/m;精度:±1%;

大钩初始位置参数置入由计算机过程控制,具有输入锁定功能。

3. 大钩悬重单元

测量范围:0～2 000 或 4 000kN;精度:±2%。

4. 泥浆出口流量单元(图 6-31)

测量范围:0～100%(相对流量);精度:5%;

输出信号:4～20mA。

5. 转盘扭矩单元

测量范围:0～50kN · m(0～1.6MPa 压力传感器),见图 6-32 所示。

精度:±2%(F · S);输出信号:4～20mA。

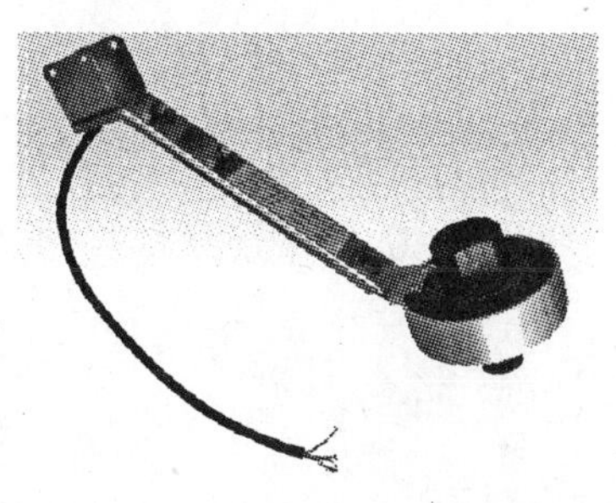
图 6-30　绞车井深传感器

图 6-31　泥浆出口流量传感器

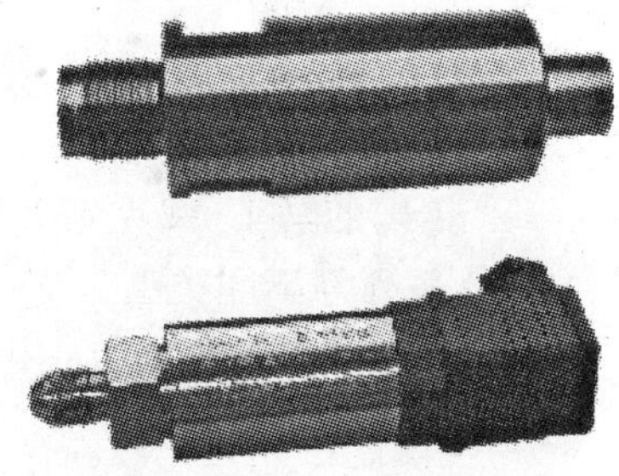
图 6-32　通用压力传感器

6. 吊钳扭矩单元或液压扭矩单元

测量范围:0～100kN(以尾绳拉力表示)或 30MPa;精度:±2.5%;

输出信号:4～20mA。

7. 立压单元(配减压缓冲器 1:5)

测量范围:0～30MPa;精度:±2%(F · S);

温漂:1%(F · S);输出信号:4～20mA。

8. 总烃

测量范围:0～5%(甲烷);

输出信号：4～20mA。

四、计算机硬件软件配置

1. 计算机

CPU 内存 64MB，显示器 17″彩显，硬盘 20G，显卡 AGP/16M 显存，光驱 40 速。

2. 外设

实时打印机：EPSON MJ1520K 彩色喷墨打印机；网卡：100M；多串口卡：C104P；声卡：CREATIVE；音箱：有源音箱一对；电源：1 台 1KVA。

3. 软件系统

(1)操作系统。中文版 WINDOWS98/NT，智能化钻井工程参数仪软件——数据采集系统为 SK－DLS2000 版本，2Z11 钻台触摸屏安装 MSDOS 操作系统。

(2)主要功能。具有自动实时数据采集、处理、输出、自动保存、自动声光报警等多种功能；可以实时监测、远距离传输通讯、显示功能；提供钻井动画、曲线监测和回放、仪表仿真等多个测画面，实现中英、中俄文自由转换，公英制单位的切换。

(3)资料输出方式。打印——可以按时间间隔打印工程参数报表或曲线图。显示——能显示参数数据屏幕及动画，可设置多种屏幕，通过字母、数字及图曲线等方式显示。可通过计算机控制大屏幕液晶显示和光柱趋势显示，视觉效果良好。可以打印钻井液和钻井工程班报表资料。

(4)操作使用。该软件可由程序图标菜单来控制，操作便捷、简单。程序由钻井动画、钻井主要参数、网络设置、系统初始化、采集卡测试、传感器标定、起下钻、系统报警、钻具管理、钻井曲线、气测解释、色谱谱图、远程显示等众多模块组成，用鼠标点取图标菜单，即可调用这些功能模块进行操作。

第七节　马丁-戴克钻井仪表

美国的马丁-戴克钻井仪表在国际钻井界享有盛誉，它通常分为 1000 系列、2000 系列、3000 系列等不同类型。

一、1000 系列和 2000 系列

该系列每个系统内装有两台计算机，保证操作的可靠性。配有专用设备和显示器，可根据不同需要确定下述内容的规格：传感器输入值与类型(4～20mA、0～10V、脉冲等)，数据输出方式(至记录仪、打印机、计算机、通信线路)，测量单位(英制、公制)，数据的滤波与检波或合成通道的滤波与检波。

1. 1000 系列

(1)设有数字与液晶图形显示器，在直射的日光下清晰可见，显示数字的尺寸达 20mm；

(2)表盘上标有明确易懂的操作提示，操作者无需经特殊训练便可操作；

(3)便于观察及变换报警极限，大大简化了设定报警与零位钻头重量的键盘操作。

2. 2000 系列

(1)每个发光显示组件(ELD)相当于一个显示器，可以显示条形图、数字或任何其他图像；显示的数据在明亮的阳光下及在夜间都能清晰可见；

(2)传感器的数目与类型可在较大范围内变动,以适应不同用户的需要;

(3)可在系统中增加记录仪、打印机等,以得到永久的数据记录。

3. 机台记录仪

它具有 12h 制的 24h 牵引带式记录纸,且有液压和气压逻辑系统。输入的测量信号可以是电信号、气压信号或液压信号。

机台记录仪有八道记录功能:1 道——大钩重量;2 道——穿透率(ROP,即机械钻速);3 道——钻井液泵压力;4~8 道——气压、液压信号。8 道还具有液压双重压力累加功能。

机台记录仪主要包括三个部件:穿透率(ROP)传感器、辅助压缩空气装置及记录仪组件。

通过检测绞车轴的运动,可将反映穿透率的气动信号(反馈信号)直接送到记录装置,消除了其他记录仪中存在的钢绳回收问题。机台记录仪还配有机械式钻进深度计数器。

二、M/D－3200 系列

该系列仪表可提供 29 项钻进参数及所有参数的模拟图表,帮助操作者预测井内变化趋势,使钻井工作更加安全可靠。M/D－3200 系列的操作与参数显示屏幕如图 6－33 所示。

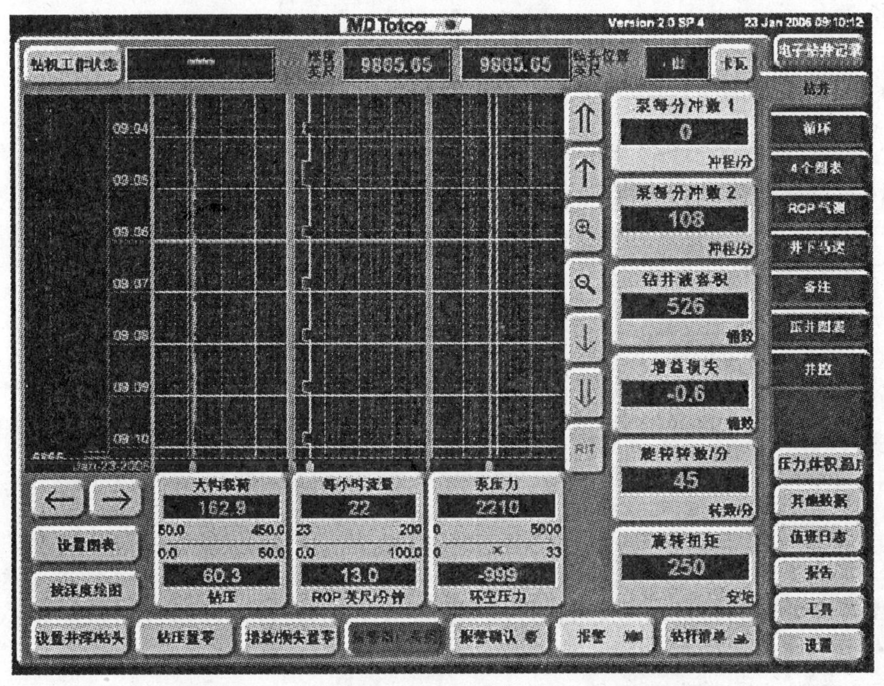

图 6－33　马丁-戴克系统操作与参数显示屏幕

系统由六大部件组成:①中央处理器及显示器、键盘和报警系统;②远程司钻输入装置及信号接口;③打印机、绘图仪等输出设备;④各类传感器;⑤从动显示器及连接线;⑥稳压电源。

在标准状态下,M/D－3200 系统能对 29 个参数和模拟通道巡回采样,并在显示器上显示 12 个通道的参数。实际的采样通道数可通过中央处理器选择。采样速度为 1Hz。关键参数存入主存储器至少保存 6h,以供用户在需要时使用。系统将检查这些数据是否符合报警条件,当设定的优先控制信号达到报警条件时,则及时报警,并绘出详细的信号曲线。该系统具有自提示功能，当你按下“求援”键，系统就会询问你想做什么，然后准确地告诉你怎么进行。

参数信息分成两大类：一类为传感器通道；另一类为计算通道，即计算机对传感器通道的数据及操作人员输入的数据进行计算，得出结果。

1. 传感器通道

(1)钻井液体积；

(2)钻井液变化；

(3)立管压力；

(4)环空压力；

(5)转盘扭矩；

(6)钻井液入口温度；

(7)钻井液出口温度；

(8)返回钻井液流量；

(9)钻井液补给体积；

(10)转盘转速；

(11)转盘扭矩；

(12)大钳扭矩；

(13)大钩负荷。

2. 计算通道

(1)由钻井液体积和起下钻柱所占的钻井液体积算得累计应补灌的钻井液体积；

(2)由入口、出口钻井液温度算得钻井液的温度变化；

(3)由钻井泵传感器的脉冲数算得 1 号泵泵冲(冲/min)；

(4)2 号泵泵冲(冲/min)；

(5)补灌冲数；

(6)总泵冲次；

(7)由大钩负荷算出钻压；

(8)由钻进记录仪来的脉冲算得钻时(min/m)；

(9)钻速(m/h)；

(10)井深(m)；

(11)由泵行程和泵冲(冲/min)算出钻井液入口流量；

(12)由转盘转速、钻压、钻速、地层压力梯度、当量循环密度、钻头直径等算出 d 指数；

(13)由操作人员输入井内立根数；

(14)由时间和工作方式算得起下钻时间(h)；

(15)钻进时间(h)；

(16)系统时间(h)。

CRT 屏幕显示器可以表格形式显示被测数据信息(每秒更新 1 次)，包括时间、井深、总泵冲数、系统状态、所选择的通道数据、给定的报警限、满量程值等。打印机、绘图仪可以数字格式或趋势分析的绘图格式两种方式输出。

该系统可放于钻台上，作为普通钻台成套仪表之用；也可以在已有常规仪表的情况下，置于任一值班室内，供管理人员远程监控分析之用；还可以配装任意多个从动屏幕显示器供更多的井场工作人员使用。

3. 钻进设备控制台

结构紧凑的L形控制台(图6－34)外形尺寸小,司钻可同时照管控制台和转盘。控制台能为司钻提供所有希望监视的钻进参数,以取得最好的钻进效果。

图6－34　结构紧凑的L形马丁-戴克控制台

控制台上的仪器包括:

(1)钻压指示仪;

(2)自动控制进尺器;

(3)钻井液体积加法计算器;

(4)钻井泵的冲程计;

(5)钻井泵的压力计;

(6)转盘转速仪;

(7)钻速测量仪;

(8)电气扭矩测量仪;

(9)灌浆压力计;

(10)大钳扭矩测量仪;

(11)带式记录仪;

(12)钻井液注入量指示仪。

4. EA9系列液压转盘扭矩仪

它为链条传动的钻机提供扭矩读数并记录下来,容量为500～1 000个点(扭矩标记)。该仪器显示钻杆上的应力,以提示司钻注意卡钻或钻头非正常磨损等事故征兆,也可帮助确定井眼状况和扭矩型式,提醒司钻在适当的时机更换钻头。

5. RGO系统液压、气动钻台用圆筒型图像记录仪

该记录仪可以提供完整、精确的钻台记录,以提高钻进效率,可以记录大钩负荷、钻进速度、钻井液泵压力、转盘转速、转盘扭矩、冲数等钻进参数。

6. H6A/H29系列大钳扭矩仪

该扭矩仪是附于大钳的便携式装置,可用于动力大钳的检测,钻柱每转动一次就有一次扭

矩显示。扭矩仪的指针可调,以改变测量范围。在下套管或钻杆时,可精确地检验所有的管柱接头上所产生的紧扣、卸扣扭矩,其刻度可用公制或英制来表示,最大的测力量程达 11.36t。

7. MVT 系列钻井液体积加法计算器

它由操作控制台、传感器系统、钻井液体积记录器、遥控报警系统组成。能精确显示每个罐内钻井液量的变化,从而迅速反映井涌、井漏所引起的钻井液体积骤变情况。探杆长度为 2.43m、3.04m 和 3.65m 的四杆或六杆型。MVT×4 型钻井液体积加法计算器可监测四个液罐的钻井液体积变化情况;而 MVT×6 型则可监视六个液罐。MVC×4 或 MVC×6 各有两台仪表,一台测量各罐内的钻井液体积,另一台测量钻进过程中钻井液量的增减。

传感器系统(H1012X)由三部分组成:

(1)探测系统。它由无磁不锈钢管构成。安装时探管由罐顶伸到罐底,其顶部有一个电位计。套在金属探管外面的浮标内部装有一个环形磁铁,该磁铁可带着探管内的铁块一起上下浮动,铁块的运动通过链条带动顶部电位计齿轮转动,电位计的电阻值与钻井液液面成比例变化。

(2)浮标系统。它是一个环形的泡沫塑料浮子,里面装有一块环状的永久磁铁。浮标漂浮在钻井液液面上,顺着探管可垂直地上下浮动。

(3)支架系统。该支架是为了把传感器系统垂直地安装在钻井液槽中。

钻井液体积记录仪具有两条记录线路,可记录并分两路画出钻井液总体积和偏差数据曲线。

8. 钻井液中央控制台

钻井液中央控制台包括:钻井液密度和温度指示仪、钻井液体积加法计算器、钻井液注入指示仪(灌浆量)、泵冲程计数器和钻井液带式记录仪。

9. MFSX 系统钻井液流入量和冲程指示仪

该系统包括控制台(MFCX2)、钻井液流动传感器、泵冲程开关组件、钻井液流记录器及遥控报警系统,可显示钻井液回流量和钻井泵冲程数。当钻井液流量超过预定安全限时,能对可能发生的井涌或井喷事故报警。当钻井液流量减小时,报警钻井液的漏失。

(1) 控制台。控制台包括一个测量钻井液出口流量百分比的指示器和两个钻井液泵冲数指示器。三位数字显示器显示泵冲数或某些泵注作业的连续泵冲数。两位数字显示器显示起钻期间向井内灌注钻井液时所需的泵冲数。

(2) 钻井液流动传感器(挡板式)。它是一个监控钻井液水平槽内液流的叶片式传感器,叶片受钻井液的推动带动电位计。电位计发出一个与叶片位置相对应的 0.5V 直流模拟信号。

(3) 泵冲程开关组件。本开关安装在钻井液泵上,开关的次数与泵冲次一致。一套开关最多可监控三台钻井液泵,可对每分钟泵冲数提供及时校正,并可对压井过程进行示踪显示。数字显示可在 6m 以外看得很清楚。系统采用最可靠的标准元件,具有防爆结构。

(4) 遥控报警系统。包括一个 H1467 型控制箱和喇叭。当控制台上的高、低流量指示灯导通时,喇叭即发出鸣叫声。

10. SA100、SA101、SA102 系列辅助自动送钻装置

该系列仪器可使死绳保持预定的拉伸力,便于快速有效地钻进。有两挡速度的齿轮传动装置,适合于最大范围的钻速,稍稍开启和调节空气阀,就可产生平滑而灵敏的反应。装置结构坚固、工作可靠,其中无电气元件,可以在有爆炸危险的大气中安全操作。

11. 钻井液温度计及密度计系统(MDSX2 和 MDSX3)

该系统由五部分组成:钻井液密度和温度控制台 MDCX2,传感器总成 MDTX2,钻井液温度记录器 MR20、MR3 或 MR2,钻井液密度记录器 MR20、MR3 或 MR2,电缆。

控制台通过电子系统来控制整个仪表。两个发光二极管组成的显示器分别显示来自传感器的钻井液进口与出口的密度和温度。两套传感器,一个放在高压管线上,检测钻井液入井前的密度和温度;另一个放在钻井液出口管线上,测量返出井眼的钻井液密度和温度。密度变换器和一个活动浮球连在一起,上面装有电子荷重盒。为了准确地读出钻井液密度值,传感器的浮球必须浸没在钻井液面以下 0.6m 处。由于钻井液的浮力作用,使浮球上浮,通过杠杆对传感元件加压,于是产生了与钻井液密度成比例的电信号,并送到接在传感器顶部的信号放大器。

温度传感元件在传感器组件较低的部分,温度信号经过放大发送到控制台显示。

另外要注意,传感器要尽可能安装在平静的地方,如出现钻井液的紊流及涡流时,将会对浮球产生外加负荷而影响密度的读数。缓冲板将装配在传感器周围,以约束钻井液在浮球周围的流动。传感器要保持垂直的安装状态。

第七章　随钻测量与地质导向系统

第一节　概　述

一、随钻测量与地质导向技术的意义

放眼世界石油钻井技术，21世纪将进入科学化、自动化钻井的新阶段。自20世纪80年代以来，国际钻井界的明显特征之一是信息技术和控制技术开始进入并应用于油气钻井工程，井下新测量仪器和新控制工具的研制取得了重大突破，并组成满足地质、开发更高需求和钻井新工艺的大型技术系统。随钻测量、地质导向钻井系统和应用技术就是其中的典型代表。

近年来，随钻测量系统作为施工复杂结构井（包括水平井、多分支和大位移井）的关键支撑技术越来越受到国内外钻井界的高度重视。由于水平井增加了井筒与油藏的接触面积，分支井有利于开发隐蔽油藏、断块油藏和边际油藏，大位移井在实现“海油陆采”方面有巨大潜力，从而为实现高效、低成本、立体开发油气藏开辟了新的途径。国际上一致认为，复杂结构井是当今石油工业上游领域增加产量、提高采收率的重要途径。在许多国家和地区复杂结构井的钻井工作量已超过总进尺的15%以上。在我国，也把通过大位移定向斜井和水平井开采石油天然气当作是21世纪的一场技术革命，是石油天然气工业科技进步的优先发展方向，尤其在低产油气田和难采油气矿床的开发中更是如此。随钻测量技术是实施定向斜井、水平井及分枝井钻井不可或缺的技术支撑，同时，在固体矿床勘探、地热开发、非开挖铺管等工程领域也有着广泛的应用前景。

随钻测量（Measurement While Drilling）是在钻井过程中实现井下信息的实时测量和上传的技术简称（MWD）。通常意义的MWD仪器系统，主要限于工程参数（井斜、方位、工具面）测量。以泥浆脉冲式MWD系统为例，它由井下部分（脉冲发生器、驱动电路、定向测量探管、井下控制器、电源等）和地面部分（地面传感器、地面信息处理和控制系统）组成，以钻井液作为信息传输介质。脉冲发生器有正脉冲、负脉冲和连续脉冲三种，井下电源可分为电池和井下涡轮发电机两类。它只是一种测量仪器，而无直接导向钻进的功能。

近年来，在随钻测量（MWD）基础上又发展出来一种功能更齐全、结构更复杂的随钻测量系统——随钻测井（LWD）。它在常规MWD的基础上增加了若干测量短节，如CDR（补偿双电阻率仪）、CDN（双补偿中子密度仪）、AND（方位密度中子仪）、ISONIC（声波仪）等，用以获取测井信息。与MWD相比，LWD传输的信息更多，它的任务是获取位于井下钻具组合（BHA）上部的测井信息，而不属于近钻头测量，无导向、决策功能。

地质导向钻井技术是国际钻井界在前述基础上于20世纪90年代发展起来的一项钻井高新技术，体现了现代钻井技术与测井、油藏工程技术的结合。它以近钻头地质参数与工程参数的随钻测量、随钻测井、传输、地面实时处理解释和决策控制为其主要技术特征。十几年前，地

质导向(Geosteering)这个概念对于全球的绝大多数油气钻井工作者来说还是陌生的,尽管它的技术内涵是几代钻井研究人员和地质家的梦想。但是在短短的几年中,这一梦想已变为现实。1993 年 Schlumberger 公司(Anaddll)首先推出了以 IDEAL 系统为代表的地质导向钻井系统,近十年来在全球发展很快,现已被国际钻井界公认为是最有发展前景并被誉为 21 世纪的钻井高技术。

由于随钻测量是施工复杂结构井的关键支撑技术,是随钻测井、地质导向钻井技术的基础,所以本章内容将以随钻测量技术为主,兼顾地质导向新技术。

二、随钻测量系统(MWD)的分类

随钻测量系统(英文缩写 MWD,俄罗斯缩写为 ZTS——井底遥测系统)可在钻进过程中不间断地把井底的方位、角度信息和部分钻井工艺或地层信息发送至地表。按信息传输介质的不同,随钻测量主要分为有缆式 MWD 和无线式 MWD,它们依据信号传输通道的不同又分为多种类型,具体见表 7-1。无线 MWD 按传输通道主要分为泥浆脉冲、电磁波和声波三种方式,其中以美国技术为基础的泥浆脉冲式技术最为成熟,它把反映井底的角度信息和部分工艺信息载波于泥浆脉冲发往地表,并已广泛应用于国内外钻井生产实践。俄罗斯研制的电磁波式 MWD 系统是将反映井底参数的低频电磁波信号传送到地面。它不需要泥浆作为信号载体,不需要机械接收装置,所以数据传输能力较强。电磁波方式原来主要在独联体国家应用,近年来由于它在欠平衡钻井中具有泥浆脉冲式 MWD 无法替代的优越性,所以备受重视。目前美英等发达国家都有了自己的电磁波式 MWD 产品,而俄罗斯的电磁波式 MWD 仪器历史更长,价格更便宜,已经开始在中国几个油田使用。最新的泥浆脉冲与电磁波组合式也已经取得研究成果,不久的将来可进入应用阶段。

表 7-1　随钻测量系统(MWD)的分类

<table>
<tr><td rowspan="8">随钻测量
(MWD)</td><td rowspan="5">有缆式</td><td colspan="2">普通有线随钻测斜仪</td></tr>
<tr><td colspan="2">专用钻杆式</td></tr>
<tr><td rowspan="3">电缆投放式</td><td>电流通讯</td></tr>
<tr><td>电感通讯</td></tr>
<tr><td>电容通讯</td></tr>
<tr><td rowspan="3">无线式</td><td colspan="2">泥浆脉冲式</td></tr>
<tr><td colspan="2">电磁波式</td></tr>
<tr><td colspan="2">声波式</td></tr>
</table>

三、有缆 MWD 和无线 MWD 的优缺点

1. 有缆式 MWD 系统的优缺点

有缆式可以沿着电缆向井内传感器供电,可以实现井内和地表设备之间的双向通讯,传输的实时信息快、数据传输率高。但电缆往往影响正常的钻进过程,它只能用于井底马达钻进(上部钻柱不回转)条件下,其测量工具要穿过水龙头下入,因而每接一个单根都必须提出测量仪器,非常麻烦。现在采用侧入接头,虽然不必提出随钻仪就可接钻杆,但成本很高。因为要在每根钻杆中建立导电的信息通道,要把连接电缆的电极预埋在钻杆中心或钻杆壁内,这就使得其成本比普通钻杆高出 70%～80%。近年来,国际上出现了一种电缆式随钻测量系统的升

级换代产品——智能钻杆,但远没有普及。

2.无线 MWD 系统的优缺点

不使用电缆,不影响正常钻进,随时传输信号,既可用于井底马达钻进,也可用于转盘钻和井底马达组合钻进过程的随钻测量作业。无线 MWD 可以说是定向钻探技术发展历程中的一个里程碑,它为一些更高级的钻井技术(地质导向钻进、自动定向钻进等)奠定了基础。但由于无线 MWD 系统的信号传输通道直接暴露于泥浆通道或地层中,易受外界信号的干扰,从而影响系统的工作稳定性。妨碍准确获取井底过程参数的不稳定因素主要有:钻具的剧烈振动和钻压的脉动,工作环境的高温,电磁干扰,信号传输过程中的时间滞后和信号衰减等。

四、MWD 系统在国内外发展现状

1. MWD 系统的发展历程

20 世纪 30 年代,国外就开始了随钻测量技术的理论和实验研究。30 年代末发明了一种使用电缆的电测井系统;70 年代发明了用于井下马达、导向钻具定向测量的电缆系统。

20 世纪 40 年代美国开始研究电磁波传输系统,至 1955 年首次在刊物中发表关于电磁波通道仪器的报导;但把电磁波传输系统这一技术思路接过来深入研究的是前苏联,至 60 年代末前苏联便研制成功了可检测井底涡轮钻具转速、轴载和地层视电阻率(辅助判别矿层)的 BETA-1 型电磁波式井底遥测系统;70 年代末前苏联推出了可检测地层视电阻率、井眼方位角、井斜角和工具面向角的 ZIS-1 井底遥测系统;1984 年生产了可检测方位角、井斜角和工具面向角的 ZIS-4 遥测系统;1998 年完成了检测方位角、井斜角和工具面向角的 ZTS-54EM 小口径遥测系统。这些井底遥测系统都是使用无线电磁波通道。当遥测系统运行时,通过 PC 计算机实现不停钻的连续数据采集与处理,并保证井内数据采集和处理的品质与可靠性通过开关泵来遥控井底测量的采样速率和电磁波信号发射频率,为钻井工程师提供最大的便利。方位角和工具面角测量误差为±1°,而井斜角误差为±0.1°,系统可在井底连续工作 205~300 小时。由于欠平衡钻井理念的提出,从 20 世纪 80 年代中期开始,美国和法国的石油公司对电磁波传输系统和声能传输系统投入大量资金和人力进行研究,到 90 年代中期,美国的电磁波传输系统投入使用。

20 世纪 60 年代美国设计制造了第一个机械式泥浆脉冲系统。70 年代末美国批量生产的泥浆脉冲随钻测量系统投入现场使用。80 年代初期,由于各种井下传感器技术的突破,泥浆脉冲传输方式的无线随钻测量技术开始在包括中国在内的全世界钻井界推广使用。

我国在无线 MWD 的研究起步很晚。20 世纪 70 年代,我国曾独立研究过电磁波式无线随钻测量技术,信号传输最深达 1 200m,但后来因故停止研究。80 年代末到 90 年代,我国从国外引进电缆和泥浆脉冲式 MWD 及部分生产制造技术。2000 年 3 月国产泥浆脉冲式 MWD 系统研制完成,同年 7 月在胜利油田试验成功。

2. 国外 MWD 系统的发展现状

随着大位移受控定向斜井、分枝井和水平井等钻井技术的迅猛发展,美、俄、法、英的无线 MWD 技术日趋完善,其井内仪器已经系列化并大面积推广应用。世界上目前研制 MWD 仪器的公司中,采用水力通道的有 15 家,采用电磁波通道的有 11 家。

近 20 年来,国外有代表性的泥浆脉冲式 MWD 仪器及其主要参数见表 7-2,俄罗斯的电磁波式 MWD 仪器及其主要参数见表 7-3。

目前,美、俄、法、英的无线 MWD 技术日趋成熟,井内仪器系列化。他们的研究趋势是提高在复杂和恶劣工作环境下的测量精度和抗干扰能力。他们的许多科研成果已经应用于解决复杂钻井技术的生产实践。

(1)斯伦贝谢公司用其新的 SlimPulse 回收式 MWD 系统解决了深水平井作业面临的高温、高压两大难题。在意大利 Villafortuna - Trecate 油田,用 SlimPulse MWD 技术钻成了世界上最深的水平采油井。最终井深达 6 421 m,井斜角 89.6°。创造了在垂深 6 062 m、井斜角 85°～90°的条件下水平钻进 184m 的世界纪录。

表 7-2 美、英、法的泥浆脉冲随钻测量仪(MWD)部分产品及主要参数

仪器公司(制造年份)	测量参数		测量误差(角度测量范围)(°)			通信通道,数据发送方式	电源(寿命:h)	耐温耐压能力(℃/MPa)
	工艺参数	地球物理参数	井斜角 α	方位角 φ	工具面向角 θ			
MPT Sperrysun (英,1987)	α,φ,θ	温度、压力、伽马、电阻、电磁测井	0.1 (0～90)	0.25 (0～360)	0.75 (0～360)	压力负脉冲水力通道	电池 (250)	140/105
SonatTeleco (美,1990)	α,φ,θ, G, M	伽马、电阻测井、压力	0.25 (0～90)	1.5 (0～360)	3.0 (0～360)	水力通道,停泵,停回转	涡轮发电机	125/140
Geosetvlce (法,1989)	α,φ,θ	温度、压力、伽马、电阻测井	0.25 (0～90)	3.0 (0～360)	3.0 (0～360)	电磁波通道+存储装置	电池 (120～200)	125/140
Halliburton Geotate (美,1990)	α,φ,θ	压力、伽马、中了测井	0.5 (0～180)	(0～360)	(0～360)	负脉冲水力通道+存贮装置,停泵,开泵	电池 (125～200) 涡轮电机	125/140
Slim I Schlumberger Anadrill (美,1992)	α,φ,θ,G	温度、伽马、电阻测井、磁场强度	0.1	0.1	1.0～2	压力正脉冲水力通道	锂电池 (150～800)	50/103
Ideal Schlumberger Anadrill(美,1993)	α,φ,θ	伽马、电磁、声学测井	0.1 0.2*	0.1 0.2*	1.0	电磁波通道+水力通道,连续测量	涡轮发电机	150/138
M10 Schlumberger Anadrill (美,1995)	α,φ, θ,G	温度、伽马测井、扩展功能	0.1 0.2*	0.1 0.2*	1.0	水力通道,连续测量	涡轮发电机	150/138

注:G. 钻头上的载荷;M. 井底扭矩

表 7-3 俄罗斯的电磁波随钻测量仪(MWD)部分产品及其主要参数

仪器公司,型号,制造年份	测量参数		测量误差(测量范围)(°)			通信通道,数据发送方式	电源	耐温耐压(℃/MPa)
	工艺参数	地球物理	井斜角 α	方位角 φ	工具面向角 θ			
САГОР, ЗТС-172, 1997	α,φ,θ	电阻测井	±0.1 (0～120)	±2.0 (0～360)	±2 (0～360)	电磁波通信,须钻井液循环	涡轮发电机	100/60
ВНИИГИС, "井底",1993	α,φ,θ,G 振动测量	伽马、双侧电测井	±0.3 (0～90)	±2 (0～360)	±2 (0～360)	电磁波+存贮,须钻井液循环	涡轮发电机	120/60
ВНИИГИС, ЗТС-172,1996	α,φ,θ 振动测量	伽马测井,自激化	±0.1 (0～180)	±1 (0～360)	±1 (0～360)	电磁波,须钻井液循环	涡轮发电机	120/60
АО ЭХО, АТ-3, 1993	α,φ,θ	无	±0.25 (0～90)	±0.5 (0～360)	±0.5 (0～360)	电磁波,连续测量	涡轮发电机	90/60
Горизонты, ЗТС-172,2000	α,φ,θ	电阻、电磁波测井	±0.1 (0～180)	±1 (0～360)	±1 (0～360)	电磁波,须钻井液循环	涡轮发电机	120/60

注:G. 钻头上的载荷

(2)Precision Drilling Computalog 公司的恶劣环境 MWD(HEL MWD)系统能在 180℃、172MPa 的井下环境中稳定工作。HEL 包括定向探测器、高温方位伽马仪、环境恶劣度测量和井眼/环空压力探测器。HEL 系统已在墨西哥和美国进行了广泛的现场试验,在泥浆密度高达 1.87g/cm^3,井下温度超过 170℃的井中成功作业。

(3)前苏联的电磁波式 MWD 系统研制成功后,1987 年曾在西伯利亚几个油田的 20 口井内深度 50～2 000m 的井段进行了 93 个回次的生产试验。与传统测斜仪的比较试验表明,其中 75%的回次吻合得很好或较好,表明俄罗斯的该遥测系统已经满足工业要求。

3. 国内 MWD 系统的发展现状

与国外技术相比,我国还处在引进和消化国外无线 MWD 技术的阶段,但正在加快研究步伐。经搜索国内资料,目前只发现一种国产无线泥浆脉冲随钻产品,主要参数见表 7-4。该产品已经实现国产化并在各大油田普及。

表 7-4 我国国产无线随钻测量产品及其主要参数

仪器公司,型号,制造年份	测量参数		测量误差(测量范围)(°)			通信通道,数据发送方式	电源	耐温耐压(℃/MPa)
	工艺参数	地球物理参数	井斜角 α	方位角 φ	工具面向角 θ			
北京海蓝科技开发有限责任公司,YST-48X, 2000	α,φ,θ	电阻测井	±0.2 (0～120)	±1.5 (0～360)	±1.5 (0～360)	压力正脉冲水力通道	电池	125/100

2002 年中国地质大学(武汉)在国内首次引进俄罗斯电磁波式 MWD 系统,其后进行了俄罗斯电磁波式 MWD 系统的全面汉化等工作,并继续就该领域问题开展中俄合作。国内如中国石油天然气总公司、大港油田、胜利油田、四川油田和相关研究机构、仪器公司等单位也不满足已有的无线泥浆脉冲 MWD 研究成果,仍在深入地进行无线电磁波和其他信息通道的随钻测量仪器的研制工作,以尽快缩小无线 MWD 技术与国外的差距。

第二节 有缆式 MWD 系统

有缆式 MWD 系统也称为有线随钻测斜仪,它主要用于对井斜、方位、工具面等井眼参数的实时监测,其核心仪器是电子探管。

一、电子探管的检测原理

1. 井斜测量

电子探管中使用石英挠性电容式加速度计进行井斜测量,它利用了石英材料温度系数小、弹性模量小和具有最小内耗等优点,做成挠性元件,减小了滞环体积,增大了它的重复性和稳定性。

石英挠性电容式加速度计的工作原理曾在第五章第九节中专门介绍,不再赘述。它主要由检测质量、信号传感器、力矩器和电子线路四部分组成,其结构参见图 5-86 所示。

2. 方位角测量

电子探管采用磁通门传感器来测量地磁场强度、地磁倾角、井眼方位和磁性工具面。磁通门传感器的工作原理详细内容同样见第五章第九节。电子探管中采用的磁通门铁芯不一定都是由两根长条形铁芯和两个磁化线圈构成的，而往往是用一个环形的磁铁做成的(参见图 5－92)。如果我们使磁通门的灵敏轴保持水平，且相对于地磁场旋转 360°(参见图 5－93)，则可以得到测量线圈的感应电动势 E 与旋转角度 ψ 的关系式 $E = E_0\cos\psi$。

电子探管采用磁通计来完成磁量测量变换为电量的功能。磁通计电路板框图如图 7－1 所示，B 为磁通计敏感头，在其结构件内安装两个绕组 L_1、L_2，每个绕组内放置高导磁率材料。L_1、L_2 和激磁变压器 T_1 的副边组成电桥。当外界磁场与其输入轴正交时，磁芯的状态相同，B 的输出在正负半周是对称的，且较小。此时解调器的输出为零，功放输出也为零。当外界磁场在 B 输入轴的分量不为零时，L_1、L_2 的磁芯工作状态产生变化，在一边的磁芯上外磁场与激磁叠加，饱和程度加大；在另一边磁芯上相减，饱和程度减小。在激磁磁场交变而磁芯从饱和区进入线性段时，两绕组上感应出大小不同、极性相反的尖脉冲电压，且其频率为激磁电压频率的两倍。B 的输出脉冲 B_1 经前放选频放大、解调、功放，在其输出端出现电压 B_0。B_0 经反馈电阻 R_f，向 L_1、L_2 反馈电流，这一电流在绕组上所产生的磁通与外磁平衡。由于解调器内有积分环节，此系统是无静差系统，具有较高的线性度。当外磁改变方向时，B_0 极性也改变，由此获得与输入磁感应强度成正比的电压，完成磁量测量变换的功能。

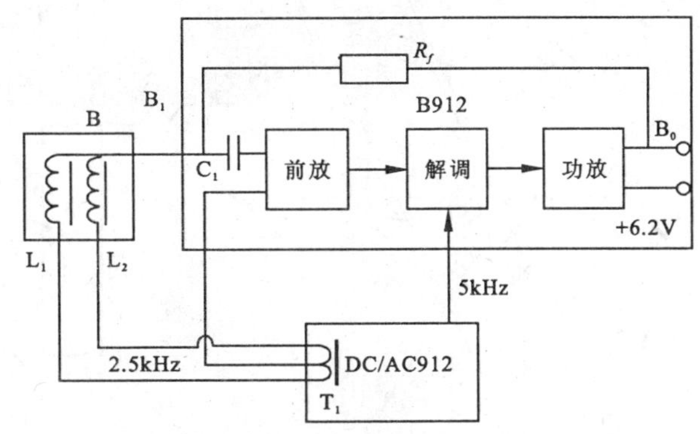

图 7－1　电子探管中的磁通计电路板框图

二、有线随钻电子测斜仪

有线随钻测斜仪(以北京合康公司的产品为例)中的电子探管包括：加速度传感器、磁传感器、温度传感器、数据采集与处理部分、微控制器电路、通讯电路、电源电路和电源模块。电源使用充电电池筒。电子探管的基本结构见图 7－2，电子探管的工作原理框图见图 7－3。

有线随钻电子测斜仪的系统组成如图 7－4 所示。有线随钻仪器接口箱面板上有探管工作电压显示窗口，在数据处理仪屏幕上有各传感器状态显示，用于监视探管及其连接密封部分的工作状态。

探管工作时，加速度计测量探管姿态与重力的关系，磁通门测量探管姿态与地磁场的物理关系，温度传感器测量出探管电子线路的环境温度。这些信号加上电池电压检测信号经过放大、多路开关、采样保持、A/D 转换进入微控制器，微控制器将这些信息经过处理后保存在存储器中。当探管工作完成后，以串行数字编码的形式，通过单芯通讯电缆传送到地面，由地面仪器将探管存储的信息读出。地面接口箱对来自井下的串行编码进行解码，通过 RS232 口向数据处理仪传输，由数据处理仪进行数据处理，将处理结果在屏幕上实时显示。同时通过接口箱将处理结果送到工具面指示器。工具面指示器表盘是一个罗盘分度盘，指针指出的角度直接反映出井下弯接头的方向，即工具面角。在工具面指示器上还设有三个窗口，用来以数字形式显示工具面、井眼倾斜角和磁方位角。

有线随钻电子测斜仪主要应用于钻井工程的定向测量。该仪器配以井下螺杆或涡轮动力钻具，帮助定向钻井工程师控制定向钻具弯接头的方向，实现井眼轨迹的实时测量控制。因

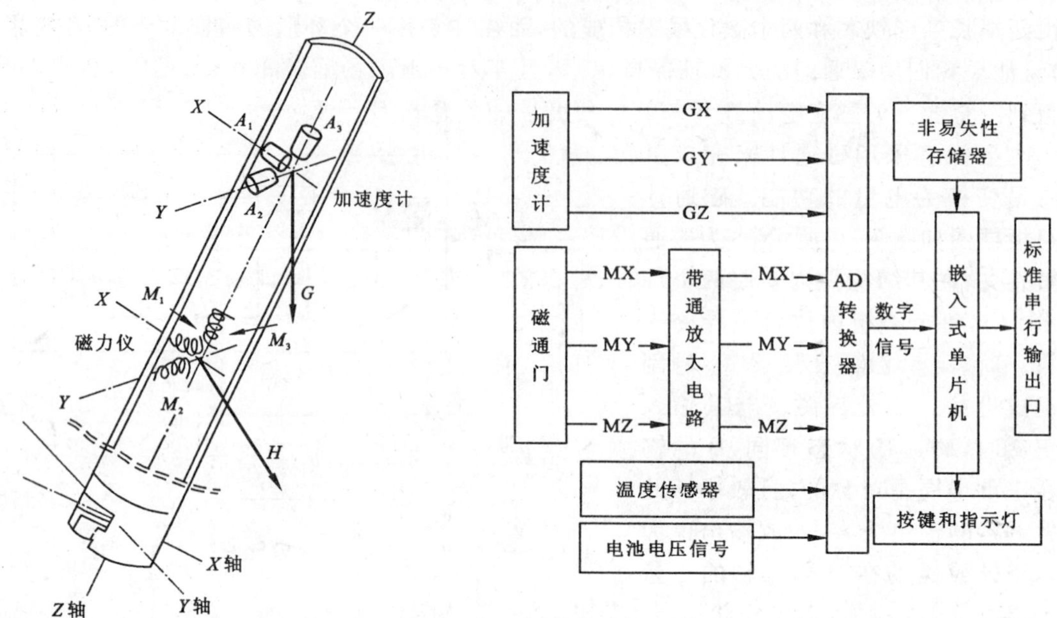

图 7-2　探管中加速度计和磁通门正交布置图　　　　图 7-3　电子探管的工作原理框图

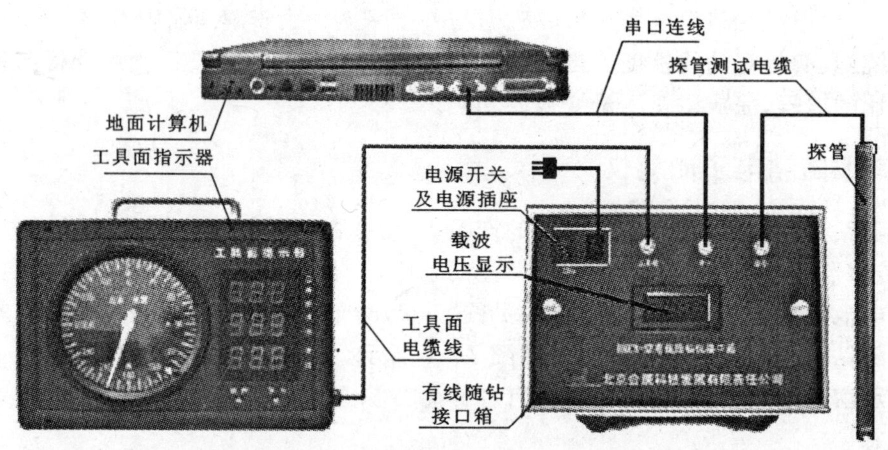

图 7-4　有线随钻电子测斜仪的系统组成

此，广泛应用于定向及扭方位的钻井作业。此外，利用高边控制功能，可实现定向开天窗作业；利用磁异常，还可判断所钻井眼与临井的距离，实现救险井的定向。

传统的定向钻井施工多采用电缆单点或多点式测量系统，由于电缆式仪器的供电和信号传输都由电缆完成，它只能用于井底马达钻进(上部钻柱不回转)条件下，其测量工具要穿过水龙头下入，因而每接一个单根都必须提出测量仪器，非常麻烦。现在采用侧入接头，虽然不必提出随钻仪就可接钻杆，但成本很高。近十年来，国际上出现了一种电缆式随钻测量系统的升级换代产品——智能钻杆通讯系统，它是一种通过钻杆把各种井下 MWD/LWD 所测信号连接到地面的高速遥测系统。

第三节　智能钻柱传输技术

近60年来，为满足井下不断增长的实时数据传输所需，各国研究者一直未中断开发智能钻柱传输技术的尝试。它大致可分为三个发展阶段。

(1)方法探索和关键组件研制阶段(1950年以前)。前苏联最早开始有线钻杆传输的研究，为钻杆嵌入导线技术奠定了基础。1940年前苏联利用电钻成功地钻成了世界第1口深1 500m的井。但由于当时技术条件所限，关键组件性能和可靠性差，发展缓慢。

(2)现场实验和改进阶段(1950年至1970年)。前苏联采用在每根钻杆内悬吊电缆，接头处加电插头的方法传输数据。最初使用效果较好，但后因导线老化，失败几率大大增加(平均每千米1次)。

(3)商业化推广阶段(20世纪70年代至今)。技术可靠性得到提高，大大拓宽了使用范围，开始向各类型井推广，得到突飞猛进地发展，并开始商业化应用。

一、智能钻柱的设计

1. 智能钻柱传输技术原理

智能钻柱传输方式是指在钻杆及接头内嵌入导线(一般为铜导线)组成智能钻柱，它既能由地面向井下输送足够的电能，以电控井下仪表传感器和专用硬件，同时又能以10^4～10^6bit/s的超高速率双向传输多类参数，从而真正实现多参数随钻实时传输测控的功能，建立地面与井下的实时双向随钻闭环信息通道。图7－5是智能钻柱钻井系统的总体结构示意图，它包括地面软硬件子系统、智能钻柱子系统及井下软硬件子系统三大部分。

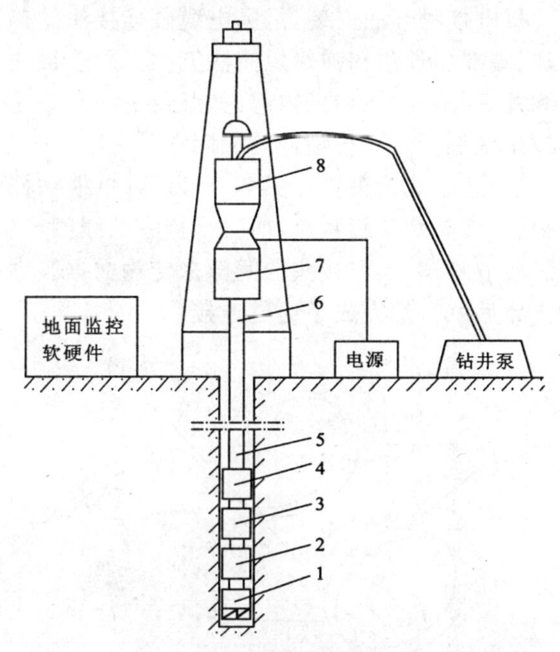

图7－5　智能钻柱钻井系统总体方案示意图

1.钻头；2.钻进参数测量短节；3.旋转导向钻具；4.LWD测量短节；5.智能钻柱；6.方钻杆；7.电龙头；8.水龙头

2. 钻杆的设计

为了增加钻杆内钻井液有效过流面积，在钻杆本体内采用扁的铜导线，用特殊绝缘材料将扁的铜导线包覆成“三明治”，再将其置于钻杆内孔(图7－6)。采用金属管爆燃加衬技术将适量的炸药放进钻杆的内管中。同时为了保证内管各部分受到均匀的冲击力，在炸药外部用特殊介质传递爆炸力，使内管发生塑性变形，钻杆发生弹性变形，从而使内管及“三明治”层紧紧地贴于钻杆内壁。同时，为了保证钻场钻井液的正常循环，宜选用内平钻杆及内平接头，并保证钻柱的力学性能和输电功能；应让加有绝缘层和导线后的智能钻柱内径足够大，使钻进时的循环压耗和排量接近常规钻柱。配套的钻铤、加重钻杆及方钻杆也按此设计。

3. 接头的设计

目前智能钻柱接头的连接方法主要包括：感应法和硬连接法。

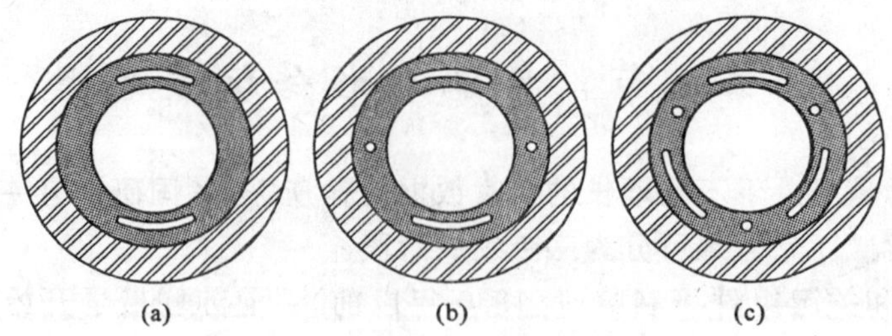

图 7-6　智能钻柱本体设计方案

(a)采用直流电传输,电力与信息"二合一";(b)采用直流电传输,扁平线传输电力,圆铜线传输信号;(c)采用三相交流电传输,扁平线传输电力,圆铜线传输信号

要实现电缆硬连接法传输,必须设计一个既能安装在有限的空间内,工作于高温、高压且导电的泥浆中,又能实现钻杆之间电流零泄漏和泥浆循环压耗最少的电接头。迄今,这仍是一个亟待解决的难题。

按电接触环的安装位置,电缆硬连接法的典型结构主要有本体穿孔法、内径增厚法、湿接头法、端部加长法和弹簧短筒法五类。硬连接法的电缆安放主要有两种形式:一是将整根电缆通到井底并悬挂在钻杆内部(如湿接头法);二是将电缆截成与单根钻杆等长的小段,通过黏结剂或采用三明治法与钻杆内壁固定。

(1)感应式接头。如图 7-7 所示,单根钻杆两端各有一个感应线圈(非接触线性耦合器),当公、母接头螺纹旋紧后,前一个接头的线圈产生交变磁场,使后者产生感应电流,从而可利用电磁感应跨越公、母接头的间隙来传输数据。钻杆两端不需要专门定向的非接触式耦合器,丝扣上紧后就自动完成了通道连接。

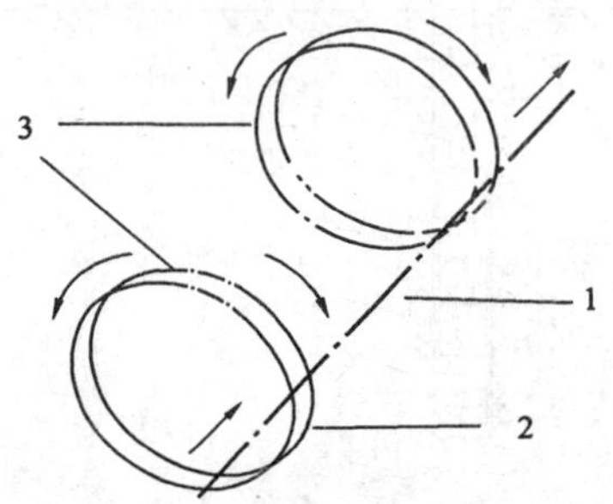

图 7-7　感应接头原理图

1. 嵌入钻柱导线;2. 感应线圈;3. 感应接头间短程通讯

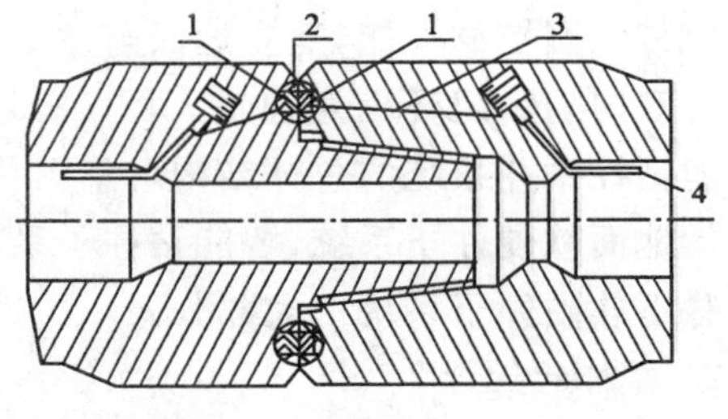

图 7-8　本体穿孔法接头结构示意图

1. 金属环;2. 密封材料;3. 细长孔;4. 电缆

目前,美国智能服务公司已经开发出了钻柱遥测仪器,2005 年 BP 公司使用 127mm 遥测钻杆成功地进行了井深 3 962m 油井的实时数据传输,传输速度达到 2Mbps。但是,真正完美的智能钻井是在实现信号闭环传输的同时,将电力传输到井底,而感应传输法不能为井下的测控仪器和硬件提供电能,只有电缆硬连接方式可以达到电力与信号的双向传输。

(2)本体穿孔法(弹性体面密封接头)。这种接头实质上是弹性金属密封(图 7-8)。在公接头台肩处车削出环形槽,将导电金属环镶嵌在槽内,并用密封材料密封;在本体上钻细长孔,装入裹有绝缘层的导线来对接金属包覆的电导头,电导头被焊接到相应的导电环上。加工好一个弹性金属密封后,装入公接头第二道台肩面与之匹配的凹槽中。在母接头中车出一个较深的槽，同时钻细长孔，再把金属包覆的电导头装入孔中，并焊在滑环和组件上。整体结构用绝缘硅材料封装，并用绝缘涂料充填在丝扣和其他空间中，以排出气泡并保证电导头绝缘与密封性。

该方案的优点是保证了泥浆循环的有效过流面积，缺点是穿孔将影响钻杆的强度和寿命，密封面会有漏失，电导头的绝缘易缓慢失效。并且接触面无自洁作用，若表面有污垢易造成接触不良。

(3)内径增厚法(金属面密封接头)。内径增厚法把电气连接件全部安装在钻杆接头内部。在公、母双连接器的接触部位开有凹形槽，槽内安装有外接触环和内接触环，当钻杆螺纹拧合后，内外接触环自动接触，丝扣上紧后就自动完成了测量、控制的通讯联接。为防止泥浆的腐蚀和冲蚀，在公、母连接器外面覆有耐磨层。留有一个备用旁通通路，当压力密封发生失效时，仍能沿着电接触环通讯。

该设计的优点是接触面有自洁功能；缺点是在接头处连接器占用了钻杆内径较大空间，使泥浆循环截面急剧变小，泥浆循环压耗远大于普通钻柱。

(4) 湿接头法。湿接头的结构示于图 7-9。通过电缆将井下仪器连接到位于直井段的湿接头接受器上，并且随湿接头短节以下的钻具一起下入井内。然后用绞车电缆下入湿接头对接器，在井下钻具内与湿接头接受器进行对接，从而实现仪器供电和信号的传输，同时可实现有效的密封与绝缘。其优点是电缆成整根通向井底，只要成功地对接上，就可极大地减少失效的概率。其不足之处在于电缆悬空，若钻柱旋转则容易造成电缆缠绕，并且与钻杆内壁剧烈碰撞和摩擦，容易造成电缆断裂，所以通常用于滑动钻井中。在对接过程中，若触针上的污垢不能有效排除，也容易造成接触不良或短路。

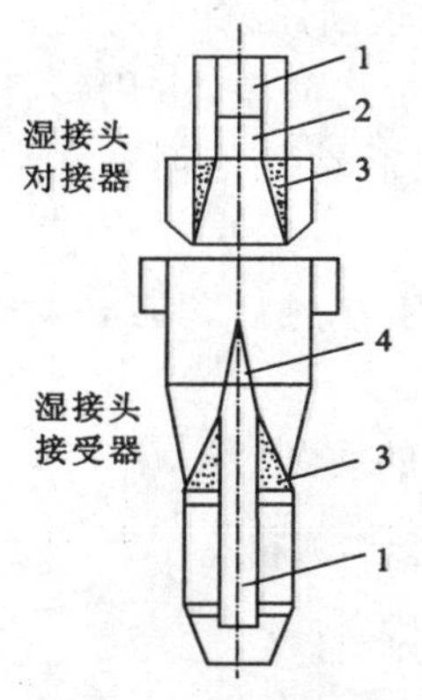

图 7-9　湿接头结构示意图

1. 导电芯；2. 触点卡子；3. 绝缘层；4. 触针

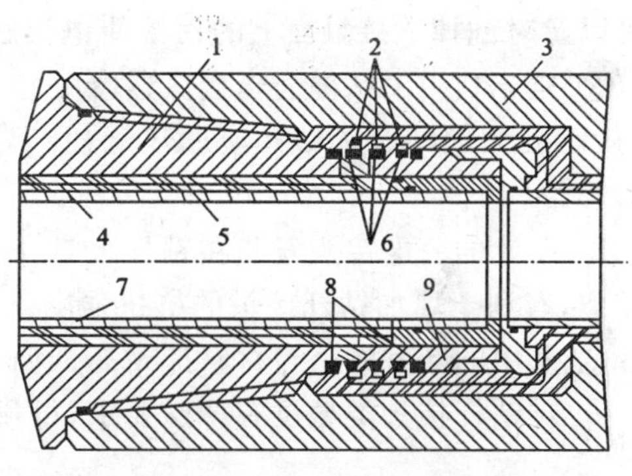

图 7-10　端部加长法结构示意图

1. 公接头；2. 外导电环；3. 母接头；4. 扁导体；5. 绝缘材料；6. 内导电环；7. 薄内管；8. 密封圈；9. 端部

(5)端部加长法。该方案把公接头的端部加长，并在加长部分安装导电环和绝缘材料(图 7-10)。它以双台肩高抗扭钻杆接头为设计基础，采用双锥体双台肩接头。第一个锥体按常规接头设计用来承载，第二个锥体上有铜导线、导电环、绝缘层及密封圈，其端部有气密的金属-金属密封。公接头端部经锻造加长，并切掉金属-金属径向密封后面的一部分金属材料，以容纳导电环。分别对准每个扁平导体沿径向在接头体上钻三个孔，并将导电环焊接到扁平导体上，然后将整个组件用环氧树脂封装起来。当公接头和母接头旋合在一起时，整个电路导通，从而既能由地面向井下输送电能，又能建立有线随钻实时双向闭环测控信息的传输通道。其优点是没有在主体上钻孔，不会影响钻杆接头的强度，采用双台肩还提高了钻杆接头的抗扭能力(比标准 API 接头提高 70 %)，而且所有电气连接组件都安装在公、母接头端部的沟槽中，不占用接头内径。因此，这种设计较前几种设计更具应用前景。

(6)弹簧短筒法。弹簧短筒法是在吸收前述设计优点的基础上，针对常用标准钻杆接头提出了一种新型智能钻井电缆传输电接头结构。它包括母电接头和公电接头两部分，母电接头由弹簧短筒座、弹簧短筒导体、弹簧短筒密封件、电缆插件组成；而公电接头由短筒座、短筒座导体、短筒座密封件和电缆插件组成。将组装好的母电接头压入现有钻杆母接头内壁的特定位置，要求当钻杆公母接头拧紧时，弹簧短筒有一定的压缩量。同样，将组装好的公电接头压入到钻杆公接头的端部内壁，再将电缆与相应的电缆插件焊接在一起，这就组成了整个智能钻井电缆传输电接头系统。

工作时，电流从上部电缆流入公电接头电缆插件，再由电缆插件流入短筒座导体，通过短筒座导体与弹簧短筒导体的紧密接触流入弹簧短筒导体，然后相继传递到母电接头的电缆插件，再传给下部电缆，从而实现电流流动和信号传递，井底信号亦通过电缆与电接头从井底传至地面。

弹簧短筒法的特点：

① 采用圆柱压缩螺旋弹簧结构使电接头寿命长、接触电阻低、密封性能好。当公母电接头经多次连接和钻进振动而接触表面逐渐磨损时，弹簧结构具有自动补偿磨损功能，使电接头接触面始终接触。并且，弹簧的弹力和钻井液压力给密封件提供了足够的密封压力，加之弹簧的弹性恢复力可以吸收钻井过程中的振动，从而使密封性能更稳定，有利于实现电流的零泄漏。

② 密封件端部的唇形结构使电接头具有自洁功能，在公母电接头连接的过程中，唇形结构可以及时刮掉电接触面上的污垢使电接触面接触良好，而不出现断路。

③ 充分利用了钻杆公母接头连接处空间，且公母电接头的结构简单，占用钻杆内径空间小，从而极大地降低了钻井液循环能耗。计算表明，安装电接头后钻井液循环能量损失仅为 0.397%。

④ 设计的公电接头安装在钻杆公接头端部，公母电接头紧密接触后，其结构与双台肩结构相似，有利于增加钻杆接头的抗扭强度。

⑤ 采用的新型的密封材料能耐高低温、高压、耐磨及钻井液的腐蚀。

⑥ 对钻杆接头类型没有特殊要求，可用在普通钻杆接头上。

二、智能钻柱硬连接设计的基本要求与难点

与普通有线随钻测斜仪和现用的泥浆脉冲式、电磁波式 MWD 系统相比，智能钻柱具有既能为井下仪器提供电能，又能实现高速双向通讯、信息量大、准确可靠的优越性。可以把井下测得的地质参数、轨迹参数、钻进参数及评价参数实时传递到地面信息处理、监控系统，进行随钻诊断和决策，再通过智能钻柱下传决策控制指令，从而达到最安全、有效、准确和最优化钻井。它适用于各类复杂地质条件下的复杂结构井、特殊工艺井、深井、超深井等。

半个多世纪以来，人们一直致力于智能钻柱硬连接设计的不断改进，但是到目前为止，还没有一种十分理想的方案。究其原因，在于苛刻的设计空间和恶劣的工作环境限制了其发展。可以把硬连接设计的基本要求与难点归纳如下。

1. 硬连接设计的基本要求

(1)在不增加额外工序的前提下，使公、母接头拧紧时自动实现电路导通。

(2)电气连接件应具有自动补偿功能，在钻杆经历若干次接、卸及钻井过程中剧烈振动的情况下，仍不会因接触面磨损而出现导通或密封失效。

(3)电气连接件不能占用太多的钻杆接头内径空间，不能降低钻杆接头的抗扭强度，尽量不增大接头外径，避免因环空阻力增大而使泥浆的携屑能力降低。这些要求是设计工作的一个瓶颈。

(4)电接触表面间要有一定的接触压力。只有当外力能使氧化膜破坏，并保证金属与金属的接触时，才能降低接触点的接触电阻，进而实现电流的导通。

(5)电气连接件应具有自洁功能。因为在钻杆储放和连接过程中，电接触表面容易聚集污垢和泥浆，若不能自洁将极大地影响接触效果。

(6)电气连接件以及电缆的密封材料应能耐高低温、高压、耐磨以及耐泥浆中各种成分的腐蚀。近年来，随着新材料的不断出现，这一难点逐渐被克服。

2. 制约智能钻柱发展的因素

(1)结构复杂，加工难度大，密封性要求高，且装卸钻柱时易损害接头。至今仍未圆满解决正常接卸单根和循环钻井液等常规操作和保证嵌入导线后钻柱强度等问题。

(2)通讯质量和系统可靠性仅仅初步满足了传输基本要求，寿命差强人意，或寿命较差，突出表现在钻杆本体与接头内所埋置电导线的绝缘与密封可靠性上。

(3)过去嵌入导线的选择形式主要有悬垂、拉槽嵌入等，拉槽嵌入方式削弱了管壁厚和强度，悬垂式密封绝缘管无法满足旋转运动的导线相对固定难题(导线承受下部自重，在高速旋转条件下易绞缠，造成的持续张力会削弱导线强度，最终甚至拉断，不能适应于旋转钻井)。

(4)为保障正常循环有效过流面积，绝缘层所允许占用的截面积有限，不得不增大钻柱外径，致使泥浆泵压力增大。同时普通电缆不能适应有限钻柱空间内钻井液的冲蚀。

(5)过去的电钻只能传输电力，湿接头只能传输数据，功能单一，性能价格比低，只能用于特殊领域，很难推广到常规转盘钻井。而嵌入导线、绝缘层和特殊加工的接头造价昂贵。为此，需大力发展具有经济可行性，既能供电又能传输数据的智能钻柱。

第四节　泥浆脉冲式 MWD 系统

泥浆脉冲式 MWD 借助水力通道来传送钻井参数信号。水力通讯通道指由井口经过输送钻井液的钻杆柱至井底的整个管路组成的一个封闭体系(图 7-11)。泥浆泵往井内压送钻井液，供给井底动力机，冷却并润滑钻头，并沿管外空间携带钻出的岩屑返回泥浆池，钻井液在泥浆池中被沉淀和除砂，沿着高压软管，再送入钻杆柱中，从而形成钻井液的流动循环路径。

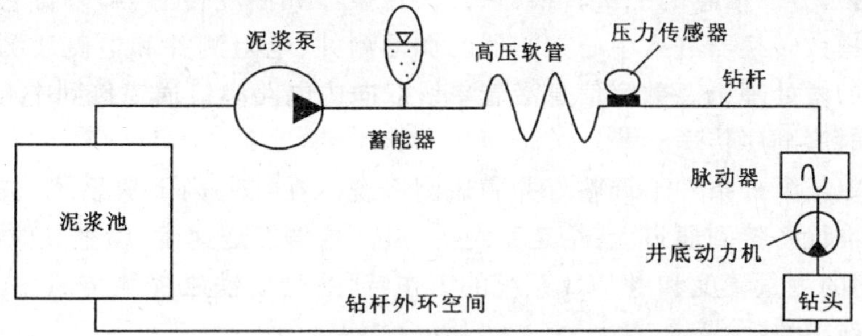

图 7-11　泥浆脉冲式 MWD 水力通道示意图

该类 MWD 系统检测的井底信息以压力脉冲的形式在水力通道中传输。由于压力脉冲传播得慢并制约了信号调制的速度，故测量结果的传输速度比电缆通道系统慢，信息量受到一定的限制。加之信号传播的载体是钻井液，同时井内仪器工作在钻井液的恶劣环境中，所以仪器对钻井液有严格的要求：含砂量低于 1%～4%，含气量低于 7%。这也是影响泥浆脉冲式 MWD 广泛应用的弱点之一，它完全不能用于空气钻井，基本不能用于泡沫钻井。

一、泥浆脉冲式 MWD 的工作原理

泥浆脉冲式 MWD 的工作原理如图 7－12 所示。井内仪器由井底涡轮发电机借助泥浆流发电或电池组供电，井内传感器将测得的井内物理量（角度及地层信息）转变为模拟电信号，经过井内 MWD 组件信号处理转换为数字信号。这些数字信号被送到信号发射器进行编码、压缩等处理，通过控制井内仪器阀门的开闭产生断续或连续的泥浆压力脉冲信号，借助压力脉冲信号通过水力通道把井内 MWD 的信号送达地表，再由 MWD 接收器（即压力传感器，参见图 7－11）转变为电信号，经过解码、滤波等处理还原得出井内的测量数据。

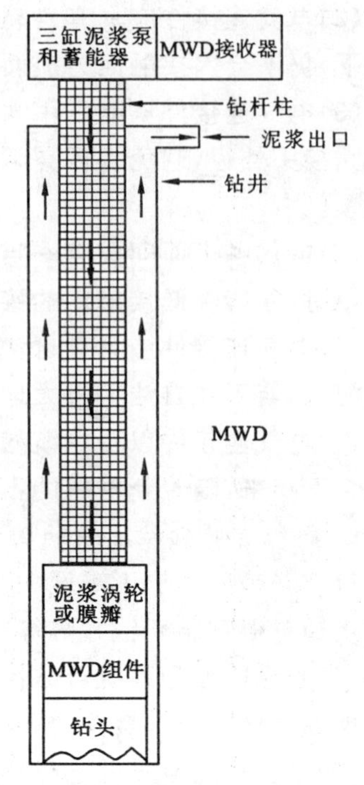

图 7－12　泥浆脉冲式 MWD 工作原理图

压力传感器安装在高压软管的后面，把压力脉冲变换成电信号，以便在遥测系统的地表部分进行处理。来自脉动器的信号传播速度等于压力波的传播速度 V_g 与钻井液在钻杆中的速度 V_p 之差，因为钻井液的流动方向与信号的传播方向相反。

$$V_c = V_g - V_p \tag{7-1}$$

二、泥浆脉冲式 MWD 的井内仪器

泥浆脉冲式 MWD 的井内仪器包括：导航和测井模块、中心控制器模块、信号发射器、电源（涡轮发电机或电池组）（图 7－13）。

中心控制器模块包括：标准放大器、模数转换器、带中央处理器的内置式微处理机系统、工作存储装置和独立供电的程序存储器。中心控制器采集并处理来自导航模块和测井模块的信息，并对其进行编码，形成发射器控制模块电传动装置的控制信号。

导航模块包括：方向信息的一次转换器、二次转换器和温度传感器，来自它们的电信号经过标准放大器和模数转换器进入中心控制器。伽马测井、电阻测井和电磁波测井模块包括独立用于信息处理的微处理机。数字信息沿着单线双向内电路串口通道传到中心控制器。信息沿内电路串口按时序顺序传送。

在地表实验室或野外条件下调整好井底遥测系统。在往井内下放系统之前，把井底遥测系统的调节和校准设备接到通道上；给定系统的方位，数据发送速度，检查导航参数方位角、井斜角、工具面向角的测量精度和 MWD 系统的工作特性；借助铁磁探测传感器、加速度计和温度传感器校准导航模块。

井内仪器的电源可以是涡轮发电机或电池组，它为井底 MWD 系统的电子器件和控制部

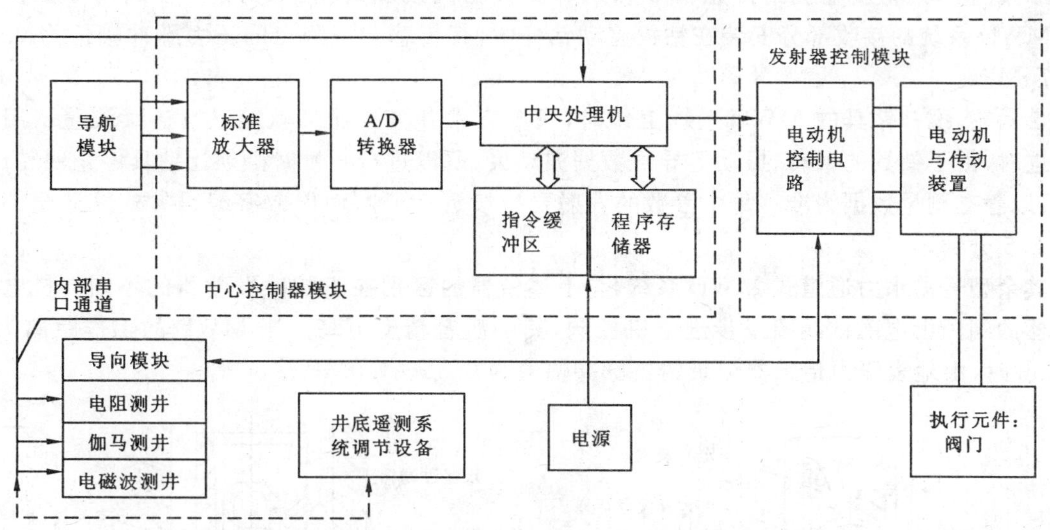

图 7-13　泥浆脉冲式 MWD 井内仪器框图

分提供动力。涡轮发电机必须工作在一定的泵量要求条件下。

信号发射的执行元件是阀门，它按照水力通道发送的信息作往复运动，产生压力脉冲——在水力通讯通道中的脉冲编码信号。在电动机控制电路中会产生来自中心控制器模块的与编码信息对应的电动机控制信号。也可以用电磁线圈代替电动机来驱动杆式阀门装置，但电动机的效果更好，可以保证阀门装置的动作更加准确可靠。

三、泥浆脉冲式 MWD 的信号传输系统

信号发射器和地面的信号接收、处理设备一起构成了泥浆压力脉冲式 MWD 信号传输系统。

信号发射器负责控制执行元件阀门，把测量结果调制成压力脉冲信号向地面传输。阀门的构造形式有开关阀和旋转阀。水力通道有三种传输信息的方法：借助钻井液压力的正脉冲、借助负脉冲和借助接近谐波形状的连续压力波。当水力通道与钻井液贯通时便会形成压力正脉冲，与钻杆外环空间连通时产生压力负脉冲。压力脉冲的形状和脉冲频率取决于所用元件在电磁铁或电动机动作中产生的行程和频率。起控制作用的信号由调节模块和编码电子模块传给电磁铁或电动机。

正脉冲发射器的压力升和负脉冲发射器的压力降都对应二进制的“1”，反之对应“0”。连续波发射器采用旋转阀，由一个两相同步电机驱动产生固定频率的压力连续波，通过瞬时改变转速快慢得到 180°的相位，相位为 0°对应二进制的“0”，相位为 180°对应二进制的“1”。

信号接收设备主要由接收泥浆压力脉冲信号的压力传感器和后续的信号处理设备与 PC 机组成。

下面主要介绍三种类型发射器的基本工作原理。

1. 压力正脉冲

如图 7-14 所示，发射器（脉冲器）产生与传感器 8 所发信号对应的钻井液压力正脉冲。当钻井液流通孔被阀门连通时，便会产生压力正脉冲。水力放大器的活塞 3 推动带锥形柱塞

的碟形阀门 2,涡轮发电机给传感器 8 和水力放大器的线圈阀门、水力泵——阀门 2 提供能量。MWD 系统的接收部分安装在钻机主动钻杆中,其传感器可测出的压力脉冲幅值为 0.35～0.70MPa。

带涡轮、螺杆钻具的 MWD 系统工作时,只要有钻井液在循环就能进行连续测量。用转盘钻进时,由于钻具的回转、振动等导致数据波动大,所以进行测量时必须让钻具停止回转1.5分钟,以静态测量数据为准。每个参数的发射要持续近 50 秒,而以数字编码方式发送全部信息要 2.5 分钟。

其余型号的水力通道式 MWD 系统,与上述仪器的区别在于脉冲发射器的不同。机电式脉冲器的阀门由电磁铁线圈或步进电机控制,其中后者精度更高。当 MWD 的工作距离为 5～6 km 时,由地表压力传感器记录的正脉冲幅值为 0.35～1.0MPa。

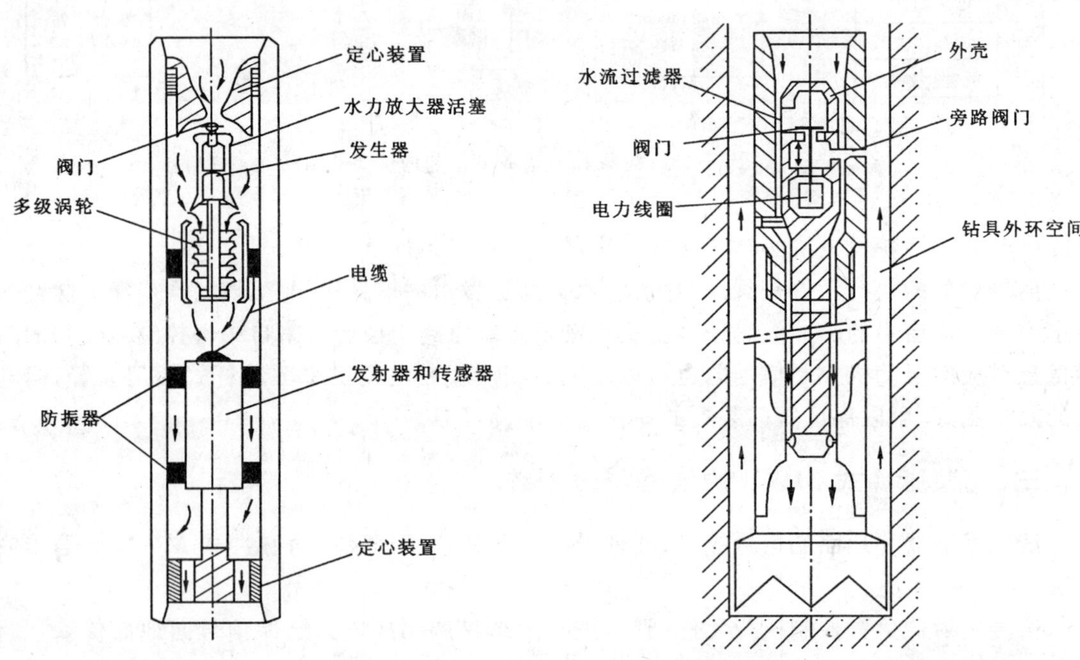

图 7－14　压力正脉冲发生器的结构示意图　　图 7－15　压力负脉冲发生器的结构示意图

2.压力负脉冲

如图 7－15 所示,在压力负脉冲发射器中,当一部分钻井液经阀门旁路流向管外空间时会产生压力负脉冲。在外壳内布置了小阀门,它由电力线圈来驱动。旁路阀门打开的时间很短暂,仅为 0.25～1.0 秒,突然使压力急剧下降。压力降沿着钻井液液柱传到地表。

为了形成压力负脉冲的信息通道,必须在管内和管外空间之间建立初始压力降。压力降消耗在水力喷射钻头的工作过程中和 MWD 系统的钻具组合中。在钻杆壁上有一个连接钻柱管内外空间的阀门,当阀门打开很短时间(0.25～1.0 秒)便会产生脉冲。脉冲的下降值取决于钻井泵高压管线中的压力降。水力压力脉冲的前沿坡度为 5～6MPa/s。在井内仪器中装有参数检测传感器、编码电路和由阀门和大功率线圈组成的脉冲发生机构。压力负脉冲发生器的重要特征是在钻杆壁上有一个可更换式喷嘴,它的横截面比阀门的截面积小得多。这种技术方案可减小阀门的磨损。

MWD系统井内仪器消耗的能量很小,用小功率发电机或电池供电即可满足要求。同时,该MWD系统的工作实际上不影响钻井液的冲洗规程。

3.连续压力波

(1)用回转式阀门产生连续压力波。如图7-16所示,用于产生连续压力波的回转阀门启动后,系统便开始运行。回转阀门的运动垂直于流体,所以它的驱动能量最小。为了使MWD系统处于最佳状态,必须减小压力的脉动程度(钻井液的干扰)。专用的压力补偿器可把压力脉动降至小于0.007MPa。发送信息时,阀门以固定的转数回转,发出与高精度时间传感器同步的信号。当阀门在短时间内出现回转加速或滞后的情况时,相位互换(在0.1秒内出现相位偏移180°),产生频率为24Hz的信号。回转阀门由双相电机和发射调节器驱动回转。发出信号的相位由向调节器发出反馈信号的传感器控制。后者通过加速或延缓电机的回转来更替信号的相位。通过改变信号的相位便可实现编码。在发送信息的过程中阀门以固定的频率回转,产生与高精度时间传感器同步的信号。为了以24Hz的频率发送信号,阀门的转子以144r/min的速率回转。阀门的通水通道有4°的倾角。被传输信号的幅值被调节在0.105~0.350MPa的范围内。被压力传感器采集到的信号在地表接收装置中经过滤波、放大,恢复同步脉冲的次序并确定所采集信号的相位。由相敏元件及其积分电路来识别相位位移并译码。当采用水基钻井液时系统的最大应用深度达6 100m,采用添加加重剂的钻井液时为4 300m。

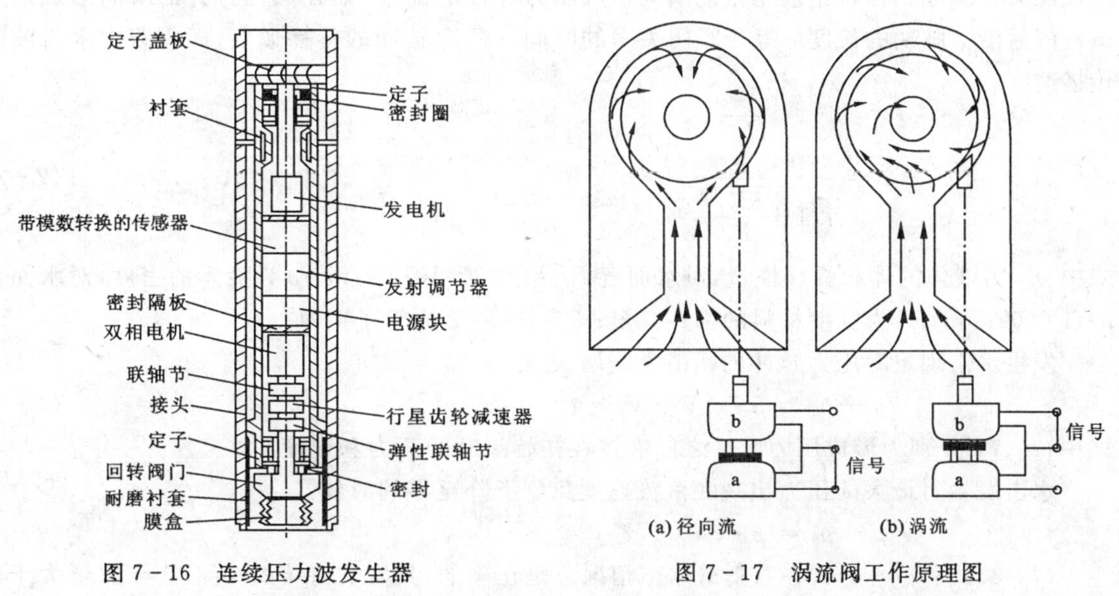

图7-16 连续压力波发生器

图7-17 涡流阀工作原理图

(2)利用涡流脉冲阀产生连续压力波。如图7-17所示,在钻杆内装有4只涡流脉冲阀,阀的端部装有两只电磁线圈。线圈的电磁铁心接在控制杆上,而另一端装有一个压力补偿膜片,使外部压力与线圈套内的静液压力处于平衡状态。由外部压力和线圈发热等引起的内部液体膨胀或收缩,也由该膜片予以补偿。当涡流阀的节流杆处于非工作位置[图7-17(a)]时,液体流线以阀输入口的中心线为对称线流动,由于是径向流动,通过阀腔的压力通常比涡流阀入口处的压力低,液体在阀腔内受到的阻力最小,此时可认为阀处于开启状态。当井底传感器发出的信号使电磁线圈通电时,电磁铁心就带动控制杆及涡流阀的节流杆[图7-17(b)],对涡流阀进行节流。由于节流破坏了阀腔内液流的自然对流,于是液流便产生切向速度分量。根据能量守恒定律，阀腔内形成涡流时，向心冲量要求切向速度随着旋转半径的减小而增大，这就使得阀腔流道内的低速液流(压力高)和阀中心的高速液体(压力低)之间产生了很大的压差。当涡流形成时，液体在阀内受到的阻力最大，便有一个压力脉冲波产生。随着新涡流的不断形成，便产生了一系列的脉冲波。这些脉冲波幅通过钻井液以声速传到地面。

借助水力通道连续压力波发送信息时，常用的频率为0.02～0.2Hz，12Hz和24Hz。在Schlumberger Anadrill公司的Ideal MWD系统中，当工作距离为6.4km时，工作频率降至小数位的赫兹数。

四、泥浆压力脉冲传播的特性分析

1.泥浆压力脉冲传播的数学模型

信息借助水力脉冲沿着水力通道传送，当然水力脉冲必须具备一定的波形、波长、幅值和频率。为了选择最优参数，必须已知使用不同钻井设备时在通道中出现的干扰现象的性质和强弱。

为了分析压力脉冲的形成和沿水力通道发送的问题，需要更简洁的模型，它仅考虑所产生脉冲的主要参数。我们利用水击理论，以节流阀作为压力脉冲发射器的理想模型，它在时间τ内堵截了水流断面。随着通道中水流阻力的增大，液流的初始速度V_0下降至V，在钻井液中形成压力正脉冲。在管路被堵截的瞬间形成水力脉冲的前沿，而在阀门打开的瞬间形成水力脉冲的后沿。脉冲的长度τ等于阀门关闭的时间。压力脉冲的传播速度，即管路中水击波的传播速度为

$$c=\frac{\sqrt{\frac{E_0}{\rho}}}{\sqrt{1+\frac{E_0\times d}{E\times\delta}}} \tag{7-2}$$

式中：E_0为液体的体积弹性模量，对水而言$E_0=2.03\times10^6\text{kN/m}^2$；$\rho$为液体的密度，对水而言$\rho=1\ 000\text{kg/m}^3$；$E$为管壁材料的弹性模量；$d$为管径；$\delta$为管子壁厚。

发生水击现象时压力脉冲的幅值急剧增大

$$p-p_0=\rho\cdot c(V-V_0) \tag{7-3}$$

式中：p_0、V_0分别为形成压力脉冲之前液体在初始瞬时的压力和速度。

水击发生时最大的压力出现在液流速度急剧下降至零的时候

$$p-p_0=\rho\cdot c\cdot V_0 \tag{7-4}$$

(7-3)式和(7-4)式在直射式水击情况下是正确的，其实它持续的时间$T=2l/c$大于管路关闭的时间τ，$T>\tau$，其中：l为由脉动器中水击位置至恒压泵之间的管路长度；c为水击波在管路中的传播速度。

压力的直射和反射波行程距离为$2l$，花在这段距离上的时间称为水击期$T=2l/c$。在$T>\tau$的条件下，压力的反射波靠近打开的阀门。在水力系统模拟中不存在反射波，因为空气室和旁路水道削弱了压力脉动并吸收了来自脉动器的直射波。当$T\to\infty$时，$T>\tau$的条件在压力脉冲长度τ取任何值和由脉动器到钻探泵的距离l取任何值的情况下都可满足。

由(7-3)式和(7-4)式的关系中可求出压力脉冲的幅值。钻进水平井时，常采用黏土钻井液和聚合物泥浆，其密度$\rho=1\ 000\sim1\ 500\text{kg/cm}^3$，黏度为15～60Pa·s。弹性变形的传播速度(声速)为

$$c_0 = \sqrt{E_0/\rho} \tag{7-5}$$

式中：E_0 为弹性模量；ρ 为相对密度。

对水而言 c_0=1 425m/s，对水和钢钻杆而言，E_0/E=0.01。表 7-5 中列出了钢钻杆中压力脉冲的传播速度。

表 7-5　压力脉冲的传播速度

管径 d/mm	壁厚 δ/mm	比值 d/δ	速度 $c/\mathrm{m \cdot s^{-1}}$
50	7.0	7.143	1 376.8
100	8.5	11.765	1 348.2
150	9.5	15.789	1 324.3
200	10.5	19.048	1 306.1
250	11.5	21.739	1 291.9

2. 脉冲信号在水力发送管路中失真的情况分析

图 7-18 描述了在水力发送管路中脉冲失真的情况。当出口处发送的脉冲长度足够长时，可得到比入口处更平滑的脉冲，而在图 7-18(a)中相当准确地反映了输入信号 $p_{b1}(t)$ 的形状。如果经过小的间隔顺序发送两个短脉冲，则会导致这两个脉冲信号“发散”，并可能接收到的是一个长度加大了的信号[见图 7-18(b)]。当发送管路延长时，“发散”的结果将被强化。产生失真的物理本质可解释为所发信号中个别谱分量的不同相速度影响很显著。因此，为了优化压力正脉冲参数，还必须研究水力波导管作为通讯通道的失真问题。

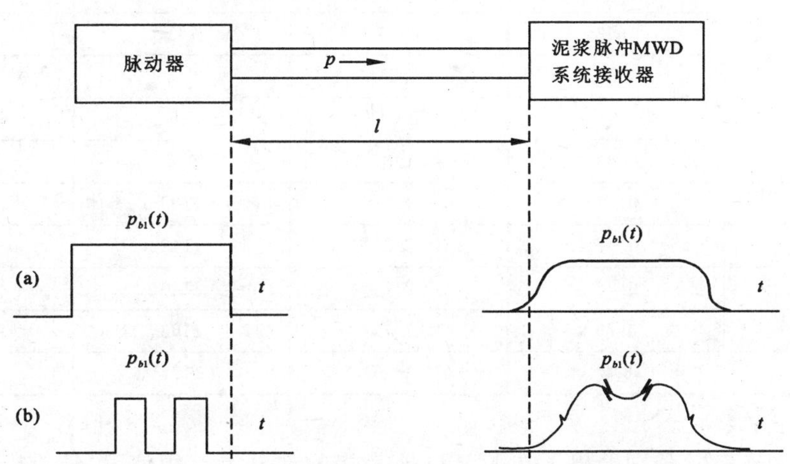

图 7-18　脉冲信号在水力发送管路中的失真情况

(a)传输的脉冲长度大时；(b)脉冲长度小时

3. 通讯通道中水力波导参数的数值分析

为了分析水力通讯通道的频率特性，我们取以下数据：钻井液密度 ρ=1200kg/m^3；钻井液的体积弹性模量 E_0=2.352×10^{9}N/m^2；管子内径 d=109mm；压力脉冲在管中的传播速度 c=1 200m/s；钻井液的黏度 η=1.2×10^{-2}Pa·s；钻井液的动切力 τ_0=1.5Pa；液体平均流量 Q=50L/s=0.05m^3/s；双作用泵的每分钟冲次 n=60L/min；在井底动力机所处范围，压力振荡中

第一谐波的频率 $f_1=1\text{Hz}$;第一谐波的幅值为 0.1%。

我们来计算传播系数 $\gamma=\alpha+j\beta$、相速度 V_Φ 和管路中压力波的长度。首先考察雷诺数取值的范围,由于只须求出雷诺数的近似解,故建立水力通讯通道模型时很容易用实验的方法求出雷诺数。把上述已知数据代入雷诺数公式 $R_{eTP}^{*}=\dfrac{U\cdot d\cdot p}{\eta\left(1+\dfrac{\tau_0 d}{6\eta\cdot V}\right)}$,计算结果表明,$R_{eTp}^{*}>2\,300$,所以钻井液处于紊流状态。对于紊流状态,在求出水力阻力系数 λ、管路单位长度上水力损失系数 a 和水力波导单位长度的等价参数 L_a、R_a、C_a 的值之后,便可计算管路中压力波的衰减系数 α 和相位系数 β。

$$\alpha=\sqrt{\frac{1}{2}\sqrt{\omega^2C_a^2(R_a^2+\omega^2L_a^2)}-\frac{1}{2}\omega^2L_a\cdot C_a}$$

$$\beta=\sqrt{\frac{1}{2}\sqrt{\omega^2C_a^2(R_a^2+\omega^2L_a^2)}+\frac{1}{2}\omega^2L_a\cdot C_a} \tag{7-6}$$

例如,当 $f=0.5\text{Hz}$,可得出 $\alpha=0.79\times10^{-3}\text{m}^{-1}$,$\beta=2.7\times10^{-3}\text{m}^{-1}$,$V_\Phi=1\,163\text{m/s}$。而给出的压力脉冲在管中的传播速度 $c=1\,200\text{m/s}\approx V_\Phi$,从而确认了计算的正确性。可算得管路中压力波的长度 $\lambda_B=2\pi/\beta=2.326\text{km}$。计算结果列于表 7-6。

试验和试算的数据表明,随着频率 f 值的增大,压力波的衰减系数 α 也单调地增大,但当 $f>0.6\text{Hz}$,衰减系数维持在$(0.80\sim0.82)\times10^{-3}\text{m}^{-1}$的水平。

表 7-6 水力波导参数的计算结果

f/Hz	$\alpha/\times10^{-3}\text{m}^{-1}$	$\beta/\times10^{-3}\text{m}^{-1}$	$V_\Phi/\text{m}\cdot\text{s}^{-1}$	λ_B/m
0.04	0.39	0.44	571	14 273
0.08	0.52	0.66	761	9 515
0.1	0.56	0.77	816	8 156
0.13	0.61	0.91	897	6 901
0.2	0.69	1.3	966	4 831
0.3	0.74	1.7	1108	3 694
0.4	0.77	2.2	1142	2 855
0.49	0.78	2.7	1140	2 326
0.5	0.79	2.7	1163	2 326
0.6	0.8	3.2	1178	1 963

图 7-19、图 7-20 分别给出了在 MWD 地表接收部分上有用信号 A_{CT}与井深 H 和压力脉冲长度 τ 的关系。为了评价有用信号的失真程度,取泵量为定值 $Q=50\text{L/s}$。起动脉动器,通过脉动器的总流量大约从 60L/s 降至 40L/s,在入口截面压力升高。脉冲信号的形状接近于阶跃信号,其值约等于 3.0MPa。信号的长度与脉动器处于关闭状态时设定的延时值相对应,此时水力系统的长度为 2km。随着井深增加,有用信号减弱,当井深 $H=4.5\text{km}$ 时,$A_{CT}\approx 0.9\text{MPa}$。当脉冲的周期为 2s 时,泵压约为 30.0MPa,而压力脉冲的长度 $\tau=0.5\text{s}$。当 $\tau=1\sim1.2\text{s}$ 时,有用信号的最大值为 3.2MPa,即比 $\tau=0.5\text{s}$ 条件下增大了 0.4MPa。

可见,对应于每个井深,有一个最优的压力脉冲长度,它能保证井底遥测系统接收机上得到足够强的信号,并能以需要的速度发送来自井底的信息。

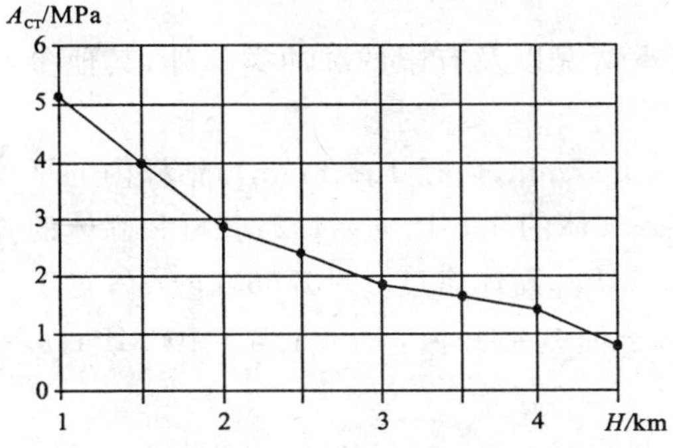

图 7-19　接收装置上有用信号与井深的关系

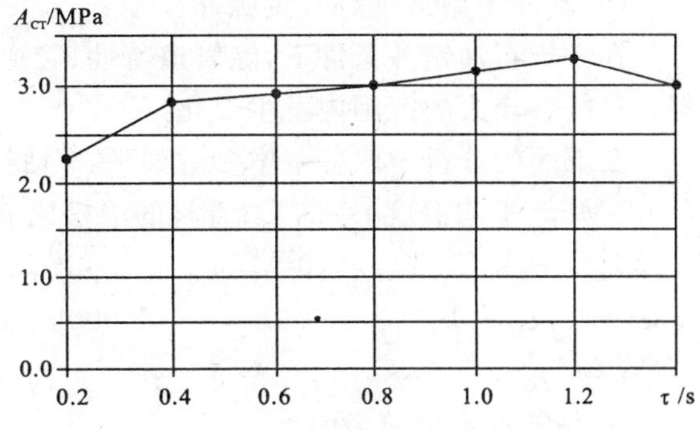

图 7-20　接收装置上有用信号与脉冲长度的关系

五、影响泥浆脉冲信号传输速度的主要因素

在泥浆脉冲式 MWD 系统中，信号的传输速度是一个基本参数。本书前述的理论研究是建立在管路中水击数学模型的基础上，为了方便简化了模型，用理想的水代替泥浆来做研究。然而，实际钻井液中含有黏土、岩屑、重晶石粉等固相物质，并且往往存在着游离状态的气体而形成气泡，从而增加了问题复杂性。钻井液可以认为是由气、液、固三相组成的流体。钻井液的组成对泥浆脉冲信号的传播速度产生了一定的影响。

浆液在管道中的流动通常分为伪均质流和非均质流。伪均质流的固体颗粒较细，在液体中充分悬浮，浓度分布较均匀，固体颗粒的流速与液体的流速基本一致。当流速突变时，固、液相的流速基本上一致变化；非均质流则不同，在定常流动时，固体颗粒的流速滞后于液体的流速。当流速突变时，由于固体颗粒的惯性较大，所以其流速的变化会滞后于液体。

钻井液属于伪均质流，并且含气量通常很小，气、液、固三相的流速基本一致，所以可按单向流来处理，应用非定常流动理论，由连续方程可以推导出钻井液脉冲传输速度的计算公式：

$$a=\sqrt{\frac{K_l/\rho}{1\pm\psi\dfrac{K_lD}{Ee}+\beta_g(\dfrac{K_l}{K_g}-1)+\beta_s(\dfrac{K_l}{K_s}-1)}} \tag{7-7}$$

其中：　$\rho=(1-\beta_g-\beta_s)\rho_l+\beta_g\rho_g+\beta_s\rho_s$

式中：a 为钻井液脉冲的传输速度(m/s)；D 为管道内径(m)；e 为管道壁厚(m)；ρ_l 为液体的密度(kg/m^3)；ρ_g 为气体的密度(kg/m^3)；ρ_s 为固体的密度(kg/m^3)；β_g 为体积含气率(m^3/m^3)；β_s 为固体的体积浓度(m^3/m^3)；E 为管材的弹性模数(Pa)；K_l 为液体的体积弹性模数(Pa)；K_g 为气体的体积弹性模数(Pa)；K_s 为固体的体积弹性模数(Pa)；ψ 为影响因子，它与管道特性及支承情况有关。

对于正脉冲信号取“＋”号，负脉冲取“－”号。由(7-7)式看出，泥浆脉冲传输速度与以下参数有关。

(1)流体的组成：体积含气率 β_g、固体的体积浓度 β_s；

(2)流体的性质：液体的体积弹性模数 K_l、气体的体积弹性模数 K_g、固体的体积弹性模数 K_s、液体的密度 ρ_l、气体的密度 ρ_g、固体的密度 ρ_s；

(3)管道特性：管材的弹性模数 E、管材泊松比 μ、径厚比 D/e；

(4)环境参数：管道的支承情况、管道中的压力 p 和温度 t；

(5)脉冲类型:正脉冲、负脉冲。

在常规石油钻井条件下,除管道特性、管道的支承情况以及有限的脉冲类型外,其他参数都有可能在较大的范围内发生变化。

在下面的分析中取各基本参数如下:5″钻杆(外径 127mm,内径 108.6mm);钻杆内的平均 p=30MPa、平均温度 t=60℃;管材的泊松比 μ=0.3;气体的比热比 m=1.2;管材和固体的弹性模数分别为 $E=2.1\times10^5$MPa 和 $K_s=1.618\times10^4$MPa;固体密度 ρ_s=2 660kg/m³;对于水基钻井液,$K_l=2.04\times10^3$MPa,ρ_s=1 000kg/m³;对于油基钻井液,$K_l=1.5\times10^3$MPa,ρ_s=870kg/m³。

1. 钻井液密度的影响

液体密度 ρ_l 主要取决于钻井液类型(水基还是油基),气体密度 ρ_g 取决于管道中的压力和温度,固体密度 ρ_s 取决于固相物质中各组分(黏土、岩屑、重晶石粉等)的含量和密度。当然,液、气、固各组分的含量还对流体的压缩性产生影响。最终可得出如图 7-21 所示的结果,随着钻井液密度的提高,钻井液脉冲的传输速度下降。

2. 含气量的影响

含气量对流体密度的影响很小,可以忽略不计,但对流体的压缩性影响很大。研究表明:钻井液脉冲的传输速度对含气量比较敏感,随着含气量的增加,传输速度下降(图 7-22)。

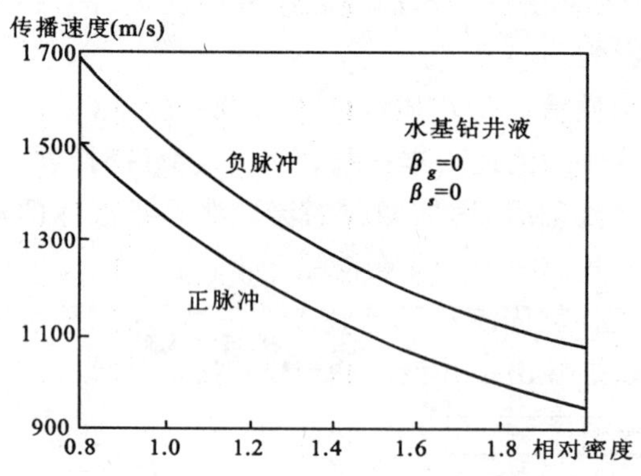

图 7-21　泥浆密度的影响

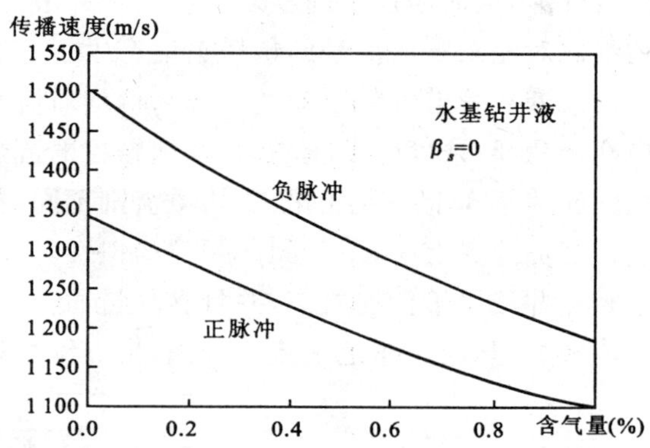

图 7-22　含气量的影响

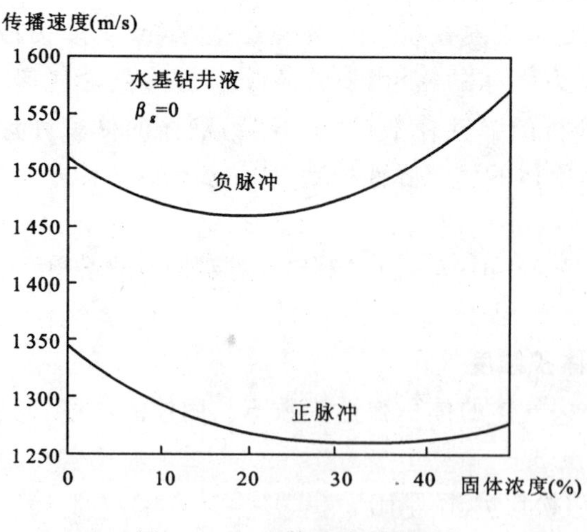

图 7-23　固体浓度的影响

3. 固体浓度的影响

从理论上讲,固体浓度与气体相反,对流体密度影响较大,但对流体压缩性的影响相对较小。实际上,固体浓度对流体的密度和压缩性都有影响,而影响的相对程度取决于固体和液体之间密度和压缩性的差异程度(图 7-23)。

4. 钻井液类型的影响

对于相同的脉冲类型,由于水基钻井液的压缩性较小(体积弹性模数较大),其传输速度高于油基钻井液(图 7-24)。

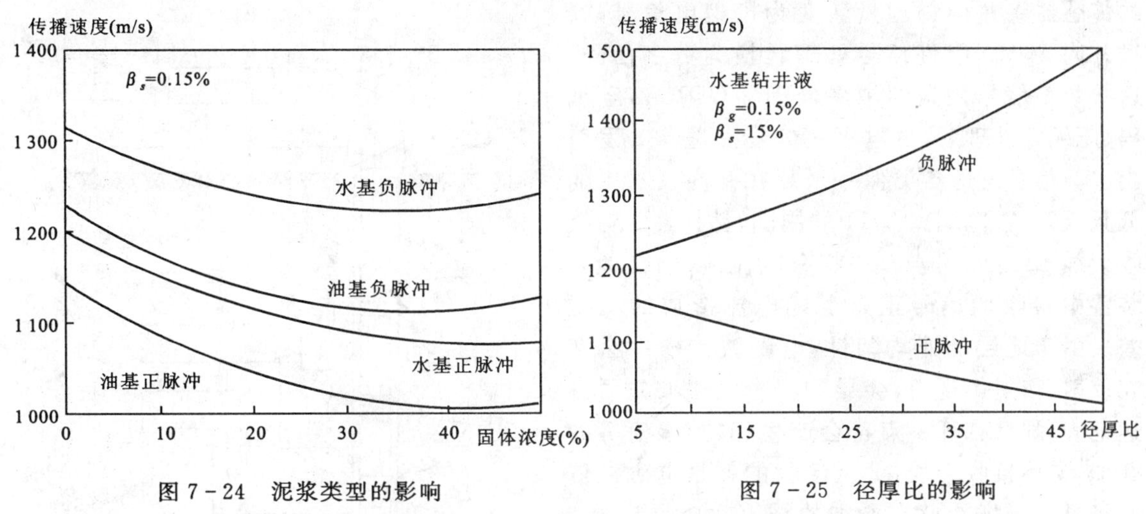

图 7-24 泥浆类型的影响

图 7-25 径厚比的影响

5. 径厚比的影响

径厚比只对管道的特性和支承情况产生影响。由于该项对于正、负脉冲信号时的取值符号相反，所以对于正脉冲，随着径厚比的增加，传输速度降低；而对于负脉冲，其传输速度将随着径厚比的增大而提高(图 7-25)。

6. 脉冲类型的影响

对于正脉冲，流体体积被压缩，管道膨胀。而负脉冲情形恰好相反，它使流体的体积膨胀，管道收缩。因此，负脉冲信号的传输速度高于正脉冲信号(见图 7-21～图 7-25)。

第五节 电磁波式 MWD 系统

目前，泥浆脉冲传输方式技术应用最广泛，但数据传输速率较慢，信息量较小，传输信号易受钻井液的质量和泵的不均匀性影响。要求钻井液的含砂量≤1%，含气量≤7%。当使用可压缩性钻井介质时，会导致压力波信号变形，所以在欠平衡钻井条件下适用性很差。

电磁波传输方式则不同，它是将反映井底轨迹方向、地层特性参数的低频电磁波信号传送到地面。它不需要泥浆作为信号载体，对钻井液的质量和钻探泵的不均匀性要求更低，所以数据传输能力较强。其优点是不需要机械接收装置，系统稳定性好，对于欠平衡钻井工艺有更好的适应性。但背景噪声对信号的影响较大，而且随着岩层对信号的吸收而逐渐减弱，电磁波仪器的最大应用深度将受到一定限制。

一、电磁波式 MWD 的工作原理

如图 7-26 所示，电磁波式 MWD 系统(俄罗斯称为 ZTS——井底遥测系统)包括井内仪器 1 和地表装置 2，其中井内仪器设计成下部钻具组合的一部分，并与之一起工作，而地表装置用来接收、分离并实时变换和记录有用信号。井内仪器包括方位角传感器 3、井斜角传感器 4、带正余弦回转互感器的高边位置传感器 5，还有信号变换器 6、电源(涡轮发电机 7)和信号发送器 8。一个信号发送电极是钻杆柱 9，另一个发射电极是下部钻具组合，它们之间被电隔离器 11 绝缘。在离钻机 50～300m 的范围内往地下打入一根接收天线 12。系统工作时，井内

的传感器将井内物理量转变为模拟电信号，经过井内 MWD 组件信号处理转换为数字信号；这些数字信号被送到中央处理器(CPU)，经编码、压缩等处理后，由电磁波信号发送器 8 发射出去。信号发送器类似一个装在井内仪器中的低频天线，在电隔离器 11 的周围、钻杆柱 9 与接收天线 12 之间的岩石中将有电流流过，在地表装置中接收的信号正是上述电流造成的电位差。由于地层的非均匀性，电磁波传播中会存在反射、衍射等现象，会导致多个电磁波先后到达地表，那么在任一点都会产生相位、幅值等的叠加，专用接收天线 12 上接收的就是电磁波信号经过电磁场在此点叠加的结果。接收装置 2 借助相关分析方法处理来自井底的信号，信号经过解码、滤波等处理得到井内测量数据，并把测得的参数显示在电脑屏幕 13 上。

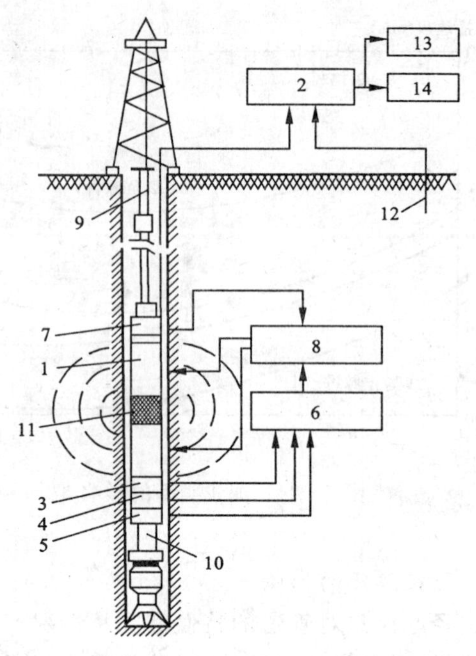

图 7-26　电磁波式 MWD 的工作原理

1. 井内仪器；2. 地表装置；3. 方位角传感器；4. 井斜角传感器；5. 高边位置传感器；6. 信号变换器；7. 涡轮发电机；8. 信号发送器；9. 钻杆柱；10. 下部钻具组合；11. 电隔离器；12. 接收天线；13. 显示屏；14. 打印机

总之，从工作原理上分析，电磁波式 MWD 系统的井底信号通道属于电流偶极子型电磁信号通道。

俄罗斯的电磁波通道式 MWD 系统经过不断地改进，其稳定性和可靠性已接近西方泥浆脉冲式系统的指标，已钻完的最大井深达 5 000m，但价格却几乎低一个数量级。不过石油钻井设备引起的电气干扰和低电阻率岩层造成电磁波的衰减对 20Hz 以下的低频电磁信号有负面影响，该系统在西西伯利亚地区和中国的低电阻率地层中稳定发送信号的距离为 3 200m。

二、电磁波式 MWD 的井内仪器和地表装置

电磁波通道井底遥测系统的总体结构示于图 7-27。参数测量模块 5 除了按照前述检测原理(详见第五章第九节)检测井眼方向参数外，还可记录钻头上的载荷和振动参数，钻进过程中的地球物理信息(伽马测井和电阻测井)。也就是说，电磁波 MWD 系统除了随钻测量的功能外，还具备了随钻测井(LWD)和地质导向的部分功能。

电磁波 MWD 井内仪器的信号发送能源来自于井底涡轮发电机(图 7-28)。涡轮发电机主要参数见表 7-7。其结构特点是：发电机的定子为轴向静止状态，而外壳中固定了磁铁起转子作用。由涡轮驱动外壳旋转，从而形成交变的旋转磁场。为了防止钻井液中的残渣、橡胶和金属屑污染和堵塞发电机的涡轮，在井内仪器的上方安装了过滤器。

系统的主操作界面如图 7-29 所示。图中，左上角窗口实时显示检测过程曲线。左下角窗口为每 30 秒～1 分钟一组的实测时间、井斜角、方位角和工具面向角的数据，其中考虑到偏斜工具在涡轮或螺杆钻具上震动剧烈，所以每次显示两组工具面向角的数据及其可信度。该窗口还可显示地层电阻率、井底涡轮发电机转速等参数。右上角窗口为实测的工具面向角，如果井眼轨迹超出设定的彩色扇形区将自动报警。右下角窗口内可随时输入当前井次的注释文字、其他数据信息。

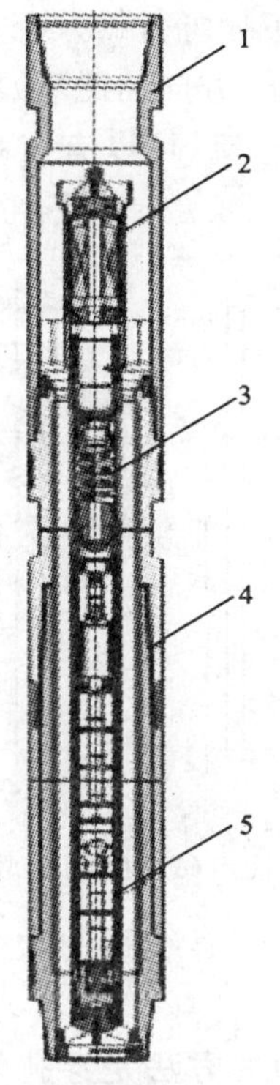

图 7-27　电磁波 MWD 系统结构

1. 发电机保护罩；2. 发电机；3. 信号发送器；4. 电隔离器；5. 参数测量模块

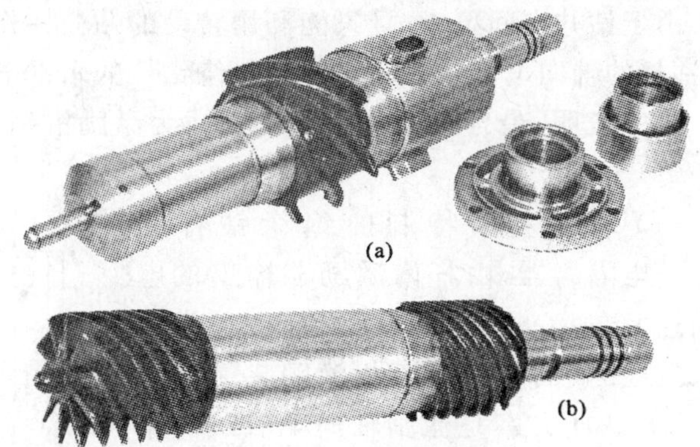

图 7-28　俄罗斯 MWD 系统的井底涡轮发电机

(a)单叶轮式，定子外径上有扶正块；(b)双叶轮式

表 7-7　俄罗斯电磁波 MWD 系统的井底涡轮发电机系列

发电机	SG 072	SG 073	SG 074
功率(W)	112～1555	55～720	30～550
遥测系统直径(mm)	172/195		108
叶片直径(mm)	142	142	89
长度(mm)	600	560	520
质量(kg)	15.5	13.2	9.5
钻井液泵量(L/s)	25～60	25～60	7～20
发电机转速(r/min)	0～500～2 500		

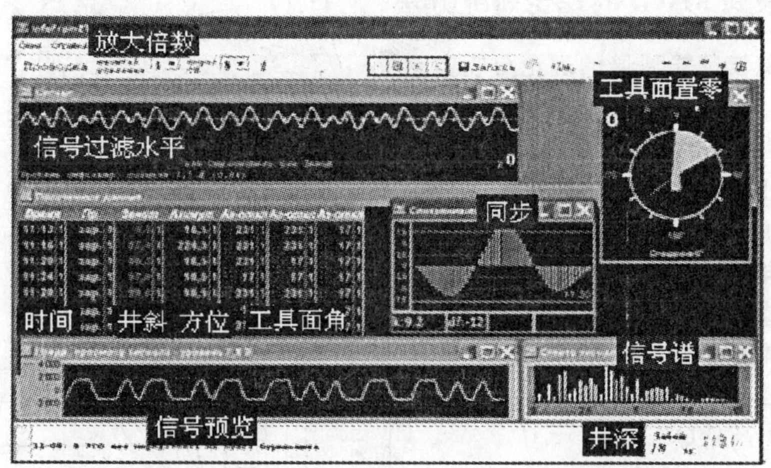

图 7-29　电磁波通道 MWD 系统的主操作界面

三、电磁波式 MWD 的物理模型

电磁波式 MWD 的信号发射装置类似于在井底安装了一个低频电磁波发射天线。为了能利用接近钻头的特制钻杆实现井下电磁激励，必须研究在钻井条件下合理的激励方式和该信道的最佳传输模式。

由于钻井空间狭小，且只能利用转动的钻杆柱作为支撑，因此实际可行的只有垂直电天线(沿钻杆的轴向电流)和垂直磁天线(绕钻杆的水平电流环激励沿钻杆方向的磁场)两种激励方式。研究表明，最合适的井下激励方式为激励沿钻杆引导的轴向电流，可以有三种典型的模式。

(1)采用一个特制的绝缘钻杆接头——电隔离器，由杆内激励器输出的电压通过密封接头馈于两段，形成一种类似双极天线的地下非对称双极激励装置[图7-30(a)]。此方案是激励轴向电流最简单而有效的方法，其缺陷是钻柱的结构强度将受到影响。

(2)绕钻杆安装水平磁流环[图7-30(b)]，是在保持钻杆结构完整的前提下实现轴向电流激励的一种方法。但要在所用的超低频段形成足够强度的磁流，需要的线圈匝数很多。这样做不但磁流环的体积不适应井内的安装要求，同时线圈的欧姆损耗也将严重限制源电流的大小。

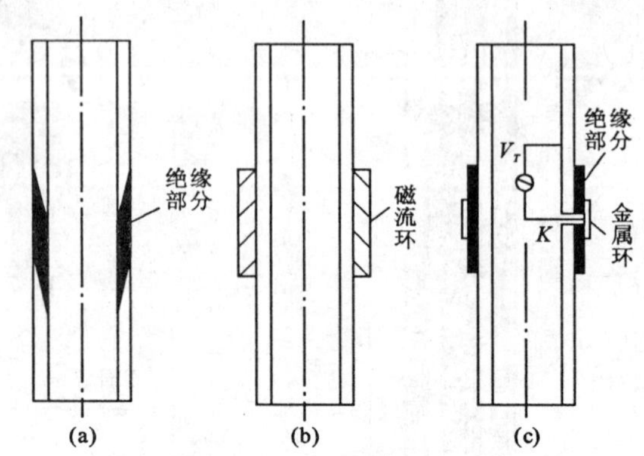

图7-30　实现双极电磁激励的示意图

(3)另一种不需要截断钻杆而实现类似于非对称双极电压激励的方法是穿孔外接金属环套激励装置，即将杆内激励器一端接至杆内壁，另一端通过外壁上的绝缘小孔 K，与杆外包裹的金属环相接[图7-30(c)]。这种方式实现的轴向电流激励比截断钻杆的双极激励多了一个分流回路，经过仔细设计可获得接近于双极激励的效率。

四、电磁波式 MWD 的理论研究方法

在随钻电磁波传输通道的理论分析方面，有两种方法：一是基于"路"概念的等效传输线法；二是求解场方程的边值问题。场与路在本质上是一致的，但视具体情况不同，其应用的有效与简便程度各异。对于随钻电磁传输通道，由于井下激励装置的边界条件复杂，而且超低频近场通道具有比较显著的"电路"特点，因而采用近似的等效传输线法与电极法，有可能较容易获得简单而实用的结果。

等效同轴传输线模型中，设电流密度线为沿柱轴径向至假想同轴外导体的直线族。为了更接近于实际情况，并能考虑井下激励装置有关结构参数的影响(如杆外绝缘层长度 l_1、l_2，下段裸导体长度 Δh，以及外层导电环套长度 a)，我们采用图7-31所示的电流密度线等效模型。图中弧线表

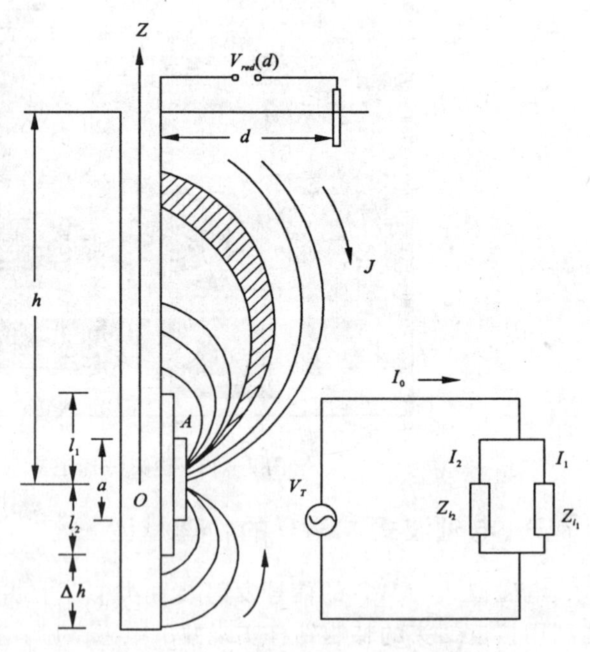

图7-31　等效模型电流示意图

示钻杆裸露部分和馈电孔处外层导电环套之间通过地层泄漏的电流密度线。由于导电环套的存在，它将所有电流密度线“扭曲”成图示的情况。在均匀地层下，从钻杆 Z 处发出的这些电流密度线可近似地假设具有以 $Z/2$ 点为中心并以 $|Z/2|$ 为半径的球形分布。

根据这样的机理可求出传输线单位长度上的串联电阻、电感和并联电容、电导分别为

$$r_1 = \frac{\rho_s}{2b_1\tau\left(1-\frac{\tau}{2b_1}\right)} \approx \frac{\rho_s}{2b_1\tau}, \quad L_1(z) = \frac{\mu_0}{\pi}\ln\frac{\pi z}{4b_1} \tag{7-8}$$

$$C_1(z) = \frac{\pi\varepsilon_0\varepsilon_r}{\ln\frac{\pi z}{4b_1}}, \quad g_1(z) = \frac{\pi}{\rho\ln\frac{\pi z}{4b_1}} \tag{7-9}$$

式中：ρ_s 为钻杆电阻率；τ 为钻杆的壁厚；b_1 为钻杆的外半径；ε_r 和 ρ 分别为地层的相对介电常数和电阻率；ε_0 和 μ_0 分别为真空中的介电常数和磁导率。

本问题属于非均匀传输线，其电流与电压分布应满足一阶变系数联立方程组

$$\begin{aligned}\frac{\mathrm{d}I(z)}{\mathrm{d}z} &= -Y_1(z)V(z)\\ \frac{\mathrm{d}V(z)}{\mathrm{d}z} &= -Z_1(z)I(z)\end{aligned} \tag{7-10}$$

其中单位长度的导纳与阻抗分别为 $Y_1(z)=g_1(z)+j\omega C_1(z)\approx g_1(z)$ 和 $Z_1(z)=r_1+j\omega L_1(z)$，在一般情况下方程(7-10)难以获得解析解。由于本情况下 $Z_1(z)$ 和 $Y_1(z)$ 变化缓慢，同时，基于实测结果，可设钻杆在井口为终端开路情况。于是钻杆上的电流与电压分布可近似地表示为：

$$\begin{aligned}I(z) &= \frac{I_1\exp\left[-\int_{l_1}^{z}\gamma_1(z)\mathrm{d}z\right]}{1-\exp\left[-2\int_{l_1}^{h}\gamma_1(z)\mathrm{d}z\right]}\left\{1-\exp\left[-2\int_{l_1}^{h}\gamma_1(z)\mathrm{d}z\right.\right.\\ &\quad\left.\left.+2\int_{l_1}^{z}\gamma_1(z)\mathrm{d}z\right]\right\}\\ V(z) &= \frac{I_1Z_{01}(z)\exp\left[-\int_{l_1}^{z}\gamma_1(z)\mathrm{d}z\right]}{1-\exp\left[-2\int_{l_1}^{h}\gamma_1(z)\mathrm{d}z\right]}\left\{1+\exp\left[-2\int_{l_1}^{h}\gamma_1(z)\mathrm{d}z\right.\right.\\ &\quad\left.\left.+2\int_{l_1}^{z}\gamma_1(z)\mathrm{d}z\right]\right\}\end{aligned} \tag{7-11}$$

其中，I_1 为激励源上部钻杆的电流(参见图 7-31)，

$$\begin{aligned}\gamma_1(z) &\approx \left\{\left[(r_1+j\omega L_1(z)\right]g_1(z)\right\}\\ Z_{01}(z) &\approx \left\{\left[(r_1+j\omega L_1(z)\right]/g_1(z)\right\}\end{aligned} \tag{7-12}$$

现在我们来推导地面电极检测电压的计算公式。设埋地电极在距离井口 d 的位置上，当这个距离远远小于源到地面的深度 h 时，即满足条件 $d \ll h$ 时，井口套管与埋地电极间的电位差为

$$r_{red}(d) = 2I_0\frac{Z_{i_2}(l_2)Z_{01}(h)}{Z_{i_1}(l_1)+Z_{i_2}(l_2)}\frac{\ln\frac{d}{b_1}}{\ln\frac{\pi h}{4b_1}}\exp\left[-\int_{l_1}^{h}\gamma_1(z)\mathrm{d}z\right] \tag{7-13}$$

其中

$$I_0 = V_T \frac{Z_{i_1}(l_1) + Z_{i_2}(l_2)}{Z_{i_1}(l_1) \cdot Z_{i_2}(l_2)} \tag{7-14}$$

式中：V_T 为激励电压；I_0 为激励电流；Z_{i_1} 和 Z_{i_2} 分别为激励点上、下钻杆的输入阻抗（参见图 7-31），其大小分别为：

$$\begin{aligned} Z_{i_1} &\approx Z_{01}(l_1)\mathrm{cth}\left[\int_{l_1}^{h} \gamma_1(z)\mathrm{d}z\right] + \frac{\rho}{\pi a}\ln\frac{\pi l_1}{4b_1} \\ Z_{i_2} &\approx \frac{\rho(a+\Delta h)}{\pi a \Delta h}\ln\frac{\pi l_2}{4b_1} \end{aligned} \tag{7-15}$$

五、影响电磁波传输的主要因素

影响电磁波传输的主要因素有：钻杆的引导作用、激励源频率（即信号发射频率）、地层电阻率、发射天线参数和表层金属套管的影响等。由于地层、钻井液性质和钻井结构等条件不尽相同，电磁波传输通道就越显得复杂。

我国曾在随钻测量电磁波传输通道研究方面做了大量工作。在实测与计算中采用的特制钻杆天线参数为：$l_1=7\mathrm{m}$，$l_2=2.5\mathrm{m}$，$a=4\mathrm{m}$，$\Delta h=0.5\mathrm{m}$，地面电极间距 $d=100\mathrm{m}$（参见图 7-31），钻杆、金属套管和钢缆单位长度上的电阻分别为 $7\times10^{-5}\,\Omega/\mathrm{m}$，$3.5\times10^{-5}\,\Omega/\mathrm{m}$，$5\times10^{-3}\,\Omega/\mathrm{m}$。另外，除理论计算值与实测值比较时取 V_T 为实际值外，其余均假定 $V_T=1\mathrm{V}$。

下面通过对比我国随钻测量电磁波传输通道项目研究的理论计算和实测数据来说明各因素对电磁波传播的影响。

1. 钻杆的引导作用

图 7-32 给出了钻杆和钢缆引导下，地面检测电压随源深度衰减的理论曲线。图中，纵坐标表示地面检测到的电压分贝值，即 $V_{rec}=20\log[V_{rec}(\mathrm{d})]$，横坐标表示激励源的深度（若无特别说明，各图下同）。

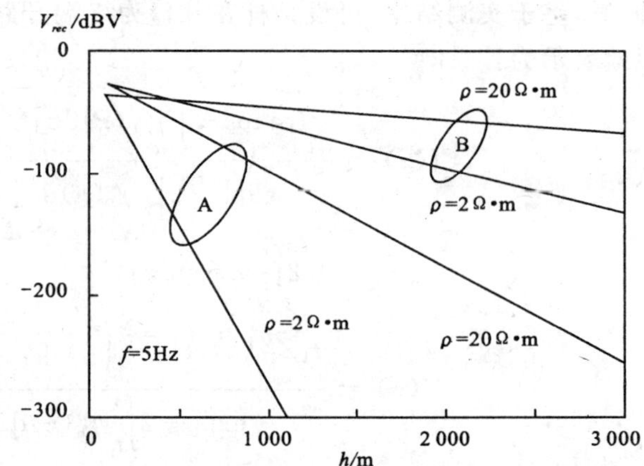

图 7-32 不同的钻柱电阻率条件下，地面电压随源深度衰减的理论曲线

曲线族 A：钢缆结果 $r_1=5\times10^{-3}\,\Omega/\mathrm{m}$；

曲线族 B：钻杆结果 $r_1=5\times10^{-5}\,\Omega/\mathrm{m}$

图 7-33 给出了钻杆和钢缆引导下，地面检测到电压的理论曲线和实测值。由此可见，钻杆对于引导电磁波信号具有比钢缆更强的作用，即钻杆截面大小对信号通道衰减具有关键作用。

2. 激励源频率和地层电阻率的影响

由衰减常数的表达式(7-12)可知，钢缆引导时，电阻部分比电抗部分大得多，电抗部分作用很小，故地面电压与激励源的工作频率关系不大。在钻杆引导情况下，电阻与电抗比较接近，地面电压与激励源的工作频率关系较大。图 7-34 给出了钻杆引导时，地面检测电压与激励源工作频率间的关系。可见，当频率升高时，地面电压随源深度的衰减变快。

地层电阻率对地面检测信号的影响主要表现在 $g_1(z)$ 项上。由(7-12)式可知，当激励源工作频率比较高时，低电阻率地层是限制信号最大可测深度的重要因素。图 7-35 是考虑地

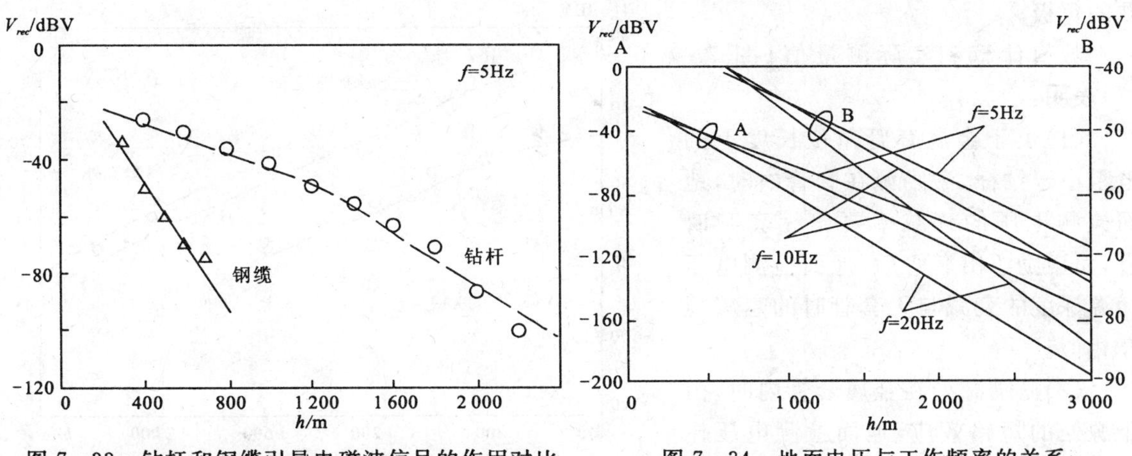

图 7-33 钻杆和钢缆引导电磁波信号的作用对比

三角和圆符号表示实测值;虚线和实线表示理论值

图 7-34 地面电压与工作频率的关系

曲线族 A:$\rho=2\Omega\cdot m$;曲线族 B:$\rho=20\Omega\cdot m$

质分层时的理论计算结果。

3. *特制钻杆天线参数与激励电流的关系*

改变特制钻杆天线的参数尺寸时,对地面检测电压的影响主要表现在 a 与 l_1 对 I_1 的影响上。图 7-36 是 10m 与 18m 两种钻杆天线的实测值与理论值对比情况。10m 与 18m 钻杆天线有关参数分别为:$l_1=7\text{m}$,$l_2=2.5\text{m}$,$a=4\text{m}$,$\Delta h=0.5\text{m}$ 和 $l_1=13\text{m}$,$l_2=4\text{m}$,$a=8\text{m}$,$\Delta h=1\text{m}$。

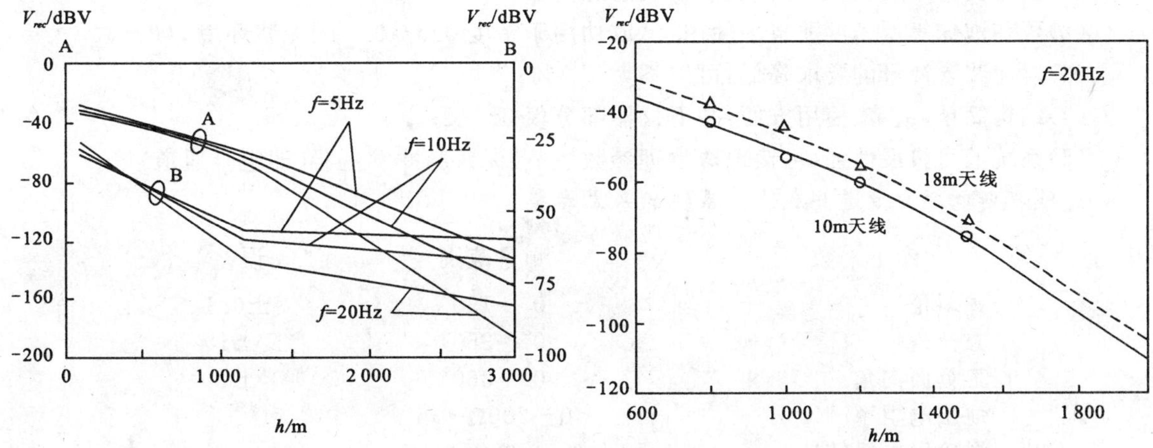

图 7-35 地面检测信号的电压与地层电阻率的关系

曲线族 A:$\rho=5\times10^{-3}(2\,000-h)\Omega\cdot m$,$h\leqslant1\,700$m;$\rho=1.5\Omega\cdot m$,$h>1\,700$m;曲线族 B:$\rho=5\Omega\cdot m$,$h\leqslant1\,200$m;$\rho=4\times10^{-2}(h-1\,200)+5\Omega\cdot m$,$h>1\,200$m

图 7-36 特制钻杆天线取不同参数时检测信号对比

三角和圆符号表示实测值;虚线和实线表示理论值

4. *表层金属套管的影响*

金属套管对传输信道的影响比其他因素的影响复杂得多。可以从两种情况来分析,即激励源位于金属套管内和出金属套管后两种情况。从实用角度出发,我们主要关注后者。在激励源位于金属套管以下时,由于短路效应的消失,激励电流 I_0 分两路进入大地:一路经上部钻杆及金属套管流入大地,然后回到电源的负极;另一路则由下部钻杆流入大地,然后再回到电源的负极。

数值计算和实际测量值(图 7-37)表明：

(1)由于金属套管单位长度上的电阻小于钻杆，激励源在套管内时，地面检测电压的衰减率要比无套管时慢；而激励源出套管后，地面检测电压随源深度的衰减与无套管时的衰减规律相似。

(2)激励源处在金属套管内时，由于源处的短路效应，地面检测电压比无套管时低；激励源出金属套管后，短路效应迅速解除，地面检测电压出现跃变现象，其幅度与金属套管长度及单位长度电阻率有关。

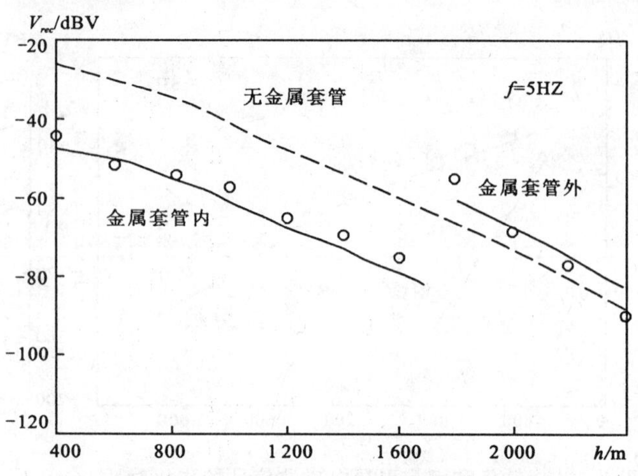

图 7-37 金属套管对激励源和激励信号的影响

三角和圆符号表示实测值；虚线和实线表示理论值

六、俄罗斯电磁波 MWD 系统在油田的应用

考虑到国内介绍俄罗斯电磁波 MWD 系统的文献较少，而且引入国内的时间又不长，为了帮助读者更好地了解电磁波 MWD 系统，在这里专门介绍几例该系统的应用情况。

1. 俄罗斯电磁波通道井底遥测系统的特点

(1)信息传输速度快，泵压波动不影响信息传输；

(2)可在泡沫等低密度泥浆中使用，已成功用于密度 0.5～0.7 的泥浆环境中；

(3)对泥浆含沙量的要求降低，可以不大于 3%；

(4)结构简单，组装、使用方便：井下仪器部分仅 3m 长；

(5)系统的可扩展性强，可接地球物理参数短节、泥浆脉冲发生器(即组合通道)等。

2. 俄罗斯电磁波通道井底遥测系统的基本参数

参　　数	测量范围	误差
井斜角	0°～130°	±0.1
方位角	0°～360°	±1
工具面向角	0°～360°	±1
地层电阻率	0～200Ω·m	
涡轮发电机转速	0～3 000r/min	
井底温度	0～125℃	
最大工作温度	125℃	
最大静水压力	50MPa	
泵量	7～70L/s	
钻井液含砂量	<3%	
发电机大修寿命	≤400h	
遥测系统外径	42,108,172,195mm	
遥测系统长度	3m	
无磁性钻铤长度	4m	
遥测系统外壳材料	无磁钢	

3. 俄罗斯电磁波 MWD 系统在定向钻井中的应用举例

例 1　俄罗斯东卡赞基普斯克油田 No. 13 井的井眼方位角设计值为 145.2°，靶区范围 50m，弯接头角度 4.7°。采用 ZTS－172M 电磁波随钻测量系统后完成的 No. 13 井剖面如图 7－38 所示，其中虚线为设计轨迹，实线为实际轨迹，两者吻合得很好。

2006 年 4～5 月俄罗斯仪器在辽河油田的三口井进行了 5 个井次的试验。

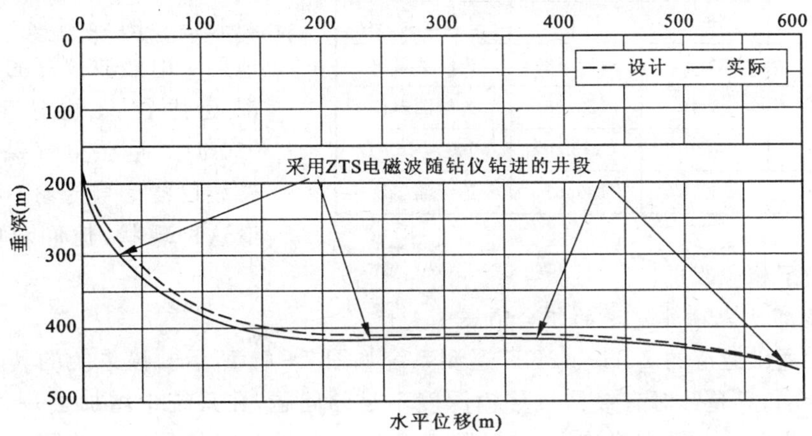

图 7－38　东卡赞基普斯克油田 No. 13 井的设计轨迹与实际轨迹

例 2

(1)冷 37－32－559 井属于直-增-稳型剖面，井深 1 720m，共进行了 3 个井次试验。为了验证俄罗斯电磁波仪器的可靠性，曾三次投入合康电子多点测斜仪进行复测。ZTS 系统测得的井斜、方位数据与电子多点仪器的数据对比见图 7－39 和图 7－40。ZTS 系统与合康仪器测试的结果对比表明，井斜角的测量结果吻合得较好，但方位偏差 2°～3°，这可能与系统误差有关。

(2)双 110－3 井为直-增-稳型剖面，井底垂深 3 760m，目的层垂深 3 577m，造斜率 7°/100m，造斜点井深 1 500.0m，最大井斜角 16.7°，靶区半径 20.0m，水平位移 587.11。在井深 2 400m得到了有效数据，与连续测斜仪吻合得很好。用电磁波 ZTS 测斜数据与连续测斜仪测得的数据对比情况见表 7－8。因下部井壁不稳禁止开泵，涡轮发电机无法工作，所以 2 400～3 500m 之间无法测得信号。

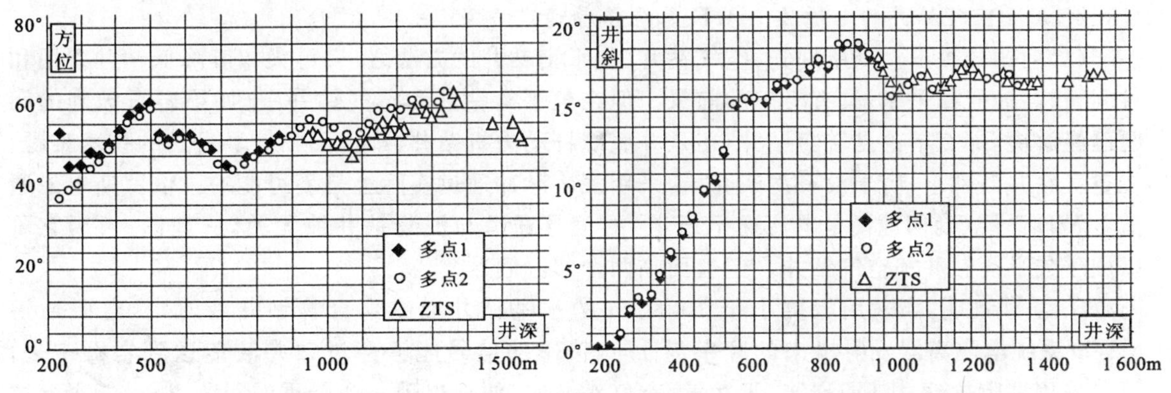

图 7－39　ZTS 与电子多点仪器方位角测量数据对比曲线

图 7－40　ZTS 与电子多点仪器井斜角测量数据对比曲线

表 7-8 电磁波仪器与连续测斜仪所测数据对比

测深(m)	井斜角(°)	方位角(°)	仪 器
1 575	0.92	216.91	连续测斜仪
1 590	1.0	359.0	电磁波 MWD
1 975	17.72	137.16	连续测斜仪
1 990	18.8	138.0	电磁波 MWD
2 000	17.8	137.88	连续测斜仪
2 375	13.46	130.98	连续测斜仪
2 390	14.0	133.0	电磁波 MWD
2 400	13.18	130.61	连续测斜仪

七、俄罗斯电磁波 MWD 系统的改进

俄罗斯电磁波 MWD 系统在油田应用中常遇到两个方面的问题:一是背景噪声及地层特性对电磁波信号的影响较大,在低电阻率地层中电磁波仪器的有效信号传输深度往往只能达到 2 500～3 000m;二是在空气钻井条件下,电磁波仪器信号传输不稳定。为了改变这种现状,他们对电磁波 MWD 系统的结构做了相应改进。

1. 采用电缆+电磁波发送的组合通道

带组合式通讯通道的 ZTS-42KK 遥测系统如图 7-41 所示。该系统的其他部分与原有电磁波系统相同,只是针对有效信号传输深度不足的问题,在系统中增加了一条传输电缆 4,采用了专用的投放式电缆密封接头(参见图 7-9),并把原井底信号发送装置改为接收与发送装置 6(即在该装置上增加了接收电缆信号的功能,而原有的发送功能不变)。使用时,首先根据地层情况和有效信号可能的传输深度确定发送装置 6 在整个钻杆柱中的位置(例如,选择为 2 500m);然后根据井眼的设计深度和下部钻具组合(或动力钻具)的长度,计算好井底测量仪器应在的深度,从而可选择所需的传输电缆长度。

下钻具时,首先向井内下入钻头 1、造斜钻具 2、MWD 井下仪器 3(已装入湿接头接受器)、钻杆柱 5 和接收与发送机构 6,然后向钻杆柱 5 内投放带湿接头对接器的电缆 4,让其在井下钻具内与湿接头接受器进行对接,并与井下仪器 3 相连,同时可实现有效的密封与绝缘,而上端和接收与发送机构 6 相连。接着再继续下剩余的钻杆,直至接上主动方钻杆,整个电缆+电磁波的组合式通道 MWD 系统就下钻结束了。由于这时电缆 4 整体都在钻杆柱内,完全可以随着钻杆柱一起升降(通常用于滑动钻井),而且仍然由接于发送机构 6 上的涡轮发电机(或电池筒)供电,所以不会影响 MWD 井下仪器 3 的供电、测量与信号发送。信号的接收和处理仍由地表天线 8、主机箱 9 和地表处理显示装置 10 完成。

2. 用于空气钻井的电磁波 MWD 系统信号通道方案

(1)问题的提出。众所周知,空气钻井(欠平衡钻井的方法之一)可大幅度降低钻井费用和时间,提高油气回采率,具有极好的前景。但在欠平衡钻井和空气钻井中,如果岩石破碎的问题已经解决,那么不论是转盘钻井,还是井底螺杆动力机钻井,都将面临信号发送的技术难题。在空气钻井条件下,由于没有泥浆介质,采用泥浆脉冲通道实际上是不可能的。俄罗斯电磁通道 MWD 系统(确切地说是电流通讯通道)的信号通道与泥浆钻井液无关,从理论上讲,它可以用于欠平衡钻井和空气钻井。但也面临两个实际问题。

① 实践证明,当采用阻抗小于 100Ω/m 的水基钻井液或聚合物钻井液时,从电磁通道 MWD 系统电隔离器发射出来的频率为 1～10Hz 的信号能够穿过钻井液传送到岩石中去。而当采用高阻抗钻井液或泡沫、天然气、空气钻井时,便会出现一个严重的问题,信号能否穿过钻柱与井壁之间的充气钻井液或空气,并以比较强的能量进入井壁岩层。

② 目前俄罗斯的电磁波 MWD 系统由井底涡轮发电机供电,而采用空气钻井时,由于空

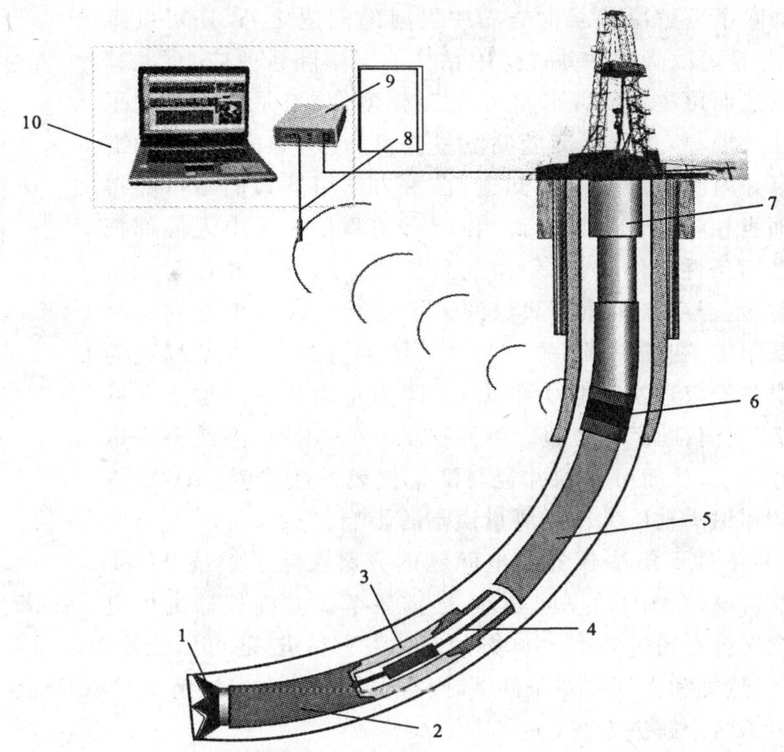

图 7-41　电磁波十有缆组合通道的 ZTS-42KK 遥测系统

1. 钻头；2. 造斜钻具；3. 井下测斜仪系统；4. 电缆；5. 钻杆柱；6. 接收与发送装置；7. 套管柱；8. 天线；9. 地表主机箱；10. 地表处理与显示装置

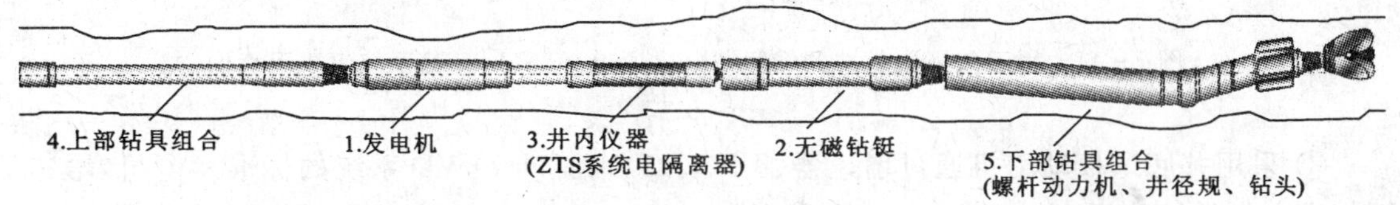

图 7-42　用于普通钻井作业的俄罗斯电磁通道 ZTS(MWD)系统标准配置

气的可压缩性使涡轮发电机不可能满足井底信号检测与向地表发送所需的电能，即如何解决电磁波 MWD 井底系统的供电问题。

(2)解决信号穿过“外环”空气进入井壁岩层的方案。俄罗斯萨玛拉地平线公司的解决方案是，进行欠平衡作业时，在普通电磁通道 MWD 系统(图 7-42)的电隔离器上、下两端分别安装一个用弹簧钢材料制成的扶正器，以保证 MWD 井底系统与井壁的电接触。从而解决电偶极子的电信号向岩层中发射的功率问题。弹性扶正器的实物图示于图 7-43。

该方案的 MWD 系统如图 7-44 所示。需要发送井内参数时，启动井内仪器，来自传感器的信号传到发射装置上，并继续分别传到上部和下部钻杆柱，经过导电的无磁钢质弹性扶正器 11 和 12 再传到岩石中去。然后，信号沿着地层“电磁”通讯通道传到地表接收天线，最后信号进入计算机输出。弹性扶正器 11 和 12 不仅可在低导电性充气钻井液中，甚至在空气中，都可把来自钻杆柱的信号传送至井壁，进而传递到岩石中，然后沿着岩石把信号传到天线上，再进入 MWD 地表系统。

弹性扶正器除了可解决信号向岩石中发射的问题之外，还可发挥两个重要作用：一是可以降低钻井过程中钻柱的振幅和弯曲应力（尤其是接头丝扣处），从而可提高 MWD 系统的工作寿命；二是由于降低了钻井过程中钻柱的振幅，从而提高随钻测量井身角度（导向）参数的准确度。凡是从事井内测量的专家都知道，在重力作用下人们不可能得到完全与井眼轴线相符的信息。然而，在所有的测量工作中人们都把井眼轴线作为已知条件。例如，井斜角的测量误差取决于井径与测量仪表外径的差值，是否存在间隙和间隙的大小可能会影响 1°左右的测量结果。特别是用带"变向钻具"的 MWD 系统测量时，这种情况更为明显。但测量误差不仅取决于重力的影响（因为重力使钻具位于井壁下帮），还取决于"变向钻具"的位置。弹性扶正器使 MWD 系统外壳定位在井眼轴线方向上，从而可排除井径与测量仪表外径差值、MWD 系统中"变向钻具"和钻头轴压大小对测量误差的影响。

图 7－43　弹性扶正器实物图

(3)空气钻井条件下解决仪器供电问题的方案。除了解决 MWD 系统向岩石中发射电信号的功率问题外，还需要解决井内仪器的供电问题。如果在充气量不超过 20%～40%的钻井液中钻进，还可以使用普通螺旋叶片的标准发电机供电，而在天然气和空气钻井条件下，则不可能用这个办法解决供电问题。俄罗斯萨玛拉地平线公司提出了两个解决方案：

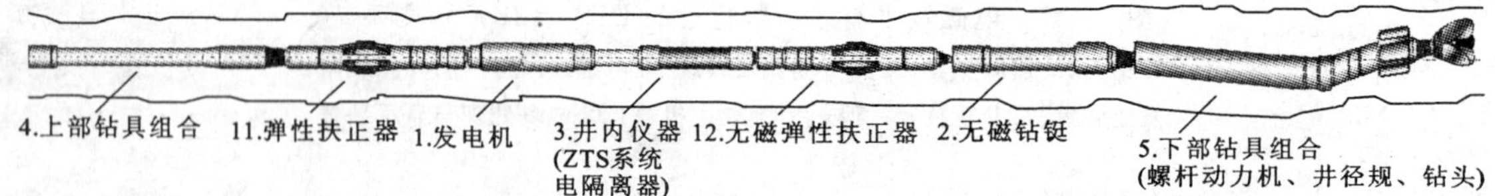

图 7－44　用于欠平衡钻井的俄罗斯电磁通道 ZTS(MWD)系统组成示意图

① 采用井底螺杆动力机通过增速器（图 7－45）来驱动 MWD 系统的标准发电机，增速器可使发电机的转速提高 10 倍。在这种情况下，MWD 系统的组成顺序要颠倒过来，即发电机在最下方，而无磁钻铤在上面，同时要为 MWD 系统重新"编制"相应的井内仪器工作程序和规程。

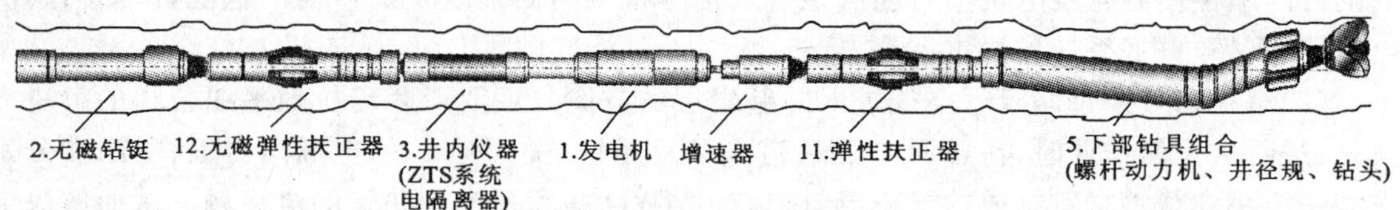

图 7－45　在欠平衡钻井条件下带增速器的电磁通道 ZTS(MWD)系统组成示意图

② 采用能量足够的电池模块。打算采用电压 3.6V、容量 40A/h 的锂电池（中国制造）作为供电元件。在这种情况下，电池模块的直径为 178mm（7 英寸），包括彼此串接的 10 个电池组，并且每 7 个电池相互并联形成一组。这样一来，就有 36V 的输出电压，在发射功率为 100～150W 的条件下，使总容量达 280A/h。这样的供电配置对于接收 3 000～5 000m 井深以内的信号是足够了，而且连续工作时间可达 70～100h。如果采用控制器来控制电池模块的操作

规程，还可以进一步明显延长电池的工作寿命。为此可采用智能传感器，由它来确定钻井过程中仪器的工作顺序，规定井底信息测量和发射的时序（例如，在钻具回转的时间内就不必进行井底导向参数的测量）。

第六节　声波式 MWD 系统

在泥浆脉冲式 MWD 系统大量应用，电磁波式 MWD 系统开始推广（尤其是在欠平衡钻井条件下具有不可替代的优越性）的形势下，声波式 MWD 系统还是一个新生事物。

声波式 MWD 系统利用声波（或地震波）的传播机理进行井底信号的传输。钻进过程中携带井底测量信息的声波沿着钻杆、地层等不同介质传播到地表。地表监测仪器接收到信号，经过处理得到有价值的相关数据。声学信号的形式不仅随钻井规程而改变，而且还受所钻岩石性质不稳定的影响。类似于噪声的声学信号在地表很难处理，不可能给出准确的工艺信息。声学信息通道的主要缺点是信号随深度衰减很快和它传送的信息量很少。

利用钻杆柱随钻传输来自井内的测量数据时，弹性波在钻杆中传播的衰减问题一直是研究人员关注的焦点。早年的实地试验表明，信号在钻杆柱中衰减数据为 12dB/1 000ft（39dB/1 000m），由于信号衰减很大，声波式 MWD 的发展进入极度困难时期。但 1975 年 Sun 石油公司使用球针式击锤（ball - pin hammer）做了实地试验，报告指出，在实际环境中信号衰减很低，少于 4dB/1 000ft（13dB/1 000m）。这给声波式 MWD 的研究注入了一针强心剂，此后它迅猛发展起来。目前，一些实地试验证明声波式 MWD 系统能从井深 1 914m、井斜 49°的大位移井中把信号传至地表，并在地表顺利解调获得数据。

声波传输系统的研究方向较多。

(1)当钻柱杆和钻头与井底相互作用时，会在钻杆柱中出现纵向弹性波。监测井底的基础是分析钻杆柱地表部分的振动。能够顺利监测的主要参数是岩石破碎工具的回转频率，因为记录的频谱中占绝对优势的是牙轮的振动谐波，与其余谐波分量相比，它的强度和能量最大。由于振动的幅值和频率与牙轮的磨损程度具有相关性，所以可据此来判断工具的状态。当钻进规程保持不变时，信号的幅值变化情况还可以反映岩石的力学性质。由于信号在钻杆柱中传播衰减很快，所以在钻杆柱中每隔 400～500m 要装一个中继站，它的电路包括接收器、放大器、向地表发送信号的发射器和电源。

(2)国外推出一种利用钻头信号源作反 VSP 测量的随钻测量技术。这种技术不需要井下仪器，采集数据也不影响钻进过程。信号源是通过安装在钻杆顶部的参数传感器来监测的，通过相关运算处理后，即使比噪音水平低很多的相关信号也能检测出来。

(3)钻进过程中可以利用钻头所产生的噪声作为随钻定位的声源，在地面上通过几个与井架有一定距离的传感器，接收井下钻头所辐射的球面波。通过微电脑进行统计分析，确定信号间的时差，来进行钻头的随钻定位。现场检测结果表明，其定位误差与目前常用测井仪器的定位误差相近。

新研究的声波式 MWD 系统以弹性波传播理论和磁致伸缩技术为基础，借助钻杆柱进行数据传输，因为连接的钻杆柱刚性好，弹性波在其中的传播特性稳定，所以将具有更高的信号传输可靠性和传输率。为了通过钻杆获得好的声波传输特性，弹性波信号必须小于 1kHz。在苛刻的钻井环境中，要求低平弹性波信号，那么发展相应的振荡器成为此项技术的一个突破口。目前用磁致伸缩材料来制造信号发射振荡器，已经解决这个技术难题。

目前，虽然国外已经有相关的市场化产品，传输率由10～100baud，传输深度可达3 000m，但是该技术仍处于研究和试验阶段。不过国外文献普遍认为，借助钻杆柱进行数据传输的声波式MWD数据传输率必将高于泥浆脉冲式和电磁波式MWD系统，是一种很有发展前途的MWD系统。

第七节 地质导向钻井系统

一、地质导向钻井技术的特征

地质导向钻井技术是把钻井技术、测井技术及油藏工程技术融合为一体，形成带有近钻头地质参数（伽马、电阻率）、近钻头钻井参数（井斜角）及其他辅助参数的短节，用无线信号（电磁波）短传方式把上述近钻头参数传至MWD/LWD，再传至地面控制系统；用地面软件系统（含地层构造模型、参数解释和钻井设计控制三个主要模块）适时做出解释与决策，实施随钻控制。一般来说，地质导向钻井系统包括：井场信息接收和处理系统＋MWD/LWD＋无线短传＋测传马达（含近钻头测量短节）＋钻头。因此，大大提高了对地层构造、储层特性的判断和钻头在储层内轨迹的控制能力，从而提高油层钻遇率、钻井成功率和采收率，实现增储上产，节约钻井成本，增大经济效益。

“地质导向”与几何导向、旋转导向等技术，既有区别，又有联系。

(1)地质导向(Geosteering)的任务是对准确钻入油气目的层负责，它具有测量、传输和导向三大功能。

①近钻头参数（电阻率、自然伽马）测量和工程参数（井斜角）测量；

②用随钻测量仪器（MWD）或随钻测井仪器（LWD）作为信息传输通道，把所测的井下信息（部分）传至地面处理系统，作为导向决策的依据；

③用井下导向马达（或转盘钻具组合）作为导向执行工具，用无线短传技术把近钻头测量信息越过导向马达传至MWD(LWD)并进一步上传；

④地面信息处理与导向决策软件系统，将井下测量信息进行处理、解释、判断、决策，指挥导向工具准确钻入油气目的层。

(2)几何导向的任务就是对钻井井眼设计轨道负责，使实钻轨道尽量靠近设计轨道，以保证准确钻入设计靶区（由于地质不确定度带来的误差，原设计靶区可能并非是储层）。在地质导向技术问世之前，常规的井眼轨道控制技术均应属于几何导向范畴。

(3)旋转导向是以井下旋转工作方式的闭环自控执行工具（典型代表是偏心变径稳定器）为导向工具，以MWD（或LWD）为信息传输通道，加上地面信息处理软件系统组成的钻井工具系统，在海上大位移钻井中获得广泛应用。当以常规的MWD作为信息通道时，上传信息只有工程测量参数（井斜角、方位角），而无地质参数；当以LWD作为信息通道时，上传信息除工程参数外，还包括地质参数（电阻率、自然伽马，以及其他地质参数）。但是，由于工具位置所限，它缺少近钻头的地质参数测量，这一点形成了它与地质导向工具系统的主要差别。

二、国外地质导向钻井技术概况

1. 地质导向钻井系统的结构特征

下面以Anadrill公司于1993年推出的IDEAL系统（Intergrated Drilling Evaluation and

Logging,综合钻井评价和测井系统)为例(图 7－46),来介绍地质导向钻井系统的结构特征。

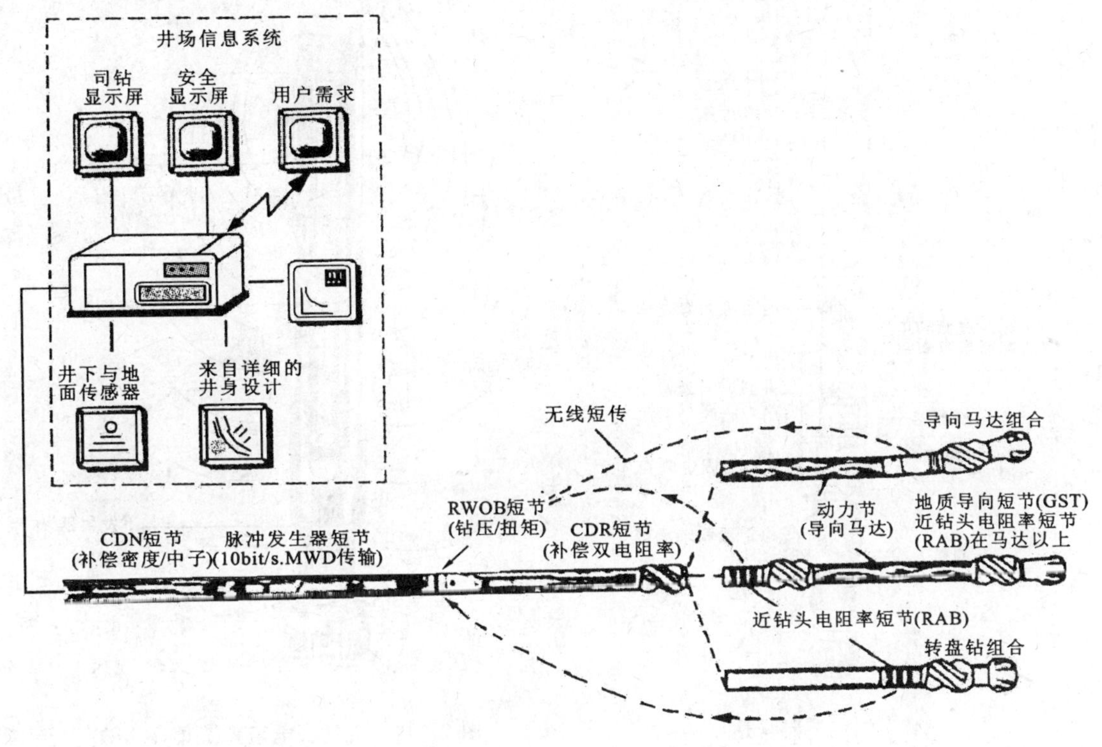

图 7－46　IDEAL 系统总成示意图

一般来说,地质导向钻井系统包括:钻头＋测传马达(含近钻头测量短节)＋无线短传＋MWD/LWD＋井场信息接收和处理系统。

(1)测传导向马达(Instrumented Steerable Motor,图 7－47)。这是一种完全仪器化的导向马达(其壳内装有传感器组件),它直接与钻头相连,能够测量近钻头处地层电阻率、方位电阻率、自然伽马,以及井斜和钻头转速等参数。这些参数通过电磁波传送到马达以上的 MWD 或 LWD,再由泥浆脉冲传送到地面。借此,司钻和地质师可实时了解到钻头处的岩性变化以及检测钻头处的油气显示情况,并通过对钻头进行导向,保证井眼在储层内延伸,达到增大储层泄油面积、提高单位进尺的产量和降低完井成本的目的。

(2)井场信息系统。井场信息系统是 IDEAL 系统的中枢,通过结合所有的地面数据和井下数据来监测钻井过程。原始数据由解释程序转换成井场决策人员所需信息,并在高分辨率彩色监控器上以彩图的方式直观显示,使用方便(参见图 7－46)。

此外,IDEAL 系统还有一些独立的井下测量短节,如 RAB,可不用测传马达而和转盘钻配合使用。由于 IDEAL 系统采用 LWD 仪器作为随钻测井和上行通道,所以还包括比一般 MWD 更多的下述地质参数传感器。

①近钻头电阻率工具(RAB—Resistivity at Bit)。这是一种仪器化的近钻头稳定器,直接与钻头相连,可测量近钻头处地层电阻率、自然伽马和井斜等参数。其最大特点是,利用这些实时测量数据可在地层被污染之前进行高质量的地层评价,以及检测裂缝、薄产层或渗透性产层。该工具可代替测传导向马达用于转盘钻井(图 7－48)。

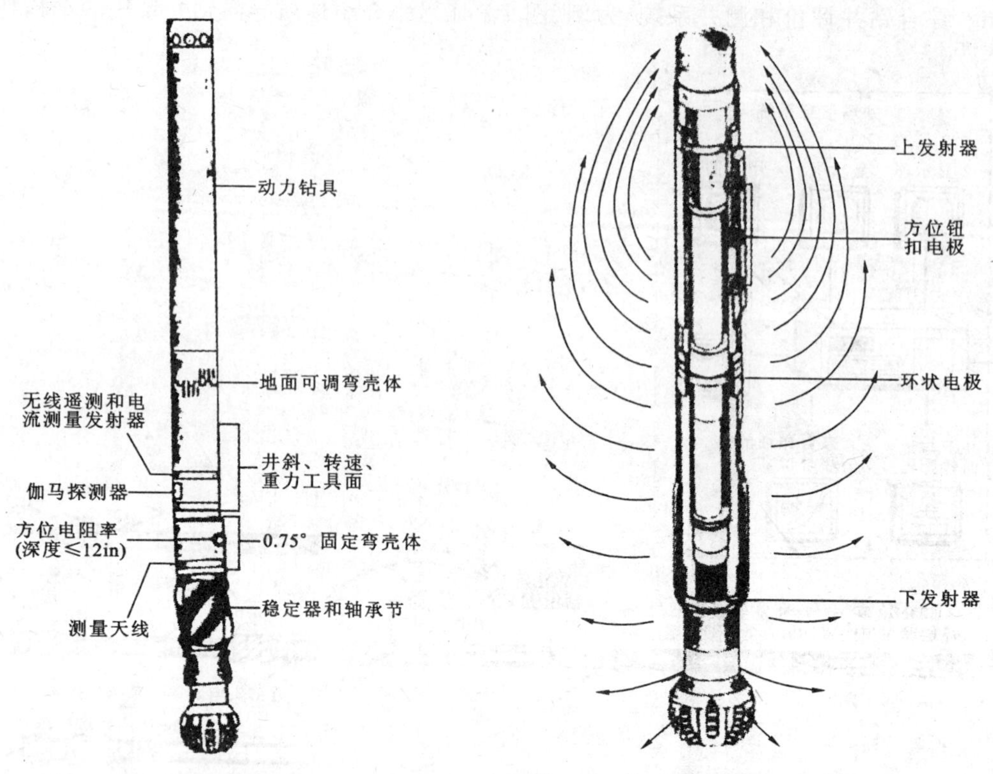

图 7-47 测传导向马达

图 7-48 近钻头电阻率工具(RAB)

②钻压扭矩工具。该工具直接接在 MWD 工具下端,可测量钻压、扭矩、钻柱内泥浆压差和环空压力等钻井参数。

③补偿双电阻率(CDR—Compensated Dual Resistivity)及方位密度中子仪器(ADN—Azimuthal Density Neutron)。可实时测量井眼补偿感应电阻率、自然伽马、密度和中子,借此可进行初期地层评价、地质对比及孔隙压力评价。

④声波随测工具(ISONIC)。

2. 国外地质导向钻井技术现状及在油田应用效果

(1)美国的地质导向钻井技术领先于世界。行内人士普遍认为,目前国外仅有 Schlumberger、Baker Hughes 和 Halliburton(Sperry Sun)公司拥有此项技术。Schlumberger 公司(Anadrill)于 1993 年推出了 IDEAL 系统之后,又推出了 Power Drive 系统;Baker Hughes 拥有 RCLS(闭环旋转自动导向)系统和 Navigator 系统。但它们目前只进行高价技术服务而不出售商品工具,已收到巨大经济回报。

例如,墨西哥湾的某油田,先前所钻 8 口井的总产量仅为 923 桶/d;后来 Anadrill 公司应用地质导向技术在该油田钻成一口高质量的水平井,日产原油达 1 793 桶,使这一枯竭的油田得以重新复活。

在英国 BP 公司 Wytch Farm 油田,地质导向系统(测传马达)与变径稳定器(位于测传马达上部)配合使用钻大位移井,几乎全部实现了旋转钻进,提高钻速和井身质量,大大减少了井下事故和风险。

在英国北海 Texaco 的一口开发井中使用地质导向工具(测传马达),至少避免了两次侧钻:井场地质师用近钻头方位伽马射线确定井眼上下是否遇到泥岩,通过正确的导向控制将井眼扭回砂岩储层。

KerrMcGee 所钻的一口井表明,由于地质导向系统的近钻头电阻率的作用,比原有技术多获得 14%的产层进尺。

我国塔里木油田的 TZ40 - H7 井在钻井过程中曾由 Schlumberger 公司的 Power Drive X5 - 475 型地质导向系统进行技术服务,收到很好的技术效果:在 0.8～1.2m 厚的目的层中,钻水平段 545m,油层钻遇率高达 87.5%,纯钻时间 75.5h,油层内最高钻速达 40m/h。

(2)俄罗斯在电磁波井底遥测系统的基础上增加地质导向的功能。虽然俄罗斯没有系统而明确地提出地质导向钻井技术的理念,我国业内人士也不把俄罗斯看作是拥有地质导向技术的主要国家。但近年来俄罗斯已经开始在电磁波井底遥测系统的基础上逐渐增加地质导向的功能。其中,属于俄罗斯地球物理研究院的 VNIIGIS 公司在自行研制的 ZTS 42EM 和 ZTS - 42AP 电磁波井底遥测系统中增加了近钻头地质导向短节(HDM)。它可以随钻检测近钻头处地层电阻率、自然伽马和井斜角、转速、钻压、振动、管内、外压力等参数,其系统的组成结构如图 7 - 49 所示。

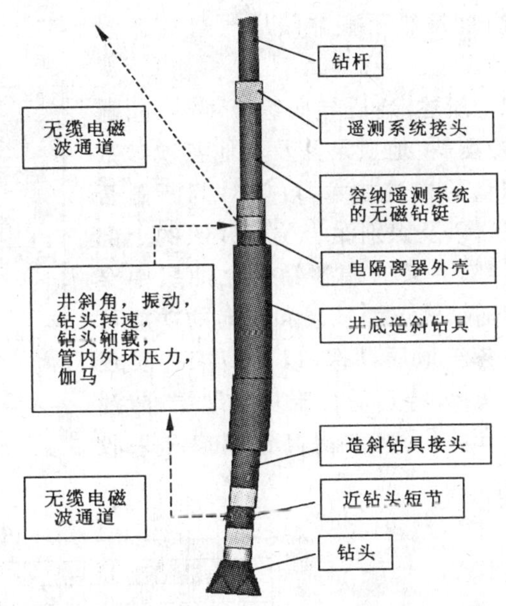

图 7 - 49　俄罗斯 ZTS - 42AP 电磁波遥测系统+近钻头短节的下部钻具组合

由于近钻头短节(HDM)距钻头 0.5m,它的 GR(伽马)和电阻率测量结果能指示井眼的地质剖面,确定砂泥岩剖面中砂岩泥质含量和定性地判断岩层的渗透性,还可在泥浆侵蚀地层前为地层的评价提供第一手资料,同时为指示井眼轨迹提供可靠的地质依据。

至 2005 年末,ZTS - 42AP, ZTS - 42EM 已完成:侧钻＞500 口,其中水平井＞150 口,欠平衡水平井＞ 40 口,平均水平井段长度 300m,最长 450m,在西西伯利亚最大井深 2 630m。

例如,2004 年 2 月 21 日至 23 日在阿尔达托夫斯克州 26C 号井进行井壁侧钻时,在下部钻具组合中加入了带近钻头短节的遥测系统 ZTS - 42EM,井底到传感器的距离为 0.5m。根据由近钻头模块得出的 1 336～1 364m 井段测井数据,可靠地确定了下“上泥盆”亚阶的顶板在 1 365m,从而得到了可以结束钻进的必需标志。图 7 - 50 中给出了地质导向资料与传统伽马测井的曲线对比。

在东塔尔科萨林气田 No.11 号井曾采用 ZTS 电磁波随钻系统完成了沿着高渗透含油层钻进的大位移水平井。如图 7 - 51 所示,由于 ZTS 系统不仅在钻进过程中,而日在接钻杆停止钻井液循环的情况下,都可保证井眼弯曲参数的正确测量,同时还可记录钻遇岩层的电阻率曲线,所以当发现在井深 1 260m 处钻头已钻出高渗透含油层时,可辅助操作者调整井眼轨迹使其重新进入高渗透含油层,实现水平偏距 1 540m,并达到了沿含油层钻进的目的,大幅度提高回采率。

2006 年 10 月俄罗斯 ZTS－42AP 系统开始在新疆进行生产试验，成功地用近钻头地质导向短节打了 6 口水平井，其中一口井的垂深为 2 680m。

2007 年 12 月在四川应用俄罗斯电磁波随钻监测及地质导向技术，在氮气钻井条件下成功实施井眼轨迹和地质跟踪。储层钻遇率高达 80％。获测试产气量、产油量是邻近直井储层改造前产量的 20 倍以上。

综上所述，地质导向综合了钻井、随钻测井/测斜、地质录井及其他各项参数随钻测量的先进技术，可实时判断是否钻遇泥岩以及识别泥岩位于井眼的上部还是下部，并及时调整钻头在油层中穿行。其随钻辨识油气层和导向的功能可直接服务于地质勘探，以提高探井发现率和成功率，特别适合于复杂地层、薄油层的开发井钻进，并提高钻遇率和采收率。

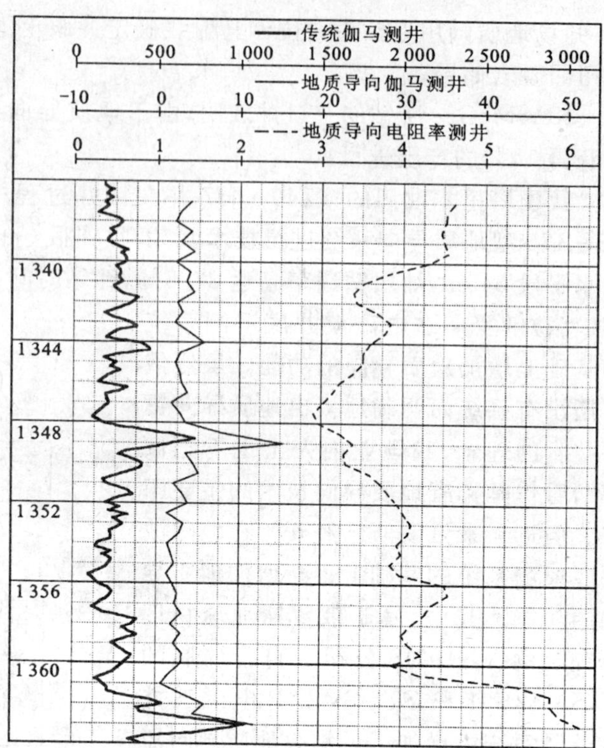

图 7－50　阿尔达托夫斯克 26C 号井测井曲线

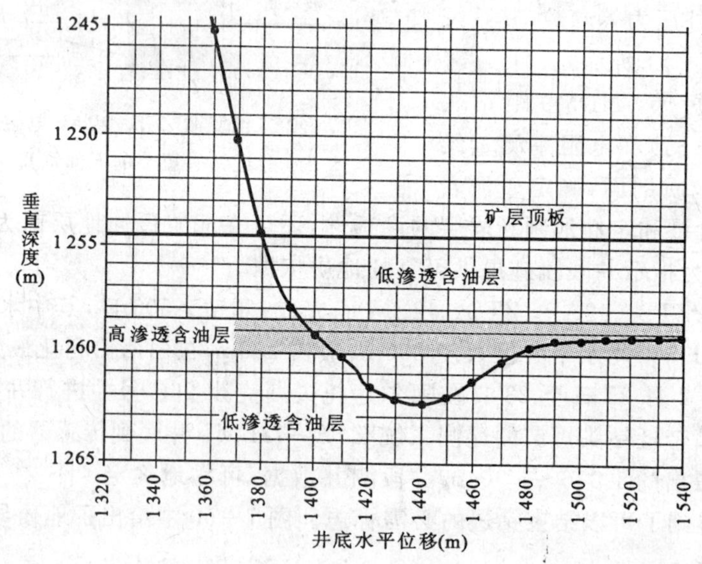

图 7－51　东塔尔科萨林气田 No. 11 号井的大位移水平井剖面图

三、我国的 CGDS－Ⅰ型近钻头地质导向钻井系统

1. CGDS－Ⅰ系统的组成

中国石油集团钻井工程技术研究院从 1994 年开始调研并跟踪这一高新技术的发展，1999 年开始对这一技术进行攻关，经过 6 年多的研制和 10 余次的现场实验，研制成功了具有我国

独立知识产权的第一台 CGDS－Ⅰ近钻头地质导向钻井系统第一代产品(China Geosteering Drilling System)。CGDS－Ⅰ近钻头地质导向钻井系统主要由测传马达 CAIMS(China Adjustable Instrumented Motor System)、无线接收系统 WLRS (Wireless Receiver System)、正脉冲无线随钻测量系统 CGMWD (China Geosteering MWD)和地面信息处理与导向决策软件系统 (China Formation/Drilling Software System)四部分组成，仪器总长 18.11m。其结构组成如图 7－52 所示。

(1)测传马达 CAIMS。测传马达(图 7－53)自下而上由带近钻头稳定器的传动轴总成、近钻头测传集成短节、地面可调弯壳体总成(0°～2.5°)、万向轴总成、螺杆马达($i=5/6$)和旁通阀组成。

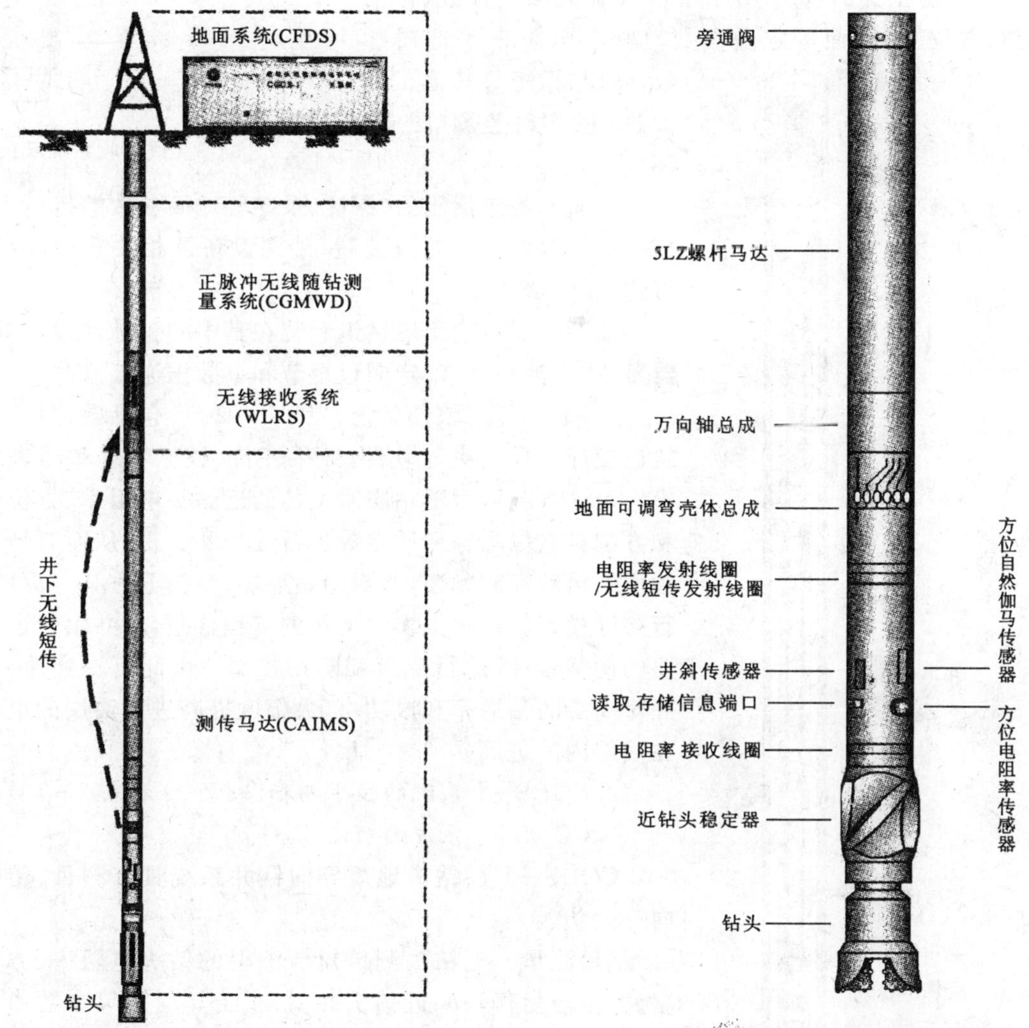

图 7－52　CGDS－Ⅰ近钻头地质导向钻井系统的结构　　　图 7－53　测传马达结构示意图

近钻头测传集成短节由方位电阻率传感器、方位自然伽马传感器、井斜和工具面传感器、电磁波发射天线、减振装置、控制电路、电池组等组成。该短节可测量钻头电阻率、方位电阻率、方位自然伽马、井斜、温度等参数。用无线短传方式把各近钻头测量参数传至位于旁通阀上方的无线短传接收系统。

(2)无线短传接收系统 WLRS。WLRS(图 7-54)自下而上主要由下接头、无线接收线圈、电池与控制电路舱体、稳定器和上数据连接器等组成。下与马达连接,上与 CGMWD 连接。其主要功能是接收马达下方无线短传发射线圈发送的电磁波信号,通过控制电路处理后,由上数据连接器将近钻头测量数据融入 CGMWD 系统。

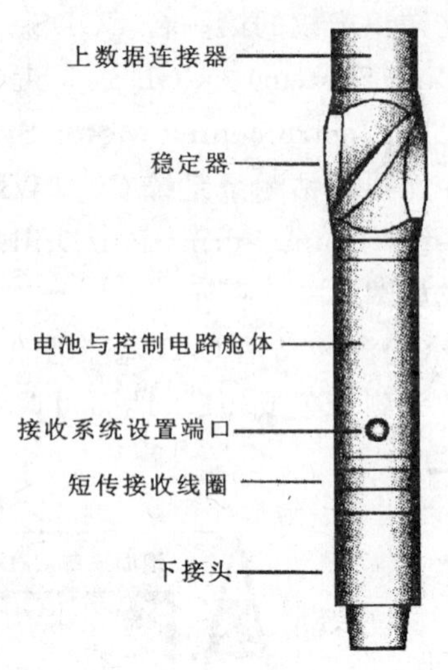

图 7-54　无线接收系统示意图

(3)正脉冲无线随钻测量系统 CGMWD。CGMWD 包括地面装备和井下仪器两部分,二者通过钻柱内泥浆通道中的压力脉冲信号进行通信并协调工作,实现钻井过程中井下工具的状态、井下工况及有关测量参数(包括井斜、方位、工具面等定向参数,伽马、电阻率等地质参数,钻压、扭矩等其他工程参数)的实时监测(图 7-55)。

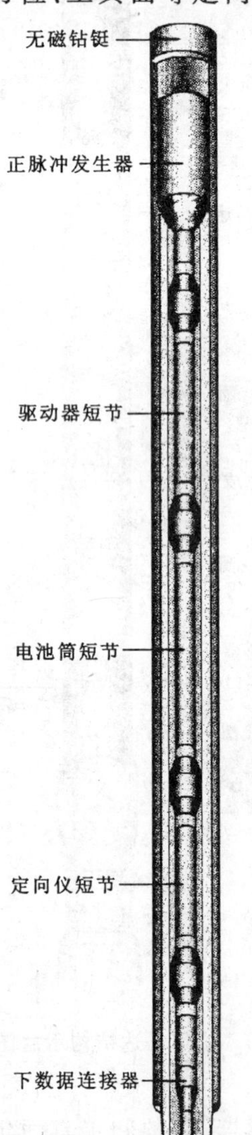

图 7-55　正脉冲无线随钻测量系统 CGMWD 结构示意图

地面装备包括压力、深度、泵冲等地面参数的传感器、前端接收机及地面信号处理装置、外围设备及相关软件,传输深度可达 4 500m 以上。

地下仪器包括无磁钻铤和装在其中的正脉冲发生器、驱动器短节、电池筒短节、定向仪短节和下数据连接器。

(4)地面应用软件系统 CFDS。CFDS 包括数据处理、钻井轨道设计与导向决策软件,效果评价、数据管理和图表输出等模块。该系统可对随钻实时上传的近钻头电阻率、方位电阻率和方位自然伽马等地质参数进行处理和分析,从而对新钻地层性质做出解释和判断,并对待钻地层(钻头下方某一深度内)进行前导模拟。再根据实时上传的工程参数,对井眼轨道做出必要的调整设计,进行决策和随钻控制。由此可提高探井、开发井对油层的钻遇率和成功率,大幅度提高进入油层的准确性和在油层内的进尺。

2. CGDS-Ⅰ系统的技术指标(表 7-9 和表 7-10)

3. CGDS-Ⅰ系统的功能

CGDS-Ⅰ近钻头地质导向钻井系统具有测量、传输和导向三大功能。

(1)测量。近钻头测传短节测得的钻头电阻率、方位电阻率、方位自然伽马和近钻头井斜角、工具面角等参数由无线短传发射线圈用电磁波越过导向螺杆马达分时传送至无线接收系统的接收线圈。

(2)传输。无线接收线圈接收到马达下方的信息后,位于其上方的 CGMWD 通过正脉冲发生器在钻柱内泥浆通道中产生的压力脉冲信号,把所测的近钻头信息(部分)传至地面处理系统,同时还上传 CGMWD 自身的测量信息,包括井斜、方位、工具面和井下温度等参数。

表 7-9　CGDS-Ⅰ系统总体技术指标

项　目	指　标	项　目	指　标
外径	Φ165mm	马达流量	16～28L/s
最大外径	Φ190mm	马达压降	3.2MPa
近钻头稳定器	Φ213mm	钻头转速	100～178r/min
上部稳定器	Φ210mm	马达工作扭矩	3 200Nm
井眼尺寸	Φ216～Φ244mm	马达最大扭矩	5 600Nm
造斜能力	中、长半径	推荐钻压	80kN
传输深度	4 500m	最大钻压	160kN
最高工作温度	125℃	马达输出功率	33.5～59kW
脉冲发生器类型	泥浆正脉冲	钻头电阻率传感器位置距马达底面距离	1.23m
上传传输速率	5bt/s	方位电阻率传感器位置距马达底面距离	1.7m
短传数据率	200bt/s	方位伽马传感器位置距马达底面距离	1.88m
连续工作时间	200h	井斜与工具面传感器位置距马达底面距离	2.02m
近钻头测量参数	钻头电阻率、方位电阻率、方位伽马、井斜角、工具面角	CAIMS 长度	8.33m
最高耐压	140MPa	WLRS 长度	1.94m
最大允许冲击	10 000m/s²(0.2ms,1/2sin)	CGMWD 长度	7.83m
最大允许振动	150 m/s²(10～200Hz)	CGDS－Ⅰ总长度	18.1m

表 7-10　CGDS-Ⅰ测量参数与性能指标

项　目	测量范围	精　度
方位角	0°～360°	井斜角≥6°时±1°；井斜角 3°～6°时±1.5°；井斜角 0°～3°时±2°
井斜角	0°～180°	±0.15°
工具面角	0°～360°	井斜角≥6°时±1.5°；井斜角 3°～6°时±2.5°；井斜角 0°～3°时±3°
温度	0～150℃	2.5℃
抗震动	200m/s² 随机 5～1 000Hz	
抗冲击	5 000m/s²(0.2ms,1/2sin)	
最大工作温度	125℃	
最大钻头压降	不限	
最大含砂量	1%	
最大狗腿度	10°/30m(旋转),20°/30m(滑动)	
最高耐压	140MPa	

4. CGDS-Ⅰ系统的优越性

常规 LWD/MWD 导向工具的地质参数或工程参数测量点通常位于钻头后方较远处，无法准确判断钻头在储层中的位置，很难保证钻头始终在薄油层中钻进[图 7-56(a)]。地质导向可在获取钻井、随钻测井、地质录井及其他各项参数的基础上实时判断岩性(是否钻遇泥岩以及识别泥岩位于井眼的上方还是下方)及油、气、水界面，及时调整控制井眼轨迹，以保证钻头在油层中穿行。具有随钻辨识油气层和导向的功能，如图 7-56(b)所示。因此，大大提高了对地层构造、储层特性的判断和在储层内控制钻头轨迹的能力，从而提高油层钻遇率、钻井成功率和采收率，实现增储上产，节约钻井成本。其主要表现在以下三方面。

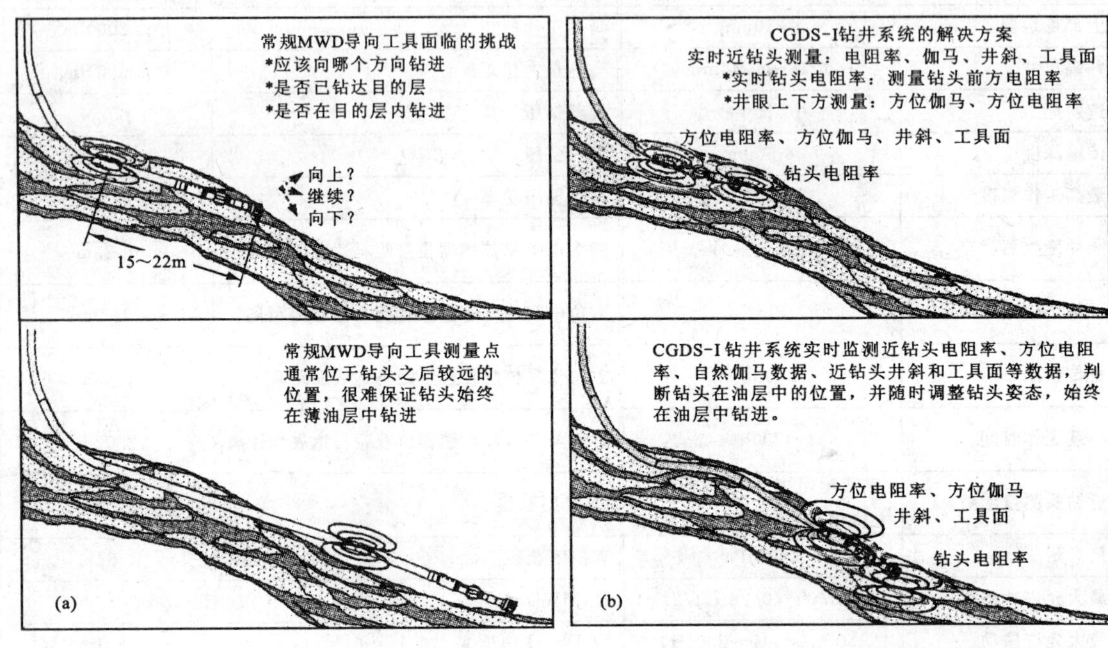

图 7-56 CGDS-Ⅰ系统导向功能与常规 LWD/MWD 导向工具的对比示意图

(1)由于地质参数传感器在近钻头处(钻头电阻率传感器距钻头底面 1.5m，方位电阻率传感器 1.97m，自然伽马传感器 2.15m)，能够及时判断钻开地层及钻头前方地层的特性，并寻找储层的位置，好像为钻头装上了“眼睛”，提高油层钻遇率。因此，CGDS-Ⅰ钻井系统可解决复杂地质条件下探井、注水老油田开发水平井的信息不准，减少复杂情况和事故时效，提高钻井成功率，从总体上降低钻井成本。

(2)在钻头附近的地质参数传感器、工程参数(井斜和工具面)传感器(距钻头底面 2.3m)，以及 5LZ 型 AKO 螺杆马达(结构弯点距钻头底面 3.33m)，使 CGDS-Ⅰ系统能够随钻辨识泥岩位于井眼的上部还是下部，并及时调整钻头姿态，保证钻头一直在油层中穿行。因此，CGDS-Ⅰ系统适用于地下油水关系复杂、薄油层、小断块油气藏的开发井及大位移井，把非经济储量变为经济储量，增储上产。

(3)CGDS-Ⅰ系统能够实时对井下地质、钻井数据进行监控，实时对地层进行判断，实时指导并完成钻井导向作业。

5. CGDS-Ⅰ系统的现场应用举例

(1)CGMWD 新型正脉冲无线随钻测量系统。2003 年 10 月—12 月在大港油田和冀东油田的两口定向井中进行了实钻实验和应用，实验指标达到设计要求。以在冀东油田柳北 1-19-16 井(五段制定向井)的实验为例，CGMWD 仪器根据钻井工程需要，先后在 2 322～

2 993m井段下井 8 次，累计入井时间 363 小时。试验中该仪器通过一个 0.43m 长的配合接头直接装在钻头上方，钻进坚硬的花岗岩地层时仪器经受了剧烈振动的考验，仍能正常工作。表 7－11 给出了该仪器与单点测斜仪的测量结果对比。

表 7－11　CGMWD 在柳北 1－19－16 井的试验结果

测点井深 (m)	CGMWD 测量结果			单点测斜结果	
	井斜(°)	方位(°)	温度(℃)	井斜(°)	方位(°)
2 320	3.62	14	60	3.62	14
2 390	3.6	350.51	67	3.6	353
2 492	3.54	358.59	72	3.7*	1
2 602	1.36	32.18	75	1.41	35
2 752	2.37	220	78	2.72	218

2003 年至 2005 年，正脉冲发生器在油田 50 余口井应用，平均无故障累计工作时间约为 400 小时，最大测量深度 2 700m。

(2)CAIMS 近钻头地质参数测量集成短节。几年来，近钻头测量短节已进行 7 次下井试验，在国内首次实现了近钻头地质参数的测量。例如，在大港油田 50530 井队的实验中，完整地测到了钻头电阻率、侧向电阻率、自然伽马、钻柱内温度和压力等参数，并与完井电测曲线进行了对比。以电阻率为例，短节测出的侧向电阻率曲线与完井电测的侧向电阻率曲线形态吻合很好，但数值偏大，这是由于前者测到的是随钻过程的新鲜地层(泥浆未侵入)，而后者测到的是完钻之后的污染地层(泥浆已侵入)，由此可见随钻测量有其独到的优势，数据更真实。

(3)CGDS－Ⅰ系统。2005 年 12 月至 2006 年 1 月，在冀东油田和华北油田井队的实验表明，近钻头地质参数(钻头电阻率、方位电阻率、方位自然伽马)和近钻头工程参数(井斜、工具面)经无线电磁波成功短传至测传马达上部的数据接收短节，并经 CGMWD 上传地面，并成功实现解码和数据处理；测传马达的实钻造斜率(3.46°/30m)与设计值(3°～4°/30m)非常吻合。

2006 年 4 月，系统在冀东油田高 29－15 井共下井两次，从井深 1 705m 处钻至 1 916m，复合钻进稳斜井段 211m，系统工作时间 58 小时，入井工作 47 小时，钻进时间 18.5 小时。实验结果表明，工程参数(井斜、方位、工具面等)测量稳定、可靠，与定向服务单位的有线随钻测量数据一致性很高。实时上传的数据显示可能为储层与气测结果有油气显示的井段吻合较好。回放的近钻头电阻率、方位电阻率和方位自然伽马数据曲线稳定，且有良好的对应关系，与电缆测井吻合。

6. *应用前景分析*

由于地质导向钻井技术可根据随钻监测到的地层特性来实时调整和控制井眼轨道，所以广泛用于水平井(尤其是薄油层水平井)、大位移井、分枝井、侧钻井和深探井，是国内十分需要的一项高新技术。应用 CGDS－Ⅰ系统可显著提高勘探发现率、油层钻遇率和采收率，实现增储上产。随着推广应用面扩大，加上国产仪器的保障，可进一步扩大水平井的钻井数量，提高油气产量，经济效益愈加显著。

国外 Schlumber 等服务公司垄断此项技术，拒不出售产品，只提供高价位技术服务，CDGS－Ⅰ系统拥有自主产权，可打破国外技术垄断，彻底改变依赖国外、受制于人的局面。

参考文献

阿列克谢耶夫ＢＢ著．鄢泰宁等译．矿山与地勘工作自动化．武汉:中国地质大学出版社,2001
陈后金,李丰．信号与系统．北京:中国铁道出版社,1998
陈守仁．自动检测技术及仪表．北京:机械工业出版社,1989
程华,张铁军．随钻信息的有线钻杆传输技术发展历程和最新进展．特种油气藏,2004,11(5):85～88
戴学恕,鄢泰宁等．应用钻探微机智能系统改变凭经验打钻的现状．探矿工程,1991,(2):1～4
冯凯仿．工程测试技术．西安:西北工业大学出版社,1994
傅维潭．电磁测量．北京:中央广播电视大学出版社,1990
黄长艺,严普强．机械工程测试技术基础．北京:机械工业出版社,1996
姜建国等．信号与系统分析基础．北京:清华大学出版社,1997
金篆芷,王明时．现代传感技术．北京:电子工业出版社,1995
库里奇茨基ＢＢ著．鄢泰宁等译．定向斜井与水平井钻井的地质导向技术．北京:石油工业出版社,2003
李诚铭．新编石油钻井工程实用技术手册．北京:中国知识出版社,2006
李腊元,官本云．智能化仪器仪表．北京:科学出版社,1993
李行善．计算机测试与控制．北京:北京航空航天大学出版社,1990
林友德,郭亨札．传感器及其应用技术．上海:上海科技出版社,1992
刘广志等．金刚石钻探手册．北京:地质出版社,1991
刘国林,殷贯西等．电子测量．北京:机械工业出版社,2003
刘文彦,周学平等．现代测试系统．长沙:国防科技大学出版社,1995
柳昌庆．测试技术与实验方法．北京:煤炭工业出版社,1997
卢文祥,杜润生．工程测试与信息处理．武汉:华中理工大学出版社,1992
孟华．工业过程检测与控制．北京:北京航空航天大学出版社,2002
石崇东,张绍槐．智能钻柱设计方案及其应用．石油钻探技术,2004,32(6):7～10
苏义脑,徐鸣雨．钻井基础理论研究与前沿技术开发新进展．北京:石油工业出版社,2005
苏义脑．2006年钻井基础理论研究与前沿技术开发新进展学术研讨会论文集．北京:石油工业出版社,2007
苏义脑．油气井工程中的一个新领域——井下控制工程学浅谈．地质科技情报,2005,24:1～8
孙续．自动测试系统与可程控仪器．北京:电子工业出版社,1990
汤普金斯 ＷＪ,威伯斯特ＪＣ著．林家瑞等译．传感器与IBMPC接口技术．武汉:华中理工大学出版社,1993
王斌．定向钻井测量仪器．北京:石油工业出版社,1990
王伯雄．测试技术基础．北京:清华大学出版社,2003
王大勋．钻采仪表及自动化．北京:石油工业出版社,2006
吴正毅．测试技术与测试信号处理．北京:清华大学出版社,1991
肖圣泗．钻孔弯曲测量．北京:地质出版社,1989
肖仕红,梁政,任连城．智能钻井电缆传输电接头设计．石油钻采工艺,2007,29(1):28～30
许庆山,李秀人．信号与系统．北京:航空工业出版社,1998
鄢泰宁,曹鸿国等．检测技术及勘察工程仪表．武汉:中国地质大学出版社,1996
鄢泰宁,戴学恕．钻进过程微机监测与孔内工况自动识别．长春:长春地质学院学报,1993
鄢泰宁,蒋国盛等．微机在勘查与基础工程中的应用．武汉:中国地质大学出版社,2002
鄢泰宁．岩土钻掘工程学．武汉:中国地质大学出版社,2001
杨维明,刘瑞复．动态测试技术．沈阳:辽宁科技出版社,1992
叶湘滨．传感器与测试技术．北京:国防工业出版社,2007

Тагиров К М, Нифантов В И, Бурение скважин и вскрытие нефтегазовых пластов на депрессии. М. Недра – Бизнесцентр, 2003

Молчанов А,《Российский койлтюбинг в〈стадии принятия решения〉. Что дальше?》,《Бурение и нефть》- сентябрь,2005

Киршин В И, Научно-методические и технологические решения по строительству скважин в условиях депрессии с использованием колтюбинговых установок,Диссертация к. т. н. ,2006

William C L, Gray J P. Standard handbook of petroleum & natural gas engineer. Gulf Professional Publishing, 2005